SUR LA FORCE

DES

MATIÈRES EXPLOSIVES

D'APRÈS

LA THERMOCHIMIE.

I.

AUTRES OUVRAGES DU MÊME AUTEUR.

Chimie organique fondée sur la Synthèse; 2 forts volumes in-8°, 1860 (épuisée); publiée chez Mallet-Bachelier.

Leçons sur les principes sucrés, professées devant la Société chimique de Paris, en 1862; in-8°, chez Hachette.

Leçons sur l'Isomérie, professées devant la Société chimique de Paris, en 1863; in-8°, chez Hachette.

Leçons sur les méthodes générales de Synthèse en Chimie organique, professées au Collège de France en 1864; in-8°, chez Gauthier-Villars.

Leçons sur la Thermochimie, professées au Collège de France en 1865; publiées dans la *Revue des Cours publics*, chez Germer-Baillière.

Même sujet, en 1880, *Revue scientifique*, chez Germer-Baillière.

Leçons sur la Synthèse organique et la Thermochimie, professées au Collège de France en 1882-1883, publiées dans la *Revue scientifique*, chez Germer-Baillière.

La Synthèse chimique, 5ᵉ édition, 1883, in-8°; chez Germer-Baillière.

Traité élémentaire de Chimie organique, 2 volumes in-8°, 2ᵉ édition, en collaboration avec M. Jungfleisch, 1881; chez Dunod.

Essai de Mécanique chimique; 2 forts volumes in-8°, 1879; chez Dunod.

SUR LA FORCE

DES

MATIÈRES EXPLOSIVES

D'APRÈS

LA THERMOCHIMIE,

Par M. BERTHELOT,

Membre de l'Institut, Président de la Commission des substances explosives.

TROISIÈME ÉDITION

(AVEC FIGURES),

REVUE ET CONSIDÉRABLEMENT AUGMENTÉE.

TOME PREMIER.

PARIS,

GAUTHIER-VILLARS, IMPRIMEUR-LIBRAIRE

DU BUREAU DES LONGITUDES, DE L'ÉCOLE POLYTECHNIQUE,

SUCCESSEUR DE MALLET-BACHELIER,

Quai des Augustins, 55.

1883

PRÉFACE.

Les événements de ces dernières années, le siège de Paris principalement, pendant lequel j'ai dû, comme tous les bons Français, concourir à la Défense nationale, dirigèrent mon attention sur les propriétés des matières explosives : j'ai eu occasion de rappeler ces premiers travaux dans la Préface de la 2ᵉ édition, reproduite à la suite de la présente Notice. C'est un ordre d'études que peu de chimistes ont occasion d'approfondir, parce qu'il exige un matériel spécial, des locaux isolés et protégés par la loi, enfin et surtout des assistants exercés aux plus dangereuses manipulations. Mes essais dans cette voie ayant paru de quelque utilité, l'Académie des Sciences (¹) voulut bien me désigner au Ministre de la Guerre pour la représenter dans le Comité consultatif des Poudres et Salpêtres; j'y occupe la place tenue autrefois par Gay-Lussac.

Ce Comité, saisi de questions relatives à l'emploi de la dynamite et des matières explosives nouvelles, dans la guerre et dans l'industrie, pensa que l'Administration de la guerre avait besoin d'une Commission spécialement chargée de « l'éclairer sur les besoins des divers services intéressés, sur les inventions réelles ou prétendues de matières explosives qui se produisent chaque jour et de fournir au Comité consultatif des Poudres et Salpêtres et au service des Poudres et Salpêtres les moyens d'approfondir l'étude des questions qui peuvent lui être soumises ». Les recherches scientifiques relatives aux matières explosives étaient particulièrement désignées à la Commission.

Conformément à ces propositions, la *Commission des substances explosives* fut instituée par un décret du 14 juin 1878, et organisée

---

(¹) *Voir* la Lettre du Ministre de la Guerre, reproduite dans les *Comptes rendus de l'Académie des Sciences,* t. LXXVIII, p. 338; février 1874.

Le décret de nomination est du 18 décembre 1876.

définitivement par celui du 23 juillet suivant (¹), qui me faisait l'honneur de m'en nommer Président. Elle avait à sa disposition pour ses expériences les ressources, les locaux du Dépôt central des Poudres et Salpêtres à Paris, ainsi que le champ d'expériences et le champ de tir de la poudrerie de Sévran-Livry.

Voilà comment je me suis trouvé placé dans des conditions favo-

---

(¹) Ce décret nommait membres de la Commission des Substances explosives :

MM. Berthelot, membre de l'Académie des Sciences, membre du Comité spécial consultatif des Poudres et Salpêtres, *Président;*

Arnould, Directeur de la poudrerie de Sévran-Livry;

Sarrau, Directeur du Dépôt central des Poudres et Salpêtres;

Castan, Chef d'escadron d'Artillerie, adjoint à la poudrerie du Bouchet;

Sebert, Chef d'escadron d'Artillerie de la Marine, attaché au Ministère de la Marine;

Fritsch dit Lang, Chef de bataillon du Génie, attaché au Dépôt des fortifications;

Cornu, Membre de l'Académie des Sciences, Ingénieur ordinaire de 1re classe au Corps des Mines;

Lambert, Ingénieur de 1re classe, attaché à la Direction des Poudres et Salpêtres, *Secrétaire.*

Dans le cours de l'année 1879, MM. Moisson, Capitaine d'Artillerie de la Marine, et Vieille, Ingénieur des Poudres et Salpêtres, furent nommés membres adjoints.

En 1880, par décision ministérielle du 10 janvier, M. le Capitaine Archinard a été nommé Membre adjoint de la Commission, en remplacement de M. le Capitaine Moisson, chargé d'un service colonial.

Par décret du 18 juin, M. Lambert, Secrétaire, devenu Directeur de la Poudrerie de Sévran, est nommé Membre en remplacement de M. Arnould, appelé aux fonctions d'Inspecteur général.

M. Vieille, Membre adjoint, a été nommé Membre titulaire et Secrétaire, en remplacement de M. Lambert.

Par décision ministérielle en date du 19 novembre, M. Désortiaux, Ingénieur des Poudres, attaché à la Direction des Poudres au Ministère de la Guerre, a été nommé Membre adjoint, en remplacement de M. Vieille.

M. Archinard, appelé à un service colonial, a quitté la Commission en novembre.

En 1881, par décision ministérielle du 10 janvier :

M. Biju-Duval, Sous-Ingénieur des Poudres et Salpêtres;

M. de Verneuil, Capitaine d'Artillerie de la Marine;

M. Marais, Capitaine d'Artillerie de la Marine,

ont été nommés Membres adjoints et temporaires de la Commission des substances explosives.

Par décision ministérielle du 1er mars, M. Haffen, Capitaine du Génie, et, par décision ministérielle du 4 août, M. Rostain, Capitaine d'Artillerie, ont été nommés également Membres adjoints et temporaires de la Commission.

En 1882, par décision ministérielle du 28 octobre, M. le Chef de bataillon du rables pour développer ces études, avec le concours des hommes les plus exercés et les plus compétents, tels que : M. Cornu, mon confrère à l'Académie des Sciences, M. Sarrau, Directeur du Dépôt central des Poudres et Salpêtres, dont j'aurai continuellement à citer les travaux, M. le Lieutenant-Colonel Sebert, de l'Artillerie de Marine, M. Fritsche, aujourd'hui Chef du Génie à Nice, M. le Colonel Brugère, MM. Lambert et Castan, Directeurs des Poudreries de l'État, et les savants Ingénieurs et Officiers dont j'ai cité les noms dans la Note ci-jointe. M. l'Ingénieur Vieille en particulier m'a donné dans mes propres expériences, aussi bien que dans tous les travaux de la Commission, le concours le plus dévoué : je ne saurais trop reconnaître son zèle, sa science et son habileté consommée d'expérimentateur. Son nom et le mien ont été associés dans la publication des périlleuses expériences exécutées sur le fulminate de mercure, l'azotate de diazobenzol, le sulfure d'azote ; sur la pression développée par les principaux mélanges gazeux

---

Génie Müntz a été nommé Membre titulaire de la Commission, en remplacement de M. le Chef de bataillon Fritsch, nommé Chef du Génie à Nice.

Par décision ministérielle du 23 novembre :

  MM. Liouville, Ingénieur des Poudres et Salpêtres :
   Orcel, Capitaine d'Artillerie ;
   Brugère, Colonel d'Artillerie,

ont été nommés Membres adjoints et temporaires de la Commission des substances explosives.

En conséquence, l'état de la Commission au 31 décembre 1882 était le suivant :

  MM. Berthelot, Président ;
   Castan, Membre titulaire
   Cornu,   "
   Lambert,   "
   Müntz,
   Sarrau,   "
   Sébert,   "
   Vieille,   "   Secrétaire.
   Biju-Duval, Membre adjoint
   Brugère,   "
   Désortiaux,   "
   de Verneuil,   "
   Haffen,   "
   Liouville,   "
   Marais,   "
   Orcel,   "
   Rostain,   "

détonants, enfin sur l'onde explosive, le fruit le plus important peut-être de notre collaboration.

Les travaux des Membres de la Commission, exécutés sur les sujets d'études prescrits par le Ministre, forment aujourd'hui un dossier considérable. Ils comprenaient, au 5 avril 1883, vingt-sept rapports et trois cent soixante-quatorze procès-verbaux d'expériences et autres pièces, se rapportant à quarante-quatre études distinctes, dont vingt et une terminées et vingt-trois en cours d'exécution ([1]).

([1]) Voici le titre de ces Études :

Recherche d'un procédé d'épreuve des propriétés explosives du coton-poudre;

Mesure de la force explosive par l'écrasement de cylindres métalliques;

Mesure de la force explosive au moyen du pendule balistique;

Mesure de la force explosive par la détermination des quantités de chaleur et l'analyse des gaz produits;

Mesure de la force explosive par la détonation au contact des plaques métalliques;

Recherche du mode d'emploi du coton-poudre aux opérations de guerre

Mode d'emploi de la dynamite aux opérations de guerre;

Mode d'emploi du coton-poudre humide;

Emploi du coton-poudre dans les mines (de guerre);

Recherche d'un moyen de transmission instantanée du feu; invention des tubes détonants au coton-poudre, à l'amidon-poudre, à la nitromannite, etc.;

Recherche d'un moyen de provoquer une explosion au passage d'un train sur une voie ferrée;

Étude comparative des effets des chocs sur les composés explosifs azotés;

Étude de l'action du camphre et des produits analogues sur les composés explosifs azotés;

Étude de la nitromannite;

Étude du coton-poudre paraffiné;

Étude de la paléine ou dynamite-paille;

Conditions de détonation des substances explosives; mode d'amorçage;

Étude des différentes circonstances dans lesquelles le choc peut provoquer l'explosion de la dynamite;

Recherche des moyens d'atténuer les effets des explosions de grisou, résultant du tirage des coups de mine;

Étude des causes de rupture des remorques de torpilles divergentes;

Étude des propriétés explosives du fulminate de mercure;

Examen de la question du transport de la dynamite en campagne;

Étude du fulmicoton;

Étude de dynamites, pétralite et forcite;

Étude de la poudre Orioli;

Recherches sur l'influence des conditions de chargement sur le développement des pressions dans l'âme des bouches à feu;

Étude des poudres Noble;

Les principales questions théoriques et pratiques, relatives à la connaissance des nouvelles matières explosives, autres que la poudre noire, ont été ainsi étudiées, suivant un programme méthodique et dont l'exécution se poursuit.

J'ai apporté à ces travaux mon modeste contingent, tant par mon concours à leur direction générale, que par mes recherches personnelles, les seules que j'aie le droit de rappeler ici.

Je me suis surtout occupé, pour ma part, de mesurer la chaleur de formation des principaux composés que l'azote constitue et qui sont la base des matières explosives dans la guerre et dans l'industrie. J'ai déterminé, en particulier, la chaleur de formation des oxydes de l'azote et de leurs sels, azotates, azotites, hypoazotites; celle de l'ammoniaque et des amides; celle des composés dérivés du cyanogène; celle des éthers azotiques, de la nitroglycérine, de la nitromannite, de la poudre-coton et des corps nitrés, sujets qui m'occupent depuis 1871.

J'ai également découvert les conditions de la fixation directe de l'azote libre sur les composés organiques, à l'aide de l'électricité à forte et à faible tension, spécialement sous des tensions comparables à celles de l'électricité atmosphérique.

J'ai encore étudié, dans ces derniers temps, les actions réciproques entre le soufre, le carbone, leurs oxydes et leurs sels, réactions qui jouent un rôle essentiel dans la combustion de la poudre noire.

Au même ordre de problèmes généraux, touchant les matières explosives, se rattachent mes expériences sur la détonation des

---

Examen du pourvoi des grandes Compagnies de Chemin de fer contre l'arrêté du 10 janvier 1879, relatif au transport de la dynamite sur les voies ferrées;
Étude d'un procédé pour l'emploi du nitrate de soude;
Étude des poudres au picrate d'ammoniaque;
Étude du nitrate de diazobenzol;
Examen d'une demande d'autorisation concernant l'adjonction d'un dépôt de capsules fulminantes à un dépôt de dynamite;
Étude des propriétés du sulfure d'azote;
Étude de l'explosif Espir;
Étude de la pétralite;
Étude de la panclastite;
Étude d'une nouvelle cartouche de coton-poudre paraffiné;
Étude du pyronôme;
Étude de la grenadine;
Étude d'un nouvel explosif de guerre (Baron et Cauvet);
Étude de deux nouveaux explosifs (Louis Pellier);
Étude sur la stabilité du coton-poudre en râpures;
Recherche d'un nouvel explosif pour les usages militaires.

combinaisons endothermiques (cyanogène, acétylène, etc.), sur les combustions opérées par le bioxyde d'azote, sur la décomposition des gaz brusquement comprimés, sur la stabilité de la matière en vibration sonore, enfin sur l'onde explosive, ainsi que les expériences exécutées avec la collaboration de M. Vieille et que j'ai rappelées ci-dessus.

Les nombreux Mémoires' que j'ai composés sur ces questions ont été publiés à mesure dans les *Comptes rendus des séances de l'Académie des Sciences* et dans les *Annales de Chimie et de Physique*. Ils forment le noyau et la substance originale du présent Ouvrage, où ils se trouvent condensés et ramenés à un ensemble méthodique.

C'est ainsi que les notions vagues que l'on possédait naguère sur les nouvelles matières se sont trouvées remplacées d'abord par des déductions théoriques plus précises, et que celles-ci à leur tour ont été l'objet de vérifications expérimentales, qui les ont, tantôt confirmées et développées, tantôt fait abandonner, pour les remplacer par des notions plus conformes aux théories de la Thermochimie.

Dans les anciens Traités, Traités dont l'Ouvrage du général Piobert constitue l'un des types les plus soignés, on s'occupait principalement de problèmes de Balistique. L'inflammation de la poudre, seule matière usitée alors, y était examinée comme le *primum movens* des phénomènes. Mais les auteurs demeuraient dans le vague sur les causes véritables de la force, tant au point de vue chimique qu'au point de vue mécanique.

MM. Bunsen et Schichkoff en 1857 ([1]), dans un travail fort remarquable, posèrent le problème de la poudre noire sur une base rationnelle, en mesurant le volume des gaz et la chaleur dégagée, et en cherchant à conclure de là les effets mécaniques. Mais ces deux données fondamentales étaient mesurées seulement d'une façon empirique, sans que les auteurs aient tâché de les déduire elles-mêmes de la composition initiale de la poudre, ou de la connaissance des produits de l'explosion.

La Science était trop peu avancée alors, au point de vue thermochimique, pour qu'on pût procéder différemment. La poudre noire d'ailleurs est une matière trop complexe et sa combustion donne lieu à des métamorphoses trop compliquées pour qu'on puisse, même aujourd'hui, raisonner autrement avec pleine certitude.

([1]) Poggendorff, *Annalen*, t. CII, p. 321.

Cependant l'invention et l'application à la guerre et à l'industrie de la poudre-coton, de la nitroglycérine et des picrates, dirigées d'abord par le pur empirisme, avaient soulevé de nouveaux problèmes, problèmes d'autant plus abstrus que le plus grand vague régnait sur la théorie de ces substances.

C'est alors que je proposai, en 1870, un premier essai de théorie, c'est-à-dire une explication rationnelle des propriétés caractéristiques des nouvelles matières, déduite des principes thermochimiques, d'après la seule connaissance de la composition chimique des corps explosifs et de l'énergie correspondante. Cette explication fut consignée dans un Opuscule publié pendant le siège de Paris, au milieu des essais improvisés sous la pression des événements, puis reproduite en 1872 : ce qui constitue la deuxième édition du présent Ouvrage. Elle parut tout d'abord aux gens compétents en conformité générale avec les résultats de la pratique : les règles qui s'en déduisent ont été conservées et tendent à prévaloir de plus en plus.

Mais, si les principes de la nouvelle théorie paraissent incontestables, les données numériques, réunies ou évaluées dans les conditions imparfaites que je viens de rappeler, ne pouvaient être regardées que comme provisoires.

Il était indispensable de reprendre l'étude expérimentale de la chaleur dégagée par la formation et les métamorphoses du salpêtre, de l'acide azotique, des oxydes de l'azote, de l'ammoniaque, ainsi que par celles de la poudre-coton, de la nitroglycérine et des éthers azotiques et composés nitrés, bref de tous les composés azotés : travail immense, dont on ne saurait imaginer les difficultés théoriques et pratiques, à moins d'avoir été amené à les résoudre.

En fait, depuis l'année 1871 jusqu'à l'année 1883, je n'ai cessé de m'occuper des expériences et des mesures relatives à ces importantes questions; c'est là un sujet que je n'ai guère délaissé depuis cette époque et que mes recherches sur la Mécanique chimique m'ont conduit à approfondir tous les jours davantage; j'ai donné plus haut la liste de mes travaux. L'exposé de ces expériences thermochimiques personnelles forme plus de la moitié du présent Ouvrage.

On voit par là que le Traité actuel comprend à la fois la théorie et la vérification incessante de celle-ci, par l'exposé parallèle des expériences pratiques correspondantes; on y trouvera en outre les résultats généraux d'une multitude d'expériences exécutées par la Commission des substances explosives.

Certes je ne me fais pas d'illusion sur les imperfections que ce Traité pourra présenter à la critique : quelles qu'aient été la durée de mes travaux et l'intensité de mes réflexions, le sujet est trop vaste pour que le but proposé ait pu être partout atteint. Il est facile d'y signaler bien des lacunes et des incertitudes, au point de vue de la pratique comme de la théorie pure. Mais j'ai pensé qu'il était avantageux de poser les problèmes, même sans les résoudre entièrement. Les fruits que l'on peut attendre de la conception signalée ici deviendront de plus en plus parfaits, lorsque la Thermodynamique aura fait de nouveaux progrès et lorsque les savants spéciaux auront perfectionné par leurs méditations les premières indications contenues dans ce Livre.

Cependant je dois les prévenir qu'ils n'y trouveront ni le détail de la fabrication des poudres, ni celui de leur emploi technique, ni celui de la théorie ou de la pratique de la Balistique : tous sujets sur lesquels je ne pourrais fournir que des renseignements de seconde main ; il vaut mieux les étudier dans les excellents Ouvrages composés par les gens du métier, parmi lesquels je citerai dans ces derniers temps les travaux de MM. Noble et Abel, et les remarquables recherches de M. Sarrau et de M. Sebert. Mais ce qui fait, si je ne me trompe, le plus grand intérêt des travaux présentés ici, c'est l'étude de l'onde explosive, l'examen chimique des réactions et surtout la détermination de l'énergie des substances explosives nouvelles.

Les circonstances propices dans lesquelles je me suis trouvé, principalement depuis 1877, m'ont permis d'acquérir sur ces sujets une expérience et des connaissances qui me manquaient au début, et je n'ai cessé de combler les lacunes de mes premiers travaux, de rectifier les erreurs qui ont pu m'être signalées, et surtout d'étendre et de généraliser mes études.

C'est ainsi que la troisième édition du présent Ouvrage a pris des dimensions beaucoup plus considérables que la précédente, et, je l'espère, une importance et une originalité de nature à justifier pour les hommes compétents le long effort que j'y ai consacré.

15 juin 1883.

PRÉFACE

DE LA DEUXIÈME ÉDITION (1872).

Quand vint le siège de Paris, dernière étape de nos défaites, on se tourna vers la Science, comme on appelle un médecin au chevet d'un malade agonisant. Le concours de l'esprit et de la méthode scientifiques eût été sans doute plus efficace, si on l'eût invoqué depuis de longues années pour organiser les forces matérielles et morales de la France : nos ennemis l'ont fait, mais on n'a pas encore su leur ravir le secret de leur puissance.

Quoi qu'il en soit, le dévouement des savants auxquels on faisait appel *in extremis* n'a pas manqué à la patrie. Les nombreux Comités institués dans ce péril suprême ont donné leur temps, leur santé et leur intelligence, sans mesure ni réserve. S'ils n'ont pas sauvé la patrie d'un désastre, rendu inévitable par la destruction déjà accomplie de notre organisation militaire, ils ont pourtant imprimé au siège de Paris quelques-uns des caractères qui le distingueront dans l'histoire.

On n'avait pas encore vu cette merveille d'une correspondance méthodique, entretenue par une ville investie, à l'aide des ballons et des pigeons, avec le concours de la photographie microscopique : ce sera la légende de l'avenir, comme ce fut l'objet de l'étonnement et de la fureur de l'ennemi, attestés par de cruelles et impuissantes menaces.

C'est grâce à la Science que l'on a pu fondre dans Paris ces quatre cents canons de campagne d'un nouveau modèle, supérieurs en portée aux canons prussiens et qui, du haut du plateau d'Avron, tinrent pendant un mois les Allemands en échec sur la route de Chelles ;

C'est grâce à la Science que la fabrication de la dynamite, presque ignorée en France, a pu être improvisée, sans ressources spéciales et dans les conditions en apparence les plus défavorables ;

C'est grâce à la Science que la lumière électrique a joué, dans l'éclairage nocturne des travaux de défense, un rôle inattendu et dont l'emploi méthodique a rendu toute surprise impossible;

C'est grâce à la Science et aux moyens nouveaux enseignés par elle pour la défense des brèches que toute tentative d'assaut fut épargnée à la ville assiégée : cette tentative eût sans doute abouti à quelque grand désastre pour nos adversaires.

Mais il faudrait un volume tout entier pour énumérer les efforts et le dévouement de tant de savants patriotes.

Efforts infructueux! l'œuvre de la faim

> *.... sævior armis*

accomplit ce que la force armée n'avait pas osé faire.

J'ai présidé l'un de ces comités, appelés dans le danger suprême « Le Comité scientifique pour la défense de Paris », institué le 2 septembre 1870 près le Ministère de l'Instruction publique, par M. Brame, maintenu ([1]) et encouragé par M. J. Simon après la proclamation de la République.

Nous avons fourni, comme les autres, jour par jour et sans nous lasser, notre contingent de bonne volonté, de labeur et de patriotisme. Je pourrais raconter nos travaux : mais il ne convient guère, après la défaite, de faire l'histoire détaillée des efforts qui n'ont pas abouti.

Si j'ai cru devoir rappeler ces faits, c'est afin d'expliquer l'origine des recherches contenues dans le présent Volume et qui s'écartent de la direction ordinaire de mes expériences. Adonné, dès mes débuts dans la vie, au culte de la vérité pure, je ne me suis jamais mêlé à la lutte des intérêts pratiques qui divisent les hommes : j'ai vécu dans mon laboratoire solitaire, entouré de quelques élèves, mes amis. Mais, pendant la crise suprême traversée par la France, il n'était permis à personne de demeurer indifférent; chacun a dû apporter son concours, si humble qu'il pût être. Voilà comment j'ai été arraché à mes études abstraites, et j'ai dû m'occuper de la fabrication des canons, des poudres de guerre et des matières explosives. J'ai tâché de faire mon devoir, sans partager les haines étroites de quelques-uns contre l'Allemagne,

---

([1]) Le Comité se composait de MM. d'ALMEIDA, BERTHELOT, BRÉGUET, FRÉMY, JAMIN, RUGGIERI, SCHUTZENBERGER. Sur ma demande, on nous adjoignit un second Comité, dit de Mécanique, composé de MM. DELAUNAY, président; CAIL, CLAPARÈDE, GÉVELOT et ROLLAND.

dont je respecte la science, en maudissant l'ambition impitoyable de ses chefs.

J'ai consigné le fruit de mes réflexions et de mes recherches dans divers Mémoires et publications séparés. Plusieurs personnes ont pensé que la réunion de ces travaux pouvait rendre quelque service : ce n'est donc ni un Traité complet sur la matière, ni un Manuel élémentaire, mais l'exposé coordonné de mes travaux personnels que j'offre aujourd'hui aux lecteurs.

Je les ai présentés sous cette forme générale et purement scientifique que je me suis toujours efforcé de donner à mes publications, convaincu que la grandeur de la civilisation consiste à n'être assujettie à aucun préjugé de personne, de race ou de nationalité. Toute vérité, découverte sur un point du globe, profite à l'humanité tout entière. Puisse cette guerre funeste, et les iniquités qui en ont marqué la déclaration comme le dénoûment, n'avoir pas affaibli dans les intelligences la notion du rôle idéal de la Science !

TABLE DES DIVISIONS

DU TOME PREMIER.

LISTE DES PLANCHES

LISTE DES FIGURES.

ERRATA.

T. I, p. 10, ligne 15 en remontant, *au lieu de* rochers, *lisez* roches.

T. I, p. 34, ligne 9, *après* intervient, *ajoutez* toutes les fois que la combustion est incomplète.

T. I, p. 52, ligne 18, *au lieu de* 2547, *lisez* 2413.

T. p. I, 59, ligne 7, *au lieu de* 1600^{kg}, *lisez* 1707^{kg}.

ligne 10, *au lieu de* un peu inférieure, *lisez* sensiblement égale.

T. I, p. 72 dernière ligne, *au lieu de* poudre du chlorate, *lisez* poudre au chlorate.

T. I, p. 90, lignes 5 et 6 en remontant, *au lieu de* peut varier, dans sa durée par exemple, depuis, *lisez* peut varier dans sa durée, par exemple depuis.

T. I, p. 91, ligne 15 : Il a été reconnu que le camphre modifie peu les propriétés explosives de la dynamite ordinaire.

T. I, p. 197, dernière ligne, *au lieu de* T et H, *lisez* Tr et H.

T. I, p. 100, ligne 17, *au lieu de* un mélange d'oxygène et de bioxyde d'azote, *lisez* un mélange d'hydrogène et de bioxyde d'azote.

T. I, p. 177, ligne 3, *au lieu de* 1870, *lisez* 1780.

T. I, 193, ligne 13 en remontant, *au lieu de* $\div$ 45,1, *lisez* $\div$ 53,5.

ligne 3 en remontant, *au lieu de* $+$ 135,0, *lisez* $\div$ 142,4.

T. I, p. 194, ligne 2 en remontant, *au lieu de*

$$
\begin{aligned}
&\text{Acide hyposulfureux} \dots\dots\dots\dots\dots\dots\dots\dots\quad S^2 \div O^3 \div HO\\
&\text{Acide hydrosulfureux} \dots\dots\dots\dots\dots\dots\quad S^1 \div O^2 \div HO
\end{aligned}
$$

lisez

$$
\begin{aligned}
&\text{Acide hyposulfureux} \dots\dots\dots\dots\dots\dots\quad S^2 \div O^2 \div HO\\
&\text{Acide hydrosulfureux} \dots\dots\dots\dots\dots\dots\dots\quad S^2 + O^3 \div HO
\end{aligned}
$$

Je crois utile de donner ici quelques-uns des résultats numériques que j'ai obtenus [1], afin de rectifier les chiffres indiqués au t. Ier, p. 198, 203 et 204, chiffres calculés d'après les anciennes données. Ces chiffres jouent un rôle dans la fabrication de certains explosifs.

Acide chromique :

$$\text{Cr}^2\text{O}^3 \text{ précipité} + \text{O}^3 = 2\,\text{Cr}\,\text{O}^3 \text{ cristallisé} \dots\dots\dots\dots\dots\dots\quad + \quad 3^{Cal},1$$

Chromate neutre de potasse :

$$\text{Cr}^2\text{O}^3 \text{ précipité} + \text{O}^3 + 2\,\text{KO} \text{ étendue} = 2\,\text{Cr}\,\text{O}^4\text{K} \text{ cristallisé} \dots\dots\quad + \; 35,9$$
$$\text{Cr}^2\text{O}^3 + \text{O}^5 + \text{K}^2 = 2\,\text{Cr}\,\text{O}^4\text{K} \dots\dots\dots\dots\dots\dots\dots\dots\dots\quad +200,5$$

[1] *Comptes rendus,* t. XCVI, p. 198, 699-536.

Bichromate de potasse :

Cr^2O^3 précip. $+ O^3 + KO$ étend. $= Cr^2O^7K$ diss. $+ 18,9$; cristallisé. $+ 27,4$

$Cr^2O^3 + O^4 + K = Cr^2O^4K$ .... $+ 109,7$

Bichromate d'ammoniaque :

Cr^2O^6, AzH^3, HO solide $+$ eau, à 13° .... $- 6,2$

CrO^3 dissous $+ AzH^3$ étendue, à 12° .... $+ 11,1$

$2CrO^3$ dissous $+ AzH^3$ étendue. .... $+ 12,0$

Soit une oxydation dégageant pour chaque équivalent d'oxygène ($O = 8^{gr}$) entré en réaction : A^{Cal}; les produits demeurant les mêmes,

La même oxydation effectuée :

1° Au moyen de *l'acide chromique dissous,* avec formation d'oxyde de chrome précipité, dégagera : $A - 1^{Cal},4$;

2° Au moyen de *l'acide chromique cristallisé :* $A - 1^{Cal},0$;

3° Au moyen du *bichromate de potasse dissous,* cédant O^3, avec mise en liberté de KO étendue : $A - 6,3$.

4° Au moyen du *bichromate de potasse dissous,* cédant O^3, avec formation de sulfate de potasse et de sulfate de chrome, en présence d'un grand excès d'acide sulfurique étendu : $A + 7,1$;

Avec formation de chlorure de potassium et de chlorure chromique, en présence d'un excès d'acide chlorhydrique étendu : $A + 5,1$.

5° Au moyen du *bichromate de potasse cristallisé,* cédant O^3 et oxydant le carbone ou le soufre, avec formation d'oxyde de chrome et de carbonate ou de sulfate de potasse

$$Cr^2O^7K + S = Cr^2O^3 + SO^4K : + 66^{Cal},0 + Q; \text{ soit } 22,0 + \frac{Q}{3} \text{ pour O cédé}$$

$$Cr^2O^7 + 1\frac{1}{2}C = Cr^2O^3 + CO^3K + \frac{1}{2}CO^2 : + 57,3 + Q; \text{ soit } + 19,1 + \frac{Q}{3} \text{ pour O cédé.}$$

Q représente la chaleur dégagée par la transformation de l'oxyde de chrome précipité en oxyde anhydre.

T. I, p. 198 Tableau, *au lieu de* protoxyde de plomb, *lisez* protoxyde de cuivre.

       Au lieu de protoxyde de magnèse, *lisez* protoxyde de **manganèse.**

Oxyde de bismuth, *effacez* (W).

       Au lieu de $+ 19,8$, *lisez* $+ 68,3$.

T. I, p. 198, *ajoutez* Oxyde antimonieux | $Sb + O^3$ | 146 | $+ 88,7$.

       Acide antimonique | $Sb + O^5$ | 162 | $+ 114,9$.

T. I, p. 198, Tableau, acide chromique : Cr^2O^4 hydrate $+ O^3$.

       Au lieu de $+ 12,1$, *lisez* $+ 3,1$.

       Au lieu de $+ 11,0$ crist. ou $3,7 \times 3$, *lisez* $+ 4,2$ ou $+ 1,4 \times 3$.

T. I, p. 199, ligne 1, *au lieu de* halogènes, *lisez* haloïdes.

T. I, p. 203, *au lieu de*

       Oxalates 136,5

lisez

       Oxalates .... $136,5 \times 2$

T. I, p. 203, Tableau,

       Sulfate .... $S + O^4 + H^4 + Az$ | 66 | $+ 142,9$

       Lisez .... $+ 141,1$

       Bisulfate .... $S^2 + \quad + K$ |

       Lisez .... $S^2 + O^7 + K$

T. I, p. 204, Oxyde de bismuth, *au lieu de* A — 6,6, *lisez* A — 23.

T. I, p. 204, *au lieu de*

$$\text{Azotate de potasse} \quad \left|\ \tfrac{1}{8}\,\text{Az}\,\text{O}^6\,\text{K}\ \right|$$

lisez

$$\text{Azotate de potasse} \quad \left|\ \tfrac{1}{5}\,\text{Az}\,\text{O}^6\,\text{K}\ \right|$$

T. I, p. 208, *au lieu de* Tableau XIV, *lisez* Tableau XV.

T. I, p. 213, *au lieu de* Nitrite formique, *lisez* Nitrile formique.

T. I, p. 214, les deux dernières lignes ont été altérées par une interversion : elles doivent être écrites de la manière suivante :

| Azotate de potasse | $\text{Az}\,\text{O}^5,\text{Na}\,\text{O}$ | 101 | 333,5 | — 5,5 | P, |
| Azotate de soude | $\text{Az}\,\text{O}^5,\text{K}\,\text{O}$ | 85 | 306 | — 4,9 | P. |

T. I, p. 215 Tableau, *après* ammoniaque, *ajoutez*

    Acide fluorhydrique | HF. | 20 | 7,2 | Guntz.

T. I, p. 218 Tableau, au-dessous du sulfate de chaux, *au lieu de* Id. Id. avec accolade, *lisez sur trois lignes distinctes :*

    Id.... .... Baryte
    Id..... .... Strontiane
    Id................ Magnésie

T. I, p. 220 Tableau, *après* zinc, *ajoutez*

    Oxyde de fer magnétique | Fe^3O^4 | 116 | 5,9 | 23.

Après chlorhydrate d'ammoniaque, *ajoutez*

    Cyanure de potassium | $\text{C}^2\text{Az}\,\text{K}$ | 65,1 | 1,52 | 43.

T. I, p. 237, ligne 9 en remontant, *au lieu de* 1°,74, *lisez* 14°,7.

T. I, p. 244, ligne 4 en remontant, *au lieu de* ($\text{Az}\,\text{O}^4\,30^{gr}$), *lisez* ($\text{Az}\,\text{O}^4 = 30^{gr}$).

T. I, p. 246, *au lieu de* § 3, *lisez* § 2 *bis*.

T. I, p. 248, au milieu, *après les mots.* 2. J'ai changé le bioxyde d'azote... expériences, *ajoutez* Une première méthode consiste à former d'abord un azotite que l'on oxyde ensuite. Parlons d'abord de la formation de l'azotite. *Effacer première méthode, par les azotites.*

T. I, p. 255, ligne 15, *au lieu de* ($\text{Az}\,\text{O}^4\,\text{Ag}$), *lisez* ($\text{Az}\,\text{O}^4$) Ag.

T. I, p. 274, ligne 4, *au lieu de* $\text{Az}\,\text{O}^2 + \text{O}^2$, *lisez* $\text{Az}\,\text{O}^2 + \text{O}^3$.

T. I, p. 280, *au lieu de* § 5, *lisez* § 5 *bis*.

T. I, p. 302, ligne 20, *au lieu de* dans l'hydrogène libre, *lisez* par l'action de l'hydrogène libre,

    ligne 9 en remontant, *au lieu de* 8 H lib., *lisez* 8 H.

T. I, p. 303, ligne 6, *au lieu de* Azotate de la potasse, *lisez* azotate de potasse.

T. I, p. 311, deuxième Note, *au lieu de* Gayen, *lisez* Gayon.

T. I, p. 322, ligne 12 en remontant, *au lieu de* l'ozone pur n'oxyde en aucune façon l'oxygène, *lisez* l'ozone pur n'oxyde en aucune façon l'azote.

T. I, p. 346, ligne 13 en remontant, *supprimez* (ou plutôt son équivalent grec).

T. I, p. 363, ligne 6 en remontant, *au lieu de* perchlorite, *lisez* perchlorate.

T. I, p. 370, ligne 11 en remontant, *au lieu de* par deux expériences, *lisez* par des expériences.

T. I, 375, au milieu, deuxième membre de l'équation, *au lieu de*

$$\tfrac{1}{3}\,Az\,H^3 \text{ étendue} + \tfrac{2}{3}\,H^2O^2,$$

lisez

$$\tfrac{1}{3}\,Az\,H^3 \text{ étendue} + \tfrac{2}{3}\,Az + H^2O^2.$$

T. II, p. 7, ligne 13, *au lieu de* $15^{Cal},0$, *lisez* $14^{Cal},6$,
     ligne 14, *au lieu de* $3^{Cal},0$, *lisez* $2^{Cal},9$.

T. II, p. 18, ligne 14, *après les mots* dérivés azotiques, *ajoutez* jointe à la tendance de l'acide sulfurique à former un hydrate secondaire avec l'eau résultant de la production du composé nitré,

     ligne 13 en remontant, *après les mots* de la même liqueur, *ajoutez* l'écart est accru d'ailleurs de toute la chaleur de formation de l'hydrate sulfurique secondaire, produit par l'union de l'acide sulfurique avec l'eau résultant du dérivé nitré.

T. II, p. 23, ligne 18, *après* Saint-Denis, *ajoutez* avec l'éther méthylazotique.
     ligne 19, *au lieu de* cet éther, *lisez* des éthers azotiques.
     ligne 20, *au lieu de* cette explosion, *lisez* l'explosion de l'éther azotique.

T. II, p. 27, ligne 5 en remontant, *au lieu de* biazotique, *lisez* diazotique.

T. II, p. 37, dernière ligne, *au lieu de* diabenzol, *lisez* diazobenzol.

T. II, p. 45, ligne 4 en remontant, *après le mot* intervention, *ajoutez* originelle,

     dernière ligne, *après* rectifier, *ajoutez* en dernier lieu, j'ai mesuré de nouveau la chaleur de formation des composés organiques les plus importants par des méthodes tout à fait indépendantes de la chaleur de formation de l'ammoniaque.

T. II, p. 67, ligne 18, *au lieu de* cet état, *lisez* écart.

T. II, p. 69, *après les mots* 3. Au contraire.... à la température ordinaire, *ajoutez* (réaction virtuelle).

T. II, p. 97, ligne 17 en remontant, *au lieu de* se régénère, *lisez* régénère.
     ligne 13 en remontant, *au lieu de* CO^2Az, H^3, HO, *lisez* CO^2, AzH^3, HO,

T. II, p. 113, ligne 10, *au lieu de* chlorates, *lisez* chlorures.

T. II, 130, ligne 19, *après les mots* ou du chlore, *ajoutez* ou des oxydes de l'azote.

T. II, p. 131, ligne 14, *après* azotites, *ajoutez* azotates.

T. II, p. 140, ligne 10, *au lieu de* emploi de, *lisez* des.

T. II, p. 140, *au lieu de* § 2. Emploi de matières, *lisez* emploi des matières.

T. II, p. 158, ligne 19, *au lieu de* $C^4H^2O^{10}$, *lisez* $C^4H^2 + O^{10}$.

T. II, p. 158, ligne 11, *au lieu de* $7,1$, *lisez* $7,4$.
     ligne 16, *au lieu de* $7,5$, *lisez* $7,8$.
     ligne 17, *au lieu de* $8,0$, *lisez* $8,3$,
     ligne 22, *au lieu de* $12,3$, *lisez* $13,3$,
     ligne 14, *au lieu de* $7,4$, *lisez* $7,7$,
     ligne 15, *au lieu de* $7,8$, *lisez* $8,0$,
     ligne 24, *au lieu de* $15,1$, *lisez* $15,6$.

T. II, p. 160, ligne 7, *au lieu de* mélanges explosif, *lisez* explosifs.

T. II, p. 189, ligne 10 en remontant, *au lieu de* Cr^2O^2 précipité, *lisez* Cr^2O^3 précipité.

T. II, p. 205, ligne 2 en remontant, *au lieu de* limites de chargement, *lisez* densités de chargement.

T. II, p. 208, ligne 15 en remontant, *effacer le premier mot* suivre.

T. II, p. 237, ligne 17 en remontant, *au lieu de* identiques, *lisez* identique.

T. II, p. 239, ligne 13 en remontant, *au lieu de* il n'y a plus, *lisez* il y a plus.

T. II, p. 275, ligne 4 en remontant, *au lieu de* en sulfite et sulfure, *lisez* en sulfate et sulfure.

T. II, p. 300, ligne 14, dans le deuxième membre de l'équation, *ajoutez* $+ \mathrm{Az}$.

T. II, p. 308, Tableau. Volume des gaz, etc., *au lieu de* $234^{\mathrm{Cal}}, 2$, *lisez* $234^{\mathrm{cc}}, 2$.

    Note, *au lieu de* $449^{\mathrm{Cal}}, 5$, *lisez* $449^{\mathrm{cc}}, 5$,

    ligne 8, *au lieu de* 300^{lit}, *lisez* 300^{cc}.

T. II, *au lieu de* p. 216, Livre III, *lisez* p. 316.

T. II, 294, *au lieu de* Troisième section, *lisez* Quatrième section.

T. II, 303, *au lieu de* Quatrième section, *lisez* Cinquième section.

SUR LA FORCE

DES

MATIÈRES EXPLOSIVES

D'APRÈS

LA THERMOCHIMIE.

INTRODUCTION.

DES MATIÈRES EXPLOSIVES EN GÉNÉRAL.

L'emploi des matières explosives, dans la guerre et dans l'industrie des mines, repose sur la production brusque d'un volume gazeux considérable, au sein d'un espace trop étroit pour le contenir sous la pression atmosphérique. De là résulte une force expansive plus ou moins grande, développée dans un temps très court, et capable de lancer des projectiles ou de faire éclater les parois de l'enceinte où les gaz sont renfermés. L'expansion soudaine des gaz sous un volume beaucoup plus grand que leur volume initial, accompagnée de bruit et d'effets mécaniques violents, constitue l'*explosion*. Quand celle-ci atteint son plus haut degré de vitesse et d'énergie, elle prend le nom de *détonation*.

Les effets mécaniques sont dus à l'acte même de l'explosion et à la détente qu'elle détermine : une portion de la force vive, inhérente aux molécules gazeuses, se communique alors soit aux projectiles, soit aux parois fracturées de l'enceinte et aux corps

I.   1

environnants, lesquels se trouvent ébranlés, renversés, disloqués, brisés en morceaux et projetés dans diverses directions.

Ces phénomènes peuvent être produits par la détente simple d'un gaz comprimé à l'avance, ou d'une vapeur, engendrée par un liquide surchauffé; ou bien par une réaction chimique qui développe subitement, dans un système solide, liquide ou gazeux, un grand volume de gaz et une température élevée. La dernière méthode est surtout mise en œuvre dans les applications; parce que les effets en sont beaucoup plus puissants, pour un poids donné de matière active, et aussi parce qu'aucun appareil auxiliaire n'est nécessaire pour comprimer à l'avance les gaz, ou pour échauffer les liquides que l'on veut changer en vapeurs.

Le fusil à vent n'est jamais sorti des cabinets de Physique; les canons à vapeur produisent, avec plus de complication et de dépense, des effets incomparablement moindres que ceux des canons ordinaires. Les coins hydrauliques, employés quelquefois pour disloquer les roches, ne développent point de force vive et ne donnent pas lieu à une explosion proprement dite. Celle-ci ne saurait non plus se manifester lors des ruptures de pierres ou de métaux, produites par la dilatation presque irrésistible que l'eau éprouve au moment de sa congélation; ou bien par la dilatation plus puissante encore qui résulte de l'hydratation pure et simple de la chaux vive. Ces agents ont été proposés dans les mines; mais, je le répète, ils ne développent ni gaz, ni force vive, ni explosion véritable.

C'est donc aux réactions chimiques seulement que l'on a recours pour provoquer les effets explosifs. Parmi ces réactions mêmes, on se borne principalement, dans la pratique, à celles qui font intervenir l'oxygène, libre ou combiné, et les substances combustibles. Le mélange tonnant, formé par l'hydrogène et l'oxygène, est le type classique de ce genre de réactions; à poids égal, il fournit même une force vive supérieure à celle de tous les autres mélanges connus. Malheureusement le volume occupé par les corps primitifs est énorme, en raison de leur état gazeux : ce qui ne permet pas aux pressions développées pendant l'explosion d'atteindre une valeur fort élevée. En outre, l'état gazeux du mélange primitif nécessite l'emploi d'enveloppes hermétiques, pour empêcher la déperdition des gaz. Ce double inconvénient n'a pas permis de tirer parti des mélanges gazeux explosifs, non plus que de l'oxygène libre.

Au contraire, l'oxygène engagé dans une combinaison solide ou liquide, telle que l'azotate de potasse, l'acide azotique, le chlorate de potasse, le bichromate de potasse, les oxydes métalliques, est employé, et employé d'une manière presque exclusive. Mais, parmi les composés qu'il forme, ceux qui affectent l'état liquide sont le plus souvent écartés, à cause de la nécessité de vases spéciaux pour les contenir. On mélange donc le composé oxydant avec une substance combustible, d'ordinaire solide, telle que le soufre, ou les sulfures, le phosphore, le zinc, l'antimoine, ou les autres métaux, le charbon, le sucre, les corps hydrocarbonés, le ferrocyanure de potassium, etc. Il y a plus : une seule combinaison oxygénée, l'azotate de potasse, a suffi, jusqu'à ces derniers temps, à la plupart des applications, dans la guerre et dans l'industrie.

Cependant, depuis quelques années, on a cherché à remplacer les mélanges où le corps comburant et le corps combustible sont associés mécaniquement, par des combinaisons plus intimes, obtenues à l'aide de la réunion des éléments azotiques et des éléments hydrocarbonés dans un seul et même composé défini : tels sont la nitroglycérine, la poudre-coton, le fulminate de mercure, le picrate de potasse. Certains corps non azotés, les éthers perchloriques, par exemple, ou l'oxalate d'argent, pourraient aussi être utilisés.

On a même eu recours à des composés exempts d'oxygène, tels que le diazobenzol et le sulfure d'azote, formés avec absorption de chaleur depuis leurs éléments, et renfermant dès lors une réserve d'énergie, que leur brusque décomposition fait reparaître et permet de mettre en œuvre.

A l'origine et dans les premiers moments de leur découverte, l'étude des substances explosives a été faite surtout d'une manière empirique, aucune théorie exacte ne permettant d'en annoncer à l'avance les propriétés, ni de diriger la recherche de ces corps au milieu des essais aveugles de la pratique. J'ai essayé d'instituer cette théorie, d'après les principes généraux de la Chimie et de la Thermochimie, dans un petit livre publié pendant le siège de Paris et reproduit en 1872. Le présent Ouvrage, suite et développement de cette première ébauche, est fondé sur les mesures expérimentales de la chaleur de formation des combinaisons azotées, mesures nombreuses et difficiles, que j'ai exécutées et poursuivies par un travail sans relâche depuis douze années. En un mot, je me propose de définir la force des substances explosives par la seule connaissance des réactions chimiques, celles-ci déterminant le volume des gaz, la quantité de chaleur et, par suite, la force explosive.

L'Ouvrage est partagé en trois Livres :

Le Livre Ier comprend les *Principes généraux;*

Le Livre II est consacré à la *Thermochimie des explosifs.*

Il contient l'exposé complet de mes recherches personnelles sur la chaleur de formation des composés de l'azote, composés qui sont fondamentaux dans la fabrication des matières explosives.

Le Livre III traite de la *Force des matières explosives en particulier.* On y applique les principes et les résultats exposés dans les Livres précédents à l'étude spéciale de la force des matières explosives, telles que : gaz explosifs et mélanges gazeux, composés explosifs non carbonés, éthers azotiques, dynamites, fulmi-coton, picrates, composés diazoïques, poudres à base d'azotates, poudres à base de chlorates, etc.

LIVRE PREMIER.

PRINCIPES GÉNÉRAUX.

LIVRE PREMIER.

PRINCIPES GÉNÉRAUX.

CHAPITRE PREMIER.

FORCE DES MATIÈRES EXPLOSIVES EN GÉNÉRAL.

1. La force d'une matière explosive peut être entendue de deux
manières, qui répondent aux sens divers attribués à ce mot dans
les applications, suivant que l'on envisage la pression développée
ou le travail accompli. Ainsi l'on a souvent désigné par le mot
force la *pression* développée par la matière explosive, ou plus
exactement par les gaz qui résultent de sa décomposition : c'est elle
qui détermine la rupture des projectiles creux et l'écartement des
parois des trous de mine.

Mais cette notion est incomplète, car les coins hydrauliques et
la solidification de l'eau produisent les mêmes pressions et ruptures, sans travail ultérieur notable; tandis que les effets des substances explosives comprennent, en outre, certains *travaux mécaniques*, tels que le broiement, ou la dislocation étendue des roches,
la projection des balles, des boulets, et la dispersion des fragments
mêmes des projectiles creux rompus par l'explosion.

2. Voici la liste détaillée des principaux travaux accomplis par les
matières explosives, dans l'industrie et dans les applications militaires:

1° Rupture des projectiles creux, par la poudre noire ou par
ses succédanés.

2° Rupture des masses de fonte ou de fer forgé, telles que les
loupes des fonderies accumulées au-dessous des trous de coulée,
ou même solidifiées dans les creusets des hauts-fourneaux et ren-
dant toute opération ultérieure impossible. La poudre noire est à

peu près sans action sur de telles masses; mais la nitroglycérine, la dynamite, ainsi que la poudre-coton comprimée, cassent la fonte en morceaux et déchirent le fer forgé.

3° Rupture des ponts métalliques, qui doivent être tordus, déchirés, arrachés sur place, pour arrêter la circulation en temps de guerre; destruction de leurs débris à terre ou sous l'eau, pour la rétablir.

4° Déplacement, déformation, rupture des rails et des pièces métalliques, afin de mettre hors de service la voie d'un chemin de fer; percement et destruction des plaques de blindage des navires et autres constructions cuirassées.

5° Rupture ou mise hors de service des pièces de canon en acier, en fonte ou en bronze, soit par l'explosion intérieure d'une charge de dynamite dans la volée; soit par l'application extérieure de cette même substance sur la volée, au voisinage des tourillons qu'elle déforme; soit enfin par la destruction des affûts (rupture de la flèche ou de l'essieu).

6° Rupture des roches, au moyen de la dynamite, du coton-poudre ou de la poudre noire sous ses diverses formes (poudre de guerre, de mine, etc.). Cette rupture peut avoir pour objet : tantôt la simple dislocation de la roche; tantôt son débit en morceaux plus ou moins volumineux, lesquels demeurent en place, ou bien sont déblayés et abattus en tas pour une destination industrielle, ou même doivent être projetés dans les opérations militaires.

On peut enfin réaliser le broiement proprement dit de la roche en poussière, ou en très petits fragments, si l'on se propose d'y creuser un trou ou une chambre.

La diversité des roches, au point de vue de leur dureté, de leur ténacité, de leur caractère fissuré ou aquifère, introduit une très grande variété dans l'emploi des explosifs propres à produire tel ou tel effet voulu à l'avance.

Le pétardement des roches sous l'eau a donné lieu à des applications très intéressantes de la dynamite et du coton-poudre; elle a permis aux ingénieurs de réaliser des constructions jusque-là réputées impossibles.

7° Destruction et déblaiement des bancs de glaise et des ouvrages en terre, par la dynamite.

Creusement de chambres et d'entonnoirs dans l'argile et dans la terre; camouflets et travaux divers des mines, à la guerre.

8° Démolitions des maçonneries en tout genre.

Écroulements des ponts, tunnels, constructions, galeries de mine.

9° Déblaiement des glaces et rupture des glaçons, par des dislocations étendues, auxquelles la dynamite est spécialement apte.

10° Ruptures de bois par fissurage, section, arrachement : telles que section d'arbres sur pied par la dynamite, dans les opérations de défrichement ou à la guerre; destruction de poteaux télégraphiques; enfoncement et renversement de palissades; déchirure et déblaiement de pilots sous l'eau; déchirure, arrachage et débit de souches enterrées.

11° Destruction de navires flottants; démolition de navires échoués et d'épaves sous-marines.

12° Destruction à distance des torpilles et mines placées sous l'eau, ou même en terre.

13° Projection des balles, boulets, obus, etc., dans les armes, canons, fusils, etc.

14° Projection des fusées, par la combustion d'une charge de poudre intérieure.

15° Mise de feu par les amorces et détonateurs, qui déterminent l'explosion d'une masse principale de poudre ou de dynamite.

Nous ne parlerons pas ici des effets pyrotechniques proprement dits, c'est-à-dire de l'emploi de la poudre comme agent producteur de lumière et de feux d'artifice, la théorie de ces effets étant d'un tout autre ordre que celle des questions que nous nous proposons de traiter.

3. Les applications des matières explosives qui viennent d'être énumérées sont dues à la fois, je le répète, à la pression et au travail développés par ces matières.

La *pression* dépend surtout de la nature des gaz formés, de leur volume et de leur température.

Le *travail*, au contraire, dépend principalement de la chaleur dégagée, laquelle mesure l'énergie développée.

En d'autres termes, le *travail maximum* qu'une matière explosive puisse effectuer est proportionnel à la quantité de chaleur dégagée par la transformation chimique de la matière explosive, cette matière étant prise à la pression et à la température ambiantes, et ses produits supposés ramenés aux mêmes conditions.

4. Soit Q cette quantité de chaleur, exprimée en calories, le travail correspondant, traduit en kilogrammètres, sera : $425\,Q$, d'après l'équivalent mécanique de la chaleur.

Ce chiffre exprime l'*énergie potentielle* de la matière explosive.

C'est là, sans doute, une limite qui n'est jamais atteinte dans la pratique ; mais il est indispensable de la connaître, comme le seul terme absolu des comparaisons.

5. La transformation effective de cette énergie en travail dépend du volume des gaz, de leur température et de la loi de la détente. Elle est toujours incomplète. Il y a plus : une portion seulement de ce travail lui-même est utilisée dans les applications. Par exemple, dans les armes, le travail qui communique au projectile sa force vive est le seul dont on tire parti ; il représente le rendement véritable ; tandis que les travaux effectués, tant aux dépens de la masse de l'arme que par les gaz et l'air projetés, sont perdus.

Une fraction notable de l'énergie demeure d'ailleurs inutile, sous forme de chaleur emmagasinée dans les gaz, ou communiquée au projectile, à l'arme, etc.

Le calcul de ces répartitions diverses de l'énergie entre l'échauffement proprement dit, les travaux mécaniques accomplis, la force vive communiquée, les mouvements vibratoires du sol et de l'air, etc., est fort compliqué. Voici cependant quelques notions générales à cet égard, notions qu'il paraît utile de présenter ici.

Au point de vue des travaux auxquels les matières explosives sont destinées, on distingue les *poudres brisantes*, les *poudres rapides* et les *poudres lentes ;* les *poudres fortes* et les *poudres faibles*.

6. *Poudres brisantes.* — Les matières dont la transformation chimique est très rapide, telles que le fulminate de mercure, produisent surtout les effets dus au broiement sur place des rochers, ou à la division de l'enveloppe des projectiles creux en une multitude de petits fragments, l'élasticité de l'ensemble n'ayant pas le temps d'entrer en jeu. Elles constituent ce qu'on appelle des *poudres brisantes.*

Il y a plus, la force vive de translation communiquée aux particules de matière contiguës à la poudre devient prédominante, par suite de la production subite des pressions énormes qui caractérisent ce genre de poudres. Leur influence s'exerce dès lors d'une façon toute spéciale sur les gaz environnants ; les molécules de ceux-ci se trouvent projetées tout d'un coup, avec une vitesse très supérieure à celle de leur translation actuelle, laquelle est, comme on sait, comparable à la vitesse même du son dans ces gaz. Par suite, les molécules gazeuses tendent à s'accumuler les unes sur les autres et à produire des effets de choc et même de cisaillement, analogues à ceux qui résulteraient du choc ou de la pression d'un corps solide extrêmement dur.

La transmission des explosions par influence, par l'intermédiaire d'un gaz inerte, est due à un mécanisme du même ordre.

Tels sont les travaux extrêmes produits par l'explosion presque instantanée d'une poudre brisante.

7. *Poudres fortes et rapides.* — Mais, si l'on ralentit un peu la décomposition, et si l'énergie potentielle est considérable, la substance explosive tend à provoquer, suivant la direction de moindre résistance, des déchirements, même dans les métaux les plus résistants. Ces effets s'étendent au loin, au sein des matières compactes et médiocrement tenaces : ce sont alors des effets de dislocation. Ils se manifestent sans projection, si les masses auxquelles le mouvement est communiqué sont considérables.

Avec des poudres fortes et rapides, on peut supprimer ou réduire le bourrage; la communication des pressions se faisant au contact, et avant que les matières aient eu le temps de fuir devant les gaz compresseurs.

C'est ainsi qu'une charge assez faible de dynamite, posée à l'air libre sur une pierre de taille et recouverte par un simple sac à terre, suffit pour briser cette pierre en petits morceaux. Une seule cartouche renfermant 150^{gr} de dynamite (à 75 pour 100 de nitroglycérine) brise ainsi un bloc d'une surface égale de 60 à 80^{dmq} sur une épaisseur de $0^m,40$. Le morceau est débité suivant des fentes, rayonnant autour du centre d'explosion et analogues à celle qu'aurait produite la chute d'un mouton de fer tombant d'une grande hauteur. En somme, l'effet est celui d'un choc gigantesque et extrêmement brusque. Par suite, la dynamite peut être employée pour fendre un bloc, suivant un plan déterminé, à la façon d'un coin. Il suffit de tracer un sillon à la surface, avec un trou central où l'on place la charge.

C'est aussi en raison de ce mode de propagation des pressions que la profondeur du trou de mine peut être beaucoup réduite avec la dynamite.

Ce n'est pas tout. Dans un trou de mine, les lits de carrière et les crevasses dans la roche troublent peu l'action d'une telle poudre, pourvu que les lits ou crevasses ne soient pas dirigés vers le centre d'ébranlement.

Aussi ces poudres sont-elles préférables de beaucoup dans les terrains fissurés et aquifères; elles excellent pour rompre un banc de silex, ou une brèche caillouteuse. Leurs conditions d'action permettent également de percer des trous de mine de profondeur médiocre et perpendiculaire à la surface libre, même dans la direction de moindre résistance, et sans qu'il y ait lieu de s'occuper du fendillement de la roche.

Avec de telles poudres, les effets des coups de mine successifs dans une même chambre s'accumulent, c'est-à-dire que les fissures produites par le premier coup sont prolongées par le second ; ce qui permet d'obtenir des morceaux de plus grandes dimensions que si l'on avait opéré en une seule fois avec toute la dose de dynamite.

Ces divers phénomènes caractérisent bien l'action de la dynamite, envisagée comme type des poudres fortes et rapides.

8. *Poudres fortes et lentes.* — La poudre noire ou poudre de guerre est aussi une poudre forte, quoique notablement moins puissante à poids égal que la dynamite ; mais c'est en même temps une poudre *lente :* elle exerce une pression qui croît plus lentement et dure plus longtemps. Elle ne brise pas les matériaux sur place en petits fragments : propriété de la poudre noire fort appréciée dans certains cas, tels que l'exploitation de la houille, substance qu'il importe de débiter en morceaux aussi gros que possible et qui est cependant très fragile et fissurable.

La poudre noire fracture un projectile creux en un nombre de fragments bien moins considérable, et qui sont dès lors lancés plus loin pour une même dépense d'énergie ; une moindre dose de celle-ci ayant été dépensée dans le travail de fragmentation.

Par contre, la poudre noire produit peu d'effet et ne rompt pas la pierre dans une mine, suivant les directions où la masse est très compacte et très adhérente. Elle débourre facilement, si le bourrage n'a pas une résistance supérieure à celle de la direction où la roche résiste le moins. De là, la nécessité de faire des trous de mine très profonds et parfois inclinés à 45°, afin de pouvoir donner au bourrage une longueur convenable : ce qui augmente la dépense.

Les masses détachées dans la direction de moindre résistance sont souvent projetées par la poudre noire à de petites distances.

Les fentes et les délits voisins de la charge atténuent l'effet du coup de mine avec de la poudre noire. Ils peuvent le restreindre jusqu'à l'annihiler, s'ils traversent le forage, la dilatation des gaz de la poudre s'effectuant parfois dans les cavités intérieures : on dit alors que la mine *souffle*. Aussi, dans les terrains fendillés, faut-il souvent perdre beaucoup de temps à fermer avec de l'argile fortement battue les fissures communiquant avec le trou de mine; tandis que ce travail est inutile avec la dynamite. C'est pour les mêmes motifs que la poudre noire produit peu d'effet dans les roches argileuses ou aquifères, dans les tufs calcaires, dans les conglomérats, dans les bancs de silex très résistants suivant un sens, mais très peu épais suivant un autre.

Elle produit peu d'effet, pour des raisons contraires, dans les roches très dures et tenaces, telles que la quartzite et certains feldspaths.

La force de la poudre noire est d'ailleurs moindre; car l'effet d'une partie de dynamite est regardé dans la pratique comme équivalent à celui de $2\frac{1}{2}$ parties de poudre noire. Ces circonstances expliquent la préférence donnée à la dynamite dans la plupart des travaux de mine.

Cependant la poudre noire conserve, comme on vient de le dire, certains avantages, dus à l'accroissement plus lent de sa pression; ce qui lui permet de transmettre l'effort à distance, par exemple dans les bancs de houille, ou bien encore dans le bois et suivant la direction des fibres. Dans les remblais récents, les pressions trop subites des poudres rapides brisent la masse et se dépensent en travaux locaux, sans grand effet; tandis que la tension plus lente de la poudre noire déplace la terre et la projette suivant les directions de moindre résistance.

On voit par ces détails et ces exemples quel rôle la vitesse de l'explosion joue dans la transformation de l'énergie en travail.

9. En résumé, la force des matières explosives se traduit par les pressions qu'elles exercent et par le travail qu'elles développent.

Les pressions résultent du volume que les gaz occupent à la température de l'explosion. Le travail est dû à la chaleur produite : sa répartition entre les matières explosives et les masses qui les entourent dépend de la vitesse avec laquelle les gaz se développent.

Ces conditions fondamentales, volume des gaz et chaleur, sont les conséquences de la réaction chimique : toute réaction qui dégage des gaz, ou qui accroît le volume d'un gaz préexistant, peut donner lieu à une explosion.

10. Il résulte de là que, pour définir la force d'une matière explosive, les données suivantes sont nécessaires : réaction chimique; chaleur dégagée; volume des gaz; vitesse de la réaction.

La réaction chimique est connue d'après les données suivantes :

1° La *composition chimique de la matière explosive;*

2° La *composition des produits de l'explosion ;*

3° Cette dernière peut varier, pendant le cours des températures qui se succèdent à partir du premier moment de l'inflammation, c'est-à-dire qu'il importe de tenir compte de la *dissociation.*

Ces trois données essentielles qui caractérisent la réaction, savoir: composition chimique de la matière explosive, composition chimique des produits de l'explosion, et enfin dissociation, seront étudiées sous le titre général de *composition chimique*, dans le second Chapitre.

On doit préciser également la *quantité de chaleur* dégagée dans la réaction : ce sera l'objet du Chapitre III.

Le *volume des gaz* formés sous la pression normale détermine la *pression*, dans une capacité donnée. Ce volume change avec la température, qui dilate les gaz permanents et détermine la transformation en gaz de certains corps liquides ou solides à la température ordinaire, l'eau par exemple. Le Chapitre IV sera consacré à ces études.

Observons que les données relatives au volume des gaz résultent *a priori* de la connaissance de la transformation chimique et de la chaleur dégagée, dans toute réaction exactement connue.

La rapidité avec laquelle la réaction s'accomplit donne lieu aux problèmes suivants, indispensables pour la définition complète des explosifs :

1° *Origine des réactions ;*

2° *Vitesse moléculaire des réactions ;*

3° *Vitesse de propagation des réactions.*

Les notions de cet ordre seront comprises dans le Chapitre V, sous le titre de *Durée des réactions explosives.*

Dans le Chapitre VI, on rattachera aux mêmes notions tout un ensemble de phénomènes, désignés sous le nom *d'explosions par influence.* Ces phénomènes, découverts depuis peu d'années, nous ont paru mériter d'être présentés à part et avec des développements circonstanciés.

Enfin le Chapitre VII, consacré à *l'onde explosive,* renferme un essai sur la théorie rationnelle des effets explosifs et sur leur propagation dans les gaz.

En traitant ces questions, nous aurons exposé l'ensemble des notions générales, aujourd'hui connues, sur les substances explosives.

CHAPITRE II.

COMPOSITION CHIMIQUE.

§ 1. — Composition initiale.

1. La *composition chimique de la matière explosive* en détermine les propriétés. Dès lors on doit toujours admettre, pour pouvoir faire la théorie, que cette composition est connue à l'avance.

Tantôt la matière est constituée par le mélange de diverses substances, capables de produire l'explosion par leurs actions réciproques : telles sont les poudres noires à base d'azotate de potasse (poudres de chasse, de guerre, de mine) et les poudres à base de chlorate, moins usitées. Ici l'on met simplement en présence, à l'état de mélange aussi intime que possible, des corps combustibles (soufre et charbon) et un corps comburant, l'azotate ou le chlorate, qui constitue un « magasin d'oxygène », comme on disait autrefois.

Tantôt, au contraire, l'explosion est produite par la transformation d'un principe unique et défini, tel que le sulfure d'azote, le fulminate de mercure, la poudre-coton, la nitroglycérine, le picrate de potasse, tous corps renfermant de l'azote. Dans l'ordre des corps non azotés, on pourrait employer l'oxalate d'argent, l'oxalate de mercure, les acétylures métalliques, les éthers perchloriques, etc.

On conçoit à cet égard que tout mélange ou tout corps défini, susceptible de produire une réaction chimique rapide, avec production de gaz ou de vapeurs, joue le rôle de matière explosive : ce qui en étend indéfiniment la liste théorique.

Un gaz actuellement liquéfié ou comprimé dans un récipient peut aussi donner lieu à une explosion.

Sous le nom de *corps explosifs* nous ne comprendrons pas cependant les liquides vaporisables ou les corps décomposables par la chaleur, enfermés dans des vases qui exigent un échauffement extérieur pour faire explosion : toute l'énergie étant ici empruntée à l'échauffement lui-même.

Il est également nécessaire que la réaction explosive se produise sans le concours de l'air atmosphérique : autrement nous aurions affaire à une matière inflammable, et non à une matière explosive par elle-même.

Cependant cette dénomination conserve sa valeur, si on l'applique à l'ensemble de la masse formée par un mélange de l'air associé au gaz des marais (grisou) ; ou bien par de l'air et du gaz d'éclairage, ou par de l'air associé à l'éther, à l'essence de pétrole, etc., tous mélanges capables de donner naissance à de véritables explosions. Ces explosions jouent un rôle malheureusement trop fréquent dans les mines, dans les fabriques et même dans les habitations ; mais l'industrie et la guerre n'y ont pas recours. Dans la pratique des matières explosives les mélanges gazeux n'interviennent pas et l'on n'emploie guère que des corps azotés et des mélanges combustibles, contenant des azotates ou des chlorates.

2. Lorsqu'il s'agit d'un principe unique, ce principe renferme en général des éléments comburants et des éléments combustibles, réunis et en quelque sorte juxtaposés au sein de la molécule ; de façon à pouvoir y développer une sorte de *combustion interne* et, par suite, une action plus énergique et plus rapide que celle qui résulterait d'un simple mélange.

3. Ce principe est le plus souvent un corps oxygéné et même, d'ordinaire, un corps engendré par l'action de l'acide azotique sur les matières organiques : c'est-à-dire un éther azotique (nitroglycérine, nitromannite), ou bien un composé nitré (acide picrique et ses dérivés). L'éther perchlorique donne lieu à des effets analogues, et pareillement l'oxycyanure de mercure, composé dans lequel l'oxygène est susceptible de brûler le carbone. Il en est surtout de même de l'azotate d'ammoniaque, du bichromate d'ammoniaque et du perchlorate d'ammoniaque, substances dans lesquelles l'oxacide apporte son oxygène et l'ammoniaque son hydrogène.

Cependant on emploie aussi des dérivés plus complexes, tels que le fulminate de mercure. Ces dérivés peuvent même être exempts d'oxygène, comme le diazobenzol et le sulfure d'azote, corps formés avec absorption de chaleur depuis leurs éléments et susceptibles de se décomposer en sens inverse, avec dégagement de chaleur.

Ceci montre combien étaient inexactes les anciennes opinions,

d'après lesquelles la mesure de la force explosive d'une matière
était tirée du poids d'oxygène disponible, c'est-à-dire susceptible
de jouer le rôle de comburant, qu'elle renfermait.

4. Le composé explosif peut être employé pur, ou mélangé avec
une substance inerte, destinée à atténuer la violence de l'explosion
et à transformer un agent brisant en agent simplement propulsif
ou dislocateur. C'est ce que l'on fait, par exemple, pour la dynamite ordinaire, mélange de silice et de nitroglycérine; ou bien
encore pour la poudre-coton humide ou paraffinée.

On peut au contraire mélanger le corps explosif avec une substance analogue, destinée à en accroître l'effet, comme il arrive
pour la dynamite à base active.

5. A cet égard, il convient de distinguer trois cas fondamentaux,
suivant le rapport entre l'oxygène et les éléments combustibles,
dans le corps explosif.

Ou bien ce rapport est celui d'une combustion totale; ce qui arrive pour l'oxalate d'argent, résoluble par l'explosion en acide carbonique et argent métallique

$$C^4 Ag^2 O^8 = 2 C^2 O^4 + Ag^2.$$

Ou bien l'oxygène fait défaut; ce qui est le cas du picrate de potasse, $C^{12} H^2 K Az^3 O^{14}$, et de la poudre-coton;

Ou bien, au contraire, l'oxygène est en excès; ce qui est le cas
de la nitromannite et de la nitroglycérine

$$C^6 H^5 Az^3 O^{18} = 3 C^2 O^4 + 5 HO + Az^3 + O,$$

Dans le dernier cas, il peut y avoir avantage à utiliser toute
l'énergie du corps explosif en ajoutant un corps combustible, tel
que du charbon, ou mieux du coton-poudre, explosif par lui-même,
en proportions convenables (*gomme explosive* ou *dynamite-gomme*).

Dans le second cas (défaut d'oxygène), on peut ajouter au corps
explosif un comburant, chlorate ou azotate de potasse.

6. Cependant les mélanges à combustion totale ne sont pas
toujours ceux qui répondent au plus grand effet utile, sous un
poids et dans des conditions donnés. La poudre noire, par
exemple, mélangée avec une dose de nitre précisément capable
de la brûler entièrement, développe, à poids égal, moins de gaz
et par suite une pression moindre et elle produit des effets plus res-
treints que la poudre ordinaire, dans laquelle l'oxygène fait défaut.

7. Les effets qui résultent du remplacement d'un corps, d'un sel par exemple, par un sel équivalent, dans les mélanges explosifs, méritent une attention particulière. Bornons-nous aux azotates.

Soit d'abord une substitution simple et qui n'altère pas le caractère d'une poudre, celle de l'azotate de soude ou de l'azotate de baryte à l'azotate de potasse. Le mélange fait dans des proportions équivalentes ne changerait guère les quantités de chaleur dégagées, non plus que les volumes gazeux, dans une combustion totale. Mais, en supposant même que dans une combustion incomplète, telle que celle de la poudre noire, aucune altération dans les réactions chimiques ne fût produite de ce chef, il n'en est pas moins vrai que l'introduction de l'azotate de baryte à la place de l'azotate de potasse aurait pour résultat d'augmenter le poids absolu des mélanges, et par suite de diminuer la pression et la chaleur développée par 1^{kg} de la nouvelle poudre. En effet, l'équivalent de l'azotate de potasse AzO^6K, étant égal à 101, celui de l'azotate de baryte, AzO^6Ba, s'élève à 130,5 ; ce qui augmente d'un tiers le poids du comburant nécessaire pour brûler un poids donné de combustible.

Au contraire, l'azotate de soude, AzO^6Na, ayant pour équivalent 85, il en faudra un poids moindre d'un sixième, par rapport à l'azotate de potasse. La chaleur dégagée par ce poids, qui fournit une même dose d'oxygène au combustible, est d'ailleurs à peu près la même. La substitution de l'azotate de soude à l'azotate de potasse est donc avantageuse sous ce rapport. En fait, elle a été réalisée par l'industrie, dans les travaux de l'isthme de Suez. Malheureusement les propriétés hygrométriques de l'azotate de soude ne tardent pas à déterminer l'altération des mélanges qu'il concourt à former et l'affaiblissement de leurs propriétés explosives.

L'azotate de cuivre, AzO^6Cu, serait sans doute préférable à tout autre, parce que son équivalent est un peu moindre que celui de l'azotate de potasse, et surtout parce que ce sel, à poids équivalent, fournit aux corps combustibles un cinquième d'oxygène de plus que les azotates alcalins, en raison de la réduction totale du cuivre. Ceci mérite attention, car le potassium, le sodium, le baryum demeurent après l'explosion à l'état de carbonates. En raison de cette double circonstance : équivalent moindre et proportion d'oxygène disponible plus forte, la chaleur dégagée par un même poids d'azotate de cuivre, en brûlant un même combustible, surpasse notablement celle que produisent les sels alcalins. Malheureusement l'azotate de cuivre est tellement avide d'eau, qu'il n'a pu être obtenu jusqu'ici sous la forme anhydre.

L'azotate de plomb, AzO^6Pb, et l'azotate d'argent, AzO^6Ag, au contraire, sont faciles à obtenir anhydres et offrent comme comburants des avantages égaux ou supérieurs à ceux de l'azotate de cuivre employé à équivalents égaux. Mais, à poids égaux, cet avantage n'existe plus, parce que leurs équivalents (165, 5 et 171) sont trop élevés. Le prix de l'azotate d'argent s'opposerait d'ailleurs à son emploi courant.

8. J'ai cru devoir entrer dans ces détails, afin de montrer quelles conditions diverses interviennent, lorsqu' il s'agit de constituer un mélange explosif, utilisant le mieux possible les comburants et les combustibles. On conçoit dès lors comment la pratique est conduite chaque jour à faire une multitude d'essais, pour composer des substances explosives répondant à la variété indéfinie des applications. Mais l'empirisme de ces essais doit être dirigé par certaines règles, déduites des théories chimiques et dynamiques.

§ 2. — Produits de l'explosion.

1. La *composition des produits de l'explosion* peut être prévue à l'avance, toutes les fois que la matière explosive contient assez d'oxygène pour transformer les éléments en composés stables et parvenus au plus haut degré d'oxydation : ce qui est le cas de la nitroglycérine et de la nitromannite. Cette limite répond aussi à l'effet thermique maximum. Elle n'est pas toujours atteinte dans la pratique, surtout par les mélanges qui renferment de l'azotate de potasse, à cause de la promptitude des réactions chimiques et mécaniques et du refroidissement.

La décomposition explosive de certains composés binaires, tels que le sulfure d'azote, donne lieu également à des produits prévus.

2. Au contraire, quand l'oxygène ne suffit pas pour une oxydation totale, ou bien quand il s'agit de substances ternaires non oxygénées, telles que le diazobenzol, les produits formés varient d'ordinaire avec les conditions de l'explosion : température, pression, détente, effets mécaniques, etc. Tel est aussi le cas de la poudre noire, de la poudre-coton et du picrate de potasse.

Dans ces circonstances, la composition des produits ne peut être annoncée à l'avance; mais elle doit être déterminée par des analyses spéciales et pour chaque condition de la réaction.

3. Je citerai à cet égard mes expériences relatives à l'influence de la température initiale et de la vitesse de l'échauffement sur le mode de décomposition des corps ([1]), et spécialement les sept différents modes de décomposition, les uns endothermiques, les autres exothermiques, de l'azotate d'ammoniaque, composé défini qui donne lieu à des conclusions plus décisives que les simples mélanges.

4. En effet, les décompositions que l'azotate d'ammoniaque subit sous l'influence de la chaleur sont au nombre de sept, savoir :

1° La dissociation, c'est-à-dire la décomposition partielle de l'azotate d'ammoniaque fondu, ou même gazeux, en acide azotique gazeux et ammoniaque, laquelle paraît se produire avant toute autre et à une plus basse température. Elle répond nécessairement à une absorption de chaleur, soit $-41\,300^{cal}$, à partir de l'azotate solide, et $-37\,000$ environ depuis le sel fondu.

2° La formation du protoxyde d'azote au moyen de l'azotate d'ammoniaque, laquelle se produit à une température plus haute et sous l'influence d'un échauffement ménagé. Or la réaction

$$Az\,O^6\,H, Az\,H^3\,(\text{sol.}) = Az^2\,O^2 + 2\,H^2\,O^2\,(\text{gaz}), \text{ dégage....} \quad +10\,200^{cal}$$

le sel fondu, environ $+14\,000$ calories.

Si l'on supposait la décomposition préalable du sel en acide azotique gazeux et ammoniaque et l'action véritable exercée entre ces deux composés, la formation du protoxyde d'azote

$$Az\,O^6\,H\,(\text{gaz}) + Az\,H^3 = Az^2\,O^2 + 2\,H^2\,O^2\,(\text{gaz}), \text{dégagerait.} \quad +51\,500^{cal}.$$

3° Sous l'influence d'un échauffement brusque, on voit apparaître les décompositions explosives proprement dites de l'azotate d'ammoniaque. L'une d'elles engendre de l'azote et de l'oxygène :

$$Az\,O^6\,H, Az\,H^3 = Az^2 + O^2 + 2\,H^2\,O^2\,(\text{gaz}).$$

Cette réaction dégage, depuis le sel solide :

$$+30\,700^{cal};$$

depuis le sel fondu environ :

$$+35\,000^{cal}.$$

4° On observe encore la formation de l'azote et du bioxyde d'azote

$$Az\,O^6\,H, Az\,H^3 = Az\,O^2 + Az + 2\,H^2\,O^2,$$

([1]) *Essai de Mécanique chimique*, t. II, p. 43 et 45.

ce qui dégage, le sel supposé solide et l'eau gazeuse : $+9200^{cal}$; le sel fondu : $+13\,000^{cal}$ environ.

5° Un dégagement de chaleur analogue se manifeste lorsque l'azotate d'ammoniaque engendre de l'azote, de l'eau et de l'acide hypoazotique :

$$AzO^6H, AzH^3 = \tfrac{3}{2}Az + \tfrac{1}{2}AzO^4 + 2H^2O^2 \text{ (gazeuse)}.$$

Cette réaction dégage, à partir du sel solide,

$$+29\,500^{cal};$$

depuis le sel fondu, environ :

$$+33\,500^{cal}.$$

6° On conçoit encore la transformation de l'azotate d'ammoniaque en azote, eau et acide azoteux :

$$AzO^5H\ AzH^3 = \tfrac{4}{3}Az + \tfrac{2}{3}AzO^3 + 2H^2O^2 \text{ (gazeux)}.$$

Cette réaction dégage, à partir du sel solide :

$$+23\,300^{cal};$$

depuis le sel fondu, environ :

$$+27\,000^{cal};$$

elle ne se produit jamais seule ; l'acide azoteux existant seulement à l'état dissocié, en présence du bioxyde d'azote et de l'acide hypo-azotique.

7° Enfin l'azotate d'ammoniaque peut se résoudre en acide azotique gazeux, azote et eau gazeuse, sous certaines influences, celle de la mousse de platine par exemple,

$$AzO^6H, AzH^3 = \tfrac{2}{5}AzO^6H + \tfrac{8}{5}Az + \tfrac{18}{5}HO,$$

réaction qui dégage, depuis le sel solide :

$$+33\,400^{cal}$$

depuis le sel fondu, environ :

$$37\,500^{cal}.$$

Ainsi l'azotate d'ammoniaque peut éprouver jusqu'à sept modes de décomposition, distincts ou simultanés. Ces modes divers, ou plus exactement la prédominance de quelqu'un d'entre eux, dépendent de leur vitesse relative et de la température à laquelle se produit la décomposition. Or ladite température n'est pas fixe ; elle est elle-même subordonnée à la vitesse de l'échauffement (voir

Annales de Chimie, 4ᵉ série, t. XVIII, p. 128, 152, et surtout p. 154).
J'ai établi par un grand nombre d'observations que chaque mode
de décomposition d'une substance donnée se développe à partir
d'une certaine température, et que, dans un intervalle de temps déterminé, il transforme un poids limité de matière.

J'insiste spécialement sur cette aptitude singulière, que présente
l'azotate d'ammoniaque à éprouver plusieurs modes de décomposition distincts, suivant la vitesse de l'échauffement et la température à
laquelle le corps est porté. Parmi ces décompositions, les unes ont lieu
avec dégagement de chaleur, les autres avec absorption de chaleur.

5. Une aptitude analogue se trouve chez la plupart des corps décomposables avec dégagement de chaleur et surtout chez les corps
explosifs proprement dits. Elle se manifeste surtout en raison de la
diversité des conditions locales développées par un échauffement
progressif, dans une masse qui ne se décompose pas instantanément.

Au contraire, l'explosion subite des matières détonantes, quand
elles sont constituées par un composé chimique défini, tel que la
poudre-coton, la nitroglycérine, le fulminate de mercure, etc., et
quand l'explosion est franchement déterminée par une réaction
brusque, réalisant des dispositions uniformes dans la masse tout
entière; dans ces circonstances, dis-je, l'explosion des matières
détonantes paraît devoir engendrer, en général, des produits simples
et stables. Les conditions extrêmes de température et de vibration
moléculaire qui président au phénomène ne permettent guère
qu'il en soit autrement, *dans une masse moléculairement homogène.*

C'est, en effet, ce qui se trouve vérifié pendant l'explosion de la
poudre-coton, étudiée par MM. Sarrau et Vieille. Si les observateurs antérieurs avaient aperçu des décompositions plus compliquées avec la poudre-coton, c'est qu'ils s'étaient placés dans des
conditions où la masse éprouvait des refroidissements partiels et
se décomposait en certains points par distillation, plutôt que par
explosion véritable.

Les recherches que j'ai exécutées en commun avec M. Vieille
sur l'explosion du fulminate de mercure ont établi que cette substance se décompose aussi de la façon la plus simple, en oxyde de
carbone, azote et mercure.

Avec la poudre de guerre, la diversité des conditions locales
de la combustion ne saurait, quoi qu'on fasse, être évitée; parce
qu'un mélange mécanique de trois corps pulvérisés ne peut jamais
atteindre le degré d'homogénéité d'une combinaison véritable.

6. Cependant chacun des produits de l'explosion n'en est pas moins formé suivant une loi régulière; tous résultent, en somme, d'un petit nombre de transformations définies, se produisant en divers points du mélange, et dont la diversité est, je le répète, la conséquence de la variété des conditions locales. S'ils restaient en contact pendant un temps suffisant, les produits éprouveraient des actions réciproques, capables de les ramener à un état unique, celui qui répondrait au maximum de la chaleur dégagée (à la température et dans les conditions mêmes de l'expérience); mais le refroidissement subit qu'ils éprouvent ne permet pas à cet état de se réaliser. Le mode de la détente, la nature des travaux accomplis et la transformation plus ou moins avancée de la chaleur en travail, au moment de l'explosion, doivent jouer ici un rôle considérable.

Cette diversité dans les produits concourt à expliquer les effets si variés que peut produire l'explosion d'un seul et même corps, suivant le mode d'inflammation.

§ 3. — Dissociation.

1. Pour avoir une notion plus complète des effets exercés par les matières explosives, il est nécessaire d'examiner non seulement les produits obtenus après le refroidissement, mais encore ceux qui prennent naissance pendant la durée de l'explosion et à partir du moment où le système est porté à la plus haute température. Or ces premiers produits sont parfois plus simples que ceux que l'on observe après refroidissement : ils résultent à la fois d'une combinaison moins avancée, comme il arrive pour un polysulfure résoluble en soufre et monosulfure, et d'une combinaison moins complète, comme il arrive pour la vapeur d'eau qui coexiste en partie avec ses éléments, hydrogène et oxygène.

Je dis qu'il est indispensable de tenir compte des phénomènes de dissociation. En effet, les quantités de chaleur et les volumes gazeux sur lesquels nous raisonnons sont mesurés à zéro et sous la pression de 1^{atm}. Ce calcul est acceptable pour les composés explosifs qui se résolvent en leurs éléments, tels que le sulfure d'azote; ou bien encore pour ceux qui fournissent des composés binaires simples et stables, tels que le fulminate de mercure, entièrement résoluble en mercure, azote et oxyde de carbone. Mais il n'en est pas de même lorsqu'il se forme de l'acide carbonique, de la vapeur d'eau, du polysulfure de potassium, du sulfate, du carbonate de potasse, etc. Les composés observés dans ces conditions n'existent probablement ni tous, ni en totalité, à la haute température développée pendant la réaction ; ils sont remplacés sans doute, en tout ou en partie, par des combinaisons plus simples, voire même par leurs éléments. Par suite, la quantité de chaleur correspondant aux réactions réelles est inférieure à la quantité mesurée, ou calculée d'après les produits que l'on observe après refroidissement : ce qui tend à abaisser la température maximum, ainsi que la pression correspondante. Ce dernier point mérite d'être examiné de plus près.

2. Nous allons établir que la pression d'un système gazeux est toujours diminuée par le fait de la dissociation.

A première vue, il semble que ce soit là un paradoxe, la dissociation ayant pour effet d'augmenter le volume des gaz réduits à $0°$ et $0^m,760$, lorsqu'il y a condensation dans l'acte de la combinaison : ce qui arrive pour la formation de la vapeur d'eau, par exemple, ou pour celle de l'acide carbonique. Cependant, si l'on examine les choses de plus près, on reconnaît bientôt que, dans tous les cas connus, la chaleur dégagée par la réaction est telle qu'elle augmente le volume gazeux, si l'on opère sous pression constante. Elle augmente par conséquent la pression, si l'on opère sous volume constant. Ces effets, dis-je, sont tels que la chaleur dégagée augmente le volume gazeux, dans une proportion supérieure à la condensation ; celle-ci étant calculée d'après l'hypothèse d'une combinaison totale, effectuée à la température initiale du système.

En d'autres termes, la pression d'un système gazeux ne saurait diminuer, en général, par le fait d'une réaction exothermique et au moment où celle-ci s'accomplit à volume constant, en donnant naissance uniquement à des produits gazeux.

Réciproquement, elle ne saurait être accrue par la dissociation.

3. Faisons le calcul de ces changements :

La pression dépend de la température développée et de l'état de condensation des produits.

Soit t la température développée par la réaction réelle, celle-ci étant opérée à volume constant, et en admettant que toute la chaleur dégagée ait été employée à échauffer les produits ;

Soit V la somme des volumes des corps gazeux qui font partie du système initial, en les supposant réduits à $0°$ et $0^m,760$.

A la température t, le système final renferme un certain nombre de corps gazeux ;

Soit encore V_1 le volume réduit que ces corps occuperaient, si 'on pouvait les amener sans changement d'état à $0°$ et $0^m,760$.

Le rapport des volumes réduits $\dfrac{V_t}{V} = \dfrac{1}{k}$ exprime la *condensation*
produite par la réaction : il s'applique à toute température et pression, d'après les lois ordinaires.

Ce rapport peut être évalué aisément, pour toute réaction chimique dont les formules sont rapportées aux volumes moléculaires. Par exemple,

$$H^2 + O^2 = H^2O^2 \text{ gazeuse donne} \ldots \quad \frac{1}{k} = \frac{2}{3},$$

$$C^2O^2 + O^2 = C^2O^4 \text{ donne} \ldots \ldots \ldots \quad \frac{1}{k} = \frac{2}{3}.$$

Calculons maintenant la pression développée pendant la réaction, érée à volume constant et à la température t; la température initiale étant zéro et la pression initiale h.

En admettant les lois de Mariotte et de Gay-Lussac, la pression deviendra

$$h \times \frac{1}{k}\,(1 + \alpha t).$$

α étant égal à $\frac{1}{273}$, comme on sait.

Cette pression sera supérieure à la pression initiale si $1 + \alpha t > k$;
Elle sera moindre, si $1 + \alpha t < k$;
Enfin elle lui sera égale si $1 + \alpha t = k$.

Observons que $t = \dfrac{Q}{c}$; Q étant la quantité de chaleur dégagée dans la réaction et c la chaleur spécifique moyenne des produits entre zéro et t^o.

4. Développons cette solution.

La pression augmente si la condensation est nulle, c'est-à-dire si l'on a $k = 1$ (chlore et hydrogène ; combustion du cyanogène par l'oxygène);

Elle augmente surtout s'il y a dilatation, c'est-à-dire si l'on a $k < 1$ (combustion de l'acétylène par l'oxygène); attendu que Q est positif dans toute réaction directe et rapide entre les corps gazeux.

Soit maintenant $k > 1$; cette condensation est toujours comprise entre certaines limites pour les composés gazeux définis, limites telles que $k = 4 : k = 3, 2, 1\frac{1}{2}$. Dès lors la condition fondamentale

$$1 + \alpha \frac{Q}{c} < k, \quad \text{c'est-à-dire } Q < 273\,(k-1)\,c,$$

condition nécessaire pour déterminer une diminution de pression, ne saurait être réalisée ; si ce n'est dans des cas tout à fait exceptionnels et tels que la chaleur dégagée par une réaction intégrale soit très faible et en dehors de toutes les réactions observées.

On peut s'en assurer, en faisant le calcul au moyen des chaleurs spécifiques à volume constant (déduites des chaleurs spécifiques à pression constante, que Regnault a déterminées pour beaucoup de corps).

5. On peut aussi faire le calcul d'une manière plus générale, en admettant, avec M. Clausius : que les chaleurs spécifiques à volume constant ont une valeur identique pour les poids atomiques des divers corps simples ; que cette valeur est égale à 2,4 : nombre trouvé pour $H = 1$; enfin qu'elle ne change pas par le fait de la combinaison.

En effet, W étant la quantité de chaleur dégagée dans une réaction entre corps gazeux, rapportée aux poids atomiques, et m le nombre de poids atomiques qui concourent à la réaction, la pression ne diminuera que si l'on a

$$W < 655\, m\, (k - 1).$$

Il est facile de voir que cette condition n'est pas remplie dans les combinaisons gazeuses les mieux connues. En faisant le calcul, soit à l'aide de cette formule, soit à l'aide de la précédente, je n'ai même réussi à découvrir aucun exemple de diminution de pression, parmi les nombreuses réactions que j'ai examinées.

Observons qu'il suffit de faire le calcul pour la réaction supposée intégrale, la conclusion demeurant la même pour la réaction supposée partielle, c'est-à-dire dans le cas de la dissociation. Il est facile de le démontrer : car la portion non combinée n'apporte pas de chaleur et n'intervient que par la différence entre la chaleur spécifique des composés et la somme de celles des composants, différence nulle d'après l'hypothèse de Clausius.

6. Sans m'étendre davantage sur cette discussion, je crois qu'on peut en déduire la proposition générale suivante, relative à la combinaison chimique :

La chaleur dégagée dans une réaction effectuée entre des corps gazeux et avec formation exclusive de produits gazeux, en la supposant appliquée exclusivement et sans aucune perte à échauffer les produits, est telle qu'il y a toujours accroissement de pression, lorsqu'on opère à volume constant.

Cette proposition a des applications fort essentielles dans l'étude des matières explosives. Elle s'applique seulement aux gaz formant des composés gazeux : car il est évident que la formation d'un composé solide, au moyen de composants gazeux, donnerait lieu à une diminution de pression.

L'influence de la dissociation étant ainsi définie par un abaissement dans la pression des systèmes gazeux, nous observerons maintenant qu'il ne faudrait pas en exagérer outre mesure l'existence et les effets : ceux-ci doivent être moindres qu'on ne le croirait à première vue, à cause de certaines compensations. Arrêtons-nous un moment sur ce point, en raison de sa grande importance.

7. La température réelle qui se développe dans une réaction explosive est en général moindre que la température calculée d'après les chaleurs spécifiques du gaz, évaluées au voisinage de la pression normale et de la température ordinaire; attendu que la chaleur spécifique des gaz très comprimés n'est pas constante. En effet, la chaleur spécifique des gaz composés formés avec condensation croît avec la température, d'après les faits observés par Regnault et par M. E. Wiedemann sur l'acide carbonique gazeux et sur d'autres gaz composés. Elle doit croître aussi, avec la pression, à une même température, à mesure que le gaz se rapproche de l'état liquide ; la chaleur spécifique d'un liquide étant presque toujours supérieure à celle du même corps pris sous forme gazeuse, à la même température. Une même quantité de chaleur, appliquée aux gaz comprimés, tels que ceux qui se produisent dans les phénomènes explosifs, produira donc une élévation de température moindre que si leur chaleur spécifique était constante et égale à celle des mêmes gaz, pris sous la pression normale; hypothèses que l'on fait en général dans les calculs.

De là, un moindre accroissement dans la dissociation, laquelle dépend surtout de la température. Elle est encore restreinte par une autre circonstance, relative à la pression développée.

8. En effet, la pression réelle n'est pas aussi diminuée qu'on pourrait le croire, d'après un calcul fondé sur les lois ordinaires des gaz et sur l'abaissement de la température théorique. Les lois de Mariotte et de Gay-Lussac perdent de plus en plus leur signification physique, pour des pressions aussi énormes que les pressions observées dans la combustion de la poudre. Étant donnés des gaz très comprimés, leur pression varie avec la température suivant une gradation bien plus rapide que celle qui résulterait de ces lois :

elle se rapproche de la gradation observée par les physiciens dans l'étude des vapeurs. Pour une température donnée, la pression est donc en général supérieure à celle qui serait calculée d'après les lois ordinaires des gaz. Ceci tend à racheter dans le calcul des pressions l'influence contraire exercée par la variation des chaleurs spécifiques.

Or les phénomènes de dissociation dépendent de la pression, aussi bien que de la température. L'état de combinaison des éléments, toutes choses égales d'ailleurs, est d'autant plus avancé que la pression est plus grande : relation facile à concevoir *a priori*, et que confirment mes expériences relatives à la décomposition de l'acétylène en carbone et hydrogène sous diverses pressions, par l'étincelle électrique ([1]). Mais les pressions croissent en même temps que les températures, et même beaucoup plus rapidement, comme on vient de le dire : l'influence décomposante de la température pourra donc être compensée, en tout ou en partie, par l'influence opposée de la pression.

9. Le jeu inverse de ces deux ordres de phénomènes reste tel qu'une matière se transformant dans une capacité constante, sans perte de chaleur, tendra vers un certain état limite; la transformation des premières portions élèvera d'abord la température et la pression, jusqu'à ce terme, auquel la dissociation limitera le phénomène. C'est là d'ailleurs un maximum théorique, puisque la masse est refroidie continuellement, par rayonnement et conductibilité. Mais on approchera d'autant plus, que l'on opérera sur une masse plus considérable.

10. Les phénomènes de dissociation n'exercent pas seulement leur influence sur l'effort maximum que la matière explosive puisse développer; mais ils interviennent encore pendant la première période de détente. A mesure que les gaz de la poudre se détendent, en agissant sur le projectile, ils se refroidissent : par suite, les éléments entrent en combinaison d'une manière plus complète, et avec formation de composés plus compliqués. De là résulte un nouveau dégagement de chaleur, qui s'accroît incessamment pendant toute une période de la détente.

Aussi l'on ne saurait envisager en général la transformation opérée dans l'âme d'un canon comme adiabatique. La température des gaz

----

([1]) *Annales de Chimie et de Physique*, 4° série, t. XVIII, p. 196; 1869.

sera loin de s'abaisser d'une quantité proportionnelle au travail extérieur produit, même indépendamment des pertes de chaleur dues aux causes extérieures de refroidissement; attendu qu'il y a restitution de chaleur par la réaction chimique, pendant toute une période.

11. Les pressions véritables seront donc toujours supérieures, sauf au début, aux pressions qui pourraient être calculées, d'après la quantité de chaleur dégagée réellement *au moment de la température maximum.*

Au contraire, elles seront d'abord inférieures aux pressions calculées d'après la quantité de chaleur *observée dans le calorimètre*, à la température ordinaire. Mais ce dernier écart va en diminuant et finit par s'annuler, à mesure que le volume s'accroît, les réactions devenant plus complètes. La courbe des pressions véritables, exprimées en fonction des volumes, est d'abord plus tendue que la courbe des pressions théoriques, avec laquelle elle finit par se confondre tout à fait, lorsque l'état de combinaison des éléments est devenu le même qu'à la température ordinaire.

12. En résumé, la quantité de chaleur et, par conséquent, le travail maximum que les matières explosives puissent développer, en brûlant dans une capacité constante, seront calculés indépendamment des phénomènes de dissociation; pourvu que l'état final de combinaison des éléments soit exactement défini.

La connaissance de la composition initiale et celle des produits déterminent ainsi l'énergie potentielle; tandis que la pression et la détente sont subordonnées à la dissociation.

§ 4. — Tableau des équivalents chimiques.

Terminons ce Chapitre en présentant le Tableau des équivalents chimiques adoptés dans le présent Ouvrage.

Noms.	Symboles.	Équivalents.	Poids atomiques.	Noms.	Symboles.	Équivalents.	Poids atomiques
Aluminium.	Al	13,5	$2\times$Éq.	Magnésium .	Mg	12,0	2
Argent.....	Ag	107,9	1	Manganèse..	Mn	27,6	$2\times$Éq.
Arsenic.....	As	75,0	1	Molybdène..	Mo	48,0	2
Or........ .	Au	98.5	2	Sodium	Na	23,0	1
Azote..	Az ou N	14.0	1	Niobium....	Nb	47,0	2
Bore... . .	B	11,0	1	Nickel......	Ni	29,4	2
Baryum....	Ba	68,6	2	Oxygène ...	O	8,0	2
Bismuth....	Bi	210,0	1	Osmium....	Os	99,5	2
Brome.....	Br	80,0	1	Phosphore..	P	31,0	1
Carbone....	C	6,0	2	Plomb	Pb	103,5	2
Calcium....	Ca	20,0	2	Palladium..	Pd	53,0	2
Cadmium ..	Cd	56,0	2	Platine.....	Pt	98,6	2
Cérium.. ..	Ce	46,0	2	Rhodium...	R	52,0	2
Chlore	Cl	36.5	1	Rubidium ..	Ph	85,4	1
Chrome....	Cr	26,0	2	Ruthénium.	Ru	52,0	2
Cobalt	Co	29,4	2	Soufre	S	16,0	2
Cæsium..	Cs	133.0	1	Antimoine..	Sb	120,6	1
Cuivre......	Cu	31,7	2	Sélénium...	Se	39,7	2
Didyme....	Di	47.5	2	Silicium....	Si	28,0	1
Erbium. ..	Er	55,3	2	Étain	Sn	59,0	2
Fluor	F	19.0	1	Strontium.	Sr	43,8	2
Fer........	Fe	28.0	2	Tantale .. .	Ta	91,0	2
Gallium....	Ga	35.0	2	Tellure.....	Te	64,0	2
Glucinium..	G ou Be	4.6	2	Thallium...	Th	204,0	1
Hydrogène.	H	1,0	1	Thorium ...	Tho	115,5	2
Mercure....	Hg	100,0	2	Titane	Ti	24,0	2
Iode	I	126,8	1	Uranium...	U	60,0	2
Indium.....	In	37,0	2	Vanadium..	V	51,3	1
Iridium....	Ir	99.0	2	Tungstène..	W	92,0	2
Potassium..	K	39.1	1	Yttrium....	Y	50,3	2
Lanthane...	La	46.3	2	Zinc........	Zn	32,5	2
Lithium....	Li	7.3	1	Zirconium..	Zr	45,0	2

Toutes les fois que les poids atomiques sont doubles des équivalents, on les exprime par le symbole équivalent *barré*. Ainsi $\overline{O} = 8$; $O = 16$.

CHAPITRE III.

CHALEUR DÉGAGÉE.

1. La quantité de chaleur totale, dégagée pendant une réaction explosive, peut être mesurée par expérience dans un calorimètre. Nous signalerons plus loin les appareils employés à cet effet. Cette quantité est généralement positive.

Cependant il existe certaines réactions, telles que celle de l'acide tartrique sur le bicarbonate de soude, qui développent un gaz en donnant lieu à un refroidissement. L'explosion du récipient pourrait donc coïncider avec ce dernier phénomène. Il en serait de même de l'explosion d'un récipient contenant un gaz comprimé. Mais ce sont là des cas exceptionnels et en dehors des applications ordinaires des matières explosives.

2. La chaleur développée peut être calculée, en faisant abstraction des effets mécaniques, toutes les fois que les produits de la réaction explosive sont exactement connus, et que l'on sait à l'avance la chaleur de formation des matières primitives, ainsi que celle des produits, depuis les éléments. En effet, il suffit de retrancher la première quantité de chaleur de la seconde, pour obtenir la chaleur même développée pendant l'explosion.

3. Ce calcul se fait d'après les données thermochimiques, contenues dans des Tableaux qui seront reproduits plus loin (Livre II, Chapitre II). Ces Tableaux sont extraits de mon *Essai de Mécanique chimique;* ils ont été mis au courant des déterminations les plus récentes ([1]).

4. On appelle en général *calorie* la quantité de chaleur nécessaire pour porter 1ᵍʳ d'eau de 0° à 1°. Cette unité est surtout em-

----

([1]) J'ajouterai que ces Tableaux sont revisés chaque année et publiés dans l'*Annuaire du Bureau des Longitudes.*

ployée pour représenter la chaleur dégagée par la transformation de 1^{gr} de matière : elle représente la chaleur nécessaire pour porter de $0°$ à $1°$, 1^{gr} d'eau.

Mais la grandeur des quantités de chaleur dégagées, lorsqu'on rapporte les réactions chimiques aux poids équivalents (exprimés en grammes), a rendu nécessaire l'emploi d'une unité mille fois aussi grande : c'est la grande Calorie, quantité de chaleur nécessaire pour porter de $0°$ à $1°$, 1^{kg} d'eau.

5. Soit, par exemple, la chaleur dégagée par la détonation de la nitroglycérine, opérée *sous pression constante,* à l'air libre,

$$C^6 H^5 Az^3 O^{18} = 3 C^2 O^4 + 5 HO \text{ liquide} + Az^3 + O.$$

D'après les Tableaux, la chaleur dégagée par la réunion des éléments de la nitroglycérine :

$$C^6 + H^5 + Az^3 + O^{18} = C^6 H^5 Az^3 O^{18} \text{ liquide}$$

s'élève à $+ 98^{Cal},0.$

D'autre part, la formation des produits

$$3(C^2 + O^4) = 3 C^2 O^4, \text{ dégage} \dots \quad + 94 \times 3 = 282$$
$$5(H + O) = 5 HO \quad \text{»} \quad \dots \quad + 34,5 \times 5 = 172,5$$
$$\text{Somme} \dots \dots \dots \dots \quad + 454,5$$

La chaleur dégagée par l'explosion sera donc

$$+ 454,5 - 98,0 = + 356^{Cal},5.$$

Telle est la quantité de chaleur dégagée par la décomposition d'un équivalent de nitroglycérine, opérée sous la pression atmosphérique, vers la température de $15°$.

6. Si la décomposition a lieu *sous volume constant,* dans une capacité contenant de l'air, où la nitroglycérine a été renfermée avant l'obturation, la chaleur dégagée sera un peu plus grande; parce que les gaz développés par la nitroglycérine à l'air libre effectuent un certain travail en refoulant l'atmosphère, travail qui consomme une dose de chaleur correspondante.

L'excès thermique, qui résulte de cette circonstance lorsqu'on opère en vase clos, peut être calculé à l'aide de la formule suivante

$$(1) \qquad Q_{tv} = Q_{tp} + (N' - N)0,54 + 0,002 t.$$

Q_{tp} exprime la chaleur dégagée à pression constante, Q_{tv} la chaleur dégagée à volume constant, t étant la température ambiante comptée depuis $0°$. Quant à N et N', ils sont définis de la manière suivante :

Soit l le nombre de litres occupés par les gaz primitifs dans la capacité où l'explosion a eu lieu, ces gaz supposés réduits à $0°$ et $0^m,760$; soit l' le nombre de litres occupés par les gaz après l'explosion, ces gaz étant réduits de même à $0°$ et $0^m,760$;

Nous remplacerons l par l'expression $22,32N$;

Et l', par $22,32N'$,

afin de comparer le volume des gaz à celui qui est occupé par 2^{gr} d'hydrogène, H^2, pris comme unité, soit $22^{lit},32$.

La formule (1) établit une relation générale entre la chaleur des réactions opérées à pression constante et celle des réactions à volume constant. Je l'ai démontrée dans mon *Essai de Mécanique chimique,* t. I, p. 44.

Appliquons cette formule à la décomposition de la nitroglycérine, cette substance étant prise à $15°$. On peut poser très sensiblement

$$N = 0,$$

$$N' = \frac{3\times 4 + 5\times 2 + 3\times 2 + 1}{4} = \frac{29}{4} = 7,25;$$

dès lors,

$$Q_{tv} = Q_{tp} + 7,25 \times 0,54 + 7,25 \times 0,002 \times 15 = Q_{tp} + 4,13 = +360^{cal},6.$$

Cette quantité s'applique au poids de matière représenté par $C^6H^5Az^3O^{18}$, c'est-à-dire par 227^{gr}. Pour 1^{gr}, on aurait donc 1590 petites calories.

Ce chiffre se déduit, comme on voit, de la chaleur de formation de l'eau, de l'acide carbonique et de la nitroglycérine; celle-ci étant tirée elle-même des trois données suivantes : la chaleur de combustion de la glycérine, qui conduit à sa chaleur de formation; la chaleur de formation de l'acide azotique; enfin la chaleur dégagée par la réaction de cet acide sur la nitroglycérine.

MM. Sarrau et Vieille ont mesuré directement la chaleur dégagée par l'explosion de la nitroglycérine en vase clos et ils ont trouvé 1600^{cal} pour 1^{gr}.

Les chiffres 1590 et 1600 ont été obtenus ainsi par les deux méthodes inverses que l'on vient d'indiquer : ils sont aussi concordants qu'on peut l'espérer, étant données les petites erreurs inévitables dans toute expérience.

I.   3

7. Il est essentiel de remarquer ici que la chaleur dégagée par une matière explosive n'est une quantité fixe, assignable à l'avance, que dans le cas où la matière éprouve une combustion totale. S'il en était autrement, la chaleur ne pourrait être calculée, à moins de connaître les produits de l'explosion. En effet, ceux-ci peuvent varier avec la pression, le mode de mise de feu et diverses autres circonstances (p. 20 à 22).

Observons encore que, lorsqu'on opère en vase clos, l'oxygène de l'air contenu dans la capacité intervient : son rôle est d'autant plus notable que la densité de chargement est moindre. Aussi, dans les expériences calorimétriques, convient-il d'opérer au sein d'une atmosphère d'azote, lorsqu'il n'y a pas combustion totale.

Ce n'est pas tout : la matière des parois, le fer et le cuivre spécialement, prennent à la réaction chimique une part qui a été souvent méconnue. Ces métaux s'oxydent aux dépens de l'air ou des azotates ; ils se sulfurent aux dépens du soufre, etc. De là des dégagements de chaleur auxiliaires, qui troublent les déterminations. C'est pour y couper court que je me suis décidé à opérer toutes les mesures dans des récipients doublés d'une feuille épaisse de platine.

8. Nous avons supposé, dans ce qui précède, que la réaction chimique n'était accompagnée par aucun effet mécanique spécial. Mais tel n'est pas le cas. Ce que l'on se propose en général dans les explosions, c'est au contraire de produire certains travaux : la mesure et l'évaluation de ces travaux doivent être faites dans chaque cas particulier. De là résultent pour la théorie des armes à feu des calculs fort importants, mais fort compliqués, dans lesquels la détente des gaz joue un rôle essentiel ; on en trouvera le détail en lisant les Mémoires de M. Sarrau, de M. de Saint-Robert, de MM. Noble et Abel, de MM. Sébert et Hugoniot, bref, ceux des divers savants qui se sont occupés de balistique.

9. On pourrait connaître sans aucune théorie la somme de ces travaux par un procédé inverse, je veux dire en effectuant la réaction explosive dans un calorimètre et en mesurant la chaleur dégagée, au moment même où les travaux sont accomplis. La différence entre la quantité de chaleur dégagée dans une réaction effectuée sans effets mécaniques et la même réaction avec effets mécaniques mesure la chaleur consommée dans les effets mécaniques. Mais il n'est pas facile d'exécuter des expériences calorimétriques précises dans ces conditions.

10. Quoi qu'il en soit, la chaleur dégagée mesure le travail maximum que puisse accomplir la matière explosive, agissant sous la pression atmosphérique. Il suffit de multiplier cette quantité de chaleur par le nombre 425, c'est-à-dire par l'équivalent mécanique de la chaleur, pour évaluer ce travail en kilogrammètres. Telle est la valeur de son énergie potentielle.

L'énergie potentielle d'une matière explosive ne doit pas être confondue avec la chaleur de combustion d'une substance combustible par l'oxygène ou par l'air, comme on l'a fait quelquefois : par exemple, en comparant ce qu'on a appelé le potentiel de la houille avec le potentiel de la poudre. En effet, l'énergie de la poudre est contenue tout entière dans la poudre elle-même; tandis que l'énergie de la houille en combustion ne réside pas uniquement dans le corps inflammable, mais dans le système constitué par ce corps et par l'air nécessaire pour le brûler.

Dans le cas même d'une substance explosive, la chaleur totale qu'elle dégage à la température ordinaire n'est pas en général celle qui règle la pression développée au moment de l'explosion. Cette dernière quantité de chaleur répond seulement à la formation des composés réellement existants, à la température et dans les conditions de l'explosion; c'est-à-dire qu'elle est subordonnée à la dissociation. A la température de l'explosion, si l'acide carbonique, par exemple, se trouvait dissocié dans la proportion d'un tiers, en oxyde de carbone et oxygène, il faudrait retrancher de la chaleur transformable en travail la chaleur correspondant à la métamorphose de ce tiers subsistant d'oxyde de carbone.

11. D'après les développements qui viennent d'être donnés, on conçoit qu'il est fort intéressant de comparer le potentiel d'une matière explosive avec le travail que peuvent fournir les gaz développés par son explosion, dans le cas d'une détente indéfinie. Cette étude n'a été faite jusqu'ici par voie expérimentale que sur la poudre; la discussion des résultats observés nous conduirait à des questions de Mécanique, étrangères à notre sujet principal. Je me bornerai à dire que, d'après les expériences les plus récentes, celles de MM. Sébert et Hugoniot ([1]), le rapport entre le travail total et le

---

[1] *Mémorial de l'Artillerie de Marine*, t. X, p. 184; 1882.
J'ai remplacé dans le calcul l'ancien chiffre donné par MM. Noble et Abel pour la chaleur de combustion de la poudre par leur nouveau chiffre, soit 720^{cal}.

potentiel pour la poudre serait égal à $\dfrac{134^{\text{kgm}}}{305^{\text{kgm}}}$, soit 44 centièmes. Ce rapport coïncide d'ailleurs à peu près avec le rapport en poids des gaz permanents aux produits salins de l'explosion. Dans la pratique, la limite du travail que peut produire 1^{kg} de poudre tombe même à 90000^{kgm}, c'est-à-dire au-dessous du tiers de son énergie potentielle.

CHAPITRE IV.

PRESSION DES GAZ.

§ 1. — Volume des gaz.

1. Le *volume des gaz* formés et leur *température* déterminent la *pression* développée, lorsque la matière explosive se décompose dans une capacité constante. Montrons comment ces diverses données seront obtenues.

2. Le volume des gaz permanents, réduit à $0°$ et $0^m,760$, peut être soit observé par expérience, soit calculé pour toute réaction exactement connue.

Je n'ai pas à décrire ici les appareils employés par les chimistes pour mesurer les gaz. Mais il n'est peut-être pas inutile de donner quelques détails sur le calcul du volume des gaz permanents et du volume des corps susceptibles de prendre l'état gazeux, dans une réaction donnée à l'avance.

3. Une telle réaction est exprimée par une formule définie, qui fournit immédiatement des relations de poids. Le poids des gaz est donc connu. Dès lors, il suffit de diviser le poids de chaque gaz par le poids du litre de ce gaz, réduit à $0°$ et $0^m,760$ et exprimé en grammes, pour obtenir le volume réduit du gaz, exprimé en litres et fractions de litre.

4. Le Tableau ci-dessous fournit le poids du litre, P_0, des principaux gaz permanents, réduit à $0°$ et à $0^m,760$.

La première colonne renferme les noms de ces gaz : on y a compris quelques autres corps simples, ainsi que la vapeur d'eau ; la deuxième colonne contient les formules, rapportées aux poids équivalents, lesquels figurent dans la troisième ; la quatrième colonne indique le multiple ν, par lequel il convient de multiplier l'équivalent pour obtenir le poids moléculaire M :

$$M = \nu E.$$

Enfin le poids du litre, exprimé en grammes, figure dans la dernière colonne.

Tableau du poids du litre des principaux gaz.

NOMS.	FORMULES.	POIDS équival. E.	V.	POIDS DU LITRE P_0
Oxygène............ ...	O	8	4	1,433 (théorie) 1,430 (Regn.)
Hydrogène.....	H	1	2	0,08958
Azote....... ...	Az	14	2	1,254 (théorie) 1,256 (Regn.)
Chlore.....	Cl	35,5	2	3,18
*Brome..	Br	80	2	7,16
*Iode.....	I	127	2	11,18
*Soufre...	S	16	4	2,87
*Phosphore...... ...	P	31	4	2,78
*Mercure........ ...	Hg	100	2	8,96
Acide chlorhydrique..	H Cl	36,5	1	1,635
Acide bromhydrique........	H Br	81	1	3,63
Acide iodhydrique..........	HI	128	1	5,73
Acide fluorhydrique....... ..	HF	20	1	0,896
*Vapeur d'eau......... ...	HO	9	2	0,806
Acide sulfhydrique...	HS	17	2	1,523
Ammoniaque	AzH^3	17	1	0,761
Hydrogène phosphoré...	PH^3	34	1	1,52
Protoxyde d'azote...........	AzO	22	3	1,971
Bioxyde d'azote.	AzO^2	30	1	1,343
Acide azoteux......	AzO^3	28	2	3,40
Acide hypoazotique........ .	AzO^4	46	1	2,06
Acide sulfureux.............	SO^2	32	2	2,87
Oxyde de carbone...........	CO	14	2	1,254
Acide carbonique...........	CO^2	22	2	1,971 (théorie) 1,9774 (Regn.)
Acide hypochloreux..........	ClO	43,5	2	3,90
Acide chloreux............ ...	ClO^3	59,5	2	5,33
Acide hypochlorique..........	ClO^4	67,5	1	3,024
Oxysulfure de carbone... ...	COS	30	2	2,69
Oxychlorure de carbone... ..	COCl	49,5	2	4,43
Acétylène.................	C^2H ou C^4H^2	13 26	2 1	1,165
Éthylène ou gaz oléfiant......	C^2H^2 ou C^4H^4	14 28	2 1	1,254
Méthyle ou hydrure d'éthylène.	C^2H^3 ou C^4H^6	15 30	2 1	1,343
Formène ou gaz des marais...	C^2H^4	16	1	0,716
Propylène.......	C^6H^6	42	1	1,881
Cyanogène.................	C^2Az ou C^4Az^2	26 52	2 1	2,330
*Acide cyanhydrique..	C^2AzH	27	1	1,210

Quant aux corps liquides ou solides, mais transformables en gaz à une certaine température, on peut également calculer le volume gazeux de chacun d'eux à toute température et pression, d'après les lois ordinaires.

5. Indiquons en effet comment on calcule le poids du litre d'un gaz quelconque, dans des conditions données de température et de pression.

Le poids du litre d'air, sous la pression $0^m,760$ à 0° et sous le parallèle de 45°, est égal à $1^{gr},292\,743$.

Le rapport de ce poids à celui de l'eau distillée, sous le même volume, est exprimé par

$$\frac{1}{773,55}.$$

En général, le poids de 1^{lit} d'un gaz simple ou composé, à une température t et à une pression h quelconque, peut être calculé par la formule

$$(1) \qquad P = 0,09 \left(1 - \frac{1}{200} + \frac{1}{200}\,\frac{1}{16} \right) \frac{\nu E}{2} \frac{1}{1 + 0,00367\,t} \frac{h}{760};$$

pourvu que le gaz suive les lois de Mariotte et de Gay-Lussac. Cette formule s'applique à tout corps susceptible de prendre l'état gazeux, à une température et à une pression convenables. Pour un tel corps, qui ne serait pas gazeux à 0° et à $0^m,760$, la valeur de P rapportée à 0° et $0^m,760$ est fictive; mais elle reprend une signification précise, si l'on compare le poids du litre gazeux de ce corps avec le poids du litre gazeux d'un autre corps, P′, dans les mêmes conditions de température et de pression; ces conditions étant telles que les deux corps soient réellement gazeux et obéissent aux lois de Mariotte et de Gay-Lussac. En effet, ces conditions étant remplies, les deux poids calculés d'après la formule sont entre eux dans le rapport $\frac{P}{P'}$, lequel est indépendant de la température et de la pression.

6. Au lieu de faire intervenir les poids spécifiques individuels, il est plus commode de déduire directement le volume des gaz de la formule même de la réaction qui leur donne naissance, sans avoir besoin de connaître le poids du litre de chacun d'eux.

Établissons d'abord le principe de ce calcul. Les volumes des gaz sont proportionnels à leurs poids équivalents multipliés par des nombres simples, tels que 1, 2, 4. Si donc les poids équivalents sont rapportés à l'hydrogène comme unité, et si l'on connaît le volume occupé par 1^{gr} d'hydrogène, à une température t et sous une pression donnée, h, il sera facile de calculer le volume occupé par un poids équivalent d'un autre gaz ou vapeur, à la même température et à la même pression; pourvu qu'on en connaisse la condensation, c'est-à-dire le multiple caractéristique v : c'est ce que nous avons fait tout à l'heure en établissant la formule (1).

Pour plus de simplicité, on est même convenu, en Chimie organique, de rapporter tous les équivalents à un même volume gazeux, savoir le volume est occupé par 2^{gr} d'hydrogène, H^2, soit

$$22^{lit},32 \text{ à } 0° \text{ et } 0^m,760 ;$$

et plus généralement

$$22^{lit},32 \left(1 + \frac{t}{273} \right) \frac{0.760}{h}$$

à la température t et à la pression h. C'est là ce que l'on appelle le *volume* moléculaire; le poids correspondant étant dit le *poids moléculaire*.

On voit que le poids moléculaire de l'hydrogène, $H^2 = 2$, est double de son équivalent ($v = 2$). Il en est de même pour l'azote, $Az^2 = 28^{gr}$, et le chlore, $Cl^2 = 71^{gr}$, ainsi que pour la vapeur d'eau, $H^2O^2 = 18^{gr}$, et l'hydrogène sulfuré, $H^2S^2 = 34^{gr}$, etc. Cette relation s'applique aussi au mercure, $Hg = 100$, et au cadmium, $Cd = 56$, amenés à la forme gazeuse : leurs poids moléculaires, $Hg^2 = 200^{gr}$, et $Cd^2 = 112^{gr}$, calculés d'après leurs densités gazeuses, sont doubles de leurs équivalents. D'un autre côté, le poids moléculaire de l'oxygène, $O^4 = 32$, est quadruple ($v = 4$) de son équivalent, ce dernier étant égal à 8; et il en est de même du soufre ($S^4 = 64^{gr}$, vers $1000°$), du phosphore, de l'arsenic amenés à l'état gazeux. Au contraire, les poids moléculaires du gaz chlorhydrique, $HCl = 36^{gr},5$, du gaz ammoniac, $AzH^3 = 17^{gr}$, du formène, $C^2H^4 = 16^{gr}$, etc., sont égaux à leurs poids équivalents, c'est-à-dire que $v = 1$ pour ces corps; et il en est de même pour tous les composés organiques.

En général, le volume gazeux occupé par le poids équivalent d'un corps, pris dans des conditions convenables de température et de pression, sera exprimé en litres par

$$(2) \qquad V = \frac{22^{lit},32}{v} \left(1 + \frac{t}{273} \right) \frac{0,760}{h} .$$

On passe de là au volume occupé par l'unité de poids, soit

$$(3) \qquad V' = \frac{22^{\text{lit}},32}{v\,E}\left(1 + \frac{t}{273}\right)\frac{0,760}{h},$$

7. Ceci étant posé, soit une réaction donnant naissance à des gaz, ou à des corps gazeux dans les conditions de l'expérience : il suffira de faire la somme des termes analogues au précédent, pour chacun de ces corps gazeux, et l'on aura le volume total des gaz qui prennent naissance; soit pour le poids équivalent total

$$(4) \qquad V = \left(\sum \frac{22^{\text{lit}},32}{v}\right)\left(1 + \frac{t}{273}\right)\left(\frac{0,760}{h}\right),$$

et pour l'unité de poids

$$(5) \qquad V' = \frac{\left(\sum \dfrac{22^{\text{lit}},32}{v}\right)\left(1 + \dfrac{t}{273}\right)\left(\dfrac{0,760}{h}\right)}{\Sigma E}.$$

8. Tel est le calcul théorique; il fournit le volume total des gaz qui se produisent dans une réaction, sans autres données que l'équivalent et la condensation de chacun des corps qui y figurent. Mais, pour pouvoir l'étendre à tous les corps, dans les conditions où ils affectent l'état gazeux, il a été nécessaire de faire cette hypothèse : que tous les gaz et vapeurs obéissent sensiblement aux mêmes lois de dilatabilité par la chaleur (loi de Gay-Lussac), et de compressibilité par la pression (loi de Mariotte).

Il en est ainsi dans nos expériences ordinaires, faites au voisinage de la pression atmosphérique et à une température qui ne surpasse pas 500° à 600°.

Malheureusement ces lois cessent d'être vraies pour les pressions très fortes et pour les températures très élevées : températures et pressions sont précisément celles de l'emploi des matières explosives. Sous les hautes pressions en effet, on sait que ces lois ne se vérifient plus. Même sous les faibles pressions, aux températures très élevées que développent les matières explosives, l'exactitude des lois reçues pour les gaz est devenue fort douteuse, dans ces derniers temps, depuis les expériences de M. V. Meyer sur le chlore, le brome et l'iode.

C'est donc sous toutes réserves et faute d'une théorie plus parfaite que nous emploierons ces formules dans nos calculs.

§ 2. — Température.

1. La température développée par une matière explosive peut être *mesurée directement*, en principe du moins. Mais, en fait, cette mesure, qui n'est autre que celle de très hautes températures, présente des difficultés extrêmes, lesquelles n'ont été surmontées complètement dans presque aucun cas connu. Tout ce que l'on sait, c'est que l'explosion de la poudre développe une température supérieure à celle de la fusion du platine, c'est-à-dire à 1775°.

2. Le *calcul théorique* de la température peut être fait de la manière suivante.

La température T développée dans une réaction quelconque, telle qu'une explosion, se calcule en divisant la quantité de chaleur dégagée, Q, par la chaleur spécifique moyenne des produits, c, évaluée entre T et la température ambiante,

$$T = \frac{Q}{c}.$$

Cette expression est rigoureuse, pourvu que l'on y introduise la chaleur spécifique véritable, ainsi que la quantité de chaleur correspondant à la formation des produits qui existent réellement à la température et dans les conditions de l'explosion.

3. La théorie indique en outre que la chaleur dégagée et, par conséquent, la température produite sont indépendantes de la grandeur de la capacité dans laquelle on a opéré, toutes les fois que la réaction chimique demeure la même.

Il en est dès lors de même du rapport entre la pression initiale et la pression développée, à volume constant. C'est en effet ce qui résulte de la loi de Joule, en tant qu'une telle loi demeure applicable à des gaz aussi comprimés que ceux dont nous nous occupons.

4. Examinons maintenant jusqu'à quel point ces diverses données théoriques sont réellement connues.

D'une part, les produits qui existent à la température maximum et dans les conditions de l'explosion ne sont pas nécessairement identiques avec ceux que l'on retrouve après refroidissement. A cette haute température, les éléments composants peuvent n'être que partiellement combinés, ou transformés en composés plus simples. Par suite, la chaleur dégagée au moment de l'explosion sera diminuée. Au contraire, l'état de combinaison est d'autant plus avancé et la dissociation moindre que la pression développée est plus considérable.

En général, la température maxima paraît être fort inférieure à la température théorique.

5. Cette influence exercée sur la température maxima par les transformations chimiques successives que le système éprouve pendant le refroidissement devient plus frappante encore, si l'on envisage les simples changements d'état physique des composés.

Par exemple, l'union de 8^{gr} d'oxygène et de 1^{gr} d'hydrogène, opérée à volume constant, dégage 34200^{cal} à la température ordinaire. Mais cette chaleur ne concourt pas tout entière et de la même manière à produire la température maxima [1] : une portion telle que 4800^{cal} étant absorbée à $100°$, lors du changement d'état de l'eau liquide en eau gazeuse. L'élévation de la température de la vapeur d'eau devra donc être moins considérable, puisque la quantité totale de chaleur dégagée dans la combustion ne représente pas seulement la chaleur dégagée par la combinaison proprement dite, en vertu de laquelle les deux gaz élémentaires produisent le gaz composé ; elle comprend en outre la chaleur dégagée par la liquéfaction de l'eau à $100°$, laquelle est absorbée en sens inverse, lorsque l'eau passe de la température ordinaire à la température développée par l'explosion. On pourrait même observer que, la chaleur spécifique de l'eau liquide étant supérieure à celle de l'eau gazeuse, l'eau liquide abandonne entre $100°$ à $0°$ plus de chaleur que le calcul n'en suppose. Mais ce dernier excès est faible et peut être négligé dans de pareils calculs.

5. Évaluons maintenant la température de combustion d'un mélange d'hydrogène et d'oxygène, pris à volume constant.

Soit d'abord la chaleur spécifique théorique de la vapeur d'eau à volume constant : pour simplifier, supposons-la égale à la somme de celles de l'oxygène et de l'hydrogène qui la forment. Nous aurons ainsi pour $HO = 9^{gr} : 2,4 + 1,2 = 3,6$. En divisant 34200 par $3,6$, on trouverait $9500°$. Mais on vient de dire qu'il convient de retrancher la chaleur latente de la vapeur d'eau : c'est donc le nombre 29400 qu'il faudra diviser par $3,6$; ce qui donne $8167°$.

Si l'on voulait en outre faire entrer en ligne la chaleur spécifique

---

[1] *Voir* Debray, *Leçon professée devant la Société chimique de Paris en 1861*, p. 641 ; chez Hachette.

de l'eau liquide, laquelle est égale à 9 en fait, au lieu de 3,6, on aurait, de 100 à 0° : 900^{cal} dégagées. Il resterait au-dessus de 100° : 28500^{cal}, lesquelles divisées par 3,6 donnent 7917. Cela fait en tout, pour la température de la combustion à volume constant,

$$7917 + 100 = 8017°.$$

Or, la dissociation peut abaisser beaucoup cette température. Supposons qu'à la température maxima une fraction $\frac{1}{m}$ du système soit la seule réellement combinée : la chaleur dégagée, comptée au-dessous de 100°, serait $\frac{28500}{m}$. Cette quantité de chaleur élèverait la température de la masse totale jusqu'à $\frac{7917}{m} + 100°$. Supposons $m = 2$, c'est-à-dire une dissociation de moitié; on aura : $t = 3688°$.

Il est évident d'ailleurs que l'on ne saurait admettre ni pour le calcul des températures, ni pour celui du volume des gaz, une dissociation totale; car alors il n'y aurait plus de chaleur dégagée, ce qui supprime tout calcul.

Ajoutons enfin que les chiffres ci-dessus sont donnés uniquement afin de fixer les idées, les données positives faisant défaut pour évaluer la chaleur spécifique véritable de la vapeur d'eau à une haute température, ou son degré de dissociation.

§ 3. — Chaleur spécifique.

1. La *chaleur spécifique* des gaz, qui est la base de tous ces calculs, demande à être précisée. Pour plus de simplicité, on adopte en général la chaleur spécifique réellement observable, à la température ordinaire, sur les produits obtenus après refroidissement; cette chaleur spécifique étant prise à volume constant, si la réaction a lieu dans une capacité close; ou bien à pression constante, si l'on opère sous la pression atmosphérique. Le Tableau de ces chaleurs spécifiques sera donné Livre II, Chapitre II.

2. Cependant ces hypothèses ne sont pas rigoureuses. La chaleur spécifique, prise à la température ordinaire t, ne demeure pas constante à des températures plus hautes, pour les corps composés, quel qu'en soit l'état; elle ne l'est même pas pour les corps simples, pris dans l'état liquide ou solide. En réalité, la plupart de ces chaleurs spécifiques croissent rapidement avec la température.

En particulier, la chaleur spécifique des gaz comprimés à plusieurs milliers d'atmosphères, tels que ceux qui résultent de l'explosion de la poudre ou de la nitroglycérine, est inconnue et elle varie sans doute extrêmement avec la température et la pression. Ses variations doivent être analogues à celles des liquides, dont l'état des gaz ainsi comprimés n'est pas fort éloigné. Or la chaleur spécifique de certains liquides, tels que l'alcool, peut croître du simple au double, entre des limites de température aussi peu écartées que o et 150°, d'après les expériences de M. Regnault([1]) et celles de M. Hirn ([2]).

C'est donc là une donnée fort incertaine.

3. Aussi a-t-on cherché à y suppléer par une hypothèse radicale, plus arbitraire sans doute, mais d'un emploi commode dans les calculs. Cette hypothèse consiste à regarder tous les corps composés comme possédant à une haute température une chaleur spécifique constante, indépendante de la température et de la pression, enfin égale à la somme de celle de leurs éléments gazeux, sous volume constant bien entendu. Cette chaleur spécifique sera la même et égale à 4,8 pour tout élément gazeux, sous un poids tel qu'il occupe volume moléculaire pris pour unité, c'est-à-dire

$$22^{\text{lit}},32 \left(1 + \frac{t}{273} \right) \frac{0,760}{h},$$

à la température t et sous la pression h.

4. Ceci exige la connaissance préalable des poids moléculaires. Ils sont en effet connus par expérience pour l'hydrogène, l'oxygène, l'azote, le chlore, tous corps gazeux à froid, pour le brome, et l'iode, enfin, à une très haute température, pour le soufre, le phosphore, l'arsenic, le sélénium; ainsi que pour le mercure et le cadmium, parmi les métaux. Pour les autres métaux il y a doute; suivant l'hypothèse adoptée pour la densité gazeuse, on peut choisir entre des nombres qui varient du simple au double ([3]).

([1]) *Relation des expériences, etc.*, t. II, p. 272 ; 1862,

([2]) *Annales de Chimie et de Physique*, 4ᵉ série, t. X, p. 86; 1867.

([3]) Pour le chlore et le brome, les expériences de M. V. Meyer montrent que le poids moléculaire diminue graduellement aux très hautes températures, jusqu'à se réduire aux deux tiers vers 1400°. En d'autres termes, les gaz halogènes n'obéissent pas exactement aux lois de Mariotte et de Gay-Lussac : il est probable que leurs chaleurs spécifiques varient d'une façon corrélative (*voir* mes remarques à ce sujet, *Annales de Chimie et de Physique*, 5ᵉ série, t. XXII, p. 456).

5. Supposons donc connus les volumes moléculaires des éléments : il suffira de faire la somme de ces volumes qui entrent dans la réaction ([1]) ; on la divisera par le volume pris pour unité et on multipliera le quotient par 4,8 : on obtiendra ainsi la somme des chaleurs spécifiques, à volume constant, des corps qui interviennent dans une réaction, pris chacun sous son poids respectif.

§ 4. — Pression.

La pression développée au moment de la réaction explosive peut être soit calculée *a priori*, soit mesurée directement. Nous allons entrer à cet égard dans des développements étendus, ce qui nous oblige à partager cette étude en quatre sections, lesquelles comprennent :

Les mesures directes (1ʳᵉ section) ;

Les calculs théoriques (2ᵉ section) ;

La notion de la *densité* de *chargement* et de la *pression spécifique* (3ᵉ section) ;

Enfin la notion du *produit caractéristique*, c'est-à-dire d'un terme de comparaison entièrement calculable d'après des données purement empiriques.

Première section. — *Mesures directes.*

1. Parlons d'abord de la *mesure directe*. Elle s'effectue à l'aide de divers appareils, fondés les uns sur la méthode statique, les autres sur la méthode dynamique, c'est-à-dire sur l'étude de la loi du mouvement communiqué à un corps pesant.

2. Le premier en date et le plus simple de tous les appareils est celui de Rumford (1792), qui cherchait par tâtonnement le poids capable de faire équilibre à la pression des gaz de la poudre ([2]). Les

---

([1]) La somme des volumes moléculaires n'est précisément proportionnelle ni au nombre des équivalents, ni à celui des unités de poids atomiques. Elle n'est pas proportionnelle aux équivalents, attendu que le poids équivalent de l'hydrogène occupe un volume gazeux double de ceux de l'oxygène, du soufre (vers 1000°) du phosphore et de l'arsenic (*voir* p. 40). Elle n'est pas proportionnelle non plus au nombre des unités de poids atomiques, pris avec les valeurs actuellement reçues (p. 30), attendu que le poids atomique de l'hydrogène occupe un volume gazeux double de ceux du mercure et du cadmium ; sans parler de l'anomalie relative au chlore, à haute température.

([2]) *Traité sur la poudre*, par Upmann et Meyer, traduit et augmenté par Desortiaux, p. 562 ; 1878.

résultats obtenus avec cet instrument pour les densités de chargement comprises entre 0,1 et 0,3 ne s'écartent pas beaucoup des
chiffres les plus récents, observés par MM. Noble et Abel. Au delà
de ces densités les chiffres de Rumford sont excessifs.

3. Le poinçon Rodman (1857), et ses modifications, ainsi que
l'éprouvette Uchatius (1869), sont fondés sur la grandeur de l'empreinte tracée dans un disque de cuivre par un poinçon d'acier,
ajusté lui-même à un piston sur lequel pressent les gaz de la matière explosive.

Dans l'appareil de Meudon, successivement perfectionné par les
colonels de Montluisant et de Reffye, on observe l'écoulement
d'une masse de plomb cylindrique, refoulée par les gaz dans un
canal conique de moindre dimension.

Le *crusher*, ou écraseur de la Commission anglaise des matières
explosives, déduit la pression de l'écrasement d'un cylindre de
cuivre : il sera décrit tout à l'heure, tel qu'on l'emploie en France
dans les expériences exécutées par l'artillerie de marine et par la
Commission des matières explosives.

Tous ces appareils doivent être tarés par comparaison, en étudiant les effets de pressions bien connues et en dressant des Tables
correspondantes,

4. Citons encore le dynamomètre à ressort de M. Le Boulengé, et
les balances manométriques de M. Marcel Deprez, fondées sur l'emploi d'une pression antagoniste. On en trouvera la description dans
le *Traité de la poudre*, déjà cité (p. 572).

On y trouve également la description des appareils fondés sur
la méthode dynamique, tels que les essais faits avec le pendule
balistique par Cavalli (1845-1860) et par Neumann (1851), l'emploi des chronographes Schulze (1864), Noble (1872), Noble et
Abel (1874); l'emploi du pendule balistique muni d'une plaque
métallique destinée à mesurer les effets brisants, par le capitaine
Ph. Hess, et les autres appareils analogues imaginés par ce savant
officier autrichien (1873-1879); l'emploi de l'enregistreur du capitaine Ricq (1873), celui du monographe Le Boulengé, de l'accé-
léromètre et de l'accélérographe de MM. Marcel Deprez et Sébert (1873-1878), celui du vélocimètre Sébert, savant officier à qui
nous devons tant d'ingénieuses inventions, etc. Quelque remarquables que soient ces instruments, leur description nous entraînerait trop loin; et elle ne rentre pas dans le cadre du présent Ouvrage.

5. Je me bornerai à décrire le *crusher*, employé dans les expériences que j'ai faites en commun avec M. Vieille. On y mesure l'écrasement d'un petit cylindre de cuivre rouge, placé entre une enclume fixe et la tête d'un piston, dont la base, de section connue, reçoit l'action des gaz.

C'est une éprouvette en acier doux, de $0^m,022$ de diamètre intérieur, d'une épaisseur égale au calibre et d'une capacité de $24^{cc},3$. L'éprouvette est munie à l'une de ses extrémités d'un bouchon renfermant l'appareil *crusher*, qui sert à la mesure des pressions; l'autre extrémité est fermée par un bouchon, portant le dispositif

Fig. 1.

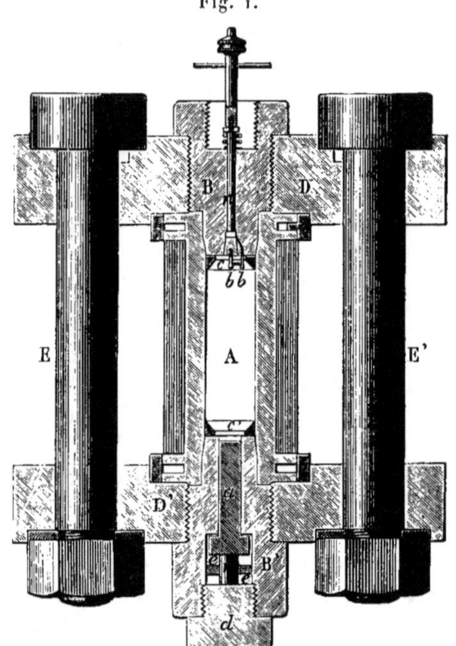

Éprouvette destinée à la mesure des pressions.

de mise de feu. Pour éviter toute action locale au contact du métal, la charge est suspendue au milieu de l'éprouvette, sous la forme d'une cartouche cylindrique, de figure semblable à la capacité intérieure.

Un fil de fer fin, susceptible d'être porté au rouge par l'électricité, traverse la cartouche.

Voici le dessin de cette éprouvette (*fig.* 1), fréquemment usitée dans les travaux de la Commission des matières explosives.

Elle se compose d'un tube cylindrique en acier doux A, fretté extérieurement, suivant le système de M. Schultz, par un fil d'acier de $0^{mm},8$ de diamètre, enroulé sur le tube, sous une tension de 35^{kg}. Le frettage se compose de quinze rangs de fil.

Le cylindre est fermé à ses deux extrémités par les bouchons d'acier B, B', le joint entre les bouchons et le tube étant obtenu par des obturations annulaires en cuivre rouge c, c'. Les bouchons sont vissés dans deux disques de fer forgé D, D', réunis eux-mêmes par six boulons E, E' (*fig.* 2).

Fig. 2.

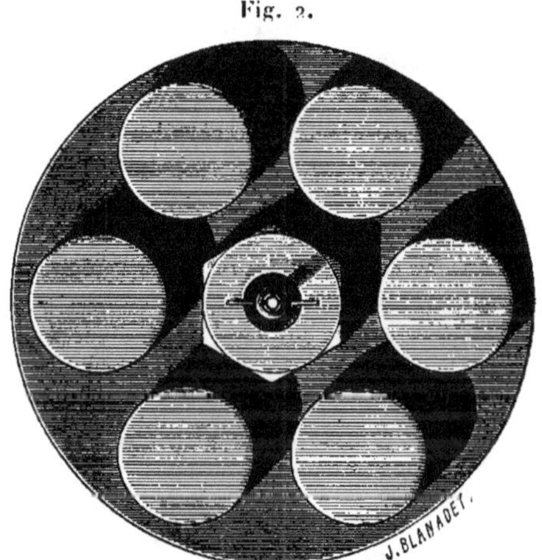

Extrémité de l'éprouvette.

L'inflammation de la charge est obtenue par l'incandescence électrique d'un fil métallique, tendu entre deux bornes b, b'; l'une de celles-ci est fixée sur le bouchon, l'autre sur une tige métallique centrale n, qui traverse le bouchon, dont elle est isolée par l'interposition d'une mince couche de gomme laque.

L'appareil *crusher* a été, comme on sait, proposé et appliqué en 1871, par M. le capitaine Noble, en Angleterre, dans ses recherches sur la combustion de la poudre. Il est ajusté au bouchon B'. Il se compose d'un piston a en acier trempé, mobile à frottement doux dans un canal percé suivant l'axe du bouchon, et d'un cylindre en cuivre rouge r, de $0^{m},008$ de diamètre et de $0^{m},013$ de hauteur, dressé entre la tête du piston et un tampon vissé dans le bouchon.

6. Dans la méthode de tarage adoptée par l'artillerie de la marine,

I.

4

on écrase les cylindres sous des poids agissant sans vitesse initiale
et l'on mesure les hauteurs réduites des cylindres écrasés. On en déduit, par interpolation, une Table établissant les relations empiriques
entre ces hauteurs h, dites *hauteurs restantes*, et les poids R correspondants. Π désignant la pression maximum développée dans
une expérience et ω la surface de base du piston, on calcule Π par
la relation Πω = R. Pour maintenir la pression dans les limites de
la table de tarage, il suffit de faire varier la base du piston.

On compare les résultats obtenus, en introduisant dans une
même chambre des poids croissants de matière explosive. Le rapport du poids de l'explosif au volume intérieur de l'éprouvette est
ce qu'on appelle *la densité de chargement* (*voir* p. 5g).

7. La théorie des manomètres à écrasement, tels que le crusher
décrit ci-dessus, a été examinée d'une manière approfondie par
MM. Sarrau et Vieille ([1]). Ils ont d'abord défini le tarage de l'appareil, en écrasant le cylindre progressivement et lentement, par
quantités très petites, jusqu'à ce qu'il supporte sans déformation
permanente une charge déterminée. On obtient ainsi une relation
entre la charge finale, dite *force de tarage* θ, et la diminution de
hauteur du cylindre, c'est-à-dire *l'écrasement* correspondant ε.

θ variant de 1000^{kg} à 35oo^{kg}, on a sensiblement

$$(1) \qquad θ = K_0 + Kε; \quad K_0 = 54 \text{i}; \quad K = 535,$$

les unités étant le millimètre et le kilogramme.

Cette relation établie, comment les indications qui en résultent
pourront-elles être appliquées aux expériences? Deux cas limites
se présentent :

1° Le développement de la pression est assez lent et la masse
du piston écraseur assez faible pour que les forces d'inertie puissent être négligées : dans ce cas, il y a sensiblement équilibre
entre la pression développée par l'explosif et la résistance du cylindre. La pression maximum est alors égale à la force de tarage
correspondant à l'écrasement observé; elle est donnée par la formule (1).

2° Le développement de la pression est si rapide, que le déplacement du piston, opéré pendant le développement de la pression

---

([1]) *Comptes rendus des séances de l'Académie des Sciences*, t. XCV, p. 26,
13o et 18o; 1882.

maximum, peut être regardé comme négligeable, le piston ayant d'ailleurs une masse suffisante : dans ce cas, le mouvement du piston sera envisagé comme effectué sous pression constante, dès l'origine et pendant toute sa durée. Le calcul indique que la valeur de cette pression est égale à une force de tarage correspondant à la moitié de l'écrasement

$$(2) \qquad \theta = K_0 + \frac{K\varepsilon}{2}.$$

8. Dans la pratique, et pour un explosif donné, il s'agit de constater si l'appareil fonctionne à l'une ou à l'autre de ces limites, puis d'évaluer la pression maximum applicable aux cas intermédiaires. Il est dès lors nécessaire d'enregistrer la durée de l'écrasement, ainsi que la loi du mouvement du piston, et de comparer celle-ci avec les résultats indiqués par le calcul, pour le mouvement du piston écrasant le cylindre sous l'action d'une force qui soit fonction quelconque du temps. La théorie montre que le phénomène est réglé par le rapport entre la durée effective τ de l'écrasement, opéré sous la pression variable, et la durée τ_0 de cet écrasement, opéré par une force constante, agissant sur le piston sans vitesse initiale.

Cependant, il est préférable de substituer à une correction, toujours un peu douteuse, les données obtenues dans des conditions expérimentales voisines de l'une ou de l'autre limite. Citons quelques résultats.

Les auteurs ont trouvé, pour la poudre de guerre, que l'écrasement demeure le même lorsque $\dfrac{\tau}{\tau_0}$ varie de 4,8 à 251 ; variations qui dépendent du degré d'agrégation de la poudre (poussier, grain, galette, bloc comprimé). On est donc toujours au voisinage de la première limite ; c'est-à-dire que la formule (1) est applicable dans tous les cas. La pression maximum des gaz de la poudre, à la densité de chargement 0,70, a été ainsi trouvée égale à 3574^{kg} par centimètre carré.

Le picrate de potasse en poudre, au contraire, s'est décomposé si vite qu'on n'a pu observer aucune valeur appréciable pour τ (exprimé en dix-millièmes de seconde). La pression maximum a été trouvée égale à 1985^{kg} sous une densité de chargement 0,30. Le même sel en blocs comprimés a présenté une durée de combustion plus sensible : soit 0^s,0005 à 0^s,0006, et un moindre écrasement. C'est donc l'autre limite qu'il convient d'appliquer, et la vérification expérimentale en a été faite.

Avec le coton-poudre en poussière (densité de chargement $0,20$), τ est également insensible et la pression maximum égale à 1985^{kg}; le poids du piston ayant varié de 727^{gr} à $42^{gr},7$.

La dynamite (densité de chargement, $0,30$) se décompose plus lentement que le coton-poudre, mais plus vite que la poudre noire : la détonation étant produite à l'aide du fulminate, bien entendu. Aussi fournit-elle un cas intermédiaire, dans lequel la discussion des mesures est plus délicate. En employant des pistons de poids moyen, et même des pistons légers, il est fort difficile d'atteindre la limite inférieure (1); du moins avec une certitude comparable à celle des essais relatifs aux matières précédentes. Au contraire, vers la limite opposée (2), on est parvenu à rendre négligeable le rapport $\dfrac{\tau}{\tau_0}$ en donnant au piston une masse de 4^{kg} : l'écrasement était alors presque double de ceux que l'on obtenait avec des pistons pesant $3^{gr},8$ et $6^{gr},9$. On voit par là que les deux cas limites ont été réalisés avec la dynamite, ainsi que les cas intermédiaires, en modifiant la masse du piston.

La pression maximum (piston de 4^{kg}) a été trouvée égale à 2547^{kg} par centimètre carré, pour la densité de chargement $0,30$.

Avec un piston de poids moyen, c'est-à-dire pesant seulement $59^{gr},7$, toujours pour une densité de chargement égale à $0,30$, la dynamite et le picrate donnent le même écrasement; cependant les pressions maxima sont très différentes.

Ce qui caractérise les expériences faites avec la dynamite, c'est que le calcul fait pour les pistons très légers d'après la formule (1), et pour les pistons très lourds d'après la formule (2), doit **donner** et donne en effet le même chiffre pour la valeur de la pression exercée.

On voit, par cette analyse, avec quelle précaution les crushers doivent être employés pour mesurer les pressions maxima des explosifs. L'étude de ces pressions doit se faire à l'aide de la nouvelle méthode de **MM.** Sarrau et Vieille.

9. Il convient de remarquer ici que les mesures ainsi obtenues répondent seulement à une certaine moyenne des pressions, moyenne susceptible d'être dépassée notablement sur certains points. En réalité, les gaz brusquement développés par la réaction chimique représentent de véritables tourbillons, dans lesquels il existe des filets de matière sous des états de compression très différents, et une fluctuation intérieure. C'est ce que montrent les effets mécaniques produits par ces gaz sur les matières solides, et spécialement sur

les métaux qui se trouvent creusés et sillonnés par places, comme s'ils avaient reçu l'empreinte d'un corps solide extrêmement dur.

La mesure des pressions initiales dans les bouches à feu manifeste également des irrégularités locales et des différences, parfois énormes, entre les pressions observées au même instant, sur les divers points de la chambre où se produit la combustion de la poudre.

La pression n'est donc pas uniforme et elle peut varier d'une manière presque discontinue, aussi bien que le mouvement communiqué d'abord au projectile.

Deuxième section. — *Calculs théoriques.*

1. **Donnons maintenant les méthodes de calcul théorique, qui ont été proposées pour déduire les pressions développées par les matières explosives de la connaissance des seules données suivantes : volume des gaz et chaleur développée. Cette exposition est essentielle; mais les résultats obtenus par une voie semblable ne doivent être acceptés que sous le bénéfice des vérifications expérimentales, telles que celles que fournit le *crusher,* réglé d'après la méthode de MM. Sarrau et Vieille. Quoi qu'il en soit, voici le principe des calculs.**

Si tous les produits de l'explosion étaient gazeux, s'ils étaient exactement connus, enfin si l'on savait avec précision la température de ces gaz au moment de l'explosion, ainsi que la loi qui rattache les pressions aux températures, on déduirait de là, par un calcul rigoureux, la pression développée lorsqu'une matière explosive déflagre dans une capacité constante, et, par suite, les pressions successives pendant la détente dans une capacité variable, telle que celle d'un canon ou d'un fusil.

Ce calcul est facile, si l'on admet que les gaz obéissent aux lois de Mariotte et de Gay-Lussac, et que leur chaleur spécifique est constante. En effet, la *température* T s'obtiendra, comme il a été dit (p. 42), en divisant la quantité de chaleur dégagée, Q, par la chaleur spécifique des produits, c,

$$(1) \qquad T = \frac{Q}{c}.$$

La *pression* W s'en déduit. Soit V_0 le volume réduit à $0°$ et $0^m,760$ des gaz produits par un poids donné de matière, et soit V le volume de la capacité qui les renferme; la pression W exprimée en atmosphères sera

$$(2) \qquad W = \frac{V_0\left(1 + \dfrac{T}{273}\right)}{V}$$

ou bien encore

$$(3) \qquad W = \frac{V_0\left(1 + \dfrac{Q}{273c}\right)}{V}\,.$$

En posant en outre : $V = 1^{cc}$, et V_0 égal au volume occupé par l'unité de poids, W_1 exprimera en atmosphères la pression développée par l'unité de poids de la substance explosive détonant dans l'unité de volume. Cette expression est purement théorique.

Soit maintenant l'unité de poids contenu dans une capacité plus grande, telle que n centimètres cubes, c'est-à-dire $V = n^{cc}$, on aura

$$(4) \qquad W_n = \frac{V_0\left(1 + \dfrac{Q}{237c}\right)}{n}\,,$$

expression qui se rapprochera d'autant plus de la pression véritable que n sera plus considérable.

Rappelons ici que l'expression V_0, c'est-à-dire le *volume réduit*, s'applique non seulement aux gaz permanents, mais aussi à la vapeur d'eau et à toute substance vaporisable à une température quelconque; elle exprime alors le rapport du volume de la substance gazeuse au volume occupé par un certain poids d'air, pris comme unité et envisagé à la même température et à la même pression (*voir* p. 39 et 40).

En général, on aura, pour un composé défini, dont on connaît l'équivalent E et la condensation ν,

$$(5) \qquad W_1 = \frac{22^{lit},32}{\nu \times E}\left(1 + \frac{T}{273}\right)$$

et, pour une somme de composés définis,

$$(6) \qquad W_1 = 22^{lit},32\left(1 + \frac{T}{273}\right)\frac{\Sigma\frac{1}{\nu}}{\Sigma E}\,.$$

Si l'on voulait traduire ces nombres en pressions absolues, c'est-à-dire en kilogrammes par centimètre carré, il suffirait de les multiplier par le poids d'une colonne de mercure ayant pour hauteur

$0^m,760$ et pour base 1^{q} : ce qui revient en fait à augmenter de $\frac{1}{30}$ le nombre qui exprime la valeur de W en atmosphères. On aura donc, en kilogrammes,

$$(7) \qquad W' = \left(1 + \frac{1}{30}\right) W.$$

2. Dans le cas où une portion des produits conserve l'état liquide ou solide, le calcul théorique de la température T reste le même ; mais celui de la pression est modifié, en raison du volume occupé par ces derniers produits. Si leur densité est connue à la température T, on en déduira leur volume v et par suite la pression exercée par les gaz : celle-ci sera

$$(8) \qquad W' = \frac{V_0\left(1 + \dfrac{T}{273}\right)}{V - v}.$$

3. Des formules théoriques de ce genre ont été employées par la plupart des auteurs.

Malheureusement les hypothèses sur lesquelles elles reposent sont trop éloignées de la réalité pour fournir des résultats rigoureux. En effet, nous avons dit quels doutes règnent sur les chaleurs spécifiques à une haute température (p. 44). Les lois de Mariotte et de Gay-Lussac perdent également toute signification physique dans l'étude des gaz comprimés à plusieurs milliers d'atmosphères, tels que ceux qui résultent de l'explosion de la poudre et des autres matières détonantes, dans les armes ou dans les trous de mine.

Cependant il peut se produire à cet égard certaines compensations, la température réelle étant moindre, à cause de l'accroissement des chaleurs spécifiques ; mais la pression réelle croissant plus vite avec la température dans des gaz si fortement comprimés (*voir* p. 27).

Ce n'est pas tout. Le volume V_0, calculé plus haut, se déduit du volume des gaz mesurés à la température ordinaire : or souvent ceux-ci ne sont pas les mêmes que les gaz qui existaient au moment de l'explosion, à cause de la vaporisation totale ou partielle des produits et à cause de la dissociation. Ces circonstances rendent également douteux l'emploi de la quantité totale de chaleur, Q, dans le calcul de la pression maximum [1].

---

[1] *Voir* p. 44 et 63.

4. D'après les travaux récents de M. Clausius, l'expression de la pression p en vases clos, au lieu d'être calculable par les lois de Mariotte et de Gay-Lussac, serait donnée par la formule suivante, en fonction de la température absolue, T_1, et du volume, u :

$$p = \frac{RT_1}{u - \alpha} - \frac{K}{T(u + \beta)^2};$$

R, K, α, β étant des constantes qui dépendent de la nature spécifique des gaz.

Si T_1 est très grand, la formule se réduit sensiblement à

$$p = \frac{RT_1}{u - \alpha}.$$

Le poids du gaz est supposé ici égal à l'unité.

Supposons ce poids égal à ϖ; on a alors

$$u' = \frac{u}{\varpi} \quad \text{et} \quad p = \frac{RT_1 \varpi}{u'' - \alpha\varpi}.$$

En vases clos, T_1 est la température absolue de combustion, et le produit RT_1 est constant; soit $RT_1 = F$:

$$p = \frac{F\varpi}{u' - \alpha\varpi} \quad \text{ou} \quad P = \frac{F}{\dfrac{u'}{\varpi} - \alpha},$$

expression semblable à celle à laquelle on arrive par la loi de Mariotte, en retranchant de la capacité un volume proportionnel à la charge (p. 55).

5. Pour mieux faire apprécier la valeur des résultats calculés par les lois ordinaires des gaz, telles qu'elles sont connues au voisinage de la pression atmosphérique et de la température ordinaire, citons les mesures expérimentales faites sur certains corps explosifs, choisis de façon qu'ils ne soient pas susceptibles de fournir des produits dissociables (au moins d'une manière sensible), et qu'ils fournissent par leur décomposition des corps élémentaires, ou bien encore des gaz formés sans condensation : par exemple l'oxyde de carbone, dont la chaleur spécifique est assimilable à celle des gaz simples. Tels sont en effet le sulfure d'azote, décomposable en soufre et azote, et le fulminate de mercure, décomposable en mercure et oxyde de carbone : ils nous fourniront des types pour ce genre de calculs.

6. Soit, par exemple, 10^{gr} de fulminate de mercure détonant dans une capacité de 50^{cc} (densité de chargement, $0,2$). La chaleur dégagée s'élève à 114500^{cal} pour la réaction

$$C^4 Hg^2 Az^2 O^4 = 2 C^2 O^2 + Az^2 + Hg^2.$$

Mais le mercure étant gazeux, il convient d'en déduire la chaleur de vaporisation dans le calcul de la pression, soit 15400 : ce qui réduit la chaleur destinée à augmenter la pression à 99100^{cal}.

En admettant comme valeur de la chaleur spécifique à volume constant de l'oxyde de carbone, aussi bien que de celle de l'azote et du mercure, pris chacun sous son poids moléculaire, le chiffre $4,8$ (chiffre conforme d'ailleurs à l'expérience pour les deux premiers corps) et, en négligeant l'écart qui existe entre ce nombre et la chaleur spécifique du mercure liquide, on trouve, pour la température produite,

$$\frac{99,100}{4 \times 4,8} = 5161^{\circ}.$$

Le volume des gaz permanents (azote et oxyde de carbone), fournis par la réaction et réduits à 0° et $0^{m},760$, sera : $22^{lit},32 \times 3$.

A une température t, il devient

$$22,32 \times 3 \times \left(1 + \frac{t}{273} \right).$$

Il convient d'y joindre, à partir de 360° et sous la pression $0^{m},760$: un volume $22^{lit},32 \left(1 + \dfrac{t}{273} \right)$ de vapeur de mercure.

On aura donc en définitive, à la température t, supposée supérieure à 360°, et sous la pression normale, un volume de gaz égal à

$$89^{lit},28 \left(1 + \frac{t}{273} \right).$$

Ce qui ferait, à 5161° : 1776^{lit}, fournis par un poids de fulminate égal à 284^{gr}.

Or la capacité dans laquelle s'est produite la détonation étant 50^{cc} pour 10^{gr}, pour 284^{gr} elle eût été $1^{lit},420$. La pression correspondante serait dès lors, d'après la loi de Mariotte : $\dfrac{1776}{1,420} = 1251^{atm}$, soit 1293^{kg} par centimètre carré.

L'expérience, faite au moyen d'un *crusher*, a fourni un écrase-

ment ε de $2^{mm},4$. Le fulminate de mercure rentrant dans la caté-
gorie des explosifs pour lesquels la durée du développement de la
pression est négligeable (p. 5o) vis-à-vis de la durée de fonction-
nement de l'appareil *crusher*, on doit appliquer la formule (2) de la
page 5ı, c'est-à-dire $541 + 535\,\dfrac{\varepsilon}{2}$. On obtient ainsi 1183^{kg} par centimètre carré. L'eau entre 1293 et 1183 n'est guère que d'un dou-
zième.

De même, pour la densité de chargement $0,3$, la théorie déduite
de la loi de Mariotte donne 1939^{kg}, et le *crusher* 1871^{kg}.

Observons en outre que la valeur 1183 conduit à la pression spécifique 5915^{kg}; tandis que la valeur 1871 fournit 6233^{kg} (pression
de l'unité de poids dans l'unité de volume); chiffres suffisamment
voisins pour qu'on en prenne la moyenne : 6100^{kg} en nombres ronds.

7. Soit encore le sulfure d'azote : on a fait détoner ce corps dans
une capacité close. On a trouvé que

$$Az\,S^2 = Az + S^2,\ \text{dégage}\ldots + 32\,3oo^{cal}.$$

Pour évaluer la pression au moment de l'explosion, il convient
de déduire la chaleur absorbée par la vaporisation du soufre. Si
cette transformation avait lieu vers $448°$, elle absorberait 2600^{cal} environ, et il resterait $+ 29700^{cal}$. Mais ce chiffre est encore trop fort,
la température du soufre s'élevant pendant l'explosion à un degré
où ce corps reprend sa densité gazeuse théorique; au lieu d'une
densité triple qu'il possède à $448°$. Cette transformation nouvelle
absorbe une dose de chaleur considérable et que nous évaluerons
provisoirement, d'après les analogies des polymères, à $15\,000$ ou
$20\,000^{cal}$ pour S^4; soit 8000 à $10\,000^{cal}$ pour S^2. Nous arrivons ainsi
vers $21\,000^{cal}$, valeur que nous allons employer faute de mieux.

Admettons que la somme des chaleurs spécifiques à volume constant de l'azote et du soufre soit égale à $4,8$ pour toute température,
et négligeons les différences entre la chaleur spécifique théorique
du soufre et sa chaleur spécifique réelle, dans les états solide et
liquide, afin de simplifier les calculs.

La température du système développé par l'explosion sera alors

$$\frac{21\,000}{4,8} = 4375°.$$

Le volume des gaz permanents, envisagés à une température suffisamment haute et sous la pression normale, étant ici

$$22^{\text{lit}},32 \left(1 + \frac{t}{273} \right),$$

on aura à $4375°$: 380^{lit}, ce volume étant fourni par un poids de sulfure d'azote égal à 46^{gr}.

Un tel poids, détonant dans une capacité de 230^{cc}, développerait, d'après la loi de Mariotte, une pression égale à 1652^{atm}; soit 1600^{kg} par centimètre carré.

Or l'expérience faite avec un *crusher*, sous une densité de chargement $0,20$ et calculée par l'ancien procédé, a donné 1703^{kg}. Ici la pression calculée est un peu inférieure à la pression donnée par le *crusher*. Mais il faudrait corriger ce dernier chiffre d'après la nouvelle théorie, et tenir compte de l'incertitude de l'évaluation de la chaleur de transformation du soufre.

On voit par là que les expériences directes sont nécessaires. Cependant on aurait pu s'attendre à des écarts d'un tout autre ordre.

Troisième section. — *Densité de chargement et pression spécifique.*

1. On appelle *densité de chargement* le rapport entre le nombre de grammes, qui exprime le poids de la matière explosive, et le nombre de centimètres cubes, qui exprime la capacité où se fait l'explosion.

Or, *si l'on opère sur des corps susceptibles de se transformer complètement en gaz à la température de l'explosion*, la loi de Mariotte indique que *la pression développée doit être proportionnelle à la densité de chargement*. La température demeurerait d'ailleurs la même dans tous les cas (*voir* p. 42).

2. Cette relation peut être regardée comme exacte pour les densités de chargement très faibles; les lois ordinaires des gaz étant applicables entre ces limites. Mais elle cesse de l'être pour les densités moyennes, à partir de $0,1$ à $0,2$: ainsi qu'on devait s'y attendre, en raison de l'inexactitude des lois de Mariotte et de Gay-Lussac pour les pressions correspondantes.

3. Cependant, circonstance singulière, la relation tend à exister de nouveau pour les fortes densités de chargement, qui sont les plus intéressantes pour nous. Cet accord approché résulte sans doute de quelque compensation entre la variation des pressions, plus rapide que ne l'indiquerait la loi de Mariotte, et la variation des chaleurs spécifiques, qui vont croissant avec la température et la pression (*voir* p. 27); au lieu de demeurer constantes, comme nous l'avons supposé dans nos calculs. La dissociation d'ailleurs doit être nulle, ou réduite au minimum, pour des pressions aussi considérables : ce phénomène n'entre même pas en compte pour le sulfure d'azote, composé résoluble en ses éléments par ses explosions.

4. Quoi qu'il en soit, cette relation a été reconnue comme approchée par **MM.** Sarrau et Vieille dans leurs recherches sur la nitroglycérine et la poudre-coton, substances ne fournissant aucun résidu solide, et telles d'ailleurs que les produits de leur explosion sont susceptibles de dissociation.

5. Les expériences que j'ai faites avec **M.** Vieille sur le sulfure d'azote et sur le fulminate de mercure, dans des conditions où la matière explosive se change entièrement en gaz, et, ce qu'il y a de plus essentiel, en gaz non dissociés, la confirment d'une façon plus rigoureuse. Par exemple, le fulminate de mercure ayant été pris avec des densités de chargement égales à $0,20$ et $0,30$, les résultats fournis par le *crusher*, calculés d'après la nouvelle évaluation des forces de tarage, indiquent, pour une densité de chargement égale à l'unité (1^{gr} dans 1^{cc}), 5915^{kg} d'après la première expérience; 6233^{kg} d'après la seconde (*voir* p. 58) : chiffres assez voisins pour que l'on puisse admettre que la loi est vérifiée.

De même avec le sulfure d'azote, pour la densité de chargement $0,30$, nous avons trouvé, d'après l'indication du *crusher* calculée à la façon ordinaire, une pression de 2441^{kg} : ce qui fait 8140 pour la densité 1. Une seconde expérience faite avec la densité $0,2$, puis ramenée à la même unité, donne 8500^{kg} : ce qui ne s'écarte guère.

Enfin, pour le coton-poudre, **MM.** Sarrau et Vieille ont trouvé, sous diverses densités de chargement, des chiffres oscillant autour d'une valeur constante voisine de 10000^{kg}, d'après leur nouvelle théorie.

6. Tous ces chiffres vérifient la proportionnalité approchée entre la pression développée et la densité de chargement. Quelques-uns d'entre eux ont été calculés au moyen des indications des *crushers*, d'après l'ancienne méthode d'évaluation des forces de tarage, et en déduisant uniquement la pression de la hauteur restante du cylindre écrasé. Mais il est facile de montrer qu'on arrive aux mêmes véri-

fications pratiques, du moins pour les grandes pressions, d'après la
théorie nouvelle de MM. Sarrau et Vieille.

Admettons d'abord la pression égale à la force de tarage

$$\theta = K_0 + K\varepsilon,$$

dans le cas des matières explosives dont l'action n'est pas trop
rapide (p. 5o); K_0 et K étant des constantes indépendantes de la matière explosive. Il en résulte que, pour les grandes pressions, la pression tend à devenir proportionnelle à ε. Les indications fondées sur
la force de tarage, calculée à l'ancienne manière, conservent donc
alors leur signification, et il en est de même des relations empiriques qui peuvent se déduire de ces indications.

Soit maintenant une matière explosive dont l'action est extrêmement rapide (p. 59) : dans ce cas, la pression est égale à une force
de tarage répondant à la moitié de l'écrasement $K_0 + \dfrac{K}{2}\varepsilon$; les constantes conservant les mêmes valeurs que ci-dessus. Ici encore, pour
une même matière, les grandes pressions tendent à devenir propor-
tionnelles à l'écrasement ε; mais les indications déduites du tarage
devraient être réduites à moitié.

7. Ainsi la valeur-limite de la pression ramenée à l'unité de densité de chargement paraît être une constante : appelons-la f; nous
aurons

$$f = \frac{s}{\Delta};$$

s étant la pression observée pour une densité de chargement Δ.
Cette constante est caractéristique pour chaque substance explosive : nous la désignerons sous le nom de *pression spécifique*.
Elle répond à l'une des définitions qui ont été données de la force
des matières explosives (p. 7), à savoir : la pression développée
par l'unité de poids de la substance détonant dans l'unité de volume.

8. *Effort maximum.* — Cependant il convient d'observer que la
pression spécifique ne représente pas *l'effort maximum* qu'une
substance explosive puisse développer. En effet, cet effort est celui
d'une substance détonant dans un espace entièrement rempli, sans
vides extérieurs, c'est-à-dire dans un espace égal à son propre volume. Or ce dernier ne répond à la pression spécifique que pour un
corps dont la densité absolue égale l'unité. Il sera donc moindre

pour un corps dont la densité est inférieure à l'unité, comme il arrive pour les mélanges gazeux et gaz explosifs, ainsi que pour certains liquides. Il sera au contraire plus grand pour toutes les matières explosives solides connues jusqu'à ce jour.

On peut le calculer. En effet, d'après la loi précédente, il est facile d'évaluer l'effort de la matière détonant dans un espace entièrement rempli : il suffit de multiplier le nombre caractéristique des pressions par la densité réelle de la substance pure. Par exemple, la densité du fulminate de mercure étant égale à 4,42, ce corps développerait une pression de 27000^{kg} environ par centimètre carré, en détonant dans son propre volume : chiffre colossal et supérieur à celui de tous les explosifs connus.

9. Jusqu'ici, dans les évaluations de la pression spécifique et de l'effort maximum, nous avons supposé que la matière explosive se transforme entièrement en produits gazeux. Mais il peut arriver qu'une portion de la matière conserve l'état solide; ce qui arrive, par exemple, avec la dynamite, mélange de nitroglycérine et de silice. Le volume de cette dernière matière solide doit alors être retranché de celui de la capacité dans laquelle s'opère l'explosion, ce qui se fait conformément à la formule de la page 55.

Plus simplement, on peut poser

$$f = s_1 \left(\frac{1 - \alpha\Delta}{\Delta} \right);$$

s_1 étant la pression observée (en kilogrammes),

Δ la densité de chargement (rapport entre le nombre de grammes qui représente le poids de la matière et le nombre de centimètres cubes qui représente la capacité),

α le volume (exprimé en centimètres cubes) des produits liquides ou solides résultant de la combustion de 1^{gr} de matière explosive, volume mesuré à la température même de l'explosion.

On peut écrire encore, en posant $\dfrac{\Delta}{1} = n$,

$$f = s_1 (n - \alpha).$$

n exprime ici le rapport de la capacité, exprimée en centimètres cubes, au poids de la matière, exprimé en grammes.

10. La relation ainsi modifiée a été vérifiée, au moins approximativement, par **MM. Sarrau et Vieille** pour la dynamite.

Elle représente également les expériences de **MM. Noble** et

Abel sur l'explosion de la poudre noire. En effet, en admettant $\alpha = 0,68$ et $f = 2193^{kg}$, les nombres trouvés par ces savants auteurs donnent, pour les poudres *Pebble* et RLG,

$$s_1 = \frac{2193}{n - 0,68}.$$

Densité de chargement.	Pression s_1 par centimètre carré	
	mesurée.	calculée.
0,1	231	235
0,2	513	508
0,3	839	828
0,4	1220	1207
0,5	1684	1666
0,6	2266	2230
0,7	3006	2963
0,8	3912	3869
0,9	5112	5127
1,0	6569	6926

A première vue, il semble que ces derniers résultats tendent à exclure l'hypothèse de la vaporisation totale des produits fournis par l'explosion de la poudre noire. Cependant, la facile vaporisation du sulfure de potassium, aux températures inférieures à 1000°, tend à faire admettre pour ce corps l'état gazeux à la température de l'explosion de la poudre, et les expériences de M. Boussingault [1] permettraient aussi de concevoir l'état gazeux du sulfate et du carbonate de potasse.

Ce point reste donc réservé. Il doit l'être d'autant plus que le coefficient α peut s'expliquer tout aussi bien par les nouvelles lois applicables à l'évaluation des pressions dans les gaz très comprimés (*voir* p. 56).

Au lieu de la formule ci-dessus, on peut employer la suivante :

$$s_1 = \frac{4030}{n - 0,55},$$

laquelle donne des résultats un peu plus forts, mais qui paraîtrait préférable à certains égards (*Mémorial de l'Artillerie de Marine*, t. X, p. 187).

---

[1] *Annales de Chimie et de Physique*, 4ᵉ série, t. XII, p. 428.

11. Dans les calculs du Livre **III**, j'ai cru utile, malgré les réserves précédentes, de donner le calcul de la pression théorique, d'après les lois de Mariotte et de Gay-Lussac. Mais j'ai pris soin de définir le résultat par rapport à la densité de chargement $\frac{1}{n}$; au lieu de prendre seulement la densité 1.

On a par là cet avantage que le chiffre ainsi défini présente une signification physique pour les faibles densités de chargement. Pour les fortes densités, sa valeur devient de plus en plus douteuse. Cependant elle peut encore servir dans un certain nombre de comparaisons, ainsi qu'il résulte des développements précédents.

12. Je donnerai aussi la *pression permanente,* c'est-à-dire la pression exercée par les gaz permanents, produits par l'explosion et ramenés à 0°, dans un vase complètement clos et résistant. Cette pression sera toujours évaluée pour une densité de chargement $\frac{1}{n}$.
En fait, elle ne saurait surpasser la tension de liquéfaction des gaz mis en expérience.

QUATRIÈME SECTION. — *Produit caractéristique.*

1. On peut présenter un autre terme de comparaison plus simple, déduit uniquement de données expérimentales, dans l'étude des pressions développées par les matières explosives, à savoir : le produit du volume réduit des gaz, V_0, par la chaleur dégagée, Q, ce produit étant divisé par la chaleur spécifique c. On évalue cette dernière, en la rapportant au poids de matière susceptible de produire ce volume et cette quantité de chaleur.

On obtient ainsi l'expression

$$\frac{V_0 Q}{c}.$$

C'est ce que j'appellerai le *produit caractéristique.*

2. Il suffit de le diviser par le volume actuel, n, exprimé en centimètres cubes, de la capacité dans laquelle on a placé l'unité de poids de la matière explosive : on le rapporte par là à la densité de chargement $\frac{1}{n}$:

$$\frac{V_0 Q}{nc}.$$

3. Dans le cas où il existe, à côté des gaz, des substances fixes, telles que l'unité de poids de la matière explosive fournisse une dose de substance fixe occupant une fraction de centimètre cube α, il faudra remplacer $\dfrac{V_0 Q}{nc}$ par

$$\frac{V_0 Q}{(n - \alpha)c}.$$

4. L'expression que je viens de définir est, à peu de chose près, proportionnelle à la pression théorique, pour deux matières explosives quelconques, susceptibles de se changer entièrement en gaz à la température de l'explosion.

En effet, pour une matière donnée, la pression théorique est donnée (p. 54) par l'expression

$$W_n = \frac{V_0 \left(1 + \dfrac{Q}{273\, c} \right)}{n}.$$

Si les températures étaient comptées depuis le zéro absolu, cette expression deviendrait

$$\frac{V_1 Q}{273\, nc},$$

c'est-à-dire qu'elle serait identique, à un multiple près, avec le produit caractéristique.

Pour une autre matière, renfermée dans la même capacité, sous la même densité de chargement, on aura

$$W'_n = \frac{V'_0 \left(1 + \dfrac{Q'}{273\, c'} \right)}{n},$$

expression qui deviendrait, depuis le zéro absolu,

$$\frac{V'_1 Q'}{273\, nc'}.$$

A la vérité, nous opérons à une température initiale supérieure au zéro absolu; mais il convient de remarquer que, si le quotient $\dfrac{Q}{273\, c}$ représente un nombre beaucoup plus grand que l'unité, le rapport des pressions théoriques pour deux substances déterminées,

I.   5

c'est-à-dire

$$\frac{V_0\left(1 + \dfrac{Q}{273\,c}\right)}{V_0'\left(1 + \dfrac{Q'}{273\,c'}\right)},$$

sera sensiblement le même que le rapport plus simple

$$\frac{V_0\,Q}{V_0'\,Q'} \times \frac{c'}{c}.$$

5. Dans les cas où les chaleurs spécifiques sont les mêmes, ou très voisines, ce qui arrive pour les poudres à base d'azotate et pour un certain nombre d'autres matières explosives, ce rapport se réduit à

$$\frac{V_0\,Q}{V_0'\,Q'}.$$

6. Dans les autres cas, si l'on admettait, avec certains mathématiciens, que la chaleur spécifique d'un composé est égale en théorie à la somme de celles de ses éléments, on pourrait remplacer le rapport des chaleurs spécifiques $\dfrac{c'}{c}$ par le rapport $\dfrac{q'}{q}$ du nombre des atomes, c'est-à-dire des unités élémentaires du composé (chacune de ces unités étant rapportée à son poids atomique), soit

$$\frac{V_0\,Q}{V_0'\,Q'} \times \frac{q'}{q}.$$

Mais ce calcul est fort contestable, à cause de l'inexactitude de l'hypothèse relative aux chaleurs spécifiques (*voir* p. 44). Je me bornerai, à cet égard, à dire que la chaleur spécifique d'une molécule de sulfate de potasse serait, d'après la théorie ([1]), égale à

$$2,4 \times 7 = 16,8;$$

tandis que l'expérience a donné, même au voisinage de la température ordinaire : 33,2; c'est-à-dire le double. Il serait facile de citer de très nombreux exemples du même ordre, tirés de l'étude des composés solides et liquides.

7. En raison de ces écarts, il est préférable de prendre pour c et c'

---

[1] 2,4 est la chaleur spécifique à volume constant des gaz simples.

leurs valeurs expérimentales, et d'admettre que leur rapport demeure à peu près constant, malgré les doutes que laisse l'application de ces valeurs à de très hautes températures.

Le rapport des produits caractéristiques

$$\frac{V_0 Q c'}{V_0' Q' c}$$

ne conserve alors qu'une signification purement empirique; mais il offre cet avantage de pouvoir être calculé pour l'unité de poids, d'après les seules données expérimentales, et sans introduire aucune hypothèse relative aux lois des gaz. Il fournit les éléments d'une première comparaison entre les matières explosives, en attendant une théorie plus approfondie.

CHAPITRE V.

DURÉE DES RÉACTIONS EXPLOSIVES.

§ 1. — Notions générales.

1. La transformation chimique, dans une masse qui fait explosion, prend naissance et se propage avec une certaine vitesse, dont la connaissance est capitale, pour la théorie comme pour les applications. En effet, la vitesse avec laquelle les gaz se dégagent en dépend, et par conséquent la vitesse communiquée aux projectiles dans les armes; comme aussi les effets produits dans les mines, aux dépens des roches que l'on veut abattre, ou des obstacles que le génie se propose de faire disparaître. Or la chaleur dégagée par une réaction donnée peut être employée presque entièrement à échauffer les gaz et à en accroître la pression, si la réaction est très rapide; tandis qu'elle se dissipe sans fruit, par rayonnement et par conductibilité, si la réaction est ralentie.

Dans le premier cas, les effets peuvent être fort divers.

Lors d'une décomposition instantanée, une quantité donnée de matière explosive broie sur place les portions de roche, avec lesquelles elle est en contact. Son énergie est consommée par là dans un travail presque stérile au point de vue industriel, mais que le génie militaire recherche parfois, en vue de creuser une première chambre, destinée à loger une plus forte dose d'explosif.

Si le développement des gaz est moins subit, tout en demeurant extrêmement rapide, la même quantité d'explosif pourra au contraire disloquer la roche, en y développant des fissures étendues et en écartant brusquement les portions de roche les plus voisines: ce qui est le résultat poursuivi en général par les mineurs.

Cette action se transforme, dans certains cas, en un ébranlement général, qui fait trembler la terre, déplace notablement les centres de gravité des pierres et autres objets, et détruit ainsi la stabilité des maçonneries et ouvrages fortifiés.

Enfin la même quantité d'explosif réduit parfois ses effets à des déplacements élastiques et à une commotion ondulatoire du sol, qui se propagent au loin sans grande destruction locale, les pressions développées s'étant exercées assez lentement pour que la roche ou le mur ait eu le temps de se déplacer en masse d'une quantité très petite, en revenant ensuite à sa position originelle ; la matière explosive se trouve alors n'avoir produit presque aucun effet utile.

Cette question de la durée des réactions joue un rôle essentiel dans toutes les études relatives aux matières explosives : c'est ce qui m'engage à réunir ici les principales considérations et expériences auxquelles elle a donné lieu, expériences qui m'ont occupé moi-même depuis bien des années.

2. Il s'agit donc de définir la transformation chimique de la matière explosive, au triple point de vue de son origine, de sa durée et de sa propagation.

Nous parlerons d'abord de *l'origine des réactions* dans le § 2.

Cette étude nous conduira à examiner la question de la *sensibilité des matières explosives* (§ 3).

Le § 4 traite de la *vitesse moléculaire des réactions*, envisagée dans les systèmes homogènes, soumis à des conditions identiques dans toutes leurs parties.

De là nous passons au cas où les conditions sont différentes, ce qui nous amène à étudier dans le § 5 la *vitesse de propagation des réactions.*

La *multiplicité des modes de combustion d'une matière explosive* intervient ici (§ 6).

Voilà comment l'on arrive à distinguer, au double point de la durée et de la nature des réactions, la *combustion et la détonation* des matières explosives (§ 7).

Cette étude tire une nouvelle lumière des expériences faites sur les *combustions opérées par* un comburant spécial, *le bioxyde d'azote,* expériences que j'expose dans le § 8.

Enfin, dans le § 9, je montre comment on peut, en s'appuyant sur les notions relatives à la vitesse de propagation des réactions, déterminer la détonation des combinaisons endothermiques réfractaires jusqu'ici à ce procédé de décomposition, telles que l'acétylène, le cyanogène, l'hydrogène arsénié, etc. ; expériences qui jettent un jour nouveau et plus complet sur les relations entre la thermochimie et la thermodynamique des décompositions explosives.

§ 2. — Origine des réactions.

1. Parlons d'abord de l'origine des réactions, c'est-à-dire des conditions qui en déterminent le commencement. La réaction, une fois provoquée, continue d'ailleurs d'elle-même, en se propageant soit par simple inflammation progressive, soit par détonation presque instantanée.

Jusqu'ici, les artilleurs ont exprimé cette origine par le mot *mise de feu*, lequel implique un premier échauffement local ; mais l'étude des matières explosives montre que l'origine de la réaction peut résulter aussi, soit d'un choc, soit d'une pression, soit d'une friction, soit de quelque autre influence mécanique analogue.

2. Dans tous les cas relatifs aux matières explosives usuelles, la réaction exige pour se développer un travail préliminaire ([1]), une sorte de mise en train, qui est représentée par la nécessité de porter la matière à une certaine *température initiale,* telle que 315° pour la poudre noire, 190° pour le fulminate de mercure, etc. S'il en était autrement, d'ailleurs, aucune matière explosive ne pourrait être préparée à l'avance et conservée en magasin.

Mais jusqu'à quel point ces notions s'appliquent-elles aux cas où la réaction résulte d'un choc, d'une pression subite ou de toute influence mécanique ?

3. En principe, je pense que l'on doit rapporter toute réaction explosive à un premier échauffement, qui se transmet de proche en proche, par voie directe ou par voie médiate, en portant successivement toutes les parties de la matière à la température de la décomposition. Le choc, la pression, la friction, les actions mécaniques ne sont efficaces qu'à la condition de déterminer ce premier échauffement, et parfois de le propager en vertu des transformations directes ou alternatives de la force vive en chaleur, et suivant des mécanismes divers, sur lesquels nous reviendrons dans le § 6.

4. Ceci étant supposé acquis, observons que la décomposition d'une même matière peut avoir lieu à des températures très inégales, et avec des vitesses qui ne le sont pas moins : une matière décomposable lentement à une certaine température pouvant

----

([1]) *Essai de Mécanique chimique,* t. II, p. 6.

exister à des températures beaucoup plus hautes, quoique pendant un temps de plus en plus court.

C'est ainsi que certaines matières explosives se décomposent parfois spontanément avec une grande lenteur, dès la température ordinaire, et ne produisent de détonations que si la température vient à être élevée par intention ou par accident.

J'ai développé ailleurs toute cette théorie (*Essai de Mécanique chimique*, t. II, p. 58 et suiv.), et je la rappelle pour bien préciser les idées.

5. Elle joue un rôle très important dans l'explication du mode de formation des composés secondaires, produits dans l'explosion de la poudre : plusieurs de ces composés prenant naissance tout d'abord à des températures qui les détruiraient peu à peu, si elles subsistaient pendant un temps suffisant. Mais la brusquerie du refroidissement soustrait les composés, tels que le formène, l'ammoniaque, l'acide azotique, à la destruction qu'ils ne tarderaient pas à éprouver, s'ils étaient maintenus d'une manière constante à la température initiale de leur formation : en effet, ce refroidissement brusque les ramène aux températures auxquelles ils sont définitivement stables.

§ 3. — Sensibilité des matières explosives.

1. Voici le moment de dire quelques mots sur la *sensibilité des matières explosives.*

Cette sensiblité dépend à la fois des conditions de l'échauffement et du mode de propagation des réactions. Elle varie suivant les circonstances. Telle matière est sensible à la moindre élévation de température ; telle autre à une pression brusque ; telle, au choc proprement dit ; telle détone par la moindre friction. Ainsi, par exemple, l'oxalate d'argent détone vers 130°; le sulfure d'azote vers 207°; le fulminate de mercure à une température voisine, vers 190°; et cependant le fulminate est bien plus sensible au choc et à la friction que le sulfure d'azote et l'oxalate d'argent. Il existe ainsi des propriétés spéciales, dépendant de la structure individuelle de chaque substance, particulièrement pour les solides, lesquelles en favorisent la décomposition dans des circonstances données. Mais il existe aussi des conditions générales, qu'il est utile de préciser maintenant.

2. *La sensibilité est d'autant plus grande* pour une même matière,

que l'on opère à une température initiale plus élevée, c'est-à-dire
à une température plus voisine de celle à laquelle le corps commence à se décomposer spontanément : ce qui s'explique par ce
que la chaleur dégagée par la réaction même éprouve une moindre
perte par rayonnement et qu'elle élève au degré voulu un poids
plus considérable de la matière non décomposée.

A fortiori, la sensibilité sera-t-elle rendue plus grande encore
si l'on dépasse cette limite ; c'est-à-dire si l'on se trouve dans ces
conditions où une décomposition lente peut être transformée par
le moindre échauffement en une décomposition rapide.

Une substance prise au voisinage et surtout au-dessus de cette
limite peut être dite à l'état de *tension chimique ;* expression employée parfois à tort pour des corps stables, ou pour des mélanges
qui n'ont aucune tendance habituelle à entrer en réaction spontanée.

Citons un exemple. Le *celluloïde,* corps qui ne détone pas sous
le marteau à la température ordinaire, acquiert la propriété de
détoner, lorsqu'on l'échauffe jusque vers son point de ramollissement ; c'est-à-dire jusque vers 160 à 180°, point qui est voisin de la
température de décomposition rapide de la substance.

3. Lorsqu'on compare deux matières explosives différentes, qui
se décomposent à une même température et avec des vitesses analogues, *leur sensibilité relative au choc* et *à la friction,* à une température plus basse, *dépend* de la *quantité de matière sur laquelle
se répartit tout d'abord le travail du choc ou de la friction ;* c'est-à-
dire qu'elle dépend de la cohésion de la substance, laquelle règle au
point frappé la transformation de la force vive en chaleur et, par
suite, la température développée autour de ce point.

4. La cohésion intervient également *lors d'une inflammation directe : une même quantité de chaleur,* produite par la combustion
des premières portions, *pouvant élever jusqu'au degré de décomposition la température d'une petite quantité de matière,* à laquelle
elle est exclusivement appliquée ; tandis que, *si elle se répartit
dans une masse plus grande,* la température de celle-ci ne s'élèvera
pas jusqu'au degré voulu pour que la décomposition se propage.

5. La masse échauffée demeurant la même, et les matières étant
différentes, *la sensibilité dépend de la température initiale de décomposition commençante.* — Cette température étant notablement
plus basse, par exemple, pour le chlorate de potasse que pour l'azotate, la poudre du chlorate sera plus sensible de ce chef.

6. *La sensibilité dépend* encore *de la quantité de chaleur dégagée par la décomposition;* c'est-à-dire que la sensibilité sera plus grande, toutes choses égales d'ailleurs, si la réaction dégage plus de chaleur.

7. *Une même quantité de chaleur produira des effets différents en agissant sur un même poids de matière, suivant la chaleur spécifique de celle-ci.* Par exemple, le chlorate de potasse, corps dont la chaleur spécifique est 0,209, substitué à poids égal à l'azotate de potasse, dont la chaleur spécifique est 0,239, dans la composition d'un mélange explosif, devra fournir et fournit en effet une poudre plus sensible que l'azotate.

Cette condition concourt, avec la température plus basse de la décomposition et avec l'absence de cohésion, pour rendre éminemment dangereuses les poudres chloratées.

§ 3. — Vitesse moléculaire des réactions.

Première Section. — *Phénomènes généraux.*

1. La vitesse d'une réaction doit être envisagée d'une manière différente, s'il s'agit d'un système homogène et spécialement d'un système gazeux, soumis à des conditions de pression et de température identiques dans toutes ses parties;

Ou bien si le système est soumis en un point à une élévation de température ou à un choc susceptible d'y déterminer une explosion, qui se propage ensuite de proche en proche.

Examinons d'abord le premier cas.

Nous distinguerons la *vitesse moléculaire des réactions,* laquelle est définie par la quantité de matière transformée à une température fixe, sous une pression constante, dans des conditions invariables; et la *vitesse de propagation des réactions.*

Pour plus de clarté, nous traiterons les phénomènes d'une manière générale dans la première section, puis nous étudierons spécialement la vitesse moléculaire des réactions dans un système homogène soumis à des conditions uniformes et renfermé dans une enceinte à laquelle il ne peut ni céder ni emprunter de chaleur (deuxième section). Enfin, nous examinerons un système également homogène, mais qui peut perdre de la chaleur (troisième section).

2. Soit d'abord un certain corps, ou un certain mélange, susceptible d'éprouver une transformation chimique. Lorsque la masse entière

est placée dans les mêmes conditions de température, de pression
ou de mouvement vibratoire, etc., il semble que la réaction doive
se développer instantanément dans toutes les parties à la fois; les
explosions subites du chlorure d'azote et de la nitroglycérine
pourraient, à première vue, paraître favorables à cette conception.
Cependant une observation plus approfondie prouve que les réactions moléculaires réclament en général un certain temps pour
s'accomplir, même lorsqu'elles dégagent de la chaleur.

Telle est, par exemple, la décomposition de l'acide formique en
hydrogène et acide carbonique, laquelle donne lieu à des expériences faciles à suivre, à cause de la lenteur avec laquelle cette
décomposition s'effectue. Opérée dans un vase fermé et maintenu
à la température fixe de 260°, elle exige un grand nombre d'heures.
Et cependant cette réaction dégage 5800^{cal} par équivalent d'acide
formique, c'est-à-dire 126^{cal} par gramme (^{1}).

3. Voici d'autres exemples de réactions qui dégagent une
grande quantité de chaleur, sans être pourtant instantanées.

Ainsi, l'acétylène, changé en benzine vers le rouge sombre par
une réaction lente, dégage, sous le même volume, une fois et demie
autant de chaleur qu'un mélange détonant, formé d'oxygène et d'hydrogène dans les proportions de l'eau : soit 85 500^{cal} pour 33^{lit},6 d'a-
cétylène (réduits à 0° et 0^m,760), au lieu de 59 000^{cal} produites par
la formation de l'eau gazeuse au moyen du même volume de
gaz détonant.

C'est le quadruple environ de la chaleur dégagée par la poudre
au chlorate sous le même poids : soit 2192^{cal} pour 1^{gr} d'acétylène
transformé; au lieu de 590^{cal},6 pour 1^{gr} de poudre au chlorate de
potasse.

Le cyanogène dégage trois fois autant de chaleur (1435^{cal}
pour 1^{gr}) que la poudre au chlorate sous le même poids; et
ce nombre est le double de la chaleur dégagée par un mélange
tonnant, formé de gaz oxyhydrique sous un même volume, tel que
33^{lit},6 : soit 112 000^{cal} au lieu de 59 000, lorsque le cyanogène est décomposé en carbone et azote libres par l'étincelle électrique.
Néanmoins, et quoique le carbone commence aussitôt à se précipiter, le cyanogène ne détone point sous l'influence de l'étincelle,
ni même de l'arc voltaïque : ce qui est une preuve de la lenteur de
la réaction ainsi déterminée.

(^{1}) *Essai de Mécanique chimique*, t. II, p. 17, et surtout p. 58 et suivantes.

Dans d'autres conditions cependant, le cyanogène et l'acétylène peuvent se décomposer avec détonation dans leurs éléments; mais ce n'est ni par un simple échauffement, ni par l'action de l'étincelle ou de l'arc électrique (*voir* p. 108).

Je pourrais multiplier ces faits (¹), qui comprennent les corps explosifs proprement dits eux-mêmes, lorsqu'on les maintient à une température un peu inférieure à celle qui détermine l'explosion. L'oxalate d'argent, par exemple, se décompose lentement à 100°, tandis qu'il détone vivement à une température un peu plus élevée.

4. Bref, toute réaction moléculaire, opérée par simple échauffement à une température constante, au sein d'un corps homogène et soumis à des conditions qui semblent identiques pour toutes ses parties, est affectée d'un coefficient caractéristique relatif à la durée. Ce coefficient dépend de la température, de la pression, des proportions relatives; il joue un rôle essentiel dans l'étude des propriétés inégalement brisantes des composés explosifs.

C'est ce que nous allons spécifier par quelques applications.

5. La durée plus ou moins grande d'une réaction ne change point la quantité de chaleur dégagée par la transformation totale d'un poids donné de matière explosive. Mais, si les gaz formés se détendent à mesure, par exemple dans un canon, par suite du changement de la capacité que la fuite du projectile agrandit, ou bien encore par suite du refroidissement dû au contact des parois des vases; dans ces circonstances, dis-je, les pressions initiales seront d'autant moindres que la transformation d'un poids donné de matière explosive durera plus longtemps.

Au contraire, lorsqu'une transformation très rapide de toute la masse, au sein d'un vase fermé, jointe à l'absence des phénomènes de dissociation, permet aux pressions initiales d'atteindre l'immensité de leurs limites théoriques, ou d'en approcher, il sera difficile de construire des vases dont la résistance puisse contenir les gaz de l'explosion.

6. Par là s'explique l'influence des *enveloppes résistantes* et du *bourrage*, influence surtout sensible avec les poudres lentes, mais que l'on observe aussi avec les poudres rapides, particulièrement dans les amorces.

Au moment de l'explosion, la pression développée d'abord autour

---

(¹) *Annales de Chimie et de Physique*, 4ᵉ série, t. XVIII, p. 142.

du point enflammé tend à diminuer, par suite de l'expansion des gaz et à mesure que les produits se répartissent dans un espace plus considérable. Si les gaz conservaient toute leur chaleur, la pression, au bout de quelques instants, dépendrait uniquement de l'étendue de cet espace. La pression serait d'autant plus grande que l'espace serait lui-même plus restreint, la pression maximum répondant à l'explosion de la matière dans son propre volume, et la vitesse moléculaire de la réaction n'exerçant aucune influence.

Mais c'est là une limite extrême, à cause des pertes de chaleur que les produits de l'explosion éprouvent continuellement par contact, conductibilité et rayonnement : de là résulte un refroidissement qui abaisse la température, et par suite la pression, ainsi que la vitesse de la réaction chimique. La pression initiale tend à se rapprocher d'autant plus de cette limite que la poudre est plus rapide ; que la capacité qui renferme la poudre est plus étroite, et que les parois de cette capacité sont plus résistantes : ce qui leur permet de contenir les gaz comprimés pendant un temps plus long.

7. Les choses se passeront ainsi, non seulement pour un corps explosif placé dans une capacité fixe et résistante, mais pour un tel corps placé dans une mince enveloppe, ou sous une couche d'eau, ou même à l'air libre. En effet, quand la durée des réactions décroît outre mesure, les gaz dégagés développent des pressions qui augmentent avec une extrême rapidité ; si rapidement même que les corps environnants, solides, liquides ou même gazeux, n'ont pas le temps de se mettre en mouvement pour y obéir graduellement ; ces corps opposent alors à la détente des gaz des résistances comparables à celles d'une paroi fixe.

On sait qu'il suffit d'une pellicule d'eau à la surface du chlorure d'azote pour donner lieu à de tels effets. Une goutte de cette substance, placée dans un verre de montre, peut détoner sans le briser ; tandis que, si on la recouvre avec un peu d'eau, le verre est brisé. En opérant sur une masse un peu plus forte, la planche même sur laquelle est déposé le vase peut être percée dans ces conditions.

On arrive parfois au même résultat en augmentant la masse de la matière explosive, les gaz enflammés tout d'abord n'ayant pas le temps de s'écouler au dehors et exerçant une pression qui va croissant, à mesure que la réaction se propage vers le centre de la masse. La difficulté du déplacement des gaz devient de plus en plus grande, en même temps que la température de la matière s'élève, et par suite la vitesse de la réaction. C'est ainsi que la dy-

namite et la poudre-coton comprimée, substances susceptibles d'être
enflammées sans danger à l'aide d'un corps en ignition lorsqu'on
opère sur de petites quantités, ont donné lieu parfois à des explosions terribles, par suite de l'inflammation générale d'une masse
considérable.

En somme, plus la durée de la réaction approche d'être instantanée, plus la pression initiale, même dans un vase ouvert, devient
voisine de la pression théorique; celle-ci étant calculée pour le
cas d'une décomposition opérée dans une capacité constante,
entièrement remplie par la matière explosive. Voilà comment on
peut rendre compte des effets extraordinaires de destruction produits par le fulminate de mercure, la nitroglycérine ou la poudre-
coton comprimée.

Analysons maintenant les phénomènes d'une façon plus précise.

DEUXIÈME SECTION. — *Système homogène soumis à des conditions
uniformes et renfermé dans une enceinte à laquelle il ne peut ni
céder ni prendre de chaleur.*

1. Soit un système homogène susceptible de dégager de la chaleur, par suite de sa transformation chimique.

Examinons d'abord le cas où *ce système est soumis à des conditions
uniformes dans toutes ses parties et renfermé dans une enceinte à
laquelle il ne puisse ni céder ni prendre aucune dose de chaleur.*
Dans cette condition théorique, la masse de la matière ne joue aucun
rôle.

1° La *vitesse moléculaire des réactions dans un système homogène*, toutes choses égales d'ailleurs, *croît avec la température* [1].
Elle croît même suivant une loi très rapide, comme le montrent
mes expériences sur les éthers [2]; la vitesse étant alors représentée
par une fonction exponentielle de la température, fonction dont la
valeur numérique, dans la formation de l'éther acétique, est
22 000 fois aussi considérable vers 200° qu'au voisinage de 7°.

2° *La température du système croît, au moins jusqu'à une certaine limite, par l'effet même de la réaction.*

La température du système s'élève d'abord incessamment, et
cela jusqu'à une limite définie par le chiffre que l'on obtient en
divisant la chaleur dégagée, sous l'unité de poids, par la chaleur
spécifique du système.

---

[1] *Essai de Mécanique chimique*, t. II, p. 64.
[2] *Ibid.*, p. 93.

En outre, la vitesse avec laquelle le système tend vers cette limite va croissant, à mesure que l'élévation de température déjà produite par la réaction même est plus considérable.

Dans un système gazeux, renfermé au sein d'une enceinte fixe, l'accélération deviendra même plus grande encore, du moins au commencement, et cela en raison de l'influence de la pression, laquelle augmente nécessairement par le fait de l'élévation de la température. En effet, j'ai établi que, toutes choses égales d'ailleurs et en opérant à température fixe, les réactions s'effectuent plus vite dans les milieux liquides que dans les milieux gazeux. Dans les milieux gazeux, en particulier, j'ai reconnu que les réactions sont d'autant plus rapides que la pression est plus considérable ([1]). En un mot :

3° *La vitesse moléculaire des réactions dans un système homogène croît avec la condensation de la matière :* ou plus simplement, *la vitesse des réactions croît avec la pression dans les systèmes gazeux* ([2]).

Ainsi, dans une enceinte supposée imperméable à la chaleur, la vitesse élémentaire des réactions ira sans cesse croissant, par ce double motif que la température s'y élève continuellement et que la pression des gaz augmente sans cesse.

Cependant l'influence de la pression sera plus sensible au début qu'à la fin de l'expérience : attendu que la partie non combinée diminue de plus en plus et qu'il arrive un moment où la tension propre de cette partie, envisagée indépendamment du reste, cesse d'aller en croissant par suite de l'échauffement.

4° *La vitesse moléculaire des réactions dans un système homogène dépend des proportions relatives des composants.*

En opérant *à température constante,* la combinaison est d'ordinaire accélérée par la présence d'un excès de l'un ou de l'autre des composants.

A température constante, la réaction est ralentie, au contraire, par la présence d'une matière inerte ; laquelle agit en diminuant l'état de condensation de la matière.

A température variable, les réactions sont ralenties à *fortiori* par la présence d'un corps inerte, tel que l'azote de l'air ou la silice

---

([1]) *Essai de Mécanique chimique,* t. II, p. 91.

([2]) Pour les systèmes liquides ou solides, la pression, au contraire, exerce peu d'influence, d'après mes expériences : ce qui s'explique, parce qu'elle modifie à peine l'état de condensation de la matière.

de la dynamite ordinaire ; ce corps inerte absorbant de la chaleur et abaissant la température du système, sans exercer aucune influence propre pour l'accélérer par sa présence.

A température variable, la réaction est d'ordinaire plus lente, en présence d'un excès de l'un des composants, que si l'on opère à équivalents égaux ; la nécessité d'échauffer cet excès compensant et au delà son influence accélératrice.

Il est clair que si la proportion de la matière inerte est telle que la température du système ne puisse pas s'élever au degré nécessaire pour que la combinaison continue d'elle-même, la réaction cessera d'être explosive, et même de se propager.

C'est ainsi que l'on peut changer le caractère d'une matière explosive par son mélange avec un corps inerte. Citons des faits caractéristiques.

La dynamite à 75 pour 100 est moins brisante que la nitroglycérine pure. Cependant une telle dynamite ne peut être employée au chargement des obus, ceux-ci faisant explosion dans l'âme des bouches à feu, sous l'influence du choc initial de la poudre. La dynamite à 5o ou 6o centièmes peut, au contraire, être employée dans les projectiles creux, ceux-ci étant susceptibles d'être lancés par les canons sans accident.

Ce n'est pas tout. Avec la dynamite à 6o centièmes, le projectile peut faire explosion au point d'arrivée, même sans amorce spéciale, s'il est arrêté par un corps très résistant, tel qu'une plaque de blindage : l'élévation de température qui résulte de la transformation de la force vive en chaleur produite par cet arrêt brusque suffit pour déterminer l'explosion. Mais, si l'on abaisse la dose de nitroglycérine à 3o ou 4o centièmes, l'obus chargé d'une telle dynamite exigera l'emploi d'une fusée percutante pour faire explosion, au même titre que la poudre noire. Il est vrai qu'une telle dynamite ne présente plus guère d'avantages sur la poudre ordinaire.

C'est encore une remarque essentielle que la vitesse moléculaire n'est pas seule diminuée dans ces conditions ; mais la vitesse d'inflammation et la vitesse de combustion d'une matière explosive se ralentissent aussi extrêmement, lorsque son mélange avec un corps inerte approche des proportions qui répondent aux limites d'inflammabilité. Par suite, vers ces limites, l'inflammation devient incertaine, la combustion se propage mal et le caractère explosif du phénomène cesse d'être manifeste.

TROISIÈME SECTION. — *Système homogène soumis à des conditions uniformes, mais susceptible de perdre de la chaleur.*

1. Ces relations générales étant établies pour un système tel, que toute la chaleur qu'il dégage soit employée à en élever la température, venons au cas réel, celui où *le système, toujours supposé homogène et soumis à des conditions uniformes au début, cède une portion de sa chaleur aux corps environnants, par rayonnement ou conductibilité*. La masse des matières employées, qui n'intervient pas en principe dans le premier cas, joue ici un rôle essentiel.

En effet, toutes les fois que la vitesse des réactions ne sera pas notable, une partie de la chaleur produite se dissipera à mesure, et l'élévation de température atteindra bientôt une certaine limite. Cette limite sera celle où la perte de chaleur produite par les actions extérieures est égale au gain de chaleur dû aux réactions internes du système : la réaction se fera alors avec une certaine vitesse, constante ou à peu près, sans pourtant devenir explosive.

Tel est le cas d'une matière fusante, dans les conditions ordinaires ; tel est aussi, dans un ordre de lenteur généralement plus marqué, le cas d'une matière explosive, prise en masse peu considérable, et qui se décompose spontanément.

Mais si l'on accroît la masse sur laquelle on opère, en la supposant contenue dans une capacité fixe, la dose de chaleur perdue par rayonnement ou conductibilité, à une température donnée du système, sera moindre ; la dose totale de chaleur conservée à l'intérieur au bout d'un temps donné sera donc augmentée.

Ainsi la température d'un semblable système devra être plus élevée : soit qu'elle tende vers une nouvelle limite, supérieure à la précédente ; soit que son accroissement devienne de plus en plus rapide et finalement explosif, en raison de l'accroissement corrélatif des pressions.

Cette même accélération corrélative des pressions et de la vitesse des réactions joue un rôle important, dans l'interprétation des effets du bourrage, ainsi qu'il a été dit plus haut (p. 75).

C'est encore ainsi que toute matière fusante peut se transformer en matière détonante, lorsqu'on en augmente la masse contenue dans une capacité donnée ; sans rien changer d'ailleurs aux orifices ou à la forme de la capacité.

La différence entre les divers modes de décomposition d'une matière explosive, suivant que sa masse est plus ou moins considérable, mérite une attention toute particulière; car elle se retrouve continuellement dans les applications.

2. On l'observe, même dans le cas où l'on ouvre une issue aux gaz de l'explosion, lorsque la masse explosive est assez considérable. C'est ainsi que la décomposition d'une matière fusante, prise sous un poids constant, contenue dans une même capacité, peut se changer en explosion, lorsque l'on rétrécit l'orifice de cette capacité; de telle façon que la pression et la température intérieures puissent croître au delà d'une certaine limite.

3. La même remarque s'applique aux *décompositions spontanées*, effectuées sur de grandes masses de matière. Lentes d'abord à la température ordinaire, elles s'accélèrent sous l'influence de l'élévation même de température qu'elles déterminent. En outre, il peut arriver que celle-ci change le caractère de la décomposition, en faisant succéder à la réaction initiale une réaction nouvelle, dégageant plus de chaleur. L'élévation de température de la masse s'accroît encore davantage par là, jusqu'à produire une réaction tumultueuse et une explosion générale.

4. Ces faits, souvent observés dans les laboratoires, ont été invoqués pour rendre compte des explosions spontanées du coton-poudre et de la nitroglycérine. Ils tendent à faire regarder comme spécialement dangereuse une *matière explosive qui a éprouvé un commencement de décomposition*.

5. On voit par ces considérations pourquoi des explosions générales se produisent, non seulement sur les matières explosives contenues dans des vases très solides, mais même dans des vases peu résistants, tels que caisses de bois ou enveloppes métalliques minces, et même sur les matières entassées à l'air libre, lorsque l'accumulation de ces matières permet à la température de s'élever et à la réaction de s'accélérer de plus en plus (*voir* p. 76).

6. Les explosions générales peuvent se manifester également avec des matières divisées en très petites quantités, si ces petites quantités sont assez voisines les unes des autres pour que leur ensemble réponde à une grande masse et que les effets mécaniques puissent s'accumuler et donner une résultante commune.

Les précautions de conservation et d'emploi doivent donc être prises, comme si toutes les portions de la matière explosive étaient rassemblées en une masse unique. Ce sont là des conséquences signalées comme possibles par la théorie et dont la réalisation accidentelle a été attestée par de terribles catastrophes.

Ainsi, par exemple, les expériences faites par la Chambre de commerce de Birmingham sur le transport et l'emmagasinage des amorces avaient montré que des capsules renfermant chacune $0^{gr},015$ de fulminate ne font explosion en masse, ni sous l'influence du choc, ni sous l'influence de l'écrasement par une roue de locomotive, ni en les plaçant dans un moufle incandescent, ou au sein d'un foyer en ignition.

Mais il en est autrement si l'on accroît notablement le poids du fulminate contenu dans les capsules. La sécurité excitée par ces premiers essais a cessé, même en Angleterre, à la suite de l'explosion sur la Tamise d'un bateau chargé d'amorces détonantes.

L'expérience a prouvé en effet que l'explosion d'une forte capsule au fulminate suffit pour déterminer celle de toutes les capsules placées dans la même boîte. Si la boîte elle-même vient à faire explosion, les boîtes voisines détonent également.

C'est en vertu de phénomènes analogues que les petites amorces fulminantes employées comme jouets d'enfant ont donné lieu trop souvent à des accidents graves.

A Vanves, près de Paris, un enfant s'étant amusé à faire détoner entre des ciseaux une semblable amorce, deux paquets de six cents amorces placés sur la table partirent au même moment : l'enfant fut tué, la chaise brisée, le parquet défoncé.

Citons également l'explosion de la rue Béranger, à Paris, le 14 mai 1878, occasionnée par un dépôt d'amorces fulminantes destinées à servir de jouets d'enfant. Ces amorces étaient formées : les unes, dites simples, par un mélange de chlorate de potasse (12 parties), de phosphore amorphe (6 parties), d'oxyde de plomb (12 parties) et de résine (1 partie) ; d'autres, dites doubles, par un mélange de chlorate de potasse (9 parties), de phosphore amorphe (1 partie), de sulfure d'antimoine (1 partie), de soufre sublimé (0,25) et de nitre (0,25) ; ces dernières, plus sensibles au frottement, pesaient chacune $0^{gr},010$ en moyenne. 6 à 8 millions d'amorces de ce genre, collées par séries de cinq sur des bandes de papier, étaient entassées dans les magasins, dans des boîtes, par grosses de douze douzaines. Quelques-unes s'étant enflammées, par suite d'un accident resté mal connu, elles déterminèrent une explosion générale. Une maison s'écroula subitement, avec la destruction de sa façade, dont les pierres de taille furent projetées. Une pierre d'un mètre cube fut lancée à 52^m de distance. Une grande partie de la maison voisine fut également détruite, 14 personnes tuées sur place, et 16 blessées.

Ces terribles effets s'expliquent, si l'on remarque que le poids de la matière explosive totale renfermée dans les amorces s'élevait à 64^{kg} environ, et que, d'après la composition de cette matière, sa force équivalait à celle de 226^{kg} de poudre noire ([1]).

Il importe, je le répète, que les personnes chargées de la sur-veillance des matières explosives ne perdent jamais de vue cette conviction que, d'après les faits et les vérités générales qui vien-nent d'être présentés, les précautions préventives doivent toujours être prescrites dans l'hypothèse d'une explosion totale.

§ 5. — Vitesse de propagation des réactions.

1. Examinons maintenant le cas d'un *système homogène, mais soumis dans ses diverses parties à des conditions différentes,* telles que celles qui résultent de la mise de feu en un point, ou bien d'un choc local, conditions auxquelles on pourrait rapporter d'ailleurs certains des faits cités dans le paragraphe précédent.

Pour propager la transformation dans une masse qui détone et qui n'est pas soumise aux mêmes conditions dans toutes ses parties, il faut que les circonstances physiques de température, de pression, etc., qui ont provoqué sur un point le phénomène, se reproduisent, successivement et couche par couche, dans toutes les portions de la masse.

On connaît à cet égard les nombreux travaux des artilleurs ([2]) sur la vitesse de combustion de la poudre ordinaire et sur celle de la poudre-coton, vitesse variable avec la structure physique des poudres et avec leur composition chimique. Nous allons résumer d'abord ces résultats, ainsi que ceux qui ont été observés sur les mélanges gazeux explosifs, c'est-à-dire les observations relatives à la vitesse de combustion des mélanges d'oxygène et d'hydrogène, ou d'oxyde de carbone, ou de gaz hydrocarbonés.

Puis nous dirons quels résultats nouveaux et inattendus fournit l'étude de la poudre-coton et de la nitroglycérine; nous expose-rons la conception nouvelle du rôle des amorces, la distinction jusque-là ignorée entre l'inflammation simple et la détonation vé-

---

([1]) Ces faits sont tirés du Rapport fait par la Commission d'enquête.
([2]) PIOBERT, *Traité d'Artillerie*, partie théorique.

ritable des matières explosives, distinction que mes expériences récentes conduisent à étendre jusqu'aux mélanges gazeux eux-mêmes, et nous chercherons à rattacher ces différences à des conceptions théoriques : nous serons ainsi conduits à la notion de l'*onde explosive*, qui fera l'objet d'un Chapitre spécial.

2. D'après Piobert, la vitesse de combustion de la poudre à l'air libre, observée sur des prismes de longueur connue, placés verticalement, et dont les faces latérales étaient graissées, afin d'assurer la régularité du phénomène; cette vitesse, dis-je, a été trouvée comprise entre 10 et 13^{mm} par seconde pour la poudre de guerre. Elle varie d'ailleurs en raison inverse de la densité apparente de la poudre, dans laquelle le feu se propage par couches successives.

3. La *vitesse de combustion* ainsi entendue, c'est-à-dire la vitesse avec laquelle la réaction se transmet dans l'intérieur d'une masse explosive unique, ne doit pas être confondue avec la *vitesse d'inflammation*, c'est-à-dire avec le temps nécessaire pour propager la même réaction dans un ensemble formé par une série de petites masses ou grains placés à côté les uns des autres. Pour caractériser la différence de ces deux vitesses, nous citerons les expériences de Piobert, faites au moyen de demi-cylindres de fer creux plus ou moins longs. La vitesse d'inflammation, mesurée à l'air libre, varie, pour les anciennes poudres de guerre, de 1^m,5 à 3^m,4 par seconde; dans les tubes fermés par une extrémité, de 0^m,30 à 1^m,5, suivant que le grain a 0^{mm},2 ou 2^{mm},5 de diamètre. On voit qu'elle croît avec la grosseur du grain. Ces chiffres sont très différents de ceux qui ont été donnés ci-dessus pour la vitesse de combustion d'une masse unique.

4. La vitesse de combustion de la poudre dépend de la pression de l'air ou des gaz environnants.

Dès la fin du xviie siècle, Boyle faisait des expériences sur la combustion de la poudre dans le vide et remarquait que, dans cette condition, les grains de poudre, projetés sur un fer rouge, fusent sans détoner. Si l'on opère sur un certain nombre de grains à la fois, il y a explosion; sans doute parce que les conditions de pression locale sont changées temporairement autour de chaque grain qui déflagre.

Huyghens répéta les mêmes expériences, en enflammant la poudre au moyen d'une lentille qui concentrait les rayons solaires.

Si l'échauffement est progressif, comme on le réalise par le rayonnement d'un charbon enflammé, on peut, à volonté, soit sublimer le soufre, ce qui détruit l'homogénéité du mélange; soit faire fuser la poudre, d'après Hawksbee (1702).

Ces expériences ont été souvent répétées avec diverses modifications, telles que l'emploi d'un fil de platine rougi par l'électricité pour enflammer la poudre dans le vide (Abel). M. Bianchi a reconnu ainsi que le coton-poudre se décompose lentement dans le vide, avant de faire explosion, et ce résultat a été étendu depuis par MM. Heeren et Abel à la nitroglycérine.

Le fulminate de mercure, au contraire, détone dans le vide au contact d'un fil de laiton rougi; mais la détonation ne se propage pas aux grains non contigus, comme elle le ferait sous la pression atmosphérique.

5. Non seulement le vide empêche l'explosion de la poudre, mais toute diminution dans la pression la ralentit. En 1855, Mitchell observa que les fusées brûlent plus lentement sur les hautes montagnes; M. Frankland en 1861, dans son laboratoire, puis M. de Saint-Robert dans les Alpes, ont fait à cet égard des expériences très précises. Sous des pressions comprises entre $0^m,722$ et $0^m,405$, c'est-à-dire inférieures à la pression atmosphérique, la vitesse de la combustion de la poudre serait représentée sensiblement, d'après M. de Saint-Robert, par une formule telle que

$$V = A p^{\frac{2}{3}},$$

A étant une constante et p exprimant la pression.

Ces effets doivent être attribués à la vitesse plus ou moins grande avec laquelle les gaz échauffés s'échappent, avant d'avoir eu le temps d'échauffer les portions voisines de la matière solide. Ce qui revient à dire que la pression diminue le mombre des particules gazeuses amenées à une haute température, lesquelles viennent à chaque instant en contact avec les particules solides non enflammées et partagent avec elles leur force vive, de façon à se mettre en équilibre de température.

Quelle que soit la pression, si l'on opère à volume constant, la température initiale de ces particules demeure sensiblement la même; du moins tant que la réaction chimique n'est pas modifiée. Mais, si l'on opère sous pression constante, il en est autrement, la température étant abaissée par la détente des gaz.

6. Au contraire, la vitesse de combustion de la poudre s'accroît

avec une grande rapidité, dès qu'on atteint les pressions considérables qui se produisent dans les canons et dans les fusils. Ainsi, par exemple, M. le capitaine Castan évalue la vitesse de combustion de la poudre, dans l'âme des canons de gros calibre, à $0^m,320$ par seconde; au lieu de $0^m,10$ environ à l'air libre.

7. La vitesse de combustion des autres matières explosives n'a pas été l'objet d'expériences aussi nombreuses que celle de la poudre noire; elle donne lieu d'ailleurs à des remarques nouvelles et à une théorie d'un tout autre ordre, comme on le dira tout à l'heure. Bornons-nous à rappeler que Piobert évaluait la vitesse de combustion du coton-poudre (non comprimé) à huit fois celle de la poudre de guerre; évaluation qui s'appliquait à une combustion progressive, opérée sans détonation.

8. Ces mêmes études furent étendues aux mélanges gazeux explosifs. En 1867, M. Bunsen ([1]) évalua la vitesse de combustion à 34^m par seconde pour le gaz tonnant (hydrogène et oxygène), et à 1^m seulement par seconde pour le mélange en proportions équivalentes d'oxyde de carbone et d'oxygène; ces mélanges étant pris sous la pression atmosphérique. Il en déterminait l'écoulement à travers un orifice étroit, enflammait le jet et cherchait pour quelle vitesse limite de l'écoulement la flamme demeurait stationnaire à l'orifice, sans rétrograder dans l'intérieur. M. Mallard ([2]) a fait des expériences analogues sur divers mélanges d'air et de gaz des marais, ou de gaz d'éclairage; il a trouvé que la vitesse de combustion, définie comme plus haut, diminue rapidement, à mesure que l'on augmente la proportion des gaz qui ne concourent pas à la combustion, la vitesse maximum répondant à $0^m,560$ par seconde, pour un mélange de 8 parties d'air et de 1 partie de gaz des marais en volume. Elle s'abaisse jusqu'à $0^m,04$, avec un mélange renfermant 12 parties d'air pour 1 partie de gaz des marais. Avec le gaz d'éclairage et l'air, la vitesse maximum a atteint près du double. MM. Mallard et Le Châtelier sont revenus dans ces derniers temps sur cette question par d'autres procédés, qui leur ont donné des résultats très divers, suivant le mode de combustion. On en parlera plus loin, on établira pour les mêmes mélanges gazeux l'existence de vitesses de détonation s'élevant jusqu'à près de 3000^m par seconde et l'on montrera les causes de ces différences.

([1]) *Annales de Chimie et de Physique*, 4ᵉ série, t. XIV, p. 449.
([2]) *Annales des Mines*, t. VIII, 3ᵉ livraison, 1871.

9. L'étude des nouvelles matières explosives a conduit en effet à pénétrer plus avant dans la connaissance du mode de propagation de la réaction chimique, au sein d'une masse en combustion ; et elle a modifié profondément les idées que l'on s'était faites sur cette question. Autrefois, lorsque la poudre noire était le seul explosif connu, on se préoccupait seulement de l'enflammer, les effets de l'explosion consécutive ne paraissant pas dépendre du procédé d'inflammation. Mais la nitroglycérine et la poudre-coton ont manifesté à cet égard une diversité singulière.

10. Pour les bien concevoir, il est nécessaire de parler d'abord des phénomènes du choc et des autres causes analogues, capables de produire la déflagration.

Le choc ne saurait guère provoquer par lui-même la décomposition d'une substance qui absorbe de la chaleur ; à moins de recourir à des masses colossales, animées de forces vives énormes, et concentrant toute leur action sur une très petite quantité de matière : ce qu'il n'est pas facile de réaliser. Par exemple, la force vive d'un poids de $163o^{kg}$, tombant de 1^m de hauteur, serait nécessaire pour décomposer un gramme d'eau ; en supposant qu'on pût transmettre à un gramme d'eau, par quelque artifice, la totalité de cette force vive.

Au contraire, si la décomposition de la substance dégage de la chaleur, on conçoit qu'une force vive limitée puisse suffire pour la provoquer ; à la condition d'être appliquée tout entière à une très petite quantité de matière, dont elle élève la température jusqu'au degré voulu pour déterminer la réaction.

Ainsi, quelques coups de marteau violemment assénés sur du chlorate de potasse en poudre, enveloppé dans une feuille de platine et posé sur une enclume, suffisent pour donner lieu à la formation de traces très sensibles de chlorure de potassium ; tandis que le sulfate de potasse ne manifeste aucun indice de décomposition, dans les mêmes conditions. Mais aussi la décomposition du sulfate de potasse en sulfure de potassium et oxygène absorbe de la chaleur, tandis que la décomposition du chlorate de potasse en chlorure de potassium dégage de la chaleur ($11 ooo^{cal}$ pour ClO^6K).

11. Cette condition ne suffit pourtant pas pour que le choc provoque une détonation. Il est encore nécessaire que la force vive développée par la décomposition des premières portions puisse se communiquer aux parties voisines, de façon à déterminer de proche en proche la décomposition de toute la masse. La circonstance la plus favorable est évidemment celle où les particules de la matière explosive sont en mouvement et animées d'une force vive telle, que leur arrêt subit transforme celle-ci en chaleur au sein de la matière elle-même. Celle-ci se trouve ainsi échauffée d'une manière uniforme et subite : si la température convenable est atteinte, l'explosion se produit aussitôt. De telles conditions peuvent se trouver réalisées, lors de l'arrêt brusque d'un obus chargé de dynamite et qui rencontre une surface résistante (*voir* p. 79). Dans un sens opposé, on peut observer que le choc du marteau, qui suffit à peine pour réaliser sur quelques points isolés les conditions favorables avec le chlorate de potasse pur, est au contraire très efficace avec la nitroglycérine. Il suffit même de la chute d'un poids de $4^{kg},7$, tombant de $0^m,25$ de hauteur sur une goutte de nitroglycérine, occupant une surface de 2^{cq}, pour déterminer l'explosion de cette substance ([1]).

Au contraire, la nitroglycérine mélangée avec une terre siliceuse constitue la dynamite, substance très peu sensible au choc, parce que la structure poreuse et cellulaire de la silice s'oppose à la communication immédiate et locale de la force vive à une très petite dose de nitroglycérine, envisagée séparément du reste.

Il y a plus : l'explosion de la poudre noire fait détoner la nitroglycérine ; tandis qu'elle n'entraîne pas l'explosion de la dynamite, du moins à l'air libre et avec de faibles charges.

Mais cette inertie disparaît sous l'influence de certains chocs, particulièrement violents, tels que celui du fulminate de mercure. Aussi l'explosion de la nitroglycérine est-elle très différente, suivant qu'elle est pure, ou mélangée avec un autre corps ; suivant que l'on opère par simple choc, par le contact d'un corps en ignition faible, ou en ignition vive ; ou encore à l'aide d'une fusée ordinaire ; ou bien enfin par le contact d'une forte amorce au fulminate de mercure.

§ 6. — Multiplicité des modes de combustion.

1. Selon le procédé employé pour la mise de feu, la dynamite peut se décomposer tranquillement et sans flamme ; ou bien brûler avec vivacité ; ou bien donner lieu à une explosion proprement

---

([1]) Ch. GIRARD, MILLOT et VOGT (*Comptes rendus des séances de l'Académie des Sciences*, t. LXXI, p. 691).

dite, tantôt modérée, tantôt susceptible de disloque rles roches, tantôt même de les broyer sur place et de produire les effets les plus violents.

2. Les substances qui déterminent ces derniers effets ont reçu plus particulièrement le nom de *détonateurs*. M. Nobel en a reconnu le premier le caractère, en opérant sur la nitroglycérine en 1864, et il en a déduit le procédé convenable pour faire détoner cette substance à coup sûr, au moyen d'une amorce de fulminate de mercure.

La poudre-coton n'offre pas une moindre diversité. M. Abel a publié à cet égard depuis 1868 des expériences très curieuses et qui tendent pareillement à établir une grande diversité entre les conditions de déflagration de cette substance, suivant la manière de la faire détoner ([1]).

MM. Roux et Sarrau ont généralisé ces phénomènes, en distinguant ce qu'ils ont appelé *les explosions de premier et de second ordre;* distinction réelle, mais qui paraît être insuffisante, en raison de son caractère trop absolu.

3. Quelque étrange que cette diversité puisse sembler à première vue, je crois cependant que les théories thermodynamiques sont capables d'en rendre compte, par une analyse convenable des phénomènes du choc.

En effet, la variété des phénomènes explosifs dépend de la vitesse avec laquelle la réaction se propage et des pressions plus ou moins intenses qui en résultent.

Soit le cas le plus simple, celui d'une explosion déterminée par la chute d'un poids qui tombe d'une certaine hauteur. Tout d'abord on serait porté à attribuer les effets observés à la chaleur dégagée par la compression due au choc du poids brusquement arrêté. Mais le calcul montre que l'arrêt d'un poids de quelques kilogrammes, tombant de $0^m,25$ ou de $0^m,50$ de hauteur, ne pourrait élever que d'une fraction de degré la température de la masse explosive, si la chaleur résultante était répartie uniformément dans la masse entière. Celle-ci ne saurait donc atteindre ainsi une température élevée, celle de 190° à 200° par exemple, pour la nitroglycérine; température à laquelle il paraît nécessaire de porter subitement toute la masse pour en provoquer l'explosion.

([1]) *Comptes rendus des séances de l'Académie des Sciences*, t. LXIX, p. 105 à 121; 1869.

C'est par un autre mécanisme que la force vive du poids transformée en chaleur devient l'origine des effets observés. Il suffit d'admettre que les pressions qui résultent du choc exercé à la surface de la nitroglycérine sont trop soudaines pour se répartir uniformément dans toute la masse, et que, par suite, la transformation de la force vive en chaleur a lieu surtout dans les premières couches atteintes par le choc. Si celui-ci est suffisamment violent, ces couches pourront être portées ainsi subitement vers 200°, et elles se décomposeront aussitôt, en produisant une grande quantité de gaz. La production des gaz est à son tour si brusque, que le corps choquant n'a pas le temps de se déplacer, et que la détente soudaine des gaz de l'explosion produit un nouveau choc, plus violent sans doute que le premier, sur les couches situées au-dessous. La force vive de ce nouveau choc se change en chaleur, dans les couches qu'il atteint d'abord. Elle en détermine l'explosion; et cette alternative entre un choc développant une force vive qui se change en chaleur, et une production de chaleur qui élève la température des couches échauffées jusqu'au degré d'une explosion nouvelle, capable de reproduire un choc ; cette alternative, dis-je, transmet la réaction de couche en couche dans la masse entière. La propagation de la déflagration a lieu ainsi en vertu de phénomènes comparables à ceux qui donnent lieu à une onde sonore; c'est-à-dire en produisant une véritable onde explosive, qui chemine avec une vitesse incomparablement plus grande que celle d'une simple inflammation, provoquée par le contact d'un corps en ignition et opérée dans des conditions où les gaz se détendent librement, au fur et à mesure de leur production. On définira cette onde explosive, et l'on en étudiera les caractères dans le Chapitre VII.

4. En fait, la réaction provoquée par un premier choc, dans une matière explosive donnée, se propage avec une vitesse qui dépend de l'intensité du premier choc: attendu que la force vive de celui-ci, transformée en chaleur, détermine l'intensité de la première explosion et, par suite, celle de la série entière des effets consécutifs. Or l'intensité du premier choc peut varier beaucoup, suivant la manière de le produire. L'effet d'un coup de marteau peut varier, dans sa durée par exemple, depuis $\frac{1}{100}$ jusqu'à $\frac{1}{10000}$ de seconde, suivant que l'on frappe avec un marteau à manche flexible, ou avec un bloc d'acier, d'après les expériences de M. Marcel Deprez.

Il résulte de là que l'explosion d'une masse solide ou liquide peut şe développer suivant une infinité de lois différentes, dont chacune est déterminée, toutes choses égales d'ailleurs, par l'impulsion originelle. Plus le choc initial sera violent, plus la décomposition qu'il provoque sera brusque, et plus les pressions exercées pendant le cours entier de cette décomposition seront considérables. Une seule et même substance explosive pourra donc donner lieu aux effets les plus divers, suivant le procédé de mise de feu.

5. Les effets varient également, suivant que la matière est pure, ou associée avec une substance étrangère, et d'après la structure de cette dernière. C'est ce que montre la dynamite, association de la nitroglycérine avec la silice; laquelle a perdu une grande partie de la sensibilité au choc ordinaire, tout en demeurant explosive sous le choc de la balle, et surtout sous celui du fulminate de mercure.

L'addition de quelques centièmes de camphre à la dynamite diminue encore davantage sa faculté explosive, à tel point qu'elle ne détone plus qu'avec de très fortes amorces de fulminate.

6. La poudre-coton imprégnée d'eau ou de paraffine devient également insensible au choc; elle exige alors, pour détoner, l'emploi d'une petite cartouche supplémentaire de coton-poudre sec, amorcée elle-même avec du fulminate.

Si l'on incorpore quelques centièmes de camphre avec la cellulose nitrique, on anéantit presque complètement sa faculté de faire explosion par le choc, du moins à la température ordinaire; à tel point que cette association constitue une matière employée aujourd'hui dans l'industrie à divers usages sous le nom de *celluloïde*.

7. La dynamite-gomme, qui résulte de l'association de la nitroglycérine avec le collodion (autre espèce de cellulose nitrique), parfois avec addition de camphre, constitue une masse élastique, très peu sensible au choc, et qui exige également une cartouche auxiliaire de coton-poudre sec, amorcée elle-même au fulminate.

8. Le changement apporté par le camphre et les matières résineuses aux facultés explosives de semblables substances résulte de la modification survenue dans la cohésion de la masse. Celle-ci a acquis une certaine élasticité et une solidarité des parties, par suite de laquelle le choc initial du détonateur se propage tout d'abord dans une masse beaucoup plus grande (*voir* p. 72). En outre, une partie des effets du choc est dépensée en travaux d'arrachement et de séparation; il en reste une moindre portion, qui soit

susceptible de donner lieu à l'échauffement des parties directement frappées : cet échauffement est réparti d'ailleurs dans une
masse plus grande. Dès lors, une élévation brusque et locale de la
température, capable de déterminer les actions chimiques et mécaniques consécutives, se fera plus difficilement ; elle exigera l'emploi d'un poids bien plus grand du détonateur. Ceci résulte de la
théorie précédente.

9. Mais le camphre, au contraire, ne doit exercer et n'exerce,
en effet, comme l'expérience le prouve, aucune action spécifique
sur une poudre discontinue, telle que les poudres au chlorate de
potasse. C'est par là qu'on se rend compte également de ce fait que
la dynamite-gomme gelée récupère une sensibilité au choc comparable à celle de la nitroglycérine; la solidarité des parties a été
détruite par la cristallisation de cette substance.

10. On voit par là toute l'importance que prennent les *amorces*,
regardées jusqu'à ces derniers temps comme de simples agents
destinés à communiquer l'inflammation à la poudre. En effet, ces
amorces, pour peu que leur masse soit suffisante, règlent par leur
nature le caractère même du choc initial et, par suite, le caractère
de l'explosion tout entière. Dans ce cas, elles prennent le nom de
détonateurs proprement dits. Le fulminate de mercure pur est particulièrement employé à cet égard; il est le plus puissant des détonateurs, c'est-à-dire que son choc est plus violent et plus subit que
celui de toute autre substance : ce qui s'explique par la brusquerie
de sa décomposition, jointe à la grandeur extraordinaire de la pression qu'il développerait en détonant dans son propre volume
(près de $26\,000^{\text{atm}}$). On a cité plus haut (p. 89) un certain nombre
de faits caractéristiques, relativement à cette influence spécifique
des amorces : nous y reviendrons.

§ 7. — Combustion et détonation.

1. La combustion progressive a conservé particulièrement le
nom de *combustion;* le nom de *détonation* étant réservé à la combustion rapide et presque instantanée avec expansion des gaz. De
là encore la distinction proposée par M. Sarrau entre les *explosions dites de premier ordre*, telles que celles de la poudre noire,
lesquelles sont au fond des combustions ordinaires, et les *explosions
dites de second ordre*, ou détonations proprement dites, telles que
celle de la nitroglycérine, provoquée par une forte amorce au fulminate de mercure.

Toutefois les faits connus n'obligent pas, à mon avis, à admettre une différence de nature et une ligne de démarcation absolue entre les deux ordres de phénomènes. Ils tendent plutôt à faire envisager ceux-ci comme présentant une variété indéfinie, comprise entre deux limites extrêmes, à savoir :

1° La *détonation de la matière explosive dans son propre volume*, atteignant le maximum de température et de pression, et, par conséquent, le maximum de vitesse que comporte la réaction chimique réalisée dans ces conditions. Cet effet se produit lorsque la matière retient la totalité de la force vive, c'est-à-dire de chaleur développée dans la transformation chimique, jusqu'au moment où cette dernière se propage aux portions voisines. La détonation est provoquée spécialement par un choc très brusque. Les gaz formés au point où le choc se produit d'abord n'ont pour ainsi dire pas le temps de se déplacer et ils communiquent aussitôt leur force vive aux parties en contact; l'action se propage ainsi dans la masse entière, avec une sorte de régularité et en y produisant une véritable onde explosive.

C'est à cet ordre de détonations que se rapportent les vitesses de propagation, si différentes de celles de la combustion de la poudre noire, qui ont été mesurées avec la dynamite et la poudre-coton comprimée. Par exemple, les artilleurs autrichiens ont observé une vitesse supérieure à 6000^m par seconde, en faisant détoner un cylindre de dynamite de 67^m de long; M. le colonel Sébert a observé des vitesses de 5000 à 7000^m (6138^m en moyenne) sur le coton-poudre pulvérulent et comprimé dans de longs tubes de plomb. On verra plus loin que j'ai moi-même mesuré avec M. Vieille des vitesses de plusieurs milliers de mètres par seconde, sur des mélanges gazeux tonnants.

2° La *combustion progressive*, se transmettant de proche en proche, dans des conditions où le refroidissement dû à la conductibilité, au contact des matières inertes, etc., abaisse la température au degré le plus bas qui soit compatible avec la continuation de la réaction : toute la chaleur se trouve ainsi dissipée, à l'exception de la très petite fraction nécessaire pour propager la réaction dans les parties voisines.

C'est à ce mode d'inflammation que se rapporte la vitesse de combustion des gaz tonnants, mesurée par M. Bunsen (p. 86).

Dans le cas des explosifs solides ou liquides, la propagation d'une simple inflammation est rendue plus difficile par les mouvements des gaz, qui se répandent dans un grand espace tout autour du point enflammé, au lieu d'agir dans un volume égal ou peu différent de celui des corps primitifs; ils partagent ainsi leur température avec une plus grande masse de matière, jusqu'à ne pouvoir plus élever celle-ci au degré voulu pour qu'elle commence à se décomposer. Aussi voit-on souvent celle-ci dispersée par les gaz, sans éprouver une combustion totale et même sans subir aucun changement. Ceci se produit particulièrement avec les matières explosives non coercées dans une enveloppe, qui concentre l'action des gaz et lui donne une résultante commune (p. 75).

Tel est le cas de la nitroglycérine, que l'on retrouve inaltérée au voisinage dans les déflagrations progressives; tel est aussi le cas de la dynamite, posée sur la terre en couche mince. La poudre-coton humide, qui n'est pas inflammable à froid, a fourni également de nombreux exemples de cette dispersion, résultant de l'emploi d'un détonateur insuffisant. C'est en raison de cette action spéciale des gaz que l'on recommande d'éviter une inflammation simple de la dynamite dans les cartouches, par suite de l'emploi d'un cordeau mal placé, ou d'un fulminate laissé à quelque distance; inflammation précédant l'action directe, laquelle doit se produire au contact immédiat du fulminate.

2. Entre ces deux limites, on observe toute une série d'états intermédiaires, en nombre illimité, comme le montrent les divers modes d'inflammation de la dynamite. C'est ce qui est mis en évidence par l'influence d'un bourrage suffisamment résistant (p. 75), lequel transforme une inflammation en détonation véritable.

Enfin on peut invoquer ici l'inégalité des effets produits par les explosions successives des charges du même agent, détonant par influence aux distances limites, au delà desquelles l'explosion ne se propagerait plus (*voir* plus loin).

Cette variété dans les phénomènes est due à deux ordres de causes : les unes mécaniques, les autres plus spécialement chimiques.

3. Au point de vue mécanique, on conçoit que, entre les deux limites de la combustion progressive et de la détonation, il puisse se produire, suivant les circonstances, tous les modes intermédiaires de propagation de la réaction (p. 90); la combustion tendant à se transformer plus ou moins vite en détonation. Mais les deux limites seules doivent être envisagées comme constituant des régimes réguliers. Ceci sera défini d'une manière plus complète dans le Chapitre relatif à l'onde explosive.

4. Les phénomènes chimiques eux-mêmes peuvent varier, au moins dans certaines conditions. En effet, le mode de décomposition n'est unique, que si la matière explosive renferme assez d'oxygène pour éprouver une combustion totale, comme il arrive pour la nitroglycérine et la nitromannite. Il faut en outre que cette combustion totale ait réellement lieu ; ce qui n'arrive pas nécessairement, surtout dans les inflammations lentes, opérées à température aussi basse que possible, et dans lesquelles peuvent se développer d'abord des réactions incomplètes.

5. Mais il arrive souvent que l'oxygène fait défaut, ou que la première réaction donne lieu à une mauvaise répartition de cet oxygène : comme dans le cas où la nitroglycérine brûle lentement, avec production de vapeur nitreuse et de matières fixes ou gazeuses incomplètement brûlées. Dans ces circonstances, des décompositions possibles sont multiples ; leur nombre dépend de la température, de la pression et de la vitesse de l'échauffement. Nous avons déjà signalé ce cas pour l'azotate d'ammoniaque (p. 20); on l'observe en général sur les substances organiques décomposables par l'échauffement (*Essai de Mécanique chimique*, t. II, p. 45). Les mélanges, tels que la poudre noire, en sont également susceptibles.

5. Parmi les décompositions multiples d'une même substance, celles qui développent le plus de chaleur sont celles qui engendrent aussi les effets explosifs les plus violents, toutes choses égales d'ailleurs. La chose est évidente, lorsque le volume des gaz (réduit à 0° et 0,760) atteint en même temps sa valeur maximum. Mais elle se vérifie dans les autres cas, la dissociation ayant toujours pour résultat une diminution de pression, comme je l'ai établi ailleurs (p. 24).

Par contre, ce ne sont pas là, en général, les réactions qui se manifestent à la plus basse température possible. Si donc le corps explosif reçoit dans un temps donné une quantité de chaleur insuffisante pour en porter la température jusqu'au degré qui correspond aux réactions les plus violentes, il éprouvera une décomposition capable de dégager moins de chaleur, voire même d'en absorber ; et il pourra se détruire complètement par cette décomposition, sans développer ses effets les plus énergiques.

Le contraire se produira, si le corps est brusquement échauffé jusqu'à la température correspondant aux réactions les plus énergiques.

6. Enfin la multiplicité des réactions possibles entraîne toute une série de phénomènes intermédiaires, et cela d'autant mieux que, suivant le mode d'échauffement, il peut arriver que plusieurs décompositions se succèdent progressivement.

Cette succession de décompositions donne même lieu à des effets plus compliqués, comme l'a fait observer M. Jungfleisch, lorsque la première décomposition, au lieu de provoquer une élimination totale de la partie décomposée (changée en matières gazeuses ou volatiles), a pour résultat un partage de la substance primitive en deux parties : l'une, gazeuse, qui s'élimine ; l'autre, solide ou liquide, qui reste exposée à l'action consécutive de l'échauffement. La composition de ce résidu n'étant plus la même — ce qui arrive, par exemple, avec la nitroglycérine qui a dégagé d'abord une portion de son oxygène sous forme de vapeurs nitreuses, — les effets de sa destruction consécutive pourront être complètement changés.

7. Telles sont les causes, les unes chimiques, les autres mécaniques, pour lesquelles la nitroglycérine et la poudre-coton comprimée produisent chacune des effets si différents, selon qu'on les enflamme à l'aide d'un corps en ignition faible, ou bien d'une flamme, ou d'une fusée ordinaire, ou bien encore à l'aide d'une amorce chargée de fulminate de mercure.

Par exemple, MM. Roux et Sarrau ont trouvé que les charges nécessaires pour rompre un obus varient, toutes choses égales d'ailleurs, en sens inverse des nombres suivants, nombres évalués en prenant la poudre à fusil comme unité :

	Détonation.	Inflammation.
Nitroglycérine	10,0	4,8
Coton-poudre comprimé	6,5	3,0
Acide picrique	5,5	2,0
Picrate de potasse	5,3	1,8

Le poids de la charge de rupture avec la poudre noire elle-même, sous l'influence de la nitroglycérine amorcée avec du fulminate, a pu être réduit dans le rapport de 4,34 à 1.

Cette inégalité dans la force d'une même poudre, suivant le mode de mise de feu, est attribuable d'ailleurs en partie au refroidissement produit par les parois dans une réaction plus lente ; mais en général elle résulte surtout du changement survenu dans la réaction chimique.

8. La diversité des effets est moins marquée avec la poudre-

coton non comprimée, parce que l'influence du choc initial s'exerce
sur une moindre quantité de matière, et surtout parce que la propagation des réactions successives dans la masse y développe des
pressions initiales plus faibles et une transformation moins directe
de la force vive en chaleur transmise au corps explosif : ceci a
pour cause l'air interposé. Par suite, l'onde explosive ne peut
se produire que difficilement dans une semblable substance.

La poudre-coton comprimée elle-même est moins compacte que
la nitroglycérine, à cause de sa structure. C'est pourquoi les pressions dues aux chocs doivent être sensiblement atténuées par
l'existence des interstices. Aussi la poudre-coton est-elle plus difficile à faire détoner que la nitroglycérine. La nitroglycérine détone
par la chute d'un poids tombé d'une moindre hauteur, par l'emploi
d'une amorce chargée de poudre-coton, ou d'un mélange de fulminate et de chlorate de potasse, etc. Tandis que la poudre-coton ne
fait pas explosion sous l'influence de la nitroglycérine, ni sous l'influence d'un mélange de fulminate et de chlorate : elle réclame le
choc plus brusque du fulminate de mercure pur.

Ce dernier agent, d'ailleurs, est moins efficace s'il est employé à
nu, que s'il est placé dans une enveloppe épaisse de cuivre ou de
fer-blanc; il est moins efficace dans une enveloppe de papier ou
d'étain en feuilles, que dans une enveloppe de cuivre; il est moins
efficace encore, si l'amorce n'est pas en contact avec le coton-
poudre. Enfin, s'il est placé dans un tube de plume, substance
élastique et qui cède d'abord sous la pression, son effet se trouve
annulé.

La nitroglycérine détone moins bien sous l'influence d'une fusée
au fulminate, si elle s'est enflammée avant l'explosion du fulminate, l'inflammation préalable ayant pour effet de produire un certain vide entre deux (p. 94). L'absence d'un contact immédiat entre
la dynamite contenue dans les cartouches et l'amorce au fulminate
est nuisible pour la même raison, le choc étant amorti en partie
par l'air interposé. La sensibilité à l'action du fulminate est plus
grande dans la dynamite qui renferme de la nitroglycérine liquide,
que dans celle qui contient de la nitroglycérine gelée; ce qui s'explique également par le défaut d'homogénéité de la dynamite gelée,
au sein de laquelle la nitroglycérine est en partie séparée de la
silice poreuse, par suite de sa solidification.

9. Tous ces phénomènes s'expliquent par la valeur plus ou moins
considérable des pressions initiales, par leur développement plus

ou moins subit et par leur communication plus ou moins facile
au reste de la masse; c'est-à-dire par les conditions qui règlent
la force vive transformée en chaleur dans un temps donné, au
sein des premières couches de la matière explosive atteintes
par le choc (*voir* p. 89 et 90).

La quantité de force vive ainsi transformée dépend donc à la fois
de la brusquerie du choc et de la grandeur du travail qu'il peut développer : or, ce sont là deux données qui varient d'une substance
explosive à l'autre. Par exemple, les amorces les plus convenables
ne sont pas toujours celles dont l'explosion est la plus instantanée.
M. Abel a reconnu que le chlorure d'azote n'est pas très efficace
pour enflammer la poudre-coton; l'iodure d'azote, si sensible au
moindre frottement, demeure tout à fait impuissant à l'égard de la
poudre-coton. Or le chlorure d'azote est précisément l'un des corps
explosifs, parmi ceux dont nous nous occupons ici, qui développent
le moins de chaleur, et par conséquent de travail, sous un poids
déterminé, à cause du chiffre élevé de l'équivalent du chlore; on
conçoit donc qu'il faille en employer davantage à titre d'amorce.
Quant à l'iodure d'azote, d'après les analogies tirées des composés iodosubstitués (voir *Annales de Chimie et de Physique*,
4e série, t. XX, p. 449), et d'après le poids élevé de l'équivalent
de l'iode, son explosion doit développer bien moins de chaleur encore et de travail, sous le même poids, que le chlorure d'azote :
son impuissance est donc facile à comprendre.

§ 7. — Combustions opérées par le bioxyde d'azote.

1. Je demande la permission de revenir ici sur les conditions qui
déterminent le commencement des réactions, conditions fondamentales dans l'étude des matières explosives et sur la connaissance
desquelles l'étude des combustions opérées par le bioxyde d'azote
jette un jour tout spécial.

Le bioxyde d'azote renferme plus de la moitié de son poids d'oxygène, et cet oxygène, fixé sur un corps combustible, dégage $+\,21\,600^{\text{cal}}$
de plus que l'oxygène libre ($O^2 = 16^{\text{gr}}$) : il semble donc que le bioxyde
d'azote doive être un comburant plus actif que l'oxygène libre.
Néanmoins cela n'arrive que dans des circonstances particulières,
reconnues par les chimistes du commencement du XIXe siècle :
elles ont donné lieu à des expériences que l'on reproduit dans tous
les Cours, mais dont l'interprétation n'a pas été faite jusqu'ici. J'ai
repris cette étude, qui m'a paru jeter beaucoup de lumière sur le

travail préliminaire qui précède les réactions et sur les équilibres relatifs multiples dont un même système est susceptible.

2. Mettons en présence de l'oxygène libre deux gaz susceptibles de s'y combiner suivant les mêmes rapports de volume, tels que le bioxyde d'azote et l'hydrogène, mélangés préalablement à volumes égaux, $AzO^2 + H^2 + O^2$: il se forme aussitôt du gaz hypoazotique, AzO^4, l'hydrogène étant respecté. Cette préférence se manifeste évidemment en raison de l'inégalité des températures initiales des deux réactions, le gaz hypoazotique se formant à froid, tandis que l'eau prend naissance seulement vers 500° à 600°.

3. Cependant cette explication est moins décisive qu'elle ne paraît, parce que la combinaison du bioxyde d'azote et de l'hydrogène dégage une grande quantité de chaleur ($+ 19000^{cal}$), soit les $\frac{2}{3}$ de la chaleur de formation de l'eau gazeuse ($+ 29500^{cal}$); or cette chaleur devrait élever la température du système jusqu'au degré nécessaire pour combiner l'oxygène avec l'hydrogène.

Pour mettre le phénomène en pleine évidence, j'ai répété l'expérience en doublant le volume de l'oxygène; de façon que la proportion de cet élément pût suffire à la fois à la combustion de l'hydrogène et à celle du bioxyde d'azote : $AzO^2 + H^2 + O^4$.

La réaction, opérée dans ces conditions, ne donne pas lieu davantage à la combustion de l'hydrogène, le gaz hypoazotique se formant seul : soit que l'on fasse arriver le bioxyde d'azote dans le mélange, fait à l'avance, d'oxygène et d'hydrogène; soit que l'on fasse arriver l'oxygène dans un mélange préalable d'hydrogène et de bioxyde d'azote.

Or la température développée par cette formation serait de 927°, d'après un calcul fondé sur les chaleurs connues spécifiques des éléments, et en supposant celle du gaz hypoazotique égale à la somme des composants. Il paraît difficile d'expliquer ces faits, autrement qu'en supposant la température réelle beaucoup plus basse; c'est-à-dire en attribuant au gaz hypoazotique une chaleur spécifique supérieure à celle des éléments, conformément à ce qui arrive pour les chlorures de phosphore, d'arsenic, de silicium, d'étain, de titane, etc., dans l'état gazeux ([1]), et probablement croissante avec la température comme pour l'acide carbonique. C'est, en effet, ce que j'ai vérifié par des expériences faites en

---

([1]) *Essai de Mécanique chimique*, t. I, p. 336 et 440.

commun avec M. Ogier ([1]) : la température calculée d'après ces nouvelles données tombe vers 700° et même au-dessous.

Il n'y a là d'ailleurs aucune propriété exceptionnelle du bioxyde d'azote pour empêcher les combustions. En effet, si la température d'inflammation d'un mélange d'oxygène et de gaz combustible, tel que l'oxygène et l'hydrogène phosphoré, est notablement plus basse, il suffit d'y introduire quelques bulles de bioxyde d'azote pour l'embraser aussitôt.

4. Lorsque les expériences faites sur un mélange d'hydrogène et de bioxyde d'azote sont exécutées sur le mercure, il survient une complication, qui répond à un nouveau partage de l'oxygène, le mercure intervenant comme troisième corps combustible, en formant des azotates et azotites basiques. La dose de l'oxygène absorbé devient alors presque double ; mais l'hydrogène ne brûle pas davantage.

5. Ces faits étant admis, voyons ce qui arrive lorsqu'on essaye d'enflammer un mélange d'oxygène et de bioxyde d'azote. Berthollet et **H.** Davy ont reconnu que cette inflammation n'a lieu, ni sous l'influence de l'étincelle électrique ni sous l'influence d'un corps en combustion. Une allumette enflammée s'éteint au contraire dans un semblable mélange gazeux. Si l'hydrogène de ce mélange s'enflamme quelquefois, c'est en dehors de l'éprouvette et aux dépens de l'oxygène de l'air.

Cependant la flamme de l'allumette, ou le trait de feu de l'étincelle électrique, provoque au point échauffé la décomposition du bioxyde d'azote en ses éléments ; car cette décomposition a lieu dès 500° à 550°, d'après mes essais ([2]). Mais l'oxygène est pris à mesure par le surplus du bioxyde, sans s'unir pour une proportion notable à l'hydrogène, d'après ce qui vient d'être établi.

6. La réaction entre l'hydrogène et le bioxyde d'azote a lieu cependant, lorsqu'elle est provoquée par une série d'étincelles ; mais peu à peu et sur place, comme je l'ai vérifié. En effet, le mélange de bioxyde d'azote et d'hydrogène à volumes égaux, $AzO^2 + H^2$, était réduit, au bout de dix minutes, à moitié, dans ces conditions. Au bout de quelques heures, le bioxyde d'azote avait disparu ; mais il

---

([1]) *Bulletin de la Société chimique*, 2ᵉ série, t. XXXVII, p. 335.
([2]) *Annales de Chimie et de Physique*, 5ᵉ série, t. VI, p. 197.

restait plusieurs centièmes d'hydrogène libre, et il s'était formé un sel basique, aux dépens du mercure sur lequel on opérait. Cette dernière formation prouve que l'oxygène mis à nu par les étincelles a été pris, pour quelque fraction, par le bioxyde d'azote, en produisant du gaz hypoazotique, gaz dont la présence était en effet très manifeste. Ce gaz hypoazotique est à son tour détruit en partie par l'hydrogène, sous l'influence de l'étincelle; tandis qu'une autre portion oxyde le mercure, ce qui soustrait une partie de l'oxygène à la réaction ultérieure de l'hydrogène.

Bref, la formation du gaz hypoazotique est intermédiaire entre la décomposition du bioxyde d'azote et l'oxydation d'une portion au moins de l'hydrogène. On a donc :

1° $AzO^2 = Az + O^2$;

2° $AzO^2 + O^2 = AzO^4$;

3° $AzO^4 + 2H^2 = 2H^2O^2 + Az$.

Ainsi, pour que l'hydrogène s'oxyde régulièrement, ce n'est pas le bioxyde d'azote qu'il est nécessaire de décomposer, mais le gaz hypoazotique, composé très stable et dont la destruction exige une température excessivement élevée. C'est ce qui explique pourquoi la combustion provoquée par flamme ou par étincelles électriques ne se propage pas.

7. J'ai répété les mêmes expériences avec un mélange de bioxyde d'azote et d'oxyde de carbone : $AzO^2 + C^2O^2$.

Ce mélange n'est pas davantage mis en combustion, d'après W. Henry : ni par une allumette enflammée, qui s'y éteint, ni par quelques étincelles électriques.

Mais j'ai observé qu'une série d'étincelles, prolongée pendant quelques heures, le décompose entièrement. La moitié seulement de l'oxyde de carbone est changée par là en acide carbonique, et la combustion se fait si mal qu'il se précipite un peu de carbone sur les fils de platine, comme si l'on opérait avec l'oxyde de carbone pur. Le surplus de l'oxygène du bioxyde d'azote a formé d'abord du gaz hypoazotique, puis des sels basiques de mercure.

Ici encore, la température produite sur le trajet de feu de l'étincelle était suffisante pour brûler l'oxyde de carbone; mais tout autour du trait de feu la température baissait rapidement, jusqu'au degré où elle pouvait décomposer encore le bioxyde d'azote sans enflammer l'oxyde de carbone : l'oxygène formé aux dépens du premier composé formait ainsi avec le surplus du gaz hypoazotique.

8. On remarquera le contraste de cette expérience avec la combus-

tion subite de l'oxyde de carbone produit par le fulminate de mercure, éclatant au sein du bioxyde d'azote (*voir* plus loin). C'est que ce dernier agent met à nu, du premier coup, tout l'oxygène du bioxyde, sans passer par l'état de gaz hypoazotique.

9. Examinons de plus près la liste des gaz et autres corps susceptibles de brûler directement aux dépens du bioxyde d'azote, par simple inflammation, ou par explosion électrique, et cherchons les causes de la différence qui existe entre la réaction de ces corps et la réaction de ceux qui ne brûlent point immédiatement.

Ne s'enflamment point :

Le bioxyde d'azote et l'hydrogène, à volumes égaux,

$$Az\,O^2 + H^2\,;$$

Le bioxyde d'azote mêlé pareillement d'oxyde de carbone

$$Az\,O^2 + C^2O^2\,;$$

Le bioxyde d'azote mêlé de formène,

$$4\,Az\,O^2 + C^2H^4\,;$$

Le bioxyde d'azote mêlé de formène chloré,

$$3\,Az\,O^2 + C^2H^3Cl\,;$$

Et même le bioxyde d'azote mêlé d'éther méthylique,

$$6\,Az\,O^2 + (C^2H^2)^2\,H^2O^2.$$

La combustion de ces mélanges n'a lieu ni au contact d'une petite flamme, ni sous l'influence des étincelles électriques.

Je rappellerai encore que le soufre simplement enflammé s'éteint dans le bioxyde d'azote.

Cette absence de combustion est surtout remarquable avec l'éther méthylique, lequel prend la même dose d'oxygène et dégage à peu près la même quantité de chaleur que l'éthylène, gaz qui brûle au contraire aux dépens du bioxyde d'azote : les deux mélanges occupent d'ailleurs un volume identique.

10. Au contraire, le contact d'une allumette enflamme les mélanges suivants, toujours formés suivant les rapports de volume équivalents :

Le bioxyde d'azote mélangé de cyanogène :

$$4\,Az\,O^2 + C^4\,Az^2.$$

Le bioxyde d'azote mélangé d'acétylène :

$$5\,Az\,O^2 + C^4\,H^2.$$

Le bioxyde d'azote mélangé d'éthylène :

$$6\,Az\,O^2 + C^4\,H^4.$$

Ces combustions, provoquées par une petite flamme dans une éprouvette, sont graduelles, progressives, et ne donnent lieu qu'à des explosions presque nulles, comme celle de l'oxyde de carbone par l'oxygène.

Lorsqu'on les provoque au moyen d'une forte étincelle électrique, elles ont lieu également, et même avec une violence singulière : ce qui montre la différence du mode de propagation de l'action chimique.

Je rappellerai ici que le phosphore brûle avec vivacité dans le bioxyde d'azote; qu'il en est de même du soufre *bouillant*, du charbon, *mis à l'avance en pleine incandescence*, et que le sulfure de carbone brûle aussi dans ce gaz avec une grande vivacité : ce sont là des expériences classiques.

11. La cause principale de ces diversités est facile à assigner : c'est la différence entre les températures développées par les corps combustibles, brûlant aux dépens du bioxyde d'azote.

Le calcul théorique de ces températures peut être fait, en admettant, comme à l'ordinaire, que la chaleur spécifique d'un gaz composé est égale à la somme de ses éléments, et que chacun de ceux-ci, sous le poids moléculaire, possède la même chaleur spécifique que l'hydrogène, soit $6,8$ pour $H^2 = 2^{gr}$, à pression constante. Les températures ainsi calculées ne sont certes pas les températures véritables; mais il est permis d'admettre que l'ordre des grandeurs relatives est le même, et cela suffit pour nos comparaisons.

Mélanges qui ne s'enflamment pas.

Températures
de combustion
théoriques.

$AzO^2 + H^2$ (l'eau gazeuse)................	5900°
$AzO^2 + C^2O^2$............................	6600
$3\,AzO^2 + C^2H^3Cl$ (eau gazeuse).............	5700
$4\,AzO^2 + C^2H^4$ (eau gazeuse)	6300
$6\,AzO^2 + [C^2H^2]^2H^2O^2$ (eau gazeuse)........	6000
$2\,AzO^2 + S^2$ pris vers 15°..................	6600

Mélanges qui s'enflamment.

$4\,AzO^2 + C^4Az^2$............................	8500°
$5\,AzO^2 + C^4H^2$ (eau gazeuse)	8700
$6\,AzO^2 + C^4H^4$ (eau gazeuse)...............	7400
$6\,AzO^2 + C^2S^4$............................	7500
$2\,AzO^2 + C^2$	8200
$5\,AzO^2 + P^2$.............................	10200
$4\,AzO^2 + PH^3$.............................	8400
$2\,AzO^2 + S^2$ chauffés à l'avance vers 450°.....	7050

On remarquera que la température théorique de combustion du
soufre, pris vers 15°, par le bioxyde d'azote (6600°) est très voisine
de la limite : aussi ne brûle-t-il pas. Au contraire, si le soufre est
contenu dans un vase échauffé, et maintenu lui-même à une température voisine de 450° par son ébullition, le bioxyde d'azote se
trouvant porté rapidement au contact du vase vers la même température, de façon à surélever d'autant la température de combustion du mélange (voir *Essai de Mécanique chimique*, t. I, p. 331), le
soufre doit brûler dans le bioxyde d'azote. C'est ce qu'on observe,
comme on sait, en opérant avec le soufre placé dans un petit
creuset, chauffé préalablement vers le rouge.

Les températures de combustion évaluées de cette façon sont en
général voisines de celles que l'on calculerait en employant l'oxygène libre ; l'excès de chaleur produit par la décomposition du
bioxyde d'azote étant compensé par la nécessité d'échauffer l'azote.
Tous ces chiffres, je le répète, n'expriment pas des valeurs absolues ; mais il est permis de les regarder comme marquant l'ordre
relatif des températures de combustion.

12. Ce Tableau, ainsi entendu, montre que la propriété de brûler aux dépens du bioxyde d'azote, sous l'influence d'une flamme ou d'une étincelle électrique, dépend surtout de la température développée. La comparaison de l'éthylène avec l'éther méthylique est surtout décisive à cet égard : car les rapports de volume, entre le gaz combustible et le gaz comburant, sont exactement les mêmes, et les chaleurs dégagées ($451\,100^{cal}$ et $443\,800^{cal}$) ne diffèrent pas sensiblement; mais l'éther méthylique renferme en plus les éléments de l'eau, ce qui abaisse la température de combustion.

En résumé, parmi les corps compris dans le Tableau, aucun de ceux qui développent une température théorique inférieure à 7000° ne s'enflamme; tandis que tous les corps qui développent une température supérieure brûlent ou détonent. Il est probable que cette circonstance est liée avec la formation préalable du gaz hypoazotique aux dépens du bioxyde d'azote (*voir* p. 101), et par suite avec la nécessité d'une très haute température pour régénérer aux dépens du gaz hypoazotique l'oxygène indispensable aux combustions.

13. Au lieu de détruire le gaz hypoazotique par l'échauffement en le portant à une température excessivement élevée, on peut le décomposer par une réaction chimique à une température plus basse : ce qui abaisse la limite théorique de la température de combustion.

C'est précisément ce qui arrive au gaz ammoniac. Ce gaz, en effet, mêlé de bioxyde d'azote,

$$3\,Az\,O^2 + 2\,Az\,H^3,$$

s'enflamme au contact d'une allumette, et détone, d'après W. Henry, sous l'influence de l'étincelle électrique. La température théorique de combustion du mélange (5200°) est cependant moindre que toutes les précédentes. Mais, par contre, le gaz hypoazotique réagit, même à froid, sur le gaz ammoniac, et la réaction se développe plus simplement encore par l'introduction de l'oxygène dans un mélange de bioxyde d'azote et de gaz ammoniac. A froid, elle produit à la fois de l'azote et de l'azotite d'ammoniaque (¹), lequel, à une haute température, se résout en azote et eau. On obtient donc, en définitive,

$$Az\,O^2 + O + Az\,H^3 = Az^2 + 3\,HO,\ \text{dégage (eau gaz.)}\ldots\ +\ 98\,000^{cal}$$

(¹) Voir mes observations, *Annales de Chimie et de Physique*, 5ᵉ série, t. VI, p. 208.

Toute parcelle de bioxyde d'azote détruite par l'étincelle, avec formation d'oxygène libre, détermine donc une nouvelle réaction, qui dégage de la chaleur et propage aisément la combustion du système : ce qui n'a pas lieu pour les gaz qui n'exercent pas de réaction spéciale sur le gaz hypoazotique.

§ 8. — Détonation des combinaisons endothermiques : acétylène, cyanogène, etc.

1. Jusqu'ici nous nous sommes occupés surtout de la combustion et de la détonation des mélanges et des combinaisons renfermant à la fois des éléments combustibles, tels que le carbone, l'hydrogène, le soufre, et des éléments comburants, tels que l'oxygène. Mais les théories que nous développons reposant essentiellement sur le dégagement de chaleur et le développement des gaz produits par la transformation, elles conduisent à des conséquences d'un caractère tout spécial et très intéressantes pour la décomposition des combinaisons endothermiques, à savoir l'acétylène, le cyanogène, le bioxyde d'azote.

L'acétylène, le cyanogène, le bioxyde d'azote sont en effet formés avec absorption de chaleur depuis leurs éléments : j'ai trouvé, que cette absorption s'élève :

$A - 61100^{cal}$ (^{1}) pour l'acétylène ($C^4 Az^2 = 26^{gr}$);

$A - 74500^{cal}$ pour le cyanogène ($C^4 Az^2 = 52^{gr}$);

$A - 21600^{cal}$ pour le bioxyde d'azote ($Az O^2 = 30^{gr}$).

Si l'on réussit à décomposer brusquement ces gaz en leurs éléments, une telle quantité de chaleur, reproduite en sens inverse, élèvera la température de ces derniers vers $3000°$, pour l'acétylène et le bioxyde d'azote; vers $4000°$ pour le cyanogène, d'après un calcul fondé sur les chaleurs spécifiques connues des éléments.

Précisons ce calcul. Nous admettrons pour la chaleur spécifique moyenne du carbone, $C^4 = 24^{gr}$, la valeur 12; pour celle de l'hydrogène, $H^2 = 2^{gr}$: 6,8 à pression constante, et 4,8 à volume constant; ces dernières valeurs étant également applicables à l'azote, $Az^2 = 28^{gr}$, et à l'oxygène, $O^4 = 32^{gr}$, sous le même volume. On trouve ainsi :

(^{1}) Ce chiffre se rapporte au carbone dans l'état de diamant. Pour le carbone amorphe, tel qu'il se précipite lors de la décomposition, on aurait 6000^{cal} de moins. Même observation pour le cyanogène.

Pour l'acétylène décomposé sous pression constante, 3300°; sous volume constant, 3640°;

Pour le cyanogène décomposé sous pression constante, 3960°; sous volume constant, 4375°;

Pour le bioxyde d'azote décomposé sous pression constante, 3200°; sous volume constant, 4500°.

Il est entendu que l'évaluation de ces températures est subordonnée à la constance supposée des chaleurs spécifiques. Quelque opinion que l'on ait à cet égard, il est certain qu'elle donne sur la température une notion plus vraisemblable dans le cas présent, où il s'agit d'une décomposition élémentaire, que dans les réactions où il se forme des corps composés, telles que les combustions de l'hydrogène ou de l'oxyde de carbone, combustions limitées dans leur progrès par la dissociation des corps composés.

2. Cependant il n'avait pas été possible jusqu'ici de déterminer l'explosion de l'acétylène, du cyanogène, ou celle du bioxyde d'azote. Tandis que le gaz hypochloreux détone sous l'influence d'un léger échauffement, du contact d'une flamme, ou d'une étincelle, malgré la grandeur bien moindre de la chaleur dégagée : $+ 15200^{cal}$ (pour $Cl^2O^2 = 87^{gr}$), chaleur susceptible de porter les éléments de ce gaz à 1250° seulement ; au contraire, l'acétylène, le cyanogène, le bioxyde d'azote ne détonent, ni par simple échauffement, ni par le contact d'une flamme, ni sous l'influence de l'étincelle, ou même de l'arc électrique.

Insistons sur ces différences. La diversité qui existe entre le mode de destruction des combinaisons endothermiques est due, pour chaque réaction déterminée, à la nécessité d'une sorte de mise en train et d'un certain travail préliminaire : j'ai examiné ailleurs ([1]) les caractères et la généralité de ce travail préliminaire dans la production des réactions chimiques. Or le travail nécessaire pour résoudre en éléments les composés cités ne paraît pas résider dans un simple échauffement, lent et progressif, du moins dans les limites de température signalées plus haut. En effet, je le répète, l'acétylène, le cyanogène, le bioxyde d'azote ne détonent jamais, à quelque température qu'ils soient portés dans nos expériences.

Ce n'est pas que ces gaz composés soient très stables, d'une façon absolue : ils se décomposent, en effet, souvent et même dès

---

([1]) *Essai sur la Mécanique chimique*, t. II, p. 6.

le rouge sombre, d'après mes expériences, soit avec formation de polymères (benzine par l'acétylène); soit avec répartition nouvelle de leurs éléments [protoxyde d'azote et gaz hypoazotique par le bioxyde d'azote ([1])]; mais ils ne font pas explosion, malgré le très grand dégagement de chaleur qui accompagne ces métamorphoses : probablement en raison de la lenteur avec laquelle elles s'accomplissent.

Ils ne détonent pas davantage, ce qui est plus singulier, sous l'influence des étincelles électriques, malgré la température excessive et subite développée par celles-ci. Cependant le carbone se précipite aussitôt sur leur trajet, au sein de l'acétylène ou du cyanogène, en même temps que l'hydrogène et l'azote deviennent libres. L'arc électrique accélère singulièrement la décomposition du cyanogène, au sein duquel on le produit : mais sans la rendre encore explosive ([2]). L'azote et l'oxygène du bioxyde d'azote se séparent de même sur le trajet de l'étincelle. A la vérité, l'oxygène de ce dernier gaz s'unit à mesure avec l'excès du bioxyde environnant, pour engendrer le gaz hypoazotique. Une partie de l'hydrogène et du carbone, mis en liberté aux dépens de l'acétylène, se recombine de même, sous l'influence de l'électricité, pour reconstituer ce carbure d'hydrogène, le tout formant un système en équilibre ([3]). On pourrait attribuer à ces circonstances l'absence de propagation de la décomposition ; mais cette explication ne vaut pas pour le cyanogène, qui se décompose entièrement ([4]), sans réversion possible.

Elle ne vaut pas davantage pour l'hydrogène arsénié, gaz décomposable avec dégagement de $36\,700^{\text{cal}}$ ($AsH^3 = 78^{\text{gr}}$), d'après M. Ogier. Ce dernier gaz est si peu stable, qu'il se détruit incessamment à la température ordinaire, lorsqu'on le conserve pur dans des tubes de verre scellés. On sait aussi avec quelle facilité la chaleur le décompose, jusqu'à sa dernière trace, dans l'appareil de Marsh. Une série d'étincelles électriques le détruit également, et d'une façon complète. Cependant l'hydrogène arsénié ne détone, comme je l'ai vérifié, ni sous l'influence de l'échauffement progressif, ni sous l'influence des étincelles électriques.

([1]) *Annales de Chimie et de Physique*, 5ᵉ série, t. VI, p. 198.

([2]) *Comptes rendus*, t. XCV, p. 955.

([3]) *Annales de Chimie et de Physique*, 4ᵉ série, t. XVIII, p. 160, 199.

([4]) Je dis entièrement, à moins qu'il ne renferme quelque trace d'un corps hydrogéné, susceptible de fournir de l'acide cyanhydrique, lequel, au contraire, donne lieu à des équilibres.

3. Ainsi, pour les combinaisons endothermiques que je viens d'énumérer, il existe quelque condition, liée à leur constitution moléculaire, qui empêche la propagation de l'action chimique sous l'influence du simple échauffement progressif, ou de l'étincelle électrique, du moins tant que la température demeure comprise au-dessous de certaines limites.

On sait que l'étude des matières explosives présente des circonstances analogues. L'inflammation simple de la dynamite, par exemple, ne suffirait pas pour en provoquer la détonation. Au contraire, M. Nobel a montré que celle-ci est produite sous l'influence de détonateurs spéciaux, tels que le fulminate de mercure, susceptibles de développer un choc très violent. J'ai donné plus haut (*voir* p. 90) la théorie thermodynamique de ces effets, qui semblent dus à la formation d'une véritable onde explosive : onde tout à fait distincte des ondes sonores proprement dites, parce qu'elle résulte d'un certain cycle d'actions mécaniques, calorifiques et chimiques, lesquelles se reproduisent de proche en proche, en se transformant les unes dans les autres : c'est ce que montrent les expériences que j'ai faites avec M. Vieille sur les mélanges d'hydrogène et d'autres gaz combustibles avec l'oxygène. Nous avons montré également que la prépondérance du fulminate de mercure, comme détonateur, ne s'explique pas seulement par la vitesse de décomposition de ce corps, mais surtout par l'énormité des pressions qu'il développe en détonant dans son propre volume ; pressions très supérieures à celles de tous les corps connus, et qui peuvent être évaluées à plus de 27 000^{ks} par centimètre carré, d'après les données de nos essais.

J'ai été ainsi conduit à tenter de faire détoner l'acétylène, le cyanogène, l'hydrogène arsénié, sous l'influence du fulminate de mercure, et mes expériences ont complètement réussi. En voici le détail.

4. *Acétylène.* — Dans une éprouvette de verre E, à parois très épaisses, on introduit un certain volume d'acétylène, 20^{cc} à 25^{cc} par exemple. Au centre de la masse gazeuse, on place une cartouche minuscule K, contenant une petite quantité de fulminate (0^{gr}, 1 environ), et traversée par un fil métallique très fin, en contact par son autre bout avec la garniture de fer de l'éprouvette; un courant électrique peut faire rougir ce fil. Le tout est supporté par un tube renfermant un second fil métallique soudé dans le tube et se prolongeant au dehors jusqu'en F. Le tube de verre capillaire CC, en forme de siphon renversé, est fixé lui-même dans un bouchon D qui ferme l'éprouvette.

La *fig.* 3 représente le système tout disposé; la *fig.* 4, le tube de verre garni de son fil intérieur.

La *fig.* 5 montre, en grandeur naturelle, l'ajutage d'acier P qui fournit passage à ce tube, lequel est mastiqué dans cet ajutage en même temps que le deuxième fil métallique.

La *fig.* 6 représente le bouchon d'acier projeté en grandeur

Fig. 3.

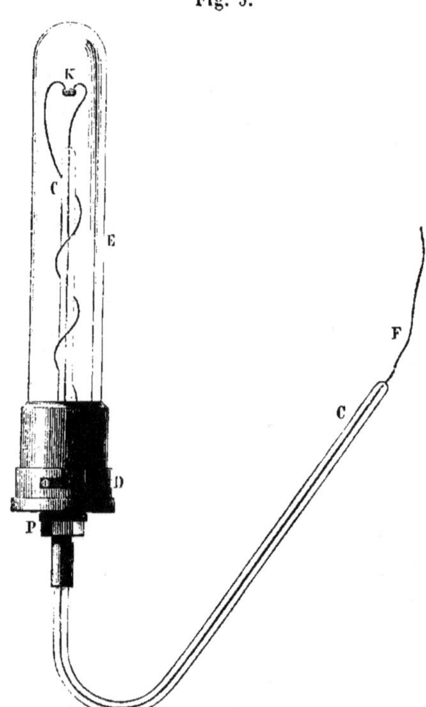

naturelle, avec le trou T, dans lequel est vissé l'ajutage précédent.

Ces dispositions permettent de remplir l'éprouvette de gaz sur le mercure, puis d'y introduire les fils garnis de leur amorce et ajustés sur le bouchon. On serre celui-ci, à l'aide d'une fermeture à baïonnette, et l'on opère la détonation à volume constant.

A cet effet, on fait passer le courant : le fulminate éclate, et il se produit une violente explosion et une grande flamme dans

Fig. 4.

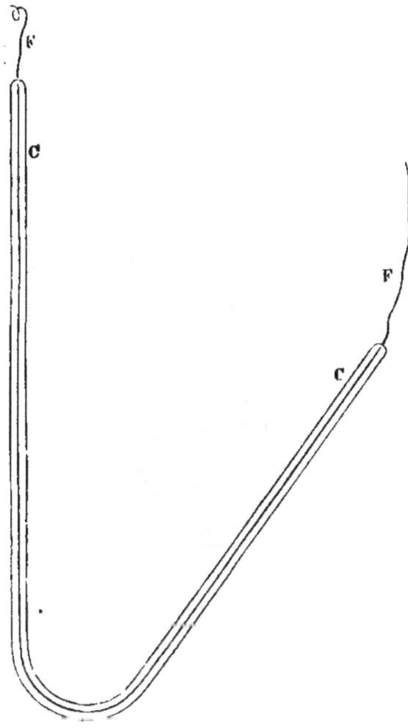

l'éprouvette. Après refroidissement, celle-ci se trouve remplie de

Fig. 5.

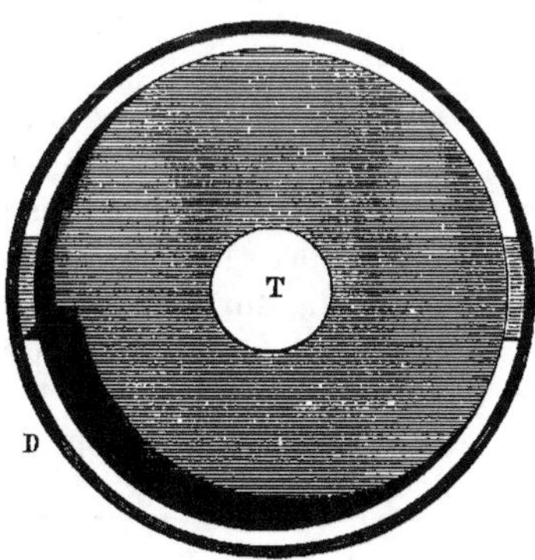

carbone noir et très divisé; l'acétylène a disparu, et l'on obtient de l'hydrogène libre ([1]). On dévisse l'ajutage **P** sous le mercure; on l'enlève avec le tube capillaire, on enlève également le bouchon, puis on recueille et l'on étudie les gaz contenus dans l'éprouvette.

Fig. 6.

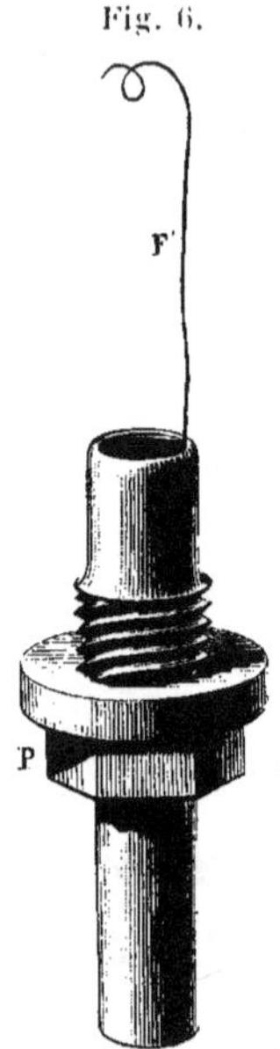

L'acétylène est ainsi décomposé en ses éléments, purement et simplement :

$$C^4H^2 = C^4 + H^2.$$

A peine si l'on retrouve une trace insensible du gaz primitif, un centième de centimètre cube environ : trace attribuable sans doute à quelque portion non atteinte par l'explosion.

La réaction est si rapide que la petite cartouche de papier mince, qui enveloppait le fulminate, se retrouve ensuite déchirée, mais non brûlée, même dans ses fibres les plus capillaires : ce qui s'explique, si l'on observe que la durée pendant laquelle le papier aurait séjourné dans le milieu détonant serait de l'ordre de $\frac{1}{30000000}$ de seconde, d'après l'épaisseur du papier et les données connues relatives à la vitesse de cet ordre de décomposition.

([1]) Mélangé avec l'azote et l'oxyde de carbone qui proviennent du fulminate, et qui se sont formés d'une façon indépendante.

Le carbone mis à nu affecte le même état général que celui que l'on obtient dans un tube rouge de feu : c'est principalement du carbone amorphe, et non du graphite ; il se dissout à peu près en totalité, lorsqu'on le traite à plusieurs reprises par un mélange d'acide azotique fumant et de chlorate de potasse. Cependant il fournit ainsi une trace d'oxyde graphitique, ce qui prouve qu'il contient une trace de graphite, produit sans doute par la transformation du carbone amorphe sous l'influence de la température excessive qu'il a subie. J'ai montré en effet que le carbone amorphe, échauffé vers 2500° par le gaz tonnant, commence à se changer en graphite, et que le noir de fumée, précipité par la combustion incomplète des hydrocarbures, en contient aussi une trace ([1]).

5. *Cyanogène.* — La même expérience, exécutée avec le cyanogène, réussit également. Le cyanogène détone sous l'influence du fulminate et se résout en ses éléments :

$$C^4 Az^2 = C^4 + Az^2.$$

Il se produit ainsi de l'azote libre, et du carbone amorphe et très divisé, semblable à celui que l'on obtient par l'étincelle électrique. Ce carbone tache le papier, à la façon de la plombagine. Cependant ce n'est point du graphite véritable, car il se dissout presque entièrement sous l'influence de traitements réitérés par un mélange d'acide azotique fumant et de chlorate de potasse. Une trace d'oxyde graphitique, demeurée comme résidu, atteste néanmoins l'existence d'une trace de graphite, comme avec l'acétylène.

Cette expérience ne réussit pas toujours : il est arrivé que l'éclatement du fulminate a eu lieu sans que le carbone du cyanogène se soit précipité.

L'azotate de diabenzol, avec lequel j'ai opéré également, en l'employant comme détonateur au lieu du fulminate, s'est décomposé sans provoquer la détonation du cyanogène. Le mode de décomposition même de l'azotate de diazobenzol a été différent dans ces conditions, où le détonateur se détruit à une faible pression, de sa décomposition dans la bombe calorimétrique, sous une forte pression, telle que nous l'avons observée avec M. Vieille. Au

---

([1]) *Annales de Chimie et de Physique,* 5ᵉ série, t. XIX, p. 418. L'arc voltaïque produit une transformation plus complète ; mais alors les effets de la chaleur se compliquent de ceux de l'électricité ; (p. 419).

I.   8

lieu d'obtenir tout l'oxygène du composé à l'état d'oxyde de carbone, en même temps que de l'azote libre et un charbon azoté, très poreux et très dense, j'ai observé cette fois, à côté de l'azote, un quart seulement du volume de l'oxyde de carbone théorique, du phénol et une matière goudronneuse.

6. *Bioxyde d'azote.* — Le bioxyde d'azote détone sous l'influence du fulminate de mercure ; mais le phénomène est plus compliqué qu'avec les gaz précédents, l'oxyde de carbone produit par le fulminate brûlant aux dépens de l'oxygène du bioxyde d'azote, pour former de l'acide carbonique. Cette combustion paraît avoir lieu aux dépens de l'oxygène libre, et non du gaz hypoazotique formé transitoirement. En effet, le mercure n'est pas attaqué, contrairement à ce qui arrive toujours lorsque ce gaz apparaît un moment.

On aurait donc

$$Az\,O^2 = Az + O^2,$$
$$C^2O^2 + O^2 = C^2O^4.$$

La combustion même de l'oxyde de carbone est caractéristique ; car le bioxyde d'azote mêlé d'oxyde de carbone ne détone, ni par l'inflammation simple, ni par l'étincelle électrique.

7. *Hydrogène arsénié.* — L'hydrogène arsénié a détoné sous l'influence du fulminate, et il s'est résolu entièrement en ses éléments, arsenic et hydrogène :

$$As\,H^3 = As + H^3.$$

8. Je rappellerai ici mon expérience sur la décomposition brusque du protoxyde d'azote en azote et oxygène. Cette décomposition, qui dégage $+ 20\,600^{cal}$ $(Az^2O^2 = 44^{gr})$, peut être provoquée par la compression subite de 50^{cc} de ce gaz, réduits à $\frac{1}{500}$ de leur volume par la chute soudaine d'un mouton pesant 500^{kg} [1].

Au contraire, le protoxyde d'azote ne se décompose que peu à peu, sous l'influence d'un échauffement progressif ou des étincelles électriques.

9. Toutes ces expériences sont relatives à des gaz. Mais les combinaisons endothermiques solides ou liquides offrent la même diversité. Tandis que le chlorure et l'iodure d'azote détonent sous l'influence d'un léger échauffement, ou d'une légère friction, le sulfure d'azote a besoin d'être échauffé vers 207°, ou choqué violem-

---

ment pour détoner et se résoudre en éléments ; il dégage alors
$+ 32\,300^{cal}$ ($Az\,S^2 = 46^{gr}$), d'après les expériences que j'ai faites avec
M. Vieille.

10. Le chlorate de potasse lui-même, corps qui dégage $+ 11\,000^{cal}$
($Cl\,O^6\,K = 122^{gr},6$) en se décomposant en oxygène et chlorure de
potassium, peut éprouver cette décomposition dès la température
ordinaire, si on le frappe fortement avec un marteau sur une
enclume, après l'avoir enveloppé dans une mince feuille de platine.
J'ai trouvé, en effet, qu'il se forme par là une dose sensible de
chlorure.

Le chlorate pur, à l'état de fusion, détone bien plus facilement,
et parfois de lui-même, si l'échauffement est trop brusque : cette
détonation a occasionné plus d'un accident dans les laboratoires.

11. Je citerai encore le celluloïde (variété de coton azotique mêlé
avec diverses matières). A la température ordinaire, c'est une substance assez stable : cependant j'ai observé que ce corps détone,
lorsqu'il a été amené à la température de son ramollissement, et
soumis, dans cet état, au choc du marteau sur l'enclume.

En général, les composés et les mélanges explosifs deviennent de plus en plus sensibles aux chocs, à mesure qu'ils ap-
prochent de la température de leur décomposition commençante
(*voir* p. 72). Mais je ne veux pas m'étendre davantage sur les faits
relatifs aux corps solides.

12. J'ai fait encore deux expériences qu'il peut être utile de signaler, malgré leur caractère négatif. L'une d'elles a consisté à faire
éclater le fulminate au sein d'une atmosphère de chlore gazeux.
Dans l'hypothèse de la nature composée du chlore, envisagé
comme un radical endothermique, contenant de l'oxygène, on
aurait pu observer les produits de la décomposition provoquée
par l'explosion du fulminate. Mais les résultats ont été négatifs,
comme on devait s'y attendre d'ailleurs, d'après les idées reçues.
A peine introduit dans l'atmosphère de chlore, le fulminate a
détoné de lui-même ; mais le chlore n'a pas été détruit.

Ce gaz ayant été absorbé ultérieurement, en l'agitant avec du
mercure, il est resté de l'oxyde de carbone et l'azote, dans les
rapports de volumes gazeux qui répondent au fulminate ; c'est-à-dire
sans excès d'acide carbonique, ou de quelque autre produit, formé
aux dépens du chlore.

13. J'ai également tenté de détruire le glucose, en partant de ce

point de vue que les fermentations sont des opérations exothermiques (¹). J'ai fait détoner une forte capsule de fulminate (contenant 1^{gr},5 de cet agent) au sein d'une cartouche métallique,
entièrement remplie avec une solution aqueuse de glucose au $\frac{1}{3}$.
Mais le résultat a été négatif.

14. En résumé, l'acétylène, le cyanogène, l'hydrogène arsénié,
c'est-à-dire les gaz formés avec absorption de chaleur, mais qui ne
détonent pas par simple échauffement, peuvent être amenés à faire
explosion sous l'influence d'un choc subit et très violent, tel que
celui qui résulte de l'éclatement du fulminate de mercure. Ce choc
ne porte à la vérité que sur une certaine couche de molécules
gazeuses, auxquelles il communique une force vive énorme. Sous
ce choc, l'édifice moléculaire perd la stabilité relative, qu'il devait à
une structure spéciale ; ses liaisons intérieures étant rompues, il
s'écroule, et la force vive initiale s'accroît à l'instant de toute celle
qui répond à la chaleur de décomposition du gaz. De là un nouveau
choc, produit sur la couche voisine, qui en provoque de même la
décomposition ; les actions se coordonnent, se reproduisent et se
propagent de proche en proche, avec des caractères pareils et dans
un intervalle de temps extrêmement court, à la façon de l'onde explosive, jusqu'à la destruction totale du système.

Ce sont là des phénomènes qui mettent en évidence les relations
thermodynamiques directes existant entre les actions chimiques et
les actions mécaniques.

(¹) *Essai de Mécanique chimique*, t. II, p. 55.

CHAPITRE VI.

EXPLOSIONS PAR INFLUENCE.

§ 1. — Observations expérimentales.

1. Jusqu'ici nous avons envisagé le développement des réactions explosives soit au point de vue de leur durée dans un système homogène, dont toutes les parties sont maintenues à une température identique, soit au point de vue de leur propagation dans un système également homogène, auquel la mise de feu est appliquée directement au moyen d'un corps en ignition ou d'un choc violent. Mais l'étude des substances détonantes a révélé l'existence d'un autre mode de propagation des réactions au sein d'un milieu explosif, cette propagation ayant lieu à distance et par l'intermédiaire de l'air ou de corps solides qui ne participent pas par eux-mêmes au changement chimique.

Nous voulons parler des explosions dites par influence, déjà soupçonnées autrefois d'après certains faits connus, relativement à l'explosion simultanée de plusieurs bâtiments, séparés par de grands intervalles, dans les catastrophes des poudrières.

L'attention a été plus spécialement appelée sur cet ordre de phénomènes par l'étude de la nitroglycérine et de la poudre-coton.

2. Citons d'abord des faits caractéristiques.

Une cartouche de dynamite, provoquée à détoner au moyen d'une amorce de fulminate, fait détoner les cartouches voisines, non seulement au contact et par choc direct, mais même à distance. On peut faire détoner ainsi un nombre indéfini de cartouches, disposées suivant une ligne droite ou suivant une courbe régulière.

Les distances auxquelles l'explosion se propage sont relativement considérables. Ainsi, par exemple, les cartouches étant contenues dans des enveloppes métalliques rigides et posées sur un sol résistant, la détonation produite par 100^{gr} de dynamite de Vonges (75 pour 100 de nitroglycérine; 25 pour 100 de randanite, c'est-à-dire de silice très divisée) se communique à $0^m,3$ de distance, d'après les expériences du capitaine Coville. D étant la distance en mètres et C le poids de la charge en kilogrammes, les expériences de cet officier ont donné $D = 3,0 C$.

Les cartouches étant appuyées sur un rail, il a trouvé $D = 7,0 C$.

Sur un terrain ameubli ou détrempé, les distances sont au contraire moindres.

La cartouche étant suspendue en l'air, il n'y a pas eu détonation par influence; peut-être parce que la cartouche, n'étant pas fixée, peut reculer librement, ce qui diminue la violence du choc.

Cependant il existe des expériences qui montrent que l'air suffit pour transmettre la détonation par influence, quoique plus difficilement, et en opérant sur des masses plus fortes.

Avec une dynamite moins riche en nitroglycérine (55 nitroglycérine $+ 45$ pour 100 de cendres argileuses de boghead) contenue dans des cartouches analogues et posées à terre, les expériences du capitaine Pamard ont donné des distances plus faibles

$$D = 0,90 \ C.$$

Si l'on emploie des enveloppes métalliques moins résistantes, la distance à laquelle se propage l'explosion est également diminuée.

La dynamite simplement répandue sur le sol cesse même de propager l'explosion.

Les expériences faites en Autriche ont donné des résultats analogues. Elles ont montré que l'explosion se communique, soit à l'air libre, avec des intervalles de $0^m,04$; soit à travers des planchettes de sapin épaisses de $0^m,018$. Dans un tube de plomb d'un diamètre égal à $0^m,15$ et de 1^m de longueur, une cartouche placée à une extrémité a fait détoner une cartouche placée à l'autre bout.

La transmission de l'explosion se fait mieux encore dans des tubes de fer forgé.

Les assemblages diminuent l'aptitude à la transmission.

3. L'explosion ainsi propagée peut aller en s'affaiblissant, d'une cartouche à l'autre, et même changer de caractère. Ainsi, d'après les expériences du capitaine Müntz à Versailles (1872), une première charge de dynamite, détonant directement, avait creusé dans le sol un entonnoir de $0^m,30$ de rayon; la deuxième charge, détonant par influence, a creusé seulement un entonnoir de $0^m,22$; l'effet de

la détonation avait donc été réduit. Cette réduction doit se produire surtout vers la limite des distances auxquelles l'influence cesse.

De même, on a pris quatre écrans de fer-blanc, espacés de $o^m,o4o$, et l'on a adossé à chacun d'eux un petit cylindre de coton-poudre, le tout fixé sur une planchette. A $o^m,o15$ en avant du premier écran, on a fait détoner un cylindre analogue. Tous les cylindres ont détoné ; mais on a observé une diminution progressive dans les affouillements produits sur la planchette disposée au-dessous de chaque cylindre.

D'après ces faits, la propagation par influence dépend à la fois de la pression acquise par les gaz et de la nature du support.

Il n'est pas même nécessaire que celui-ci soit rigide.

On a vérifié que ces effets ne sont pas dus, en général, à de simples projections des fragments de l'enveloppe ou des matières voisines, quoique de telles projections y jouent souvent un rôle. A cet égard, le caractère véritable des effets produits résulte surtout des expériences faites sous l'eau.

4. En effet, en opérant au sein de l'eau, sous une profondeur de $1^m,3o$, une charge de dynamite de 5^{kg} entraîne l'explosion d'une charge de 4^{kg}, située à 3^m de distance.

L'eau transmet donc le choc explosif, du moins jusqu'à une certaine distance, à la façon d'un corps solide. Cette transmission est si violente, que les poissons sont tués au sein des étangs, dans une sphère d'un certain rayon, par l'explosion d'une cartouche de dynamite : procédé qui est parfois employé pour pêcher une pièce d'eau, mais qui offre l'inconvénient de la dépeupler.

5. Des expériences analogues ont été faites par M. Abel avec la poudre-coton comprimée. D'après ses observations, l'explosion d'un premier bloc détermine celle d'une série de blocs semblables. Cette propagation a été également étudiée sous l'eau, l'explosion d'une torpille chargée de fulmi-coton faisant détoner les torpilles voisines placées dans un certain rayon d'activité.

Les pressions subites transmises par l'eau ont même été mesurées, à l'aide de *crusher* de plomb, à des distances diverses, telles que $2^m,5o$; $3^m,5o$; $4^m,5o$; $5^m,5o$. Elles vont en décroissant, comme on devait s'y attendre. En outre, l'expérience prouve que la position relative de la charge et du crusher est indifférente ; ce qui est conforme au principe d'égale transmission en tous sens des pressions hydrauliques.

6. Au même ordre d'explosions par influence on rapporte les explosions de matières fulminantes, se propageant subitement à un grand nombre d'amorces. Nous avons cité plus haut (p. 82) l'explosion de la rue Béranger. Les expériences faites à cette occasion par M. Sarrau ont montré que les amorces, du genre de celles qui ont provoqué cette catastrophe, peuvent brûler successivement, par simple inflammation, dans un incendie, sans donner lieu à une explosion générale; tandis que l'explosion de quelques-unes de ces mêmes amorces, renfermant chacune $0^{gr},010$ de matière explosive, si elle est provoquée par une pression brusque, détermine, par influence, l'explosion des paquets voisins, même non contigus et situés à $0^{m},15$ de distance. Une explosion générale se produira donc aisément par influence, dans ces conditions.

§ 2. — Théorie fondée sur l'existence de l'onde explosive.

1. Il résulte de ces faits, et spécialement des expériences faites sous l'eau, que les explosions par influence ne sont pas dues à une inflammation proprement dite, mais à la transmission d'un choc, résultant des pressions énormes et subites produites par la nitroglycérine ou la poudre-coton, choc dont la force vive se transforme en chaleur au sein de la matière explosive (*voir* p. 70 et 90).

Développons cette explication.

2. Dans une réaction extrêmement rapide, les pressions peuvent approcher de la limite qui répondrait à la matière détonant dans son propre volume; et la commotion due au développement subit de pressions presque théoriques peut se propager, soit par l'intermédiaire du sol et des supports, soit à travers l'air lui-même, projeté en masse, comme l'ont montré les explosions de certaines poudrières, celles des dépôts de poudre-coton, et même quelques-unes des expériences faites sur la dynamite et la poudre-coton comprimée. L'intensité du choc, propagé soit par une colonne d'air, soit par une masse liquide ou solide, varie avec la nature du corps explosif et son mode d'inflammation; il est d'autant plus violent que la durée de la réaction chimique est plus courte et qu'elle développe plus de gaz, c'est-à-dire une pression initiale plus forte, et plus de chaleur, c'est-à-dire de travail, pour le même poids de matière explosive (*voir* p. 75 et 76).

3. Cette transmission du choc se fait mieux par les solides que par les liquides, mieux par les liquides que par les gaz : par les gaz, elle a lieu d'autant mieux qu'ils sont plus comprimés. A travers les solides, elle se propage d'autant mieux que ceux-ci sont plus durs, le fer la transmettant mieux que la terre, et la terre dure mieux que le sol ameubli.

Tout assemblage doit l'affaiblir, spécialement s'il y a interposition d'une substance moins dure. C'est ainsi que l'emploi comme récipient d'un tube formé avec une plume d'oie arrête l'effet du fulminate de mercure ; tandis qu'un tube ou une capsule de cuivre rouge transmet cet effet avec toute son intensité.

Les explosions par influence se propagent d'autant mieux dans une série de cartouches, que l'enveloppe de la première cartouche détonante est plus résistante : ce qui permet aux gaz d'atteindre une pression plus forte, avant que l'enveloppe soit déchirée (p. 75).

L'existence d'un espace vide, c'est-à-dire rempli d'air, entre le fulminate et la dynamite diminue au contraire la violence du choc transmis et, par conséquent, celle de l'explosion. En général, les effets des poudres brisantes sont amoindris lorsqu'il n'y a pas contact.

4. Pour concevoir complètement la transmission par les supports des pressions subites qui donnent lieu au choc, il est utile de se rappeler ce principe général, en vertu duquel, dans une masse homogène, les pressions se transmettent également en tous sens et sont les mêmes sur un petit élément de surface, quelle qu'en soit la direction. Les détonations produites sous l'eau avec la poudre-coton montrent, comme on l'a dit plus haut, que ce principe est également applicable aux pressions subites qui produisent les phénomènes explosifs. Mais il cesse d'être vrai lorsqu'on passe d'un milieu à un autre.

5. Si la matière chimiquement inactive qui transmet le mouvement explosif est fixée dans une situation déterminée, à la surface du sol, ou bien à la surface du rail sur lequel la première cartouche a été posée, ou bien encore maintenue par la pression d'une masse d'eau profonde, au sein de laquelle on produit la première détonation, la propagation du mouvement dans cette matière ne saurait guère avoir lieu que sous la forme d'une onde d'ordre purement physique, onde dont le caractère est essentiellement différent de la première onde qui a présidé à l'explosion, celle-ci étant d'ordre chimique et physique à la fois, et développée dans le corps explosif lui-même. Tandis que la première onde, d'ordre chimique, se propage avec une intensité constante, la deuxième onde, d'ordre physique, transmet l'ébranlement, à partir

du centre explosif, et tout autour de lui, avec une intensité qui décroît en raison inverse du carré de la distance. Au voisinage même du centre, les déplacements des molécules peuvent rompre la cohésion de la masse et la disperser ou la broyer, en agrandissant la chambre d'explosion, si l'on opère dans une cavité. Mais à une distance fort courte et dont la grandeur dépend de l'élasticité du milieu ambiant, ces mouvements, confus à l'origine, se régularisent pour donner naissance à l'onde proprement dite, caractérisée par des compressions et des déformations subites de la matière. L'amplitude de ces oscillations ondulatoires dépend de la grandeur de l'impulsion initiale. Elles cheminent avec une vitesse extrême, tout en diminuant sans cesse d'intensité, et elles conservent leur régularité jusqu'aux points où le milieu est interrompu. Là, ces compressions et déformations subites changent de nature et se transforment en un mouvement d'impulsion; c'est-à-dire qu'elles reproduisent le choc. Si elles agissent alors sur une nouvelle cartouche, elles peuvent en déterminer l'explosion. Ce choc sera d'ailleurs atténué avec la distance, en raison du décroissement que celle-ci apporte dans l'intensité. Par suite, les caractères de l'explosion pourront être modifiés. Les effets diminueront ainsi jusqu'à une certaine distance de l'origine, distance au delà de laquelle l'explosion cessera de se produire.

Lorsque l'explosion a eu lieu sur une seconde cartouche, la même série d'effets se reproduit de la deuxième à la troisième cartouche; mais ils dépendent du caractère de l'explosion de la deuxième cartouche. Et ainsi de suite.

6. Telle est la théorie qui me paraît rendre compte des explosions par influence et des phénomènes qui les accompagnent. Elle repose, je le répète, sur la production de deux ordres d'ondes : les unes, qui sont les ondes explosives proprement dites, développées au sein de la matière qui détone et consistant en une transformation incessamment reproduite des actions chimiques en actions calorifiques et mécaniques, lesquelles transmettent le choc aux supports et aux corps contigus; les autres, purement physiques et mécaniques, et qui transmettent également les pressions subites tout autour du centre d'ébranlement, aux corps voisins et, par un cas singulier, à une nouvelle masse de matière explosive.

L'onde explosive, une fois produite, se propage sans affaiblissement, parce que les réactions chimiques qui la développent en régénèrent à mesure la force vive sur tout le trajet ; tandis que l'onde mécanique perd continuellement de son intensité, à mesure que sa force vive, déterminée par la seule impulsion originelle, se répartit dans une masse de matière plus considérable.

7. Une théorie différente de celle-là avait été proposée d'abord par M. Abel : c'est la théorie des *vibrations synchrones*, dont il convient de parler maintenant. D'après le savant anglais, la cause déterminante de la détonation d'un corps explosif réside dans le synchronisme entre les vibrations produites par le corps qui provoque la détonation et celles que produirait en détonant le premier corps : précisément comme une corde de violon résonne à distance à l'unisson avec une autre corde mise en vibration. M. Abel a cité à l'appui les faits suivants. D'abord les détonateurs semblent spéciaux pour chaque matière explosive. Par exemple, l'iodure d'azote, si impressionnable au choc et à la friction, ne paraît pas pouvoir faire détoner le coton-poudre comprimé. Le chlorure d'azote, si facilement explosif, ne produit la détonation que si on l'emploie sous un poids décuple de celui du fulminate. De même la nitroglycérine ne produit pas la détonation du coton-poudre en feuilles, sur lesquelles on pose l'enveloppe qui la contient. On a pu faire détoner ainsi jusqu'à $23^{gr},3$ de nitroglycérine sans succès. Au contraire, l'influence inverse est constatée : $7^{gr},75$ de coton-poudre comprimé ayant fait détoner, à $0^{m},02$ de distance, la nitroglycérine renfermée dans une enveloppe de tôle mince. Une amorce formée avec un mélange de cyanoferrure de potassium et de chlorate de potasse ne fait pas non plus détoner le coton-poudre (d'après M. Brown). Enfin l'amorce constituée par un mélange de fulminate de mercure et de chlorate de potasse doit être prise sous un poids bien plus considérable que si elle était formée par du fulminate pur, d'après Trauzl. Cependant la chaleur dégagée sous l'unité de poids est supérieure d'un cinquième avec le premier mélange.

8. MM. Champion et Pellet ont apporté à l'appui de cette ingénieuse hypothèse les expériences suivantes ; ils ont fixé sur les cordes d'une contrebasse des parcelles d'iodure d'azote, substance qui détone par le moindre frottement. Ils ont alors fait vibrer les cordes d'un instrument pareil, situé à distance ; la détonation s'est produite, mais seulement pour des sons supérieurs à une note déterminée, qui répondait à 60 vibrations par seconde. Ils ont encore pris deux miroirs paraboliques conjugués, placés à $2^{m},5$ de

distance, et ils ont placé sur la ligne des foyers, en divers points, quelques gouttes de nitroglycérine ou d'iodure d'azote; puis ils ont fait détoner à l'un des foyers une forte goutte de nitroglycérine; ils ont observé que les matières explosives placées au foyer conjugué détonent à l'unisson, à l'exclusion de matières pareilles placées en d'autres points. Une couche de noir de fumée, placée à la surface des miroirs, était destinée à empêcher la réflexion et la concentration des rayons calorifiques.

9. Cependant aucune de ces expériences n'est concluante, et plusieurs semblent même formellement contraires à la théorie des vibrations synchrones. Observons d'abord que la spécialité d'une certaine note musicale, capable de déterminer chaque genre d'explosion, n'a jamais été établie; c'est seulement au-dessous d'une certaine note que les effets cessent de se produire, tandis qu'ils ont lieu, de préférence et quel que soit le corps explosif, pour les notes les plus aiguës. En outre, ces effets cessent de se produire à des distances incomparablement moindres que la résonance des cordes à l'unisson : ce qui prouve que les détonations sont fonctions de l'intensité de l'action mécanique, plutôt que du caractère même de la vibration déterminante. La détonation cesse également de se produire, lorsque le poids du détonateur est trop faible, et, par conséquent, la force vive du choc atténuée. Cependant la note vibratoire spécifique qui déterminerait les explosions devrait toujours demeurer la même. Par exemple, les cartouches de dynamite à 75 pour 100 cessent de détoner lorsque la capsule renferme un poids de fulminate inférieur à $0^{gr},2$; la détonation n'étant assurée, dans tous les cas, que par le poids réglementaire de 1^{gr}. Ceci confirme l'existence d'une relation directe entre le caractère de la détonation et l'intensité du choc produit par un seul et même détonateur.

S'il était vrai que le coton-poudre fasse détoner la nitroglycérine, en raison du synchronisme de la vibration communiquée, on ne comprendrait pas pourquoi l'action réciproque n'a pas lieu; tandis que l'absence de réciprocité s'explique aisément par la différence de structure des deux substances, laquelle joue un rôle capital dans la transformation de la force vive en travail (p. 72).

10. Cette même diversité de structure et les modifications qu'elle apporte à la transmission des phénomènes du choc et à la transformation de l'énergie mécanique en énergie calorifique peuvent être invoquées pour rendre compte des faits observés par M. Abel.

La différence entre l'énergie du fulminate pur et celle du fulminate mélangé de chlorate de potasse n'est pas moins facile à expliquer; le choc produit par le premier corps étant plus brusque, en raison de l'absence de toute dissociation du produit, lequel n'est autre que l'oxyde de carbone : cette absence doit être opposée à la dissociation de l'acide carbonique formé dans le deuxième cas. Peut-être aussi la formation du chlorure de potassium, disséminé dans les gaz produits avec le concours du chlorate de potasse, atténue-t-elle le choc, à la façon de la silice dans la dynamite.

11. Tous les effets observés avec l'iodure d'azote s'expliquent par la vibration des supports et par les effets de frottement qui en résultent, cette substance étant éminemment sensible à la friction.

12. L'expérience des miroirs conjugués s'explique non moins régulièrement par la concentration au foyer des mouvements de l'air et, par conséquent, des effets mécaniques qui en résultent.

13. M. Lambert a constaté d'ailleurs, dans des expériences faites au nom de la Commission des substances explosives, que, l'explosion des cartouches de dynamite étant produite dans des tuyaux de fonte d'un grand diamètre, il ne paraissait y avoir aucune différence, au point de vue des détonations provoquées par influence, entre les ventres et les nœuds vibratoires, caractéristiques du tuyau.

14. Désirant éclairer tout à fait la question, en la dégageant de l'influence des supports et de la diversité de cohésion et de structure physique des matières explosives solides, j'ai entrepris des expériences spéciales sur la stabilité chimique de la matière en vibration sonore. En voici le résumé.

§ 3. — Stabilité chimique de la matière en vibration sonore.

1. Une multitude de transformations chimiques sont attribuées aujourd'hui à l'énergie de la matière éthérée, animée de ces mouvements vibratoires et autres, qui produisent les phénomènes calorifiques, lumineux, électriques. Cette énergie, communiquée à la matière pondérable, y provoque des décompositions et des combinaisons. En est-il de même des vibrations ordinaires de la matière pondérable? je veux parler des vibrations sonores, qui se transmettent en vertu des lois de l'Acoustique. La question est fort intéressante et touche spécialement l'étude des matières explosives.

D'ingénieuses expériences, rapportées plus haut, ont été publiées à cet égard par MM. Noble et Abel, ainsi que par MM. Champion et Pellet, et beaucoup de savants admettent que les corps explosifs peuvent détoner sous l'influence de certaines notes musicales, qui les feraient vibrer à l'unisson. Quelque séduisante que soit cette théorie, les résultats obtenus jusqu'ici ne l'établissent cependant pas sans contestation. Les explosions par influence de la dynamite et du coton-poudre s'expliquent plus simplement, ainsi qu'il vient d'être dit, par l'effet direct du choc propagé par les gaz à de courtes distances, au delà desquelles elles ne se propagent point. Quant à l'iodure d'azote, sujet des principales observations relatives aux explosions par résonance, c'est une poudre tellement sensible au frottement, qu'il est permis de se demander si sa détonation n'a pas lieu par les chocs et frictions des supports, siège véritable de la résonance à l'unisson.

2. Il m'a paru utile d'exécuter de nouvelles études, faites sur des gaz et sur des liquides, substances plus convenables qu'une poudre pour la propagation d'un mouvement vibratoire proprement dit. J'ai choisi, d'ailleurs, des substances décomposables avec dégagement de chaleur, afin de réduire le rôle du mouvement vibratoire à provoquer la réaction, sans l'obliger à en effectuer le travail total en vertu de son énergie propre. Enfin j'ai opéré sur des corps instables, et même à l'état d'une décomposition continue, qu'il s'agissait seulement d'accélérer : ce sont là, je crois, les conditions les plus favorables. Toute la question était de faire résonner la substance en transformation chimique. J'y suis parvenu par deux procédés qui répondent à des vibrations de rapidité fort inégales, savoir :

1º Au moyen d'un gros diapason horizontal, mû par un interrupteur électrique et dont une des branches était chargée avec un flacon de 250^{cc} renfermant le gaz ou le liquide, l'autre branche avec une masse équivalente. La vibration effective du flacon a été vérifiée, ainsi que celle du liquide, manifestée d'ailleurs par les apparences optiques ordinaires. Ce procédé a fourni 100 vibrations simples par seconde environ (*fig.* 7).

2º Au moyen d'un gros tube de verre horizontal, scellé aux deux bouts, jaugeant près de 400^{cc}, long de 60^c et large de 3^c, enfin mis en vibration longitudinale par la friction d'une roue horizontale pourvue d'un feutre mouillé. Cet appareil très simple, que **M. Kœnig**

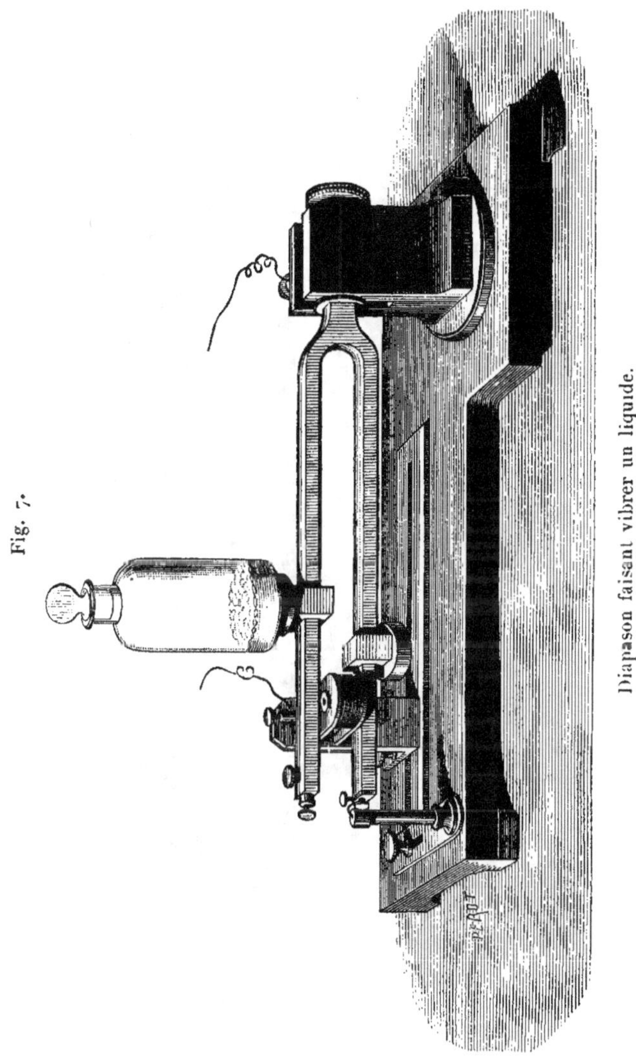

Fig. 7.

Diapason faisant vibrer un liquide.

a eu l'obligeance de disposer, exécutait, dans mes essais sur l'ozone, 7200 vibrations simples par seconde, d'après les comparaisons faites par ce savant constructeur (*fig.* 8).

L'acuïté de cette note est presque intolérable.

Voici les résultats observés sur l'ozone, l'hydrogène arsénié,

Fig. 8.

l'acide sulfurique en présence de l'éthylène, l'eau oxygénée, l'acide persulfurique.

3. *Ozone*. — L'oxygène employé renfermait des proportions

d'ozone telles qne 58^{mgr} par litre : richesse facile à assurer avec mes appareils. Avec le diapason (100 vibrations), l'état vibratoire ayant été maintenu pendant une heure et demie, le titre du gaz en ozone est demeuré constant, tant avec l'ozone sec qu'avec l'ozone mis en présence de 10^{cc} d'eau. Celle-ci n'a ni abaissé le titre de l'ozone, ni fourni de l'eau oxygénée ([1]).

Avec le tube et la roue (7200 vibrations), l'état vibratoire étant maintenu pendant une demi-heure, le titre du gaz sec n'a pas varié. Pour préciser, je dirai que, l'absorption de l'ozone étant effectuée après coup par de l'acide arsénieux titré, la diminution du titre de ce dernier a été trouvée équivalente à 171^{div} de permanganate; tandis que cette diminution était précisément de 171, sur un volume égal du même gaz, analysé avant l'expérience.

Or l'ozone est un gaz transformable en oxygène ordinaire avec dégagement de chaleur (— 14800^{cal} pour Oz $=$ 24^{gr}); et il s'est transformé spontanément, d'une manière lente et continue, de façon à passer de 53^{mgr} à 29^{mgr} en vingt-quatre heures, lorsqu'on l'a abandonné à lui-même dans les conditions ci-dessus. Cependant on voit que sa transformation n'a pas été accélérée par un mouvement qui le faisait vibrer 7200 fois par seconde, pendant une demi-heure. Sa décomposition spontanée ne saurait donc être attribuée à ces vibrations sonores, qui traversent incessamment tous les corps de la nature.

Une telle absence de réaction n'est pas explicable d'ailleurs par une influence inverse; car un tube semblable et rempli d'oxygène pur n'a pas modifié d'une seule division le titre de la solution arsénieuse, après avoir vibré de la même manière et pendant le même temps.

4. *Hydrogène arsénié.* — Un mouvement vibratoire analogue, communiqué à un tube rempli de ce gaz, puis scellé, ne l'a pas altéré. Cependant, dans l'espace de vingt-quatre heures, le tube a commencé à se recouvrir d'un enduit d'arsenic métallique; comme le fait d'ailleurs un tube rempli du même gaz et qui n'a subi aucune vibration. Ce gaz se réduit en ses éléments en dégageant $+$ 36700^{cal} d'après **M.** Ogier; ce qui en explique l'instabilité : on voit qu'elle n'est pas accrue par les vibrations sonores.

([1]) Dans ces essais, il convient de se mettre en garde contre l'alcalinité du verre, qui détruirait rapidement l'ozone. On est surtout exposé à cet accident avec le verre pulvérisé.

I.

5. *Éthylène et acide sulfurique.* — J'ai cherché à accélérer par le mouvement vibratoire la combinaison lente de ces deux corps, si facile à réaliser sous l'influence d'une agitation continue et avec le concours des chocs produits par une masse de mercure. Elle est d'ailleurs exothermique.

Un flacon de 240^{cc} renfermant l'éthylène pur, ainsi que 5^{cc} à 6^{cc} d'acide sulfurique et du mercure, a été mis en vibration au moyen d'un diapason (100 vibrations par seconde) : l'acide vibrait et se pulvérisait à la surface. Cependant, au bout d'une demi-heure, l'absorption du gaz était faible et à peu près la même que dans un flacon pareil, demeuré immobile dans une pièce éloignée.

6. *Eau oxygénée.* — 10^{cc} d'une solution renfermant $9^{mgr},3$ d'oxygène actif, placés dans un flacon de 250^{cc}, n'ont pas changé de titre, par l'effet du mouvement du diapason (100 vibrations par seconde) soutenu pendant une demi-heure. Cependant le liquide vibrait réellement et il perdait en ce moment $0^{mgr},9$ d'oxygène par vingt-quatre heures. 10^{cc} d'une solution renfermant $6^{mgr},3$ d'oxygène actif, mis en vibration (7200 vibrations) dans un tube de 4^{cc} plein d'air, pendant une demi-heure, ont fourni ensuite $6^{mgr},25$.

7. *Acide persulfurique.* — Mêmes résultats. Avec le diapason (100 vibrations), titre initial 13^{mgr}; titre final $12^{mgr},6$. Avec le tube (7200 vibrations), titre initial $3^{mgr},0$; titre final $2^{mgr},8$. L'écart semble surpasser ici un peu la vitesse de décomposition spontanée, vitesse plus grande d'ailleurs qu'avec l'eau oxygénée; mais il ne sort guère des limites d'erreur.

Les résultats observés sur ces liquides méritent d'autant plus l'attention qu'on aurait pu, *a priori*, assimiler de tels systèmes à des liquides retenant de l'oxygène à l'état de dissolution sursaturée, dissolution que l'agitation et surtout le mouvement vibratoire ramènent à son état normal. En fait, les liqueurs précédentes contiennent bien quelque dose d'oxygène sous cet état, comme il est facile de s'en assurer; mais cette portion d'oxygène n'agit ni sur le permanganate ni sur l'iodure de potassium employés dans les dosages, et elle doit être envisagée à part. En effet, elle n'intervient ici dans aucun équilibre de dissociation, capable d'être influencé par la séparation de l'oxygène et de l'eau oxygénée. Il en serait sans doute autrement dans un système à l'état de dissociation, et dont l'équilibre serait maintenu par la présence d'un gaz actuellement dissous; mais alors il ne s'agirait plus d'une influence directe du mouvement vibratoire sur la transformation chimique.

Les expériences faites sur les gaz, tels que l'ozone et l'hydrogène arsénié, ne sont pas sujettes à cette complication; elles tendent à écarter l'hypothèse d'une influence directe des vibrations sonores, même très rapides, des particules gazeuses sur leur transformation chimique.

8. On a dit quelquefois que, parmi les chocs incessants et réciproques des particules gazeuses, en mouvement dans une enceinte, il en est un certain nombre qui sont susceptibles de porter à des températures très élevées les particules qui les éprouvent. S'il en était réellement ainsi, un mélange d'oxygène et d'hydrogène, éléments combinables vers 500°, devrait se transformer peu à peu en eau; le gaz ammoniac, décomposable vers 800°, devrait se changer lentement en azote et hydrogène, etc. Je n'ai rien observé de semblable sur ces systèmes gazeux, conservés pendant dix années. Si cet effet n'a pas lieu, c'est probablement parce que la perte de force vive de chaque particule gazeuse, envisagée individuellement, et même sa force vive totale demeurent comprises entre certaines limites.

9. En résumé, la matière est stable sous l'influence des vibrations sonores; tandis qu'elle se transforme sous l'influence des vibrations éthérées. Cette diversité dans le mode d'action des deux classes de vibrations n'a rien qui doive surpendre, si l'on considère à quel point les vibrations sonores les plus aiguës sont incomparablement plus lentes que les vibrations lumineuses ou calorifiques.

10. Cependant il ne paraît pas douteux que la propagation des explosions par influence ne se fasse en vertu d'un mouvement ondulatoire : mouvement complexe, d'ordre chimique et physique, au sein de la substance explosive qui se transforme; tandis qu'il est purement physique, au sein des matières intermédiaires qui ne changent pas de nature. Ce qui distingue encore ce genre de mouvement des vibrations sonores proprement dites, c'est son extrême intensité, c'est-à-dire la grandeur de la force vive qu'il transmet. C'est ainsi, je le répète, que l'onde explosive se propage dans la matière qui détone, non par suite d'un choc unique dont la force vive s'affaiblirait au fur et à mesure de la propagation, mais par suite d'une série de chocs semblables, incessamment reproduits, et qui régénèrent à mesure la force vive sur le trajet de l'onde. Au contraire, la propagation par l'air ou par les supports se fait uniquement en vertu de la force vive du dernier choc communiqué

par la matière explosive, force vive qui n'est plus régénérée et s'affaiblit rapidement avec la distance.

La matière explosive ne détone pas, parce qu'elle transmet le mouvement, mais au contraire parce qu'elle l'arrête et qu'elle en transforme sur place l'énergie mécanique en une énergie calorifique, capable d'élever subitement la température de la matière jusqu'au degré qui en provoque la décomposition.

CHAPITRE VII.

L'ONDE EXPLOSIVE.

§ 1. — Caractères généraux de l'onde explosive ([1]).

1. L'étude des divers modes de décomposition des matières explosives et spécialement celle de la détonation comparée à la combustion, et celle des explosions par influence, nous a conduit à admettre l'existence d'un mouvement ondulatoire particulier et caractéristique des phénomènes explosifs : c'est l'onde explosive. Nous allons la définir d'une façon plus précise et plus complète, en montrant comment elle se propage dans les systèmes gazeux. En effet, la suite des expériences que j'ai entreprises, avec la collaboration de M. Vieille, nous a conduits à examiner la vitesse de propagation de l'explosion dans les gaz, substances dont la constitution physique donne à ces recherches une portée théorique et un intérêt tout particuliers. Nous avons entrepris cette étude, en variant les conditions du phénomène, la pression des gaz, leur nature et leur proportion relative, la forme, les dimensions et la nature des vases qui les renferment.

Nos recherches confirment l'existence d'un nouveau genre de mouvement ondulatoire, d'ordre mixte, c'est-à-dire produit en vertu d'une certaine concordance des impulsions physiques et des impulsions chimiques, au sein d'une matière qui se transforme. Ce qui caractérise cet ordre de phénomènes, c'est donc, je le répète, la production d'une onde explosive; c'est-à-dire d'une certaine surface régulière, où se développe la transformation, et qui réalise un même état de combinaison, de température, de pression, etc. Cette

---

([1]) *Comptes rendus des séances de l'Académie des Sciences*, t. XCIII, p. 21 ; t. XCIV, p. 101, 149, 822 ; t. XCV, p. 151 et 199.

surface, une fois produite, se propage ensuite de couche en couche, dans la masse tout entière, par suite de la transmission des chocs successifs des molécules gazeuses, amenées à un état vibratoire plus intense en raison de la chaleur dégagée dans leur combinaison, et transformées sur place, ou, plus exactement, avec un faible déplacement relatif. Des phénomènes analogues peuvent se développer dans les solides et dans les liquides explosifs.

De tels effets sont comparables à ceux d'une onde sonore, mais avec cette différence capitale que l'onde sonore est transmise de proche en proche, avec une force vive peu considérable, un excès de pression très petit et une vitesse déterminée par la seule constitution physique du milieu vibrant, vitesse qui est la même pour toute espèce de vibrations. Au contraire, c'est le changement de constitution chimique qui se propage dans l'onde explosive et qui communique au système en mouvement une force vive énorme et un excès de pression considérable. Aussi la vitesse de l'onde explosive est-elle tout à fait différente de celles des ondes sonores transmises dans le même milieu. Nous avons observé, par exemple, avec le mélange oxyhydrique une vitesse de 2841^m; tandis que celle de l'onde sonore est seulement de 514^m (à $0°$). Avec le mélange oxycarbonique, la vitesse de l'onde explosive s'élève à 1089^m; au lieu de 328^m, vitesse de l'onde sonore dans ce mélange même; ou bien encore 264^m, vitesse de l'onde explosive dans l'acide carbonique résultant de la transformation du système.

Observons d'ailleurs que le phénomène explosif ne se reproduit pas périodiquement : il donne lieu à une onde unique et caractéristique; tandis que le phénomène sonore est engendré par une succession périodique d'ondes, pareilles les unes aux autres.

2. Précisons les caractères de cette onde nouvelle :

1° Son premier caractère, c'est de se propager uniformément : ce que montrent les expériences faites avec les mélanges oxyhydriques, les mélanges oxycarboniques et les mélanges oxycyaniques; expériences exécutées successivement dans des tubes de plomb, de caoutchouc et de verre, sous des longueurs qui ont varié de 40^m à 30^m et à 20^m.

Il est certain qu'au voisinage des extrémités des tubes il se produit des perturbations. Cependant elles ne s'étendent pas bien loin, dans les conditions où nous opérons : en effet, les expériences faites avec les tubes soit fermés, soit ouverts d'un seul côté, soit ouverts aux deux bouts, ont donné la même vitesse;

celle-ci est demeurée encore la même pour une longueur donnée, l'interrupteur étant placé tantôt dans la région centrale, tantôt à l'une des extrémités.

2° La vitesse de l'onde explosive dépend essentiellement de la nature du mélange explosif, et non de la matière du tube qui le contient (plomb, caoutchouc).

3° L'influence du diamètre du tube sur la vitesse de l'onde n'est pas sensible, lorsqu'on passe d'un diamètre de 5^{mm} à un diamètre triple, soit 15^{mm}. Cependant elle est manifeste dans un tube capillaire : mais la diminution, même dans ce cas extrême (2390^m au lieu de 2840^m), n'est pas excessive. En un mot, la vitesse devient de moins en moins dépendante du diamètre, à mesure que l'accroissement de celui-ci laisse plus de liberté aux mouvements propres des particules gazeuses et diminue le frottement contre les parois.

Ces conclusions sont conformes à celles de M. Regnault sur la vitesse de l'onde sonore dans les tubes (*Mémoires de l'Académie des Sciences,* t. XXXVII, p. 456).

4° La vitesse de l'onde explosive est indépendante de la pression : celle-ci ayant varié, dans nos expériences, entre des limites comprises entre 1 et 3; toujours au voisinage de la pression atmosphérique.

C'est là une propriété fondamentale; car elle établit que la vitesse de propagation de l'onde explosive est régie par les mêmes lois générales que la vitesse du son.

5° La relation théorique qui existe entre la vitesse de l'onde explosive et la nature chimique du gaz qui la transmet est plus difficile à établir; cette vitesse dépendant des températures, et celles-ci n'étant pas les mêmes dans la combustion de deux systèmes différents.

En effet, l'inégalité des températures résulte de la grandeur inégale des quantités de chaleur, par exemple 68200^{cal}. pour $C^2O^2 + O^2$; 59000^{cal} pour $H^2 + O^2$, en supposant l'eau gazeuse : elle résulte aussi, pour une même quantité de chaleur, de l'inégalité des chaleurs spécifiques. Le calcul de ces températures demeure douteux, à cause de la dissociation et des incertitudes qui règnent sur la valeur des chaleurs spécifiques aux hautes températures.

Cependant on peut concevoir la relation théorique qui règle la vitesse de l'onde explosive, si l'on remarque que l'énergie totale du gaz, au moment de l'explosion, dépend de sa température initiale et de la chaleur dégagée pendant la combinaison même : ces deux données déterminent la température absolue du système, laquelle est proportionnelle à la force vive ($\frac{1}{2}mv^2$) de translation des molécules gazeuses.

En d'autres termes, l'excès de force vive communiquée aux molécules par l'acte de la combinaison chimique n'est autre chose que la chaleur même dégagée dans la réaction; la pression exercée par les molécules sur les parois des vases en est la traduction immédiate, d'après les théories présentes.

Nous arrivons donc à un point où ces deux ordres de notions, notions mécaniques et notions thermiques, tendent à se confondre.

Précisons cette traduction : la vitesse de translation des molécules au moment de la combinaison est proportionnelle, d'après la relation des forces vives, à la racine carrée du rapport entre la température absolue, T, et la densité du gaz rapportée à l'air; soit, d'après M. Clausius,

$$0 = 29^{m},354 \sqrt{\frac{T}{\rho}}.$$

En réalité, la notion physique de la température T n'entre pas dans cette évaluation de la vitesse, et le calcul exprime uniquement ceci : que la force vive de translation des molécules du système gazeux, produit par la réaction et renfermant toute la chaleur développée par celle-ci, est proportionnelle à la force vive de translation du même système gazeux, contenant seulement la chaleur qu'il retient à zéro.

Cette formule a été vérifiée par nous, au moins d'une manière approchée, pour une vingtaine de mélanges gazeux, de compositions fort diverses (voir *plus loin*).

3. Ainsi, il semble que, dans l'acte de l'explosion, un certain nombre de molécules gazeuses, parmi celles qui forment la tranche enflammée tout d'abord, soient lancées en avant, avec toute la vitesse correspondant à la température maximum développée par la combinaison chimique : leur choc détermine la propagation de celle-ci dans la tranche voisine, et le mouvement se reproduit de tranche en tranche, avec une vitesse, sinon identique, du moins comparable à celle des molécules elles-mêmes.

La transmission de la force vive, dans ces conditions d'action extrêmement rapide, s'opère peut-être plus aisément entre molécules gazeuses de même nature, en vertu d'une sorte d'unisson, qui coordonne des mouvements similaires, qu'entre les molécules du gaz et la paroi environnante.

Les choses se passent autrement, comme nous le dirons, dans les cas où le système en ignition a le temps de perdre une partie de sa chaleur, communiquée à des gaz étrangers ou à des corps voisins, non susceptibles d'éprouver la même transformation chimique.

§ 2. — Dispositions expérimentales.

1. Le procédé expérimental que nous avons suivi dans cette étude est très simple. Il consiste :

1° A remplir avec un mélange tonnant, sous une pression donnée, un tube d'une grande longueur (soit 40^m environ, *fig.* 9 et *fig.* 10);

2° A déterminer l'inflammation à l'une des extrémités, à l'aide d'une étincelle électrique (*fig.* 11);

3° A faire interrompre, au moyen de la flamme même, deux courants électriques, placés en des points du trajet dont l'intervalle est exactement défini par celui de deux colliers à gorge, qui assemblent les portions consécutives du tube (*fig.* 13 et 14).

Les courants sont transmis par des bandes d'étain très étroites (*fig.* 12) collées sur papier et serrées par les colliers à gorge entre deux rondelles de cuir isolantes, percées elles-mêmes dans leur portion centrale, de façon à établir la pleine continuité du canal. Les bandes sont disposées normalement à la direction de la flamme.

Un grain ($0^{gr},010$ environ) de fulminate de mercure, qui détone au contact de la flamme, détruit la bande et interrompt le courant.

Le picrate de potasse a été aussi employé pour produire le même effet.

On enflamme le mélange gazeux à l'aide d'une étincelle électrique, soit à l'origine, soit en un point déterminé du tube.

2. Donnons le détail de ces dispositions.

Le tube a été disposé tantôt sur une seule ligne droite, horizontalement, tantôt sur une suite d'alignements parallèles, conformément à la *fig.* 9.

Le tube est représenté fixé sur un cadre de bois vertical. Il est pourvu de deux robinets terminaux **A** et **B**, et d'un interrupteur intermédiaire **C**.

La *fig.* 10 représente l'un des robinets terminaux, sans autre disposition.

Fig. 9.

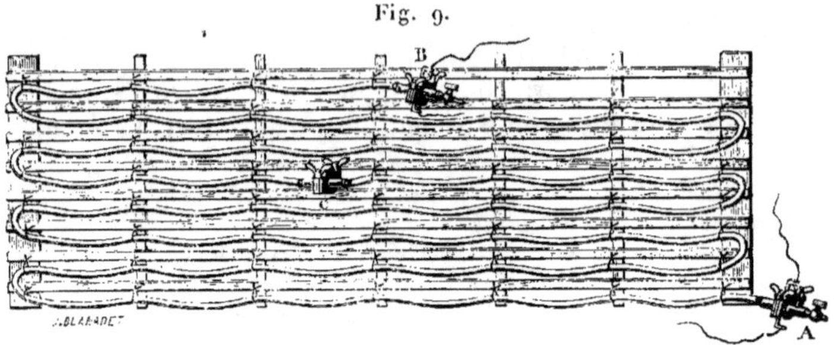

Tube avec ses interrupteurs.

La *fig.* 11 représente un robinet, avec une pièce latérale renfer-

Fig. 10.

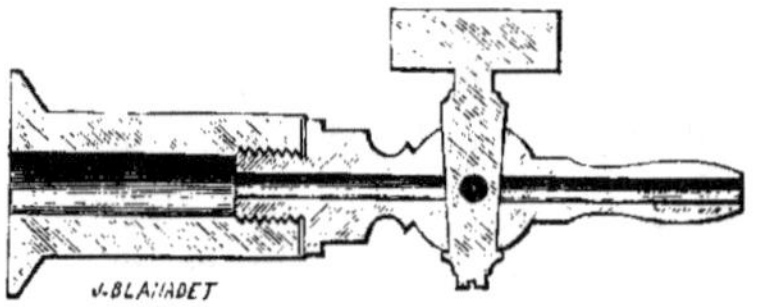

Robinet terminal.

mant un fil métallique isolé. On fait jaillir l'étincelle entre le fil et
la paroi métallique de l'ajutage.

Fig. 11.

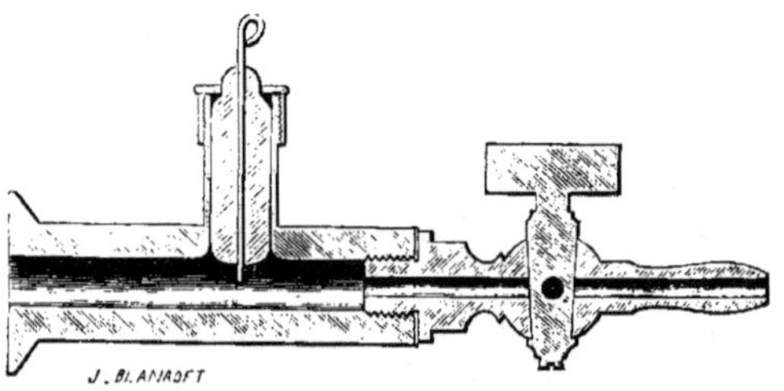

Robinet et appareil d'inflammation électrique.

La *fig.* 12 représente la disposition de l'une des bandes destinées
à être rompues par l'explosion :

ss est la bande d'étain;

pp la bande de papier sur laquelle l'étain est collé.

L'étain est à nu dans le canal V du tube T, dont on a représenté
ici la section.

Le grain de fulminate est placé en i.

Fig. 12.

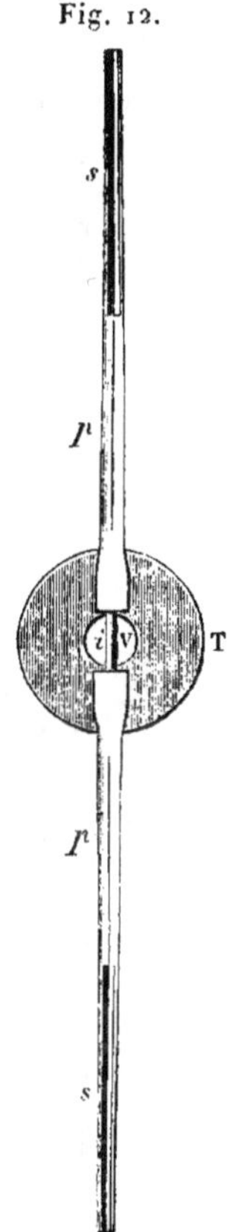

Bande d'étain.

La *fig*. 13 représente la section du collier à gorge, suivant une
direction normale à l'axe du tube.

Le collier est figuré en C, C, C, C. Il est formé de quatre pièces
demi-circulaires, opposées deux à deux et dont deux seulement
sont montrées ici; on les serre l'une contre l'autre et autour du
tube T, à l'aide des écrous E, E.

La *fig*. 14 représente une section suivant l'axe du tube.

Le tube TTTT figuré ici n'est pas le tube de caoutchouc lui-même;

mais un tube de laiton de même section, sur lequel on ajuste le
tube de caoutchouc, soit d'un seul côté, soit des deux côtés à la
fois, conformément à la *fig.* 9. Cette disposition est nécessaire pour
permettre de serrer le collier à gorge et de fixer les interrupteurs.

On aperçoit en C, C, C, C les quatre parties du collier à gorge,

Fig. 13.

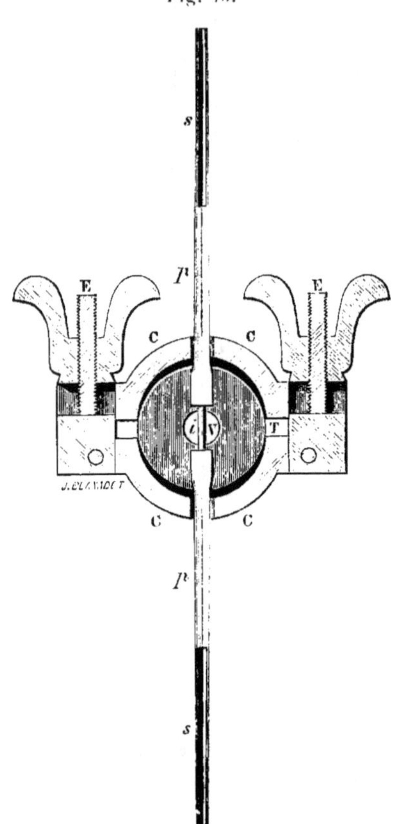

Collier à gorge : section normale à l'axe du tube.

dont les écrous ont été supprimés pour ne pas compliquer la figure.

Le canal VV sert à la circulation du gaz.

La bande d'étain *ss* est soutenue à l'aide de petits supports métalliques *r*, *r*, sur lesquels on fixe les fils qui amènent le courant
électrique.

Entre les pièces du collier CC, se trouvent [les deux rondelles de cuir isolant, figurées seulement par leur section, mais dont la *fig.* 12 donne la projection (sous la lettre T).

Le grain de fulminate est toujours en i.

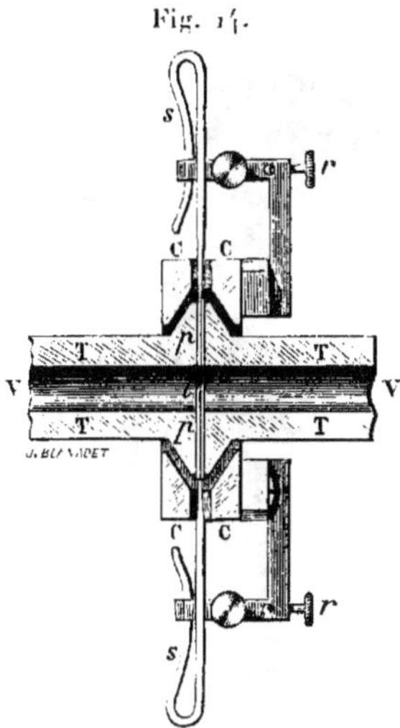

Fig. 14.

Section suivant l'axe du tube.

2. La durée écoulée entre les deux interruptions a été appréciée au moyen du chronographe Le Boulengé, instrument employé aujourd'hui par la plupart des Commissions d'épreuve de l'Artillerie des divers États pour mesurer de très petits intervalles de temps : ce que cet instrument réalise avec une précision égale à $\frac{1}{20000}$ de seconde.

Le chronographe (*fig.* 15 et 16) se compose de deux organes fondamentaux :

1° Le *chronomètre* T (*fig.* 15), longue tige cylindrique suspendue verticalement, garnie de tubes enveloppes en zinc E, et maintenue par attraction magnétique à l'extrémité d'un électro-aimant M, par lequel passe le premier courant destiné à être rompu.

2° L'*enregistreur* T (*fig.* 16), cylindre pareil, maintenu par l'électro-aimant M par lequel passe le second courant, destiné aussi à être interrompu.

Une *détente* C est composée d'un couteau (molette circulaire d'acier fondu et trempé), monté sur un ressort, lequel peut être maintenu ou bandé par la griffe d'un levier.

Le circuit du chronomètre venant à être rompu, celui-ci se détache et tombe librement suivant la verticale; le deuxième circuit

Fig. 15.

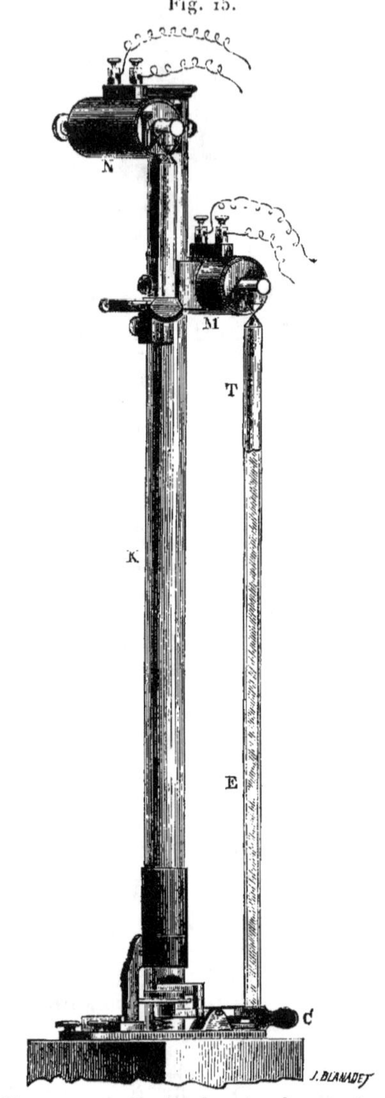

Chronographe Le Boulengé : chronomètre.

étant ensuite rompu, l'enregistreur tombe à son tour, choque l'extrémité libre du levier et déclanche la détente : le couteau se projette en avant, frappe le chronomètre en marche et imprime sur son enveloppe un trait, dont la position permet de calculer la vitesse du phénomène. On trouvera le détail du calcul et des correc-

Fig. 16.

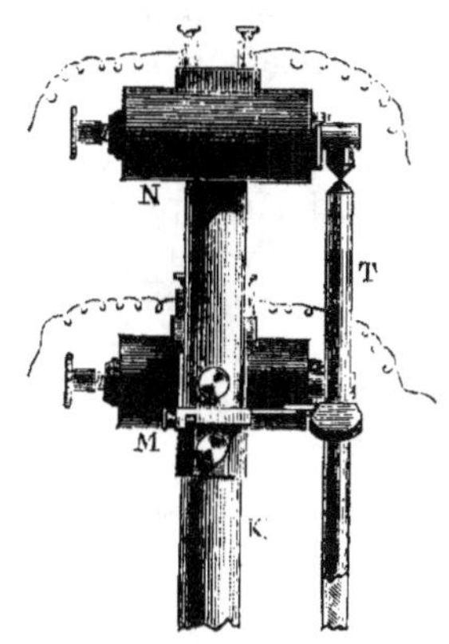

Chronographe Le Boulengé : enregistreur.

tions dans le *Traité sur la poudre,* etc., traduit et augmenté par Desortiaux, p. 538 et p. 542; 1878 (chez Dunod).

Nous avons préféré cette méthode aux procédés d'enregistrement mécanique, que nous avions d'abord essayés; parce que ceux-ci sont sujets à des irrégularités, résultant de retards qui ont une grande importance dans des phénomènes aussi rapides.

L'emploi de tubes trop courts pour contenir les gaz a été évité, parce qu'il exagère les erreurs et expose à ces perturbations bien connues, qui se produisent au voisinage du point d'origine des ondes.

On reviendra sur ce point, qui est très intéressant; et l'on montrera en même temps que la variation de pression des gaz se propage précisément avec la même vitesse que l'inflammation des détonateurs.

§ 3. — Conditions générales des expériences.

1. Nos expériences ont porté :
1° Sur la disposition du tube;
2° Sur sa matière;
3° Sur son caractère ouvert ou fermé;

4° Sur sa longueur;

5° Sur la pression initiale du mélange gazeux;

6° Sur la composition de ce mélange, que nous avons fait varier, tantôt en y introduisant un gaz inerte, tantôt en modifiant la nature du gaz combustible.

2. *Disposition du tube.* — Nous avons opéré d'abord avec un tube de plomb, rectiligne et horizontal, long de $42^m,45$ ([1]), d'un diamètre égal à $0^m,005$.

On le remplit avec un mélange électrolytique d'hydrogène et d'oxygène, sous la pression atmosphérique. Après chaque expérience, on dessèche le tube, en y faisant circuler, pendant plusieurs heures, à l'aide d'une trompe, un courant d'air sec.

Le Tableau suivant indique toutes nos expériences, sans que nous ayons écarté les résultats extrêmes, comme on le fait quelquefois :

	Temps observé en secondes.	Vitesse par seconde.
1...............	$0,014633$	$2901,0$
2...............	$0,014597$	$2908,1$
3...............	$0,013914$	$3050,9$
4...............	$0,015047$	$2821,2$
5...............	$0,015816$	$2675,5$
6...............	$0,014752$	$2877,6$
7...............	$0,014782$	$2871,8$
8...............	$0,015253$	$2783,1$
Moyenne....	$0,014860$	$2861,1$

L'écart moyen d'une expérience s'élève à 79^m; l'écart maximum, à $+ 190^m$ et à $- 186^m$; ce qui répond à des intervalles de temps de $\pm 0'',00095$, soit près de $\frac{1}{1000}$ de seconde au maximum, l'erreur moyenne étant moitié plus petite. Avec le mélange oxyhydrique, la longueur moyenne mesurée sur la tige des chronographes est égale à $0^m,0448$; chiffre qui donne une idée plus exacte du degré d'exactitude que comporte ce genre de mesures. Avec le mélange d'oxyde de carbone et d'oxygène, cette longueur s'est élevée à $0^m,107$.

L'erreur moyenne de nos essais est dix fois aussi considérable que celle que comporte le chronographe; elle résulte, non de l'instrument lui-même, mais des retards inégaux qui se produisent

---

([1]) Toutes les longueurs sont comptées entre les deux interruptions.

dans le procédé d'interruption employé. On sait que de telles erreurs existent dans tous les procédés de ce genre, et que leur grandeur doit être évaluée chaque fois. Elle s'élevait ici à 2,8 centièmes de la quantité mesurée, en moyenne, et à 6,6 dans les cas extrêmes.

Quelques essais faits avec un tube vertical, de moindre longueur à la vérité, ont donné les mêmes vitesses qu'avec le tube horizontal.

La disposition rectiligne du tube, tel qu'il a été employé d'abord, exigeait des espaces libres trop étendus, lesquels ne pouvaient être obtenus qu'en plein air et dans des conditions difficiles à maintenir et à varier pendant des expériences prolongées; c'est pourquoi nous avons cru pouvoir disposer le tube dans le laboratoire même, sur une suite d'alignements parallèles et horizontaux, séparés par des coudes à rayon de courbure notable; le tout était fixé sur un cadre vertical (*voir* la *fig.* 9, p. 138). Dans cette opération, le tube s'allongea de $0^m,70$ et passa à $43^m,135$.

On a répété la détonation dans ces nouvelles conditions : ce qui a fourni, pour la vitesse par seconde,

$$2860^m,4, \quad 2712^m,9, \quad 2791^m,5; \quad \text{en moyenne} : 2788^m,3.$$

Ce chiffre est un peu plus faible que le précédent, mais sans sortir des limites d'erreur moyenne.

Nous admettrons donc que la vitesse est la même dans le tube recourbé que dans le tube rectiligne, et nous adopterons la moyenne générale : 2841^m.

3. *Matière du tube.* — La grandeur inattendue de cette vitesse, intermédiaire entre la vitesse du son dans le mélange gazeux tonnant et dans le métal qui constituait le tube, laissait quelque doute dans notre esprit. Était-ce réellement la vitesse de propagation de la détonation que nous mesurions? ou bien le métal ne propageait-il pas quelque mouvement vibratoire particulier, issu de l'explosion même produite à son origine? Qu'une telle propagation pût faire détoner le fulminate, c'est ce qui semble difficile à admettre, en raison de la faiblesse du mouvement ainsi transmis, et plus encore à cause de l'interposition des rondelles de cuir, T, entre le métal et les bandelettes d'étain (*fig.* 12). On peut invoquer aussi l'absence de détonation de certains grains de fulminate légèrement huilés par accident, circonstance qui en ralentissait l'échauffement, sans en modifier d'ailleurs autrement la faculté explosive. Ajoutons encore que, lorsque la flamme s'éteint en route, comme nous l'avons

observé avec le tube de verre capillaire, l'enregistreur le plus éloigné demeure intact.

Cependant nous n'avons eu pleine sécurité que lorsque nous avons réussi à reproduire nos expériences et à obtenir les mêmes vitesses dans un tube de caoutchouc, matière que l'on ne saurait soupçonner de propager le mouvement vibratoire à la façon des métaux. Ce qui a permis d'opérer ainsi, c'est ce fait que la combustion intérieure du mélange gazeux est si rapide qu'elle n'altère pas la matière du tube.

Ce tube de caoutchouc avait une longueur de $40^m,109$, un diamètre intérieur de $0,005$, une épaisseur de plusieurs millimètres, et telle qu'il pût supporter soit le vide, soit une pression intérieure de plusieurs atmosphères, sans déformation sensible. Il a été disposé sur le cadre décrit plus haut, en alignements parallèles (*fig.* 9).

Voici nos résultats :

Vitesse par seconde.

2685^m

2911

2994

2672

2788
—————

Moyenne....	2810

Cette moyenne concorde avec le chiffre 2841, obtenu avec le tube de plomb, dans les limites d'erreur.

La propagation du phénomène explosif est donc indépendante de la matière du tube, pourvu que le diamètre intérieur demeure identique.

Voici maintenant des expériences faites avec un système de tubes de verre, long en tout de $43^m,34$, mais dont le diamètre intérieur moyen était de $0^m,0015$ seulement. C'étaient des tubes capillaires, longs chacun de 2^m et assemblés au contact, à l'aide de tubes de caoutchouc, le tout disposé sur le même cadre figuré page 138. Les coudes étaient faits avec le même tube en verre.

Nous avons trouvé :

Vitesse par seconde......	2403^m et 2279

Moyenne........	2341^m

Ce chiffre est un peu plus petit que le précédent ; sans doute à cause de la différence du diamètre; la propagation de l'explosion étant gênée dans un tube capillaire, comme il arrive également pour la propagation du son.

Les expériences faites dans le verre permettent de voir la propagation de la flamme. En opérant dans l'obscurité, on aperçoit toute la longueur du tube s'illuminer au même moment, sans que l'œil puisse percevoir la progression de la flamme.

Il arrive parfois que la flamme refuse de se propager jusqu'au bout; probablement par suite de l'échauffement insuffisant des tranches placées en avant du mélange en ignition. Un des essais a donné lieu à cet égard à des observations caractéristiques. La flamme s'étant arrêtée en route, sans cependant s'éteindre, la vapeur d'eau, condensée en arrière, a produit un appel rétrograde du gaz, et l'on a vu très nettement un retour de la flamme vers son point de départ, retour qui a duré un intervalle de temps très appréciable, une seconde peut-être pour un intervalle de 2^m. Ceci montre bien la différence entre la combustion progressive du mélange gazeux et sa détonation proprement dite.

4. *Diamètre des tubes.* — Pour examiner d'une manière plus approfondie l'influence du diamètre des tubes, nous avons cru nécessaire de faire de nouvelles mesures avec un tube de plomb, d'un diamètre intérieur égal à 15^{mm}, c'est-à-dire triple du précédent, et long de $30^m,430$. Trois expériences ont donné :

$$2754^m; \quad 2975^m; \quad 3019; \quad \text{en moyenne, } 2916^m.$$

Les expériences faites avec un tube de plomb d'un diamètre égal à 5^{mm} ayant donné 2841^m, on voit que la vitesse est sensiblement indépendante du diamètre des tubes, à partir de 5^{mm}.

Je rappellerai que dans un tube de verre capillaire (diamètre, $1^{mm},5$), la vitesse a été trouvée égale à 2341^m, c'est-à-dire un peu plus faible.

5. *Fermeture du tube.* — On peut se demander si la vitesse de propagation de la détonation est la même dans un tube ouvert et dans un tube fermé. Ce dernier seul réalise les conditions rigoureuses d'une combustion à volume constant. C'est pourquoi nous avons opéré aussi (toujours avec le tube de caoutchouc), tantôt en laissant ouvert l'orifice le plus éloigné du point d'inflammation, tantôt l'orifice voisin, tantôt les deux à la fois.

Voici trois expériences de ce genre :

	Vitesse par seconde.
L'orifice le plus éloigné étant seul ouvert.	2645^{m}
L'orifice le plus voisin étant seul ouvert...	3052
Les deux orifices ouverts.................	2766
Moyenne.....	2821

La moyenne avec le même tube *complètement fermé* était 2810.

Ainsi les vitesses ont été trouvées sensiblement les mêmes dans les quatre cas.

On voit par là que la propagation de la détonation est si rapide, que pendant sa durée les gaz ne sont pas projetés et n'ont pas le temps de s'écouler au dehors d'une manière appréciable, au moins dans des tubes étroits : ce qui s'explique, la détonation marchant plus vite que le son ne le fait dans les mêmes gaz, pris à la température ordinaire. La condensation de la vapeur d'eau, qui se fait en arrière de la flamme, joue également un rôle peu important, parce qu'elle n'a pas le temps de s'effectuer d'une façon appréciable.

6. *Influence des détonateurs.* — Les détonateurs minuscules, employés pour interrompre les courants électriques des enregistreurs, concourent-ils à régler la propagation de l'inflammation ? Pour lever ce doute, il a suffi de mesurer, non plus le temps écoulé entre la destruction de deux interrupteurs à fulminate, situés aux extrémités opposées du tube, mais le temps écoulé entre la rupture du courant inducteur de la bobine, qui produit l'étincelle à l'origine, et l'inflammation de l'interrupteur à fulminate, placé à l'extrémité du tube la plus éloignée.

Les temps ainsi observés, pour une longueur de $40^{m},054$, ont été

$$0^{s},012556; \quad 0^{s},012288; \quad 0^{s},012904; \quad \text{en moyenne, } 0^{s},012583.$$

Mais ces temps sont entachés des erreurs provenant des retards d'enregistrement, retards inégaux en principe, puisqu'il s'agit de deux signaux d'espèce différente. Nous avons mesuré la différence de ces deux retards, en mesurant le temps écoulé entre le signal de l'étincelle et le signal d'un interrupteur voisin de $0^{m},05$. Ce temps est négatif, c'est-à-dire que le retard du signal de l'étincelle est plus grand que celui du signal de l'interrupteur. Trois expériences ont donné :

$$0^s,001559; \quad 0^s,001968; \quad 0^s,002129; \quad \text{en moyenne, } 0,001885.$$

Cette correction, ajoutée aux expériences précédentes, donne $0^s,014468$: ce qui fait une vitesse de 2770^m par seconde. L'expérience faite avec deux interrupteurs similaires avait donné 2810^m : résultat dont la concordance prouve que la vitesse observée est indépendante des détonateurs.

Cette démonstration résulte d'une façon plus nette encore d'expériences citées plus loin (p. 161), et dans lesquelles nous avons enregistré la propagation même des pressions, en déterminant l'inflammation initiale à l'aide d'une étincelle électrique. La propagation des pressions se fait en effet, à partir de quelques centimètres de l'origine, avec une vitesse de 2700^m environ, valeur concordante avec les précédentes.

7. *Longueur du tube.* — Il s'agit maintenant de savoir si la propagation de l'explosion se fait d'une manière uniforme dans les tubes. C'est en effet ce que vérifient sensiblement les expériences suivantes.

On a trouvé avec le tube de caoutchouc de $0^m,005$ de diamètre :

Mélange (H + O).

Distance des interrupteurs.	Vitesse.	
$40,109$............	2810^m	
$29,982$ (1)........	$\left\{\begin{array}{c} 2692 \\ 2716 \end{array}\right\}$	moyenne, 2704.

Mélange (CO + O).

Distance des interrupteurs.	Vitesse.			Moyenne.
$40,059^m$..........	1096^m	1068^m	1104	1089^m
$29,982$ (1)........	1140	1121	»	1130
$20,092$ (2)........	1187	1183	»	1185

---

(1) Un bout de tube long de 13^m, rempli de même mélange, était ajusté à la suite, c'est-à-dire que l'interrupteur était placé sur le trajet de la flamme et non à l'extrémité.

(2) L'interrupteur était placé au milieu de la longueur, sur le trajet de la flamme.

On a trouvé encore avec le tube de verre de $1^{mm},5$ de diamètre :

Mélange $(H + O)$.

Distance des interrupteurs.	Vitesse.
$43^m,340$	2341^m
$20,944$ [1]	2433

D'après toutes ces mesures, les écarts entre les vitesses mesurées avec des longueurs inégales ne surpassent pas les limites d'erreur.

8. *Pression*. — Nous avons fait varier la pression, dans le rapport de 1 à 3 à peu près. On a opéré avec le tube de caoutchouc (long de $40^m,054$) et trois mélanges gazeux différents.

Mélange $(H + O)$.

Pression (exprimée par la hauteur d'une colonne de mercure.)	Vitesse.
$0^m,560$	2763^m
$0,760$	2800
$1,260$	2776
$1,580$	2744

Mélange $(CO + O)$.

Pression.		Vitesse.
$0^m,570$		1120^m
$0,760$		1089
$0,834$		1072
$1,560$	1140 et	1124
	Moyenne	1132

Mélange de cyanogène et d'oxygène $(C^4 Az^2 + O^8)$.

Pression.	Vitesse.	
$0^m,388$	$2171,4$	
$0,758$	$\begin{cases} 2224,7 \\ 2165,7 \end{cases}$	$2195^m,2$
$0,878$	$2052,4$	

Mêmes conclusions.

---

[1] L'interrupteur était placé cette fois au bout du tube.

Ainsi, dans les limites de nos essais, la vitesse de propagation de la détonation, soit avec le mélange d'hydrogène et d'oxygène, soit avec le mélange d'oxyde de carbone et d'oxygène, est sensiblement indépendante de la pression; de même que la vitesse du son et la vitesse de translation des molécules gazeuses, qui sont des phénomènes analogues.

§ 4. — Vitesse spécifique de l'onde explosive.

1. Nous avons établi que l'onde explosive se propage uniformément et que sa vitesse est indépendante de la pression, ainsi que de la matière et du diamètre des tubes, au-dessus d'une certaine limite.

Cette vitesse constitue dès lors, pour chaque mélange inflammable, une véritable constante spécifique, dont la connaissance offre un grand intérêt, au point de vue de la théorie des mouvements des gaz, comme à celui des applications à l'emploi des matières explosives. C'est pourquoi il nous a paru utile d'en approfondir l'étude, en opérant sur un grand nombre de mélanges de composition fort diverse.

2. Chaque expérience a été répétée deux et trois fois; elle a été exécutée d'ordinaire dans le tube de caoutchouc, long de 40^m, d'un diamètre intérieur de $0^m,005$ et d'une grande épaisseur, précédemment décrit (p. 146). Les résultats obtenus sont distribués dans cinq Tableaux, comprenant les cas les plus remarquables.

Dans ces Tableaux, la première colonne indique la composition du mélange initial;

La deuxième, la densité des produits de la combustion, ρ, rapportée à celle de l'air prise comme unité;

La troisième, le nombre, N, de volumes moléculaires des éléments (supposés gazeux) entrés en réaction, le volume étant

$$N\left[22^{lit},32 \times \frac{H}{760} \times (1 + \alpha t)\right];$$

la quatrième colonne donne la chaleur, Q, dégagée par la réaction, l'eau étant supposée gazeuse ([1]);

La cinquième, la racine carrée de cette quantité, $\sqrt{Q}$;

La sixième contient les quotients $\dfrac{Q}{N \times 6,8}$ (6,8 étant la constante

---

([1]) Cette quantité a été mesurée au voisinage de zéro; mais elle serait à peine modifiée vers le zéro absolu, dans les cas examinés ici; surtout si la chaleur spécifique du composé était réputée la somme de celles de ses éléments.

des chaleurs spécifiques des éléments à pression constante) : c'est
la température théorique, T, de la réaction;

La septième, les valeurs théoriques, θ, de la vitesse moyenne de
translation par seconde des molécules gazeuses constitutives des
produits de la combustion, vitesse calculée pour la température T
d'après la formule de Clausius (*voir* p. 136)

$$29,354\sqrt{\frac{T}{\rho}}.$$

C'est là une vitesse que nous nous proposons de comparer avec la
vitesse expérimentale de l'onde explosive, U, laquelle est inscrite
dans la huitième colonne.

3. La température T est ici calculée d'après les chaleurs spécifiques des éléments à pression constante. Les résultats ainsi obtenus
s'accordent, en général, avec les observations (colonnes 7e et 8e);
ils s'accordent, dis-je, beaucoup mieux que si l'on faisait le calcul
d'après les chaleurs spécifiques à volume constant, qui semble-
raient plus plausibles à première vue.

On peut se rendre compte de l'intervention des chaleurs spécifiques à pression constante, si l'on admet que la combustion, en se
propageant de tranche en tranche, est *précédée* par la compression
préalable de la tranche gazeuse qu'elle va transformer. La combustion a lieu dès lors sous pression constante, dans toute l'étendue
du tube. On pourrait croire que la température T devrait être
accrue de toute l'élévation de température produite par cette compression préalable. Mais, dans cette manière de voir, la combustion
de chaque tranche produit, en même temps que de la chaleur,
le travail nécessaire pour comprimer la tranche suivante; c'est-
à-dire qu'elle perd de ce chef précisément autant de chaleur qu'elle
en a gagné par sa propre compression. Tout se passe en définitive,
au point de vue de l'élévation de température, comme si l'on avait
opéré sous pression constante. La concordance des chiffres calculés et des nombres observés vient à l'appui de cette analyse des
phénomènes ([1]).

([1]) On suppose ici que la chaleur spécifique d'un gaz composé à pression constante est la somme de celle de ses éléments : ce qui n'est vrai, en principe, que
pour la chaleur spécifique à volume constant; ou bien encore, dans le cas des gaz
composés formés sans condensation, pour les deux chaleurs spécifiques. Mais l'erreur en moins qui en résulte, dans le cas de la chaleur spécifique à pression con-

En réalité, je le répète, la notion physique de la température T n'entre pas dans cette évaluation de vitesse, et le calcul exprime uniquement ceci : que la force vive de translation des molécules du système gazeux, produit par la réaction et renfermant toute la chaleur développée par celle-ci, est proportionnelle à la force vive de translation du même système gazeux, contenant seulement la chaleur qu'il retient à zéro.

4. Présentons maintenant la série de nos Tableaux.

TABLEAU I. — Un seul gaz combustible associé à l'oxygène.

NATURE du mélange.	DENSITÉ des produits ρ.	NOMBRE de volumes moléculaires des éléments N.	CHALEUR de combustion (eau gazeuse) Q.	$\sqrt{Q}$.	$N \times 6,8 = T$.	VITESSE théorique θ.	VITESSE TROUVÉE par expérience U (par seconde).
Hydrogène $H^2 + O^2$.	0,622	1,5	cal 59000	243	5780°	2831 m	2810 (p. 146)
Oxyde de carbone $C^2O^2 + O^2$.	1,529	1,5	68200	261	6700	1941	1089 (p. 149)
Acétylène $C^4H^2 + O^{20}$, ou $(\ominus H)^2 + \ominus^5$.	1,227	4,5	308100	555	10070	2600	2595 2440 } 2482,5
Éthylène $C^4H^4 + O^{12}$, ou $(\ominus H^2)^2 + \ominus^6$.	1,075	6,0	321400	567	7880	2517	2186,6 2232,4 } 2209,5
Méthyle $C^4H^6 + O^{11}$, ou $(\ominus H^3)^2 + \ominus^7$.	0,985	7,5	359300	598	7050	2483	2381,9 2345,4 } 2363
Formène $C^2H^4 + O^8$, ou $(CH^4)^2 + \ominus^8$.	0,924	4,5	193500	440	6320	2427	2313,2 2260,0 } 2287
Cyanogène $C^4Az^2 + O^8$, ou $(CAz)^2 + \ominus^4$.	1,343	4	262500	512	9650	2490	2195 (p. 150)

stante des gaz formés avec condensation, tend à être compensée par cette circonstance que la chaleur spécifique de ces gaz croît avec la température : c'est ce que vérifie en effet l'étude des chaleurs spécifiques de l'acide carbonique, du protoxyde d'azote, etc. (*Essai de Mécanique chimique*, t. I, p. 440). L'hypothèse faite peut donc être admise dans une première approximation.

D'après les nombres de ce Tableau, la vitesse théorique est très voisine de la vitesse trouvée pour l'hydrogène.

Pour les carbures d'hydrogène et pour le cyanogène, cette vitesse théorique est un peu trop forte, les écarts étant compris entre 5 et 12 centièmes; c'est-à-dire que la formule conserve une valeur approchée.

Pour l'oxyde de carbone, l'écart est bien plus grand et surpasse 40 centièmes, c'est-à-dire que la formule n'est pas applicable à ce gaz (*voir* p. 160).

On remarquera qu'elle demeure approchée, même pour les gaz formés avec absorption de chaleur et qui donnent lieu, dès lors, aux températures de combustion les plus élevées, tels que le cyanogène et l'acétylène.

Elle l'est aussi, pour des rapports de volumes très divers entre les gaz combustibles et l'oxygène, tels que 2 : 5, 6, 7, 8 dans la série des hydrocarbures; et 2 : 1 pour l'hydrogène.

Enfin elle l'est encore, pour des rapports de condensation très inégaux dans la combinaison, tels qu'une condensation du tiers (hydrogène), du septième (acétylène); ou bien l'absence de toute condensation (éthylène, formène, cyanogène); ou même une dilatation (méthyle). Dans le calcul de ces volumes, on suppose l'eau gazeuse avec les hydrocarbures, condition qui n'intervient pas pour l'oxyde de carbone et pour le cyanogène.

Il paraît dès lors établi que la formule proposée représente approximativement la vitesse de l'onde explosive pour les gaz hydrocarbonés.

5. On peut étendre cette conclusion aux mélanges de ces gaz avec l'hydrogène et même avec l'oxyde de carbone, comme on va le montrer, l'hydrogène communiquant à ces derniers mélanges une loi de détonation analogue à la sienne.

TABLEAU II. — Deux gaz combustibles associés à l'oxygène.

NATURE DU MÉLANGE.	ρ.	N.	Q.	$\sqrt{Q}$.	$\dfrac{O}{N\times 6,8}=T$	VITESSE théorique θ.	VITESSE trouvée par expérience U.
Oxyde de carbone et hydrogène $C^2O^2 + H^2 + O^4$.	1,075	3	127200 cal	357	6230°	2236 m	2008 m
$2\,C^2O^2 + 3\,H^2 + O^{10}$	0,985	7,5	313400	560	6150	2341	2096 / 2245 } 2170
Éthylène et hydrogène $C^4H^4 + H^2 + O^{14}$.	0,985	7,5	380400	617	7460	2551	2411,4 / 2422 } 2417
$C^4H^4 + 2\,H^2 + O^{16}$.	0,924	9	439400	663	7180	2588	2671 / 2487,5 } 2579
Méthyle et hydrogène $C^4H^6 + H^2 + O^{16}$.	0,924	9	418300	647	6830	2522	2184 / 2227 / 2339 } 2250 (1)

(1) Préparations différentes.

6. Faisons maintenant varier la nature du corps comburant, c'est-à-dire remplaçons l'oxygène par les oxydes de l'azote. Le protoxyde d'azote seul a fourni des résultats.

TABLEAU III. — Un gaz combustible associé à un gaz comburant composé.

NATURE DU MÉLANGE.	ρ.	N.	Q.	$\sqrt{Q}$.	T.	θ.	VITESSE TROUVÉE U.
1° Protoxyde d'azote et hydrogène $Az^2O^3 + H^2$.	0,796	2,5	79600 cal	281	4680°	2250 m	2254 / 2314 } 2284 m
Oxyde de carbone $Az^2O^2 + C^2O^2$.	1,250	2,5	88800	298	5220	1897	1102,5 / 1110,6 } 1106,5
Cyanogène $4\,Az^2O^2 + C^4Az^2$.	1,131	8	345000	587	6340	2198	2035,5
2° Bioxyde d'azote et cyanogène $4\,AzO^2 + C^4Az^2$.	1,194	8	349200	591	8550	2485	La détonation ne se propage pas dans le tube.

Avec le protoxyde d'azote, la vitesse trouvée est voisine du chiffre théorique pour les mélanges renfermant de l'hydrogène ou du cyanogène. Pour l'oxyde de carbone, on retrouve la même anomalie qu'avec l'oxygène.

7. Un des cas les plus intéressants et les plus décisifs pour la théorie est celui des mélanges isomères, c'est-à-dire tels que la composition du système final soit la même. En effet, on élimine par là l'influence de la nature individuelle des gaz combustibles et même celle des gaz comburants.

TABLEAU IV. — Mélanges isomères.

NATURE du mélange.	$\rho.$	N.	Q. (cal)	$\sqrt{Q}.$	$\dfrac{Q}{N \times 6.8} = T$	$\theta.$	VITESSE TROUVÉE U.
1ᵉʳ groupe. — Gaz combustibles hydrocarbonés et oxygène pur.							
1° Formène et mélanges isomères.							
$2(C^2H^4 + O^8)$.....	0.924	9	387000	622	6320	2427	2287
$C^4H^6 + H^2 + O^{16}$...	0,924	9	418300	647	6830	2522	2250
$C^4H^4 + 2H^2 + O^{14}$..	0,924	9	439400	663	7180	2588	2579
2ᵉ Méthyle et mélanges isomères.							
$C^4H^6 + O^{14}$........	0,985	7,5	359300	598	7050	2483	2363
$C^4H^4 + H^2 + O^{14}$...	0,985	7,5	380400	617	7460	2551	2417
2ᵉ groupe. — Gaz carbonés, comparés aux mélanges oxycarbonés.							
3° Éthylène et mélange isomère.							
$C^4H^4 + O^{12}$........	1,075	6	321400	567	7880	2517	2219,5
$2(C^2O^2 + H^2 + O^4)$.	1,075	6	254400	504	6230	2236	2008
4° Méthyle et mélange isomère.							
$C^4H^6 + O^{14}$........	0,985	7,5	359300	598	7050	2483	2363
$2C^2O^2 + 3H^4 + O^{10}$.	0,985	7,5	313400	563	6150	2321	2170
5° Cyanogène mêlé d'azote et mélange isomère.							
$C^4Az^2 + Az^2 + O^8$..	1,250	5	262500	512	7720	2334	{ 2116,0 / 1971,2 } 2043,6
$2(C^2O^2 + Az^2 + O^2)$.	1,250	5	136400	370	4010	1661	1000? (¹)
3ᵉ groupe. — Gaz comburants composés, comparés aux mélanges formés par l'oxygène pur.							
6° Hydrogène.							
$H^2 + Az^2O^2$......	0,796	2,5	79600	281	4680	2250	2284
$H^2 + Az^2 + O^2$...	0,796	2,5	59400	243	3470	1935	2121
7° Oxyde de carbone.							
$C^2O^2 + Az^2O^2$....	1,250	2,5	88800	298	5220	1897	1106,5
$C^2O^2 + Az^2 + O^2$.	1,250	2,5	68200	261	4010	1661	1000? (¹)

(¹) La détermination ne se propage pas d'ordinaire. Cependant nous avons retrouvé dans nos notes ce chiffre, sans autre détail.

Ces mélanges satisfont à la loi d'une manière approchée, sauf pour l'oxyde de carbone. Les mélanges isomères ont des vitesses généralement voisines. Ils permettent d'apprécier avec plus de précision l'influence de la chaleur dégagée Q, en faisant disparaître l'influence de la densité, celle de la chaleur spécifique des produits et même celle de la composition individuelle, qui sont les mêmes. Il suffit, dès lors, de diviser les vitesses trouvées par $\sqrt{Q}$ pour établir la comparaison.

On obtient ainsi :

Premier système	3,68	3,48	3,69
Deuxième système	3,95	3,92	
Troisième système	3,91	3,98	
Quatrième système	3,93	3,88	
Cinquième système	3,99	2,70	
Sixième système	8,13	8,73	
Septième système	3,67	3,83	

On voit que la coïncidence est en général plus marquée encore; à l'exception du cinquième système, dans lequel on compare l'oxyde de carbone, qui ne satisfait pas à la relation générale, avec le cyanogène.

8. Examinons maintenant l'influence des gaz inertes, lesquels ne participent pas à la réaction chimique.

TABLEAU V. — Gaz combustibles, oxygène et gaz inertes.

NATURE DU MÉLANGE.	ρ.	N.	Q.	$\sqrt{Q}$.	T.	θ.	VITESSE TROUVÉE U.
Hydrogène et azote.							
$H^2 + O^2$.................	0,622	1,5	59000	243	5780°	2831 m	2810 m
$H^2 + Az^2 + O^2$.........	0,796	2,5	59000	243	3470	1935	2121
$0,30 H + 0,70 Air$.......	0,846	3,33	59000	243	2610	1820	1439
$0,267 H + 0,733 Air$.....	0,868	3,8	59000	243	2287	1505	1201
$0,233 H + 0,768 Air$.....	0,885	4,27	59000	243	2042	1409	1205
$0,217 H + 0,783 Air$.....	0,895	4,56	59000	243	1903	1389	La détonation ne se propage pas.
Oxyde de carbone et azote.							
$C^2 O^2 + O^2$.............	1,529	1,5	68200	261	6700	1941	1089
$C^2 O^2 + Az^2 + O^2$.......	1,250	2,5	68200	261	4010	1661	1000 ? Propagation douteuse [1].
$0,30 CO + 0,70 Air$......	1,165	4,33	68200	261	2260	1236	La détonation ne se propage pas.
Formène et azote.							
$C^2 H^4 + O^8$.............	0,923	4,6	193500	440	6320	2427	2287
$C^2 H^4 + 2 Az^2 + O^8$.......	0,942	6,5	193500	440	4378	2002	1858
$C^2 H^4 + 4 Az^2 + O^8$.......	0,951	8,5	193500	440	3347	1744	1151
$C^2 H^4 + 7,52 Az^2 + O^8$.... (Formène + Air).......	0,958	12	193500	440	2371	1450	La détonation ne se propage pas.
Cyanogène et azote.							
$C^4 Az^2 + O^8$.............	1,343	4	262500	512	9650	2490	2195
$C^4 Az^2 + Az^2 + O^8$.......	1,250	5	262500	512	7720	2334	2044
$C^4 Az^2 + 2 Az^2 + O^8$......	1,194	6	262500	512	6340	2152	1234,7 / 1172,7 } 1203,5
$C^4 Az^2 + 4 Az^2 + O^8$......	1,127	8	262500	512	4825	1920	La détonation ne se propage pas.

[1] Nous n'avons pas réussi à propager la détonation dans les mélanges plus riches en azote. Le mélange $C^2 O^2 + Az^2 + O^2$ lui-même est douteux (*voir* la Note du tableau IV).

Mêmes relations générales : sauf pour les mélanges qui touchent à la limite à laquelle la détonation cesse de se propager, tels que le mélange du cyanogène avec deux fois son volume d'azote, le mélange du formène avec quatre fois son volume d'azote, l'oxyde de carbone, etc. Avec l'hydrogène et un excès d'azote, il y a aussi un ralentissement très marqué.

9. En somme, la vitesse de translation des molécules gazeuses, conservant la totalité de la force vive qui répond à la chaleur dégagée par la réaction, peut être regardée comme une limite représentant la vitesse maximum de propagation de l'onde explosive.

Mais cette vitesse est diminuée par le contact des gaz et autres corps étrangers; elle l'est également lorsque la masse enflammée au début est trop petite et trop rapidement refroidie par rayonnement; elle l'est encore lorsque la vitesse élémentaire de la réaction chimique (*Essai de Mécanique chimique*, t. II, p. 14) est trop faible, comme il paraît arriver avec l'oxyde de carbone. Dans ces conditions, il y a ralentissement de l'onde, et celle-ci peut même cesser de se produire; la combustion se propageant alors de proche en proche suivant une loi beaucoup plus lente. Nous allons revenir sur ce point de vue.

§ 5. — Sur la période d'état variable qui précède le régime de détonation et sur les conditions d'établissement de l'onde explosive.

1. Nous nous proposons d'étudier maintenant les conditions d'établissement de l'onde explosive et la période d'état variable qui précède cet établissement, période analogue à celle qui précède l'établissement de l'onde sonore. Cette étude rend compte des nombres inégaux, et différant parfois dans le rapport de 1 à 2000, observés par les divers savants qui ont étudié la vitesse de propagation de l'inflammation.

2. Le procédé suivant nous a permis de mesurer avec précision la variation des vitesses pendant des temps très courts, tels que $\frac{3}{10000}$ de seconde.

On enregistre sur un cylindre tournant (*fig.* 17) [15^m par seconde] :

1° L'étincelle qui détermine l'inflammation initiale à l'entrée du tube; la trace de cette étincelle est représentée en ε sur la *fig.* 18;

2° Le déplacement d'un piston très léger, placé à l'autre extrémité du tube, dans lequel il se meut librement. Ce piston est représenté dans la *fig.* 17, en projection sur le cylindre tournant. On en a figuré au-dessous les détails : c'est-à-dire le tube, le piston garni de sa plume, destinée à en tracer la marche sur le cylindre, enfin l'obturateur terminal du tube du piston.

On inscrit ainsi le temps écoulé entre les deux phénomènes et la loi complète du déplacement du piston (*fig.* 18).

On évite ainsi les retards qui peuvent résulter, soit de l'emploi d'un manomètre métallique, soit de la propagation des phénomènes jusqu'à une capacité auxiliaire. Les chiffres sont chacun la moyenne de deux à cinq expériences, faites sur le gaz tonnant ($H + O$), dans un tube de caoutchouc de 5^{mm} de diamètre.

Étudions d'abord les vitesses, puis les pressions correspondantes, enfin les limites de détonation.

Fig. 17.

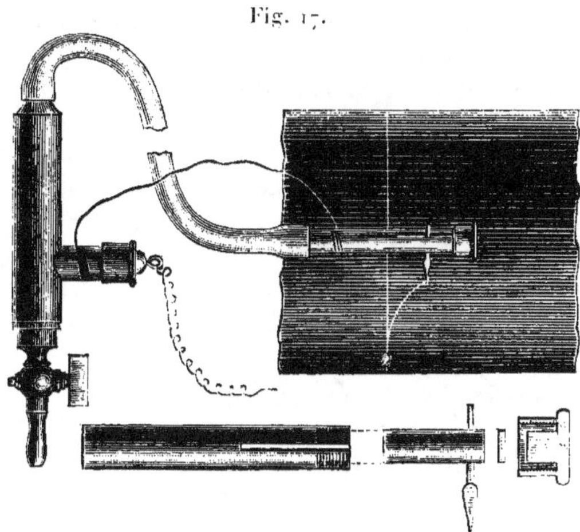

Enregistrement des vitesses variables.

3. *Vitesses* (par seconde) :

Distance du point d'inflammation au piston.	Durées observées.	Vitesses moyennes	
		depuis l'origine.	dans chaque intervalle.
m	s	m	
0,020	0,000275	72,72	72,7
0,050	0,000342	146,2	448,0
0,500	0,000541	924,4	2261
5,250	0,002108	2491,0	3031
20,190	0,007620	2649,0	2710
40,430 . :	0,015100	2679,0	2706

Fig. 18.

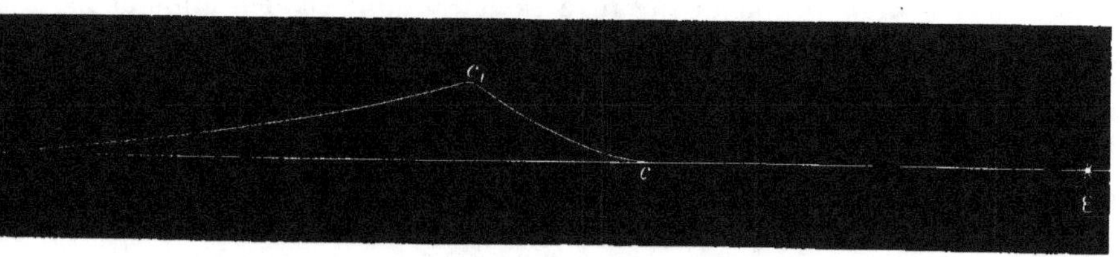

Tracé des expériences relatives à l'état variable.

On voit par là que la vitesse croît rapidement depuis l'origine jus-

I.   11

qu'au cinquième centimètre, à partir duquel les nombres obtenus peuvent être regardés comme à peu près constants, au moins dans la limite des erreurs d'expérience; lesquelles ont une valeur relative très notable au début, pour de si petits intervalles.

L'établissement d'un régime régulier ne se fait bien que si les étincelles qui enflamment le mélange sont assez puissantes. Avec des étincelles très faibles, la période d'état variable peut se prolonger beaucoup plus : sur un parcours de 10^m, nous avons ainsi obtenu des vitesses moyennes de 2126^m et même de 661^m.

Des phénomènes analogues s'observent avec les autres mélanges explosifs. Le gaz tonnant mêlé d'azote, par exemple : $H + O + 2Az$, a donné une vitesse de $41^m,9$ par seconde, dans les deux premiers centimètres;

De 1068^m dans les $5^m,25$ consécutifs,

Et de 1163^m dans les 10^m consécutifs.

L'influence de l'inflammation initiale est ici plus marquée encore, la vitesse étant tombée par accident à 445^m et 435^m, sans changement apparent dans la puissance de l'étincelle initiale : la nature de son produit indiquait d'ailleurs, dans ce cas, un mode de combustion différent.

Ces écarts ne s'observent pas, en général [1], avec le procédé d'enregistrement fondé sur l'emploi des interrupteurs à fulminate : ce qui tend à prouver que le fulminate, par les pressions subites qu'il développe, aide la colonne gazeuse à prendre de suite le régime de détonation; régime qu'elle atteint plus tard et moins régulièrement par l'inflammation ordinaire.

4. *Pressions.* — Elles se déduisent du tracé du piston.

Pour le gaz tonnant, $H + O$, le piston placé à $0^m,02$ du point d'inflammation est chassé au départ par une pression de 500^{gr} à 600^{gr} par centimètre carré; mais cette pression s'abaisse très vite, jusqu'à devenir nulle et même négative (à cause de la condensation de la vapeur d'eau) au bout de $\frac{1}{2000}$ de seconde.

A $0^m,50$ de l'origine, on a trouvé une pression de $1^{kg},2$.

A $5^m,250$ du point d'inflammation, le premier déplacement du piston s'est fait sous une pression de 5^{kg} environ, par centimètre

---

[1] Notons cependant ici une expérience dans laquelle le mélange $H + O + Az$ a donné, par exception, une vitesse de $1564^m,5$, au lieu du chiffre normal 2121^m; probablement à cause de la faiblesse exceptionnelle de l'amorce.

carré; et cette pression, au bout de $\frac{1}{1600}$ de seconde, était encore supérieure à 3^{kg}.

Or, à ce moment, l'inflammation a progressé de $2^m,70$ dans un tube semblable, d'après les vitesses signalées plus haut.

On voit donc que, dans cette région du tube, une colonne gazeuse considérable, formée de vapeur d'eau, subsiste à une pression élevée; tandis qu'à l'origine la pression produite dans une tranche, par la combustion du mélange, est presque instantanément annulée par la condensation des tranches antérieures.

L'accroissement de la pression répond d'ailleurs à l'accroissement de la vitesse : nous avons trouvé que la pression maxima développée par le mélange $H + O$, brûlant en vase clos, est voisine de 7^{kg}; cas dans lequel l'influence du refroidissement par les parois est négligeable.

Dans les cas anormaux où la vitesse de propagation s'abaisse au-dessous de 2000^m, la pression tombe en même temps : ce qui montre bien la corrélation des deux ordres de phénomènes.

5. *Limites de détonation.* — Nous voulons parler des limites de composition, au-dessous desquelles l'onde explosive cesse de se propager. Ces limites sont fort différentes des limites de combustibilité et beaucoup plus élevées; elles varient suivant le mode d'inflammation et la nature de l'impulsion initiale. Dans les conditions générales de nos expériences, c'est-à-dire avec un long tube de caoutchouc, d'un diamètre égal à $0^m,05$, l'inflammation initiale étant produite par de fortes étincelles et la vitesse de la propagation constatée à l'aide d'interrupteurs à fulminate de mercure, nous avons trouvé :

Hydrogène...	$0,233\,H + 0,767$ air....	Propagation de l'onde, vitesse de 1205^m.
	$0,217\,H + 0,783$ air....	Pas de propagation.
Oxyde de carbone...	$C^2O^2 + O^2$..........	Propagation de l'onde, vitesse de 1089^m.
	$2\,C^2O^2 + Az^2 + O^2$....	Le premier interrupteur brûle seul; pas de propagation.
	$2\,C^2O^2 + Az^2 + O^4$.....	De même.
	$C^2O^2 + Az^2 + O^2$....	Les essais ont été presque tous négatifs.
Formène.....	$C^2H^4 + 4\,Az^2 + O^8$...	Propagation de l'onde, vitesse de 1151^m.
	$C^2H^4 + 7,5\,Az^2 + O^8$.	Pas de propagation.

Cyanogène... $\begin{cases} C^4Az^2 + 2Az^2 + O^8... & \text{Propagation de l'onde, vitesse de } 1203^m. \\ C^4Az^2 + 4Az^2 + O^8... & \text{Pas de propagation.} \end{cases}$

Comburants autres que l'oxygène. $\begin{cases} C^4Az^2 + 4AzO^2...... & \text{Pas de propagation.} \\ C^4Az^2 + 4Az^2O^2..... & \text{Tantôt il a y propagat. } (2035^m), \\ & \text{tantôt elle n'a pas lieu.} \end{cases}$

Ces limites seraient probablement reculées, si l'on opérait sous pression, ou si l'on provoquait la détonation à l'aide d'une forte dose de fulminate; de même que la limite de combustibilité change avec l'énergie de l'étincelle électrique (*Essai de Mécanique chimique*, t. II, p. 342, 347 et 73).

Il est possible qu'une circonstance analogue ait concouru à donner à certaines explosions de grisou une vitesse de propagation et une violence exceptionnelles.

Lorsque l'onde ne se propage pas, la combustion peut encore avoir lieu, comme le prouve la destruction du premier interrupteur; mais elle ne va pas jusqu'au bout du tube. Parfois même la flamme rétrograde avec le mélange oxyhydrique; phénomène qui se produit surtout dans des tubes très étroits. Ceci montre bien que la limite de détonation est distincte de la limite de combustion.

Ainsi, d'après les chiffres ci-dessus, la limite de détonation pour l'oxyde de carbone existerait au delà des mélanges renfermant moins de 40 centièmes et même moins de 60 centièmes d'oxyde de carbone; tandis que la limite de combustion ordinaire est située vers 20 centièmes.

La limite de détonation des mélanges oxyhydriques est située vers 22 centièmes d'hydrogène; tandis que la limite de combustion ordinaire pour les mélanges d'hydrogène et d'oxygène se produit vers 6 centièmes d'hydrogène.

Lorsqu'on approche de la limite de détonation, la vitesse de l'onde tombe notablement au-dessous de la vitesse théorique (*voir* plus haut).

Enfin les mélanges de cyanogène et de bioxyde d'azote, tels que $C^4Az^2 + 4AzO^2$, donnent lieu à des remarques intéressantes. Ce mélange, contenu dans un eudiomètre, détone violemment par une forte étincelle. Enflammé avec une allumette, il brûle progressivement. Au contraire, nous n'avons pas réussi à y propager dans nos tubes l'onde explosive. On retrouve ici cette même résistance à la combustion, caractéristique des mélanges formés par le bioxyde d'azote (p. 102), résistance qui disparaît seulement pour les mélanges susceptibles de développer une température excessive.

En somme, et dans les conditions définies plus haut, nous n'avons réussi à observer aucune vitesse de propagation de l'onde inférieure à 1000^m par seconde.

De plus, la propagation de l'onde a cessé, toutes les fois que la température théorique, T, des mélanges formés par l'oxygène libre est tombée au-dessous de 2000° (hydrogène ou cyanogène associé à l'azote) ou de 1700° (oxyde de carbone ou formène associé à l'azote); chiffres qui répondent à une limite inférieure de la force vive des molécules.

Enfin la propagation de l'onde a cessé, toutes les fois que le volume des produits de la combustion s'est trouvé moindre que le quart (hydrogène et azote), ou même le tiers (formène ou cyanogène associé à l'azote) du volume total du mélange final.

6. D'après l'ensemble de ces observations, la propagation de l'onde explosive est un phénomène tout à fait distinct de la combustion ordinaire. Elle a lieu seulement lorsque la tranche enflammée exerce la pression la plus grande possible sur la tranche voisine; c'est-à-dire, lorsque les molécules gazeuses enflammées possèdent la vitesse et, par conséquent, la force vive de translation maximum : ce qui n'est autre chose que la traduction mécanique de ce fait qu'elles conservent la presque totalité de la chaleur développée par la réaction chimique. C'est ce que prouve la concordance approchée des calculs fondés sur l'évaluation théorique de la force vive de translation avec les nombres expérimentaux trouvés pour la vitesse de l'onde explosive. C'est ce que montre également l'accroissement corrélatif des pressions et des vitesses, au voisinage du point enflammé.

7. La première concordance montre, en outre, que la dissociation joue peu de rôle dans ces phénomènes : peut-être parce qu'elle est restreinte par la haute pression développée sur le trajet de l'onde et par sa courte durée. S'il en était autrement, la force vive et, par conséquent, la vitesse tomberaient bien au-dessous du chiffre calculé.

L'influence de la dissociation semble également écartée par ce fait d'observation que la vitesse de l'onde est indépendante de la pression initiale (à moins d'admettre que la dissociation est indépendante de la pression).

8. Observons enfin que c'est le mouvement ondulatoire qui se propage, et non la masse gazeuse qui se transporte avec de si grandes vitesses. En effet, la vitesse de l'onde est la même, comme nous l'avons établi, dans un tube ouvert aux deux bouts, fermé à un bout et ouvert à l'autre, ou même fermé aux deux bouts.

Ceci résulte encore des expériences sur le mélange oxyhydrique, dans lesquelles nous avons trouvé la même vitesse : soit pour la propagation de la flamme (attestée par la destruction des interrupteurs solides à fulminate); soit pour la propagation de la pression (d'après le piston). Les tracés montrent également que la pression atteint de suite son maximum, au contact de la tranche enflammée avec la tranche placée immédiatement devant elle.

9. Plusieurs conditions concourent à ces effets.

Il faut d'abord que la masse enflammée au début ne soit pas trop petite, afin que le rayonnement et la conductibilité n'enlèvent pas à cette masse dans un temps donné une dose de chaleur, c'est-à-dire de force vive, supérieure à celle qui est indispensable pour la propagation de l'onde. En effet, si le rayon de la sphère enflammée est égal à l'épaisseur de la couche rayonnante, la déperdition de la chaleur est proportionnellement plus grande que si la couche rayonnante occupe seulement une fraction du rayon.

Il y a plus : lorsque le nombre des molécules qui entourent le premier point enflammé est trop petit, elles peuvent ne pas contenir le comburant et le combustible dans le rapport exact qui répond à la composition moyenne du mélange : ce qui abaisse la température de cette région et, par suite, la force vive des molécules.

Une autre circonstance non moins capitale, c'est que la vitesse élémentaire des réactions chimiques, à la température de la combustion, soit assez grande pour que la chaleur dégagée dans un temps donné maintienne le système au degré convenable : condition d'autant plus importante que la vitesse élémentaire des réactions croît rapidement avec la température. On peut même concevoir que l'onde explosive se propage seulement si sa vitesse théorique (vitesse de translation des molécules) est inférieure ou tout au plus égale à la vitesse élémentaire de la réaction.

10. Ainsi il existe un état limite qui répond à la propagation de l'onde explosive : c'est le *régime de détonation*.

Mais il est facile de concevoir une limite toute différente, pour laquelle tende à se réduire à zéro l'excès de pression de la tranche

enflammée sur la tranche voisine, et par suite l'excès de la vitesse
de translation des molécules, c'est-à-dire l'excès de leur force
vive; ou, ce qui est la même chose, l'excès de la chaleur qu'elles
renferment. Dans un tel système, la chaleur sera perdue presque
en totalité par rayonnement, conductibilité, contact des corps environnants et des gaz inertes, etc.; à l'exception de la très petite
quantité indispensable pour porter les parties voisines à la température de combustion : c'est là le *régime de combustion ordinaire*.
régime auquel se rapportent les mesures de Bunsen, de M. Schlœsing et de MM. Mallard et Le Châtelier.

On conçoit d'ailleurs l'existence des vitesses intermédiaires entre
ces deux limites; mais elles ne constituent aucun régime régulier.
En effet, le passage d'un régime à l'autre est accompagné, comme
il arrive en général dans les transitions de cette espèce, par des
mouvements violents, des déplacements de matière étendus et ir-
réguliers, pendant lesquels la propagation de la combustion s'opère
en vertu d'un mouvement vibratoire d'amplitude croissante et avec
une vitesse de plus en plus considérable (¹). C'est ainsi que le
régime de combustion, développé dans des conditions de pression
incessamment augmentée, finit par passer au régime de détonation.

Ces deux régimes, et les conditions générales qui définissent
l'établissement de chacun d'eux et la transition de l'un à l'autre,
ne s'appliquent pas seulement aux mélanges gazeux explosifs,
mais aussi aux systèmes explosifs solides et liquides; attendu que
ces derniers se transforment en tout ou en partie en gaz, au moment de la détonation.

(¹) *Voir* Mallard et Le Chatelier, *Comptes rendus des séances de l'Académie
des Sciences*, t. XCV, p. 599 et 1352.

LIVRE DEUXIÈME.

THERMOCHIMIE DES COMPOSÉS EXPLOSIFS.

LIVRE DEUXIÈME.

THERMOCHIMIE DES COMPOSÉS EXPLOSIFS.

CHAPITRE PREMIER.

DIVISION DU LIVRE.

L'énergie potentielle des matières explosives est mesurée par la chaleur dégagée dans leur transformation chimique : or cette quantité de chaleur peut être calculée *a priori*, toutes les fois que l'on connaît la composition des matières premières et celle des produits, ainsi que la chaleur de formation des divers corps composés, préexistants ou formés par la réaction.

Toute étude théorique des explosifs exige donc la connaissance générale des principes de la Thermochimie, celle de ses méthodes et de ses résultats; elle exige, en particulier, la connaissance de la chaleur de formation des composés chimiques les plus importants et surtout celle des composés qui entrent dans la constitution des matières explosives.

Les composés azotés de tout genre, les azotates et les dérivés azotiques sont surtout essentiels sous ce rapport. Aussi en ai-je fait, depuis 1870, une étude expérimentale non interrompue, qui m'a conduit à mesurer :

La chaleur de formation des composés oxygénés de l'azote et de leurs sels;

La chaleur de formation de l'ammoniaque, de l'oxyammoniaque, de leurs sels et celle de quelques alcalis et amides organiques, leurs dérivés hydrogénés;

Puis la chaleur de formation du cyanogène et des composés cyaniques, dérivés carbonés de l'azote;

Celle du sulfure d'azote;

Celle des dérivés azotiques, appartenant : les uns à la classe des éthers azotiques proprement dits (éther azotique de l'alcool, nitroglycérine, nitromannite, amidon nitrique, poudre-coton);

Les autres à la classe des dérivés nitrés (benzines nitrées, acide nitrobenzoïque, phénols nitrés, c'est-à-dire acide picrique et picrates, etc.);

Enfin celle des dérivés azoïques, tels que le diazobenzol et le fulminate de mercure.

J'ai mesuré en outre la chaleur de formation des sels dérivés des oxacides du chlore (chlorates et perchlorates) et celle de divers composés explosifs dérivés des oxydes métalliques, tels que les oxalates de mercure et d'argent.

Tel est l'ensemble des résultats d'ordre thermochimique proprement dit, qui vont être exposés dans le Livre II.

Cet ensemble sera précédé de quelques notions théoriques : non qu'il entre dans le cadre du présent Ouvrage de présenter l'exposition complète de la Thermochimie, exposition que le lecteur trouvera, s'il le juge à propos, dans un Livre plus étendu que j'ai publié sous le titre d'*Essai de Mécanique chimique fondée sur la Thermochimie* (¹). Mais j'ai cru utile, pour donner plus de clarté à l'Ouvrage actuel et pour en faire un tout autonome, de consacrer le Chapitre qui suit celui-ci à résumer les principes et les méthodes théoriques de la Thermochimie, et à présenter les Tableaux des chaleurs de formation des principales combinaisons chimiques.

J'y joindrai les chaleurs spécifiques et les volumes moléculaires des substances que l'on met en œuvre, ou que l'on produit dans les expériences sur les explosifs.

Dans le III᷎ Chapitre on donnera une description abrégée des instruments : spécialement du calorimètre et du détonateur calorimétrique, employés dans les expériences dont les résultats sont présentés dans les Chapitres suivants.

Le IV᷎ Chapitre renferme l'exposé de mes expériences calorimétriques sur les composés oxygénés de l'azote.

Le V᷎ Chapitre expose la chaleur de formation des azotates.

Le VI᷎ Chapitre traite de leur origine, problème d'une importance capitale dans l'étude de la poudre de guerre.

Le VII᷎ Chapitre est consacré à l'ammoniaque et aux autres dérivés hydrogénés de l'azote.

____

(¹) 2 vol. in-8° chez Dunod, 1879; avec supplément.

Le VIIIe Chapitre roule sur le sulfure d'azote.

Le IXe Chapitre, sur les dérivés azotiques : éthers et corps nitrés.

Le Xe Chapitre, sur les dérivés diazoïques et l'azotate de diazobenzol.

Le XIe Chapitre, sur le fulminate de mercure.

Le XIIe Chapitre, sur la série cyanique.

Le XIIIe Chapitre, sur les composés oxygénés du chlore et des éléments halogènes, ainsi que sur leurs sels.

Enfin le XIVe Chapitre étudie quelques oxalates métalliques, susceptibles de donner lieu à des phénomènes explosifs par leur décomposition.

CHAPITRE II.

PRINCIPES GÉNÉRAUX DE LA THERMOCHIMIE.

§ 1. — Les trois principes fondamentaux.

La Thermochimie repose sur trois principes fondamentaux, dont la Mécanique chimique est l'application.

Ce sont :

Le principe des travaux moléculaires ;

Le principe de l'équivalence calorifique des transformations chimiques, autrement dit principe de l'état initial et de l'état final ;

Le principe du travail maximum.

Donnons-en d'abord les énoncés, puis nous en préciserons brièvement la signification.

I. Principe des travaux moléculaires. — *La quantité de chaleur dégagée dans une réaction quelconque mesure la somme des travaux chimiques et physiques accomplis dans cette réaction.*

Ce principe fournit la mesure de l'affinité chimique.

II. Principe de l'équivalence calorifique des transformations chimiques, autrement dit : Principe de l'état initial et de l'état final. — *Si un système de corps simples ou composés, pris dans des conditions déterminées, éprouve des changements physiques ou chimiques capables de l'amener à un nouvel état, sans donner lieu à aucun effet mécanique extérieur au système, la quantité de chaleur dégagée ou absorbée par l'effet de ces changements dépend uniquement de l'état initial et de l'état final du système; elle est la même, quelles que soient la nature et la suite des états intermédiaires.*

Ainsi la chaleur dégagée dans une transformation chimique définie demeure constante, de même que la somme des poids des éléments.

III. Principe du travail maximum. — *Tout changement chimique accompli sans l'intervention d'une énergie étrangère tend vers la production du corps ou du système de corps qui dégage le plus de chaleur.*

La prévision des phénomènes chimiques se trouve ramenée par ce principe à la notion purement physique et mécanique du travail maximum accompli par les actions moléculaires.

§ 2. — Premier principe ou principe des travaux moléculaires.

1. *La quantité de chaleur dégagée dans une réaction quelconque mesure la somme des travaux chimiques et physiques accomplis dans cette réaction.*

En effet, la chaleur dégagée dans les actions chimiques peut être attribuée aux pertes de forces vives, aux transformations de mouvement, enfin aux changements relatifs, qui ont lieu au moment où les molécules hétérogènes se précipitent les unes sur les autres pour former des composés nouveaux.

Il résulte de ce principe que la chaleur dégagée dans une réaction est précisément égale à la somme des travaux qu'il faudrait accomplir pour rétablir les corps dans leur état primitif.

Ces travaux sont à la fois chimiques (changements de composition) et physiques (changements d'état ou de condensation) : les premiers seuls peuvent servir de mesure aux affinités. On voit encore que la chaleur dégagée dans une même combinaison varie avec les changements d'état (états solide, liquide, gazeux ou dissous); avec la pression extérieure, avec la température, etc. De là la nécessité de définir toutes ces conditions, pour chacun des corps mis en expérience.

2. En général, la *chaleur de combinaison moléculaire,* laquelle exprime le travail réel des forces chimiques (affinités), doit être rapportée à la *réaction des gaz parfaits opérée à volume constant;* c'est-à-dire que les composants et les composés doivent être tous amenés à l'état de gaz parfaits et réagir dans un espace invariable.

Dans les cas où la réaction des gaz, avec formation de produits gazeux, donne lieu à un changement de volume sous pression constante, la chaleur dégagée varie nécessairement avec la température; mais la variation est assez faible pour être négligée, tant qu'on envisage des intervalles de température peu étendus et même s'élevant à 100° ou 200°.

Le Tableau I (p. 189) fournit les principales données connues à cet égard; il exprime la chaleur dégagée dans les réactions entre corps gazeux, sous pression constante, avec formation de produits gazeux.

3. A défaut de ces conditions, qu'il est rarement possible de réaliser, il est permis de rapporter les *réactions des corps à l'état solide;* comme on le fait déjà pour les chaleurs spécifiques, d'après la loi de Dulong. Dans cet état, l'influence de la pression extérieure et celle des changements de température sont devenues peu sensibles, et, par suite, tous les corps sont plus comparables que dans les autres états. Les quantités de chaleur dégagées ne varient guère, tant que l'intervalle des températures auxquelles on opère les réactions ne surpasse pas 100° à 200°.

4. Signalons encore les définitions suivantes : nous appellerons *réaction exothermique* toute réaction qui dégage de la chaleur, et *réaction endothermique* toute réaction qui en absorbe.

§ 3. — Deuxième principe ou principe de l'équivalence calorifique des transformations chimiques; autrement dit : principe de l'état initial et de l'état final.

Si un système de corps simples ou composés, pris dans des conditions déterminées, éprouve des changements physiques ou chimiques, capables de l'amener à un nouvel état, sans donner lieu à aucun effet mécanique extérieur au système, la quantité de chaleur dégagée ou absorbée par l'effet de ces changements dépend uniquement de l'état initial et de l'état final du système. Elle est la même, quelles que soient la nature et la suite des états intermédiaires.

Ce principe se démontre à l'aide du précédent, combiné avec le principe des forces vives.

Il en résulte diverses conséquences très importantes, telles que les suivantes, que l'on se bornera à énoncer, renvoyant pour les développements à mon *Essai de Mécanique chimique.*

1° THÉORÈMES GÉNÉRAUX SUR LES RÉACTIONS.

THÉORÈME I. — *La chaleur absorbée dans la décomposition d'un corps est précisément égale à la chaleur lors de la formation du même composé, attendu que l'état initial et l'état final sont identiques.*

Cette relation a été signalée par Laplace et Lavoisier, dès 1870. Elle permet de mesurer le travail chimique de l'électricité, de la lumière, de la chaleur, etc.

Théorème II. — *La quantité de chaleur dégagée dans une série de transformations physiques et chimiques,* accomplies successivement ou simultanément dans une même opération, *est la somme de quantités de chaleur dégagées dans chaque transformation isolée* (tous les corps étant ramenés à des états physiques absolument identiques).

C'est ainsi que l'on calcule la chaleur dégagée par les réactions rapportées à l'état solide.

Théorème III. — Si l'on opère *deux séries de transformations, en partant de deux états initials distincts, pour aboutir au même état final,* la différence entre les quantités de chaleur dégagées dans les deux cas sera précisément la quantité dégagée ou absorbée lorsque l'on passe de l'un de ces états initials à l'autre.

C'est ainsi que l'on calcule la chaleur dégagée par l'union de l'eau avec les acides, les bases, les sels anhydres, par la synthèse des alcools, etc.

On emploie ce même théorème pour calculer la chaleur dégagée par la transformation d'une matière explosive, toutes les fois que cette transformation ne donne pas lieu à une combustion totale, mais que les produits en sont définis par l'analyse. En effet, il suffit de connaître :

1º La chaleur produite par la combustion totale de cette matière, chaleur qui peut être mesurée expérimentalement, en faisant détoner la matière dans l'oxygène pur ;

2º La chaleur dégagée par la combustion totale des produits d'explosion, laquelle peut être calculée, lorsque ces produits sont connus et bien définis. La différence entre ces deux quantités représente la valeur cherchée.

Théorème IV. — On arrive à une conclusion analogue, lorsque *les deux états initials sont identiques, les deux états finals n'étant pas les mêmes.*

Cette relation sert de fondement à nombre de méthodes calo-

I.   12

rimétriques introduites en Thermochimie pendant ces dernières années, parce qu'elle dispense de définir les états intermédiaires dans les réactions complexes.

Elle est spécialement applicable aux matières explosives, lorsque la combustion est incomplète et donne lieu à des produits imparfaitement connus. En effet, il suffit de faire détoner la matière :

D'abord dans l'oxygène pur : ce qui donne lieu à une combustion totale ;

Puis dans l'azote, ce qui fournit des produits incomplètement brûlés. On mesure la chaleur dégagée dans chacune des deux détonations. La différence des deux chiffres exprime la chaleur de combustion des produits de la deuxième explosion, c'est-à-dire l'énergie utilisable dans une combustion totale.

Théorème V : *Des substitutions. — Si un corps se substitue à un autre dans une combinaison, la chaleur dégagée par la substitution est la différence entre la chaleur dégagée par la formation directe de la nouvelle combinaison et par celle de la combinaison primitive.*

Ce théorème s'applique aux déplacements réciproques entre les métaux, les métalloïdes, les bases, les acides, etc.

Théorème VI : *Des réactions indirectes. — Si un composé cède l'un de ses éléments à un autre corps, la chaleur dégagée par cette réaction est la différence entre la chaleur dégagée par la formation du premier composé, au moyen de l'élément libre, et la chaleur dégagée par la formation du nouveau composé, au moyen du même élément libre.*

Ce théorème s'applique aux oxydations, hydrogénations, chlorurations indirectes, aux réactions métallurgiques, à l'étude des matières explosives, etc.

Dans la dernière étude, il fournit la différence entre la chaleur de combustion par l'oxygène libre et la chaleur de combustion par l'oxygène combiné.

Le comburant (azotate, chlorate, bichromate, oxyde métallique, etc.) n'est pas un simple magasin d'oxygène, comme on le disait autrefois; car généralement cet oxygène a perdu une portion de son énergie, équivalente à la chaleur de la première combinaison. Dans certains cas, au contraire, tels que ceux où l'on emploie le chlorate de potasse, l'oxygène combiné dégage plus de chaleur que ne le ferait l'oxygène libre.

Théorème VII : *Des actions lentes. — La chaleur dégagée dans une réaction lente est la différence entre les quantités de chaleur dégagées lorsque l'on amène à un même état final, à l'aide d'un même réactif, le système des composants et celui des produits de la réaction lente.*

Relation qui trouve une multitude d'applications en Chimie organique, dans l'étude des éthers, des amides, etc.

2° Théorèmes sur la formation des sels.

Théorème I. — *La chaleur de formation d'un sel solide* s'obtient en ajoutant les chaleurs dégagées par les actions successives de l'acide sur l'eau (D_t à la température t), de la base sur l'eau (D'_t) et de l'acide dissous sur la base dissoute (Q_t); puis on retranche de la somme la chaleur de dissolution du sel (Δ_t), le tout mesuré à une même température.

En général, en appelant S la chaleur dégagée dans la réaction d'un système de corps solides, transformés en un nouveau système de corps solides, par l'intermédiaire d'un dissolvant, on aura

$$S = \Sigma D_t + Q_t - \Sigma \Delta_t.$$

D_t, D'_t, Q_t, Δ_t, Δ'_t, ... sont données par l'expérience. Ce sont des quantités telles que chacune d'elles varie notablement avec la température t; *tandis que la quantité* S *est à peu près indépendante de la température,* du moins dans des limites fort étendues, ainsi qu'on le montrera tout à l'heure.

Théorème II. — *La chaleur de formation des hydrates salins, des hydrates acides et des hydrates alcalins est la différence entre la chaleur de dissolution du corps anhydre et celle du corps hydraté, dans une même proportion d'eau et à la même température.*

Théorème III. — *La chaleur de formation d'un sel double cristallisé est égale à la différence entre la chaleur de dissolution du sel double et la somme des chaleurs de dissolution des sels composants, accrue de la chaleur dégagée par le mélange des dissolutions des sels séparés, le tout à une même température et en présence d'une même quantité d'eau.*

Théorème IV. — *La chaleur de formation des sels acides* se calcule d'une manière analogue.

Théorème V : *Changements d'état des précipités.* — *La différence entre les quantités de chaleur dégagées ou absorbées pendant la redissolution d'un précipité, pris sous deux états différents, à une même température, et dans un même dissolvant, est égale à la chaleur mise en jeu lorsque le précipité passe d'un état à l'autre.*

Théorème VI : *Influence de la dilution.* — *La chaleur de formation des sels dissous varie en général avec la dilution et la température. La variation de cette quantité de chaleur avec la dilution,* à une température donnée, est exprimée par la formule

$$M' - M = \Delta - (\delta + \delta'),$$

M étant la chaleur dégagée par la réaction d'un acide et d'une base, pris dans un certain degré de concentration à cette température ;

M', la chaleur dégagée par la même réaction, les deux corps étant pris dans une concentration différente ;

Δ la chaleur dégagée (ou absorbée), lorsqu'on fait passer la solution du sel de la concentration qui répond à la première réaction à la concentration qui répond à la seconde ;

δ et δ' sont les valeurs analogues, qui répondent aux changements de concentration respectifs de l'acide et de la base, toujours à la température donnée.

A partir d'une dilution convenable, telle que $100 H^2 O^2$ pour $1^{éq}$ d'un acide ou d'une base, la variation $M' - M$ se réduit d'ordinaire à des quantités négligeables, c'est-à-dire de l'ordre d'erreur des expériences.

Mais il convient de remarquer que la variation $M' - M$ cesse d'être négligeable, même dans ces limites, pour les sels formés par l'union des bases avec les alcools ou les *acides faibles;* ou bien par l'union d'un acide quelconque avec les *bases faibles,* telles que les oxydes métalliques. Pour de tels sels d'ailleurs, la variation $M' - M$ tend à se réduire à Δ, parce que δ et δ' deviennent insensibles. Ainsi :

Théorème VII. — *Dans ces conditions, la chaleur de dilution du sel représente la variation de la chaleur de combinaison.*

Cette action de l'eau constitue une véritable caractéristique des acides faibles et des bases faibles.

Les théorèmes précédents ne s'appliquent pas seulement aux sels, mais à tout composé ou système de composés solides ou dissous.

THÉORÈME VIII. — *L'action réciproque des acides sur les sels qu'ils forment avec une même base,* en présence de la même quantité d'eau, peut être exprimée, à une température donnée, par la relation

$$K_1 - K = M - M_1,$$

M, M_1 étant les chaleurs dégagées par l'union séparée des deux acides avec la base;
K, K_1 les chaleurs dégagées par l'action de chacun des acides sur la solution du sel formé par l'autre acide.

THÉORÈME IX. — *De même, l'action réciproque des bases sur les sels qu'elles forment avec un même acide*

$$K'_1 - K' = M - M_1.$$

THÉORÈME X. — *L'action réciproque des quatre sels, formés par deux acides et deux bases,* s'exprime par la formule

$$K_1 - K = (M - M') - (M_1 - M'_1),$$

K étant la chaleur dégagée lorsqu'on mélange les solutions de deux sels à acide et base différents (sulfate de potasse et azotate de soude), et **K_1** la chaleur dégagée lorsqu'on mélange le couple réciproque (sulfate de soude et azotate de potasse).

Ce théorème permet de constater *les doubles décompositions salines* qui s'opèrent *dans les dissolutions,* toutes les fois que les deux sels d'un même acide ou d'une même base sont inégalement décomposés par la même quantité d'eau : ce qui arrive pour les acides faibles, les bases faibles et les oxydes métalliques.

3° THÉORÈMES SUR LA FORMATION DES COMPOSÉS ORGANIQUES.

La chaleur de formation des composés organiques, au moyen de leurs éléments, ne peut pas être mesurée directement; mais elle peut être calculée à l'aide de divers théorèmes, qui découlent du second principe.

THÉORÈME I : *Différence entre les chaleurs de formation depuis les éléments.* — *Soient deux systèmes de composés distincts, formés depuis leurs éléments, carbone, hydrogène, oxygène et azote, ou depuis des combinaisons binaires très simples, telles que l'eau, l'acide carbonique, l'oxyde de carbone, l'ammoniaque : la différence entre la chaleur de formation du premier système et celle du* *second est égale à la chaleur dégagée lorsque l'un des systèmes se transforme dans l'autre.*

C'est ainsi que la chaleur de formation des corps appartenant à la série du cyanogène a pu être mesurée.

Théorème II : *Différence entre les chaleurs de combustion. — La chaleur de formation d'un composé organique par ses éléments est la différence entre la somme des chaleurs de combustion totale de ses éléments par l'oxygène libre et la chaleur de combustion du composé, avec formation de produits identiques.*

C'est en vertu de ce principe que la plupart des chaleurs dégagées par la formation des composés organiques et par leurs transformations réciproques ont été obtenues.

Théorème III. — *Réciproquement on calcule la* chaleur de combustion *d'un corps formé de carbone, d'hydrogène, d'oxygène et d'azote, au moyen de sa chaleur de formation. Il suffit de faire la somme des quantités de chaleur dégagées lorsque le carbone et l'hydrogène qui entrent dans la composition de ce corps, supposés libres, se changent en eau et en acide carbonique, puis de retrancher de cette somme la chaleur de formation.*

Théorème IV : *Formation des alcools. — La chaleur dégagée lorsqu'un alcool est formé par l'union de l'eau et d'un carbure d'hydrogène est la différence entre les quantités de chaleur dégagées lorsque l'alcool et le carbure forment une même combinaison avec un acide, tel que l'acide sulfurique.*

La formation et la décomposition des corps conjugués (éthers, amides, etc.) donnent lieu à divers autres théorèmes, analogues à ceux relatifs aux sels, mais que nous supprimons pour ne pas trop étendre ce résumé.

4° Théorèmes relatifs a la variation de la chaleur de combinaison avec la température.

En général, la quantité de chaleur dégagée dans une réaction chimique n'est pas une quantité constante; elle varie avec les changements d'état, comme nous l'avons dit plus haut; mais elle varie aussi avec la température, même lorsque les substances réagissantes conservent chacune le même état physique pendant l'intervalle envisagé.

Voici comment on calcule cette variation pour une réaction quelconque, d'après le second principe.

On peut déterminer la réaction à une température initiale t, et mesurer la chaleur dégagée Q_t.

On peut aussi porter les corps composants séparément, de la température t à la température T : ce qui absorbe une quantité de chaleur U, dépendant des changements d'état et des chaleurs spécifiques ; puis on détermine la réaction : ce qui dégage Q_T ; enfin on ramène les produits, par un simple abaissement de température, de T à t : ce qui dégage une quantité de chaleur V, dépendant également ment des changements d'état et des chaleurs spécifiques. L'état initial et l'état final étant les mêmes dans les deux marches, les quantités de chaleur dégagées sont égales, c'est-à-dire :

THÉORÈME I. — *La différence entre les quantités de chaleur dégagées par une même réaction, à deux températures distinctes, est égale à la différence entre les quantités de chaleur absorbées par les composants et par leurs produits, pendant l'intervalle des deux températures.*

$$Q_T = Q_t + U - V.$$

$U - V$ représente la variation de la chaleur de combinaison.

THÉORÈME II. — *Si, pendant l'intervalle $T - t$, aucun des corps primitifs ou finals n'éprouve de changement d'état, cette expression se réduit à la somme des chaleurs spécifiques moyennes des premiers corps pendant cet intervalle, diminuée de la somme des chaleurs spécifiques moyennes des seconds et multipliée par l'intervalle des températures :*

$$U - V = (\Sigma c - \Sigma c_1)(T - t).$$

La chaleur de combinaison ira en croissant ou en décroissant avec la température et pourra même changer de signe, suivant que la première somme l'emportera sur la seconde, ou inversement.

THÉORÈME III. — *Combinaisons gazeuses formées sans condensation.* Pour que *la chaleur dégagée* devienne *indépendante de la température,* il faut que les deux sommes ci-dessus soient égales. Or cette égalité existe en fait pour les gaz composés formés sans condensation. On admet qu'elle devrait exister en principe pour les gaz parfaits, si l'on opérait la combinaison à volume constant ; de là notre définition (p. 175) de la chaleur moléculaire de combinaison.

THÉORÈME IV. — *Combinaisons rapportées à l'état solide.* — La même égalité existe approximativement pour les corps solides : la chaleur spécifique de ces composés, rapportée à des poids équivalents, étant à peu près la somme de celles de leurs composants. Les chaleurs de combinaison peuvent donc être rapportées à l'état solide, au même titre que les chaleurs spécifiques atomiques le sont déjà dans la loi de Dulong; ce qui montre toute l'importance de l'expression S, donnée plus haut (p. 179).

L'état liquide ou dissous ne présente pas les mêmes avantages; par exemple, la chaleur dégagée dans la réaction de l'acide chlorhydrique étendu sur la soude étendue, ces deux corps étant pris à un degré de concentration donnée, varie de $+ 14^{Cal},7$ à $+ 10^{Cal},4$, entre o et 100°, c'est-à-dire de près de moitié de la dernière valeur.

Théorème V. — *La chaleur dégagée ou absorbée par la dissolution d'un sel anhydre change continuellement de grandeur avec la température de la dissolution;* attendu que la chaleur spécifique des dissolutions salines diffère, en général, de la somme des chaleurs spécifiques du sel et de l'eau pris séparément.

Elle est plus petite avec la plupart des solutions étendues formées par les sels minéraux. Mais le contraire a lieu avec les solutions de divers sels organiques.

La chaleur de dissolution des sels anhydres change même le plus souvent de signe, pour un intervalle de température qui ne surpasse pas 100 à 200°; parfois ce changement de signe a lieu au voisinage de la température ambiante et peut être constaté par des expériences directes.

Il en résulte que ceux des sels minéraux qui donnent lieu à du froid en se dissolvant dans l'eau, à la température ordinaire, produisent, au contraire, de la chaleur à une température plus haute; il en résulte aussi qu'*il existe une température pour laquelle il ne se produit aucune variation thermique dans la dissolution.*

Ces résultats, dont on trouvera le développement et la démonstration dans mon *Essai de Mécanique chimique,* t. I, p. 123 et suiv., prouvent que c'est à tort que la dissolution a été jusqu'ici assimilée à la fusion.

5° Théorèmes relatifs a la variation de la chaleur de combinaison avec la pression.

Théorème I. — *Dans les combinaisons et réactions gazeuses, la chaleur dégagée est indépendante de la pression, lorsqu'on opère à volume constant.*

Cet énoncé n'est autre que la loi de Joule; il n'est vrai que pour des pressions peu considérables et si l'on admet qu'il n'y a pas de travail intérieur sensible dans les gaz : ce travail étant en effet négligeable pour les gaz éloignés du point de liquéfaction et pris sous une faible pression.

THÉORÈME II. — *Dans les combinaisons et réactions gazeuses effectuées sans condensation, la chaleur dégagée est la même, soit à volume constant, soit à pression constante.*

Tel est le cas de la combustion du cyanogène, soit par l'oxygène libre, soit par le bioxyde d'azote.

THÉORÈME III. — *Dans les réactions effectuées avec condensation,* la chaleur dégagée à pression constante, p, sous la pression atmosphérique, par exemple, et à une température donnée, t, est liée avec la chaleur dégagée à volume constant, v, et à la même température, par la relation suivante :

$$Q_{tv} = Q_{tp} + 0{,}542(N' - N) + 0{,}002\,t.$$

N exprime ici le quotient par 22,32 du nombre de litres occupés par les gaz composants réduits à 0° et 0^m,760; et N' le même quotient pour les gaz résultants.

Ce théorème est d'une grande importance dans les mesures calorimétriques relatives aux matières explosives. Il permet de calculer la différence entre les deux quantités de chaleur à pression et à volume constant, pour toute réaction dont on connaît la formule (*voir* p. 32). Il s'applique non seulement aux réactions où tous les corps, composants et produits, sont gazeux, mais aussi à celles où quelques-uns seulement possèdent au début, ou prennent à la fin, l'état solide ou liquide.

§ 4. — Troisième principe ou principe du travail maximum.

Tout changement chimique, accompli sans l'intervention d'une énergie étrangère, tend vers la production du corps ou du système de corps qui dégage le plus de chaleur.

On peut concevoir la nécessité de ce principe, en observant que le système qui a dégagé le plus de chaleur possible ne possède plus en lui-même l'énergie nécessaire pour accomplir une nouvelle transformation. Tout changement nouveau exige un travail, qui ne peut être exécuté sans l'intervention d'une énergie étrangère.

Au contraire, un système susceptible de dégager encore de la chaleur par un nouveau changement possède l'énergie nécessaire pour accomplir ce changement, sans aucune intervention auxiliaire.

Les *énergies étrangères* dont il s'agit ici sont celles des agents physiques : lumière, électricité, chaleur; l'énergie de désagrégation développée par la dissolution ; enfin l'énergie des réactions chimiques, simultanées à celle que l'on envisage. Or l'intervention des énergies électriques ou lumineuses dans un phénomène chimique est d'ordinaire manifeste; il en est de même de l'énergie chimique empruntée à une réaction simultanée. Les seuls cas qui donnent lieu à une discussion sont ceux dans lesquels interviennent l'énergie calorifique et l'énergie de désagrégation par dissolution. On les distingue à ce caractère général : que ces énergies s'exercent seulement pour régler *les conditions d'existence de chaque composé envisagé isolément,* sans intervenir autrement dans le jeu des actions chimiques réciproques.

Ainsi elles se manifestent dans les conditions où elles provoquent : soit le changement d'état physique (liquéfaction, vaporisation) de quelqu'un des corps en expérience, envisagé isolément; soit sa modification isomérique; soit sa décomposition, totale ou partielle.

Il est d'ailleurs évident qu'un composé ne saurait en général intervenir dans une réaction, que s'il existe *à l'état isolé* dans les conditions de l'expérience, et suivant la proportion où il peut exister. Cette remarque, bien comprise, suffit à la rigueur pour les applications; car il suffit d'envisager chacun des composants et chacun des produits dans un système et de connaître son état individuel de stabilité ou de dissociation, dans des conditions données, pour pouvoir appliquer le principe.

Il convient d'ailleurs de tenir compte dans les calculs et dans les raisonnements de tous les composés susceptibles d'exister dans les conditions de l'expérience, tels que sels doubles, sels acides, perchlorures, hydrates, etc., et composés secondaires de tout genre; composés que l'on néglige ordinairement dans l'interprétation générale des réactions, mais qui apportent chacun son concours et pour ainsi dire son poids dans la balance thermique des affinités.

Observons enfin que dans le calcul des quantités de chaleur dégagées par une transformation, *on doit envisager,* autant que possible, *les corps correspondants, dans le système initial et dans le système final,* en les prenant *sous le même état physique.* Cette manière de procéder (p. 175) offre l'avantage d'écarter, sans autre discussion, tout un ordre d'énergies étrangères, telles que les énergies consommées dans les changements d'état physique.

On ne veut pas entrer ici dans de plus longs développements, il suffira de renvoyer le lecteur à la discussion détaillée, qui se trouve dans mon *Essai de Mécanique chimique*, t. II, p. 421 à 471. On y verra comment le troisième principe se conclut de l'étude expérimentale des phénomènes de combinaison et de décomposition (p. 424 à 438).

Donnons encore les énoncés suivants, qui sont applicables à une multitude de phénomènes :

I. *Toute réaction endothermique est impossible, à moins qu'elle ne soit effectuée par le travail des énergies étrangères.*

II. *Un système est d'autant plus stable, toutes choses égales d'ailleurs, qu'il a perdu une fraction de son énergie plus considérable.*

III. *Tout équilibre chimique résulte de l'intervention de certains composés dissociés, c'est-à-dire à l'état de décomposition partielle et réversible, lesquels agissent à la fois par eux-mêmes, en tant que composés, et par leurs composants.*

Dans ces conditions, il intervient toujours, en opposition avec les énergies chimiques proprement dites, des énergies étrangères, électriques ou calorifiques, ces dernières spécialement (*Essai de Mécanique.*, chap. II, p. 439 et suiv.).

Les réactions exothermiques sont, comme il vient d'être dit, les seules qui puissent être effectuées sans le concours d'une énergie étrangère. Cependant elles exigent souvent, pour commencer, l'intervention d'un certain travail préliminaire, analogue à la mise de feu. Or :

IV. *Une réaction exothermique, qui ne s'effectue pas d'elle-même à une certaine température, pourra cependant presque toujours s'effectuer d'elle-même à une température plus haute, c'est-à-dire en vertu du travail de l'échauffement.*

V. *Elle pourra également s'effectuer dès la température ordinaire, par le concours d'un travail auxiliaire convenable et spécialement par le concours du travail chimique, dû à une réaction simultanée et corrélative.*

VI. *Dans les limites de température où les réactions exother-*

miques s'effectuent, elles ont lieu, en général, d'autant plus vite que la température est plus haute.

VII. *Les transformations successives ne peuvent, en dehors de l'intervention des énergies étrangères, s'accomplir directement que si chacune des transformations, envisagée séparément, aussi bien que leur somme définitive, est accompagnée par un dégagement de chaleur.*

En d'autres termes, l'énergie propre d'un système peut se dépenser soit d'un seul coup, soit peu à peu, et cela suivant plusieurs cycles distincts; mais il ne saurait y avoir un gain d'énergie, dû aux seules actions internes, dans aucun des changements intermédiaires.

Signalons enfin un théorème capital dans l'étude des réactions salines et dans beaucoup d'autres.

VIII. *Toute réaction chimique susceptible d'être accomplie sans le concours d'un travail préliminaire et en dehors de l'intervention d'une énergie étrangère à celle des corps présents dans le système se produit nécessairement, si elle dégage de la chaleur.*

C'est, en vertu du IIIe principe, que la prévision des phénomènes chimiques se trouve ramenée à la notion purement physique et mécanique du travail maximum accompli par les actions moléculaires.

§ 5. — Tableaux numériques.

Voici maintenant les Tableaux des principales données numériques, relatives aux quantités de chaleur dégagées par la formation des composés utilisés ou utilisables dans l'emploi des matières explosives.

Dans ces Tableaux, on a désigné le nom des auteurs des expériences par leurs initiales, savoir :

Al = Alluard; An = André; A = Andrews; B = Berthelot; Cal = Calderon; Ch = Chroutschoff; Ds = Desains; Dv = Deville; Dt = Ditte; D = Dulong; F = Favre; Gh = Graham; G = Grassi; Ha = Hammerl; H = Hautefeuille; Hs = Hess; Jo = Joannis; L = Louguinine; M = Mitscherlich; Og = Ogier; P = Person; Pett = Pettersen; Pf = Pfaundler; Rech = Rechenberg; R = Regnault; Sab = Sabatier; Sa = Sarrau; S = Silbermann; T = Thomsen; Tr = Troost; Vie = Vieille; Vi = Violle; W = Woods.

L'auteur préféré est encadré : F et S [T].

La calorie adoptée comme unité est la quantité de chaleur capable de porter de $0°$ à $1°$ un kilogramme d'eau ; c'est la *grande Calorie,* opposée à la *petite calorie* qui est mille fois aussi petite (*voir* p. 32).

Les poids équivalents employés dans ces Tableaux représentent des grammes.

TABLEAU I. — Formation des gaz par l'union des éléments gazeux, les composés étant rapportés à un même volume, $22^{lit}(1 + 2t)$, sous la pression normale.

NOMS.	ÉLÉMENTS.	ÉQUIVAL. composé gazeux.	CHALEUR.	AUTEURS.
Acide chlorhydrique..	$H + Cl$	$36,5$	$+\ 22,0$	T. B.
Acide bromhydrique..	$H + Br$	81	$+\ 13.5$	T. [B].
Acide iodhydrique....	$H + I$	128	$+\ 0,8$	T. B.
Eau.............	$2(H + O)$	9×2	$+\ 29,5 \times 2$	(¹).
Acide sulfhydrique...	$2(H + S)$	17×2	$+\ 3,6 \times 2$	T. H.
Ammoniaque........	$H^3 + Az$	17	$+\ 12,2$	B. T.
Protoxyde d'azote..	$2(Az + O)$	22×2	$-\ 10,3 \times 2$	F et S [B].
Bioxyde d'azote....	$Az + O^2$	30	$-\ 21,6$	[B] T.
Acide azoteux......	$2(Az + O^3)$	38×2	$-\ 11,1 \times 2$	B.
Acide hypoazotique.	$Az + O^4$	46	$-\ 2,6$	B.
Acide azotique.....	$2(Az + O^5)$	54×2	$0,6 \times 2$	B.
Ac. azotique hydraté.	$Az + O^6 + H$	63	$34,4$	B.
Acide hypochloreux..	$2(Cl + O)$	$43,5 \times 2$	$-\ 7,6 \times 2$	T. [B].
Chlorure de soufre..	$2(S^2 + Cl)$	$67,5 \times 2$	$+\ 8,1 \times 2$	Og.
Acide sulfureux....	$2(S + O^2)$	32×2	$+\ 35,8 \times 2$	[B]. F et S.
Acide sulfurique...	$2(S + O^3)$	40×2	$+\ 48,2 \times 2$	B.
Acide sulfurique...	$2(SO^2 + O)$	80	$+\ 12.4 \times 2$	B.
Oxychlor. de soufre.	$2(SO^2 + Cl)$	135	$+\ 6,6 \times 2$	Og.
Ozone.............	$2(O + O^2)$	24×2	$-\ 14,8 \times 2$	B.
Acide carbonique...	$2(CO + O)$	22×2	$+\ 34,1 \times 2$	(²).
Oxychl. carbonique.	$2(CO + Cl)$	$19,5 \times 2$	$+\ 9,4 \times 2$	B.
Oxysulf. carbonique.	$2(CO + S)$	30×2	$-\ 1,8 \times 2$	B.
Acide cyanhydrique.	$C^2Az + H$	27	$+\ 7,8$	B.
Chlorure de cyanog.	$C^2Az + Cl$	$61,5$	$-\ 1,6$	B.
Hydrure d'éthylène.	$C^4H^4 + H^2$	30	$+\ 21,1$	B.
Hydr. de propylène.	$C^6H^6 + H^2$	44	$+\ 22,8$	B.
Bromure d'éthylène.	$C^4H^4 + Br^2$	188	$+\ 29,1$	B.
Éther glycolique...	$C^4H^4 + O^2$	44	$+\ 33,0$	B.
Aldéhyde..........	$C^4H^4 + O^2$	44	$+\ 65,9$	B.
Acide acétique.....	$C^4H^4 + O^4$	60	$+\ 13,3$	B.
Alcool............	$C^4H^4 + H^2O^2$	46	$+\ 16,9$	B.
Acide formique.......	$C^2O^2 + H^2O^2$	46	$+\ 3,1$	B.
	$C^2O^4 + H^2$	46	$-\ 5,8$	B.
Éther chlorhydrique	$C^4H^4 + HCl$	$64,5$	$+\ 31,9$	B.
Éther bromhydrique	$C^4H^5 + HBr$	109	$+\ 32,9$	B.
Éther iodhydrique..	$C^4H^5 + HI$	156	$+\ 39,0$	B.
Éther acétique.....	$C^4H^4 + C^4H^4O^4$	88	$+\ 13,2$	B.
Chlorure d'éthylidène.	$C^4H^2 + 2HCl$	97	$+\ 29,0 \times 2$	B. et Og.
Chlorh. d'amylène..	$C^{10}H^{10} + HCl$	$106,5$	$+\ 16,9$	B.
Bromh. d'amylène..	$C^{10}H^{10} + HBr$	151	$+\ 13,2$	B.
Iodh. d'amylène....	$C^{10}H^{10} + HI$	198	$+\ 10,6$	B.
Acide azotique.....	$AzO^5 + HO$	63	$-\ 5,3$	B.
Acide acétique.....	$C^4H^3O^3 + HO$	60	$-\ 10,0$	B.
Hydrate de chloral.	$C^4HCl^3O^2 + H^2O^2$	"	$-\ 2,0$	B.
Alcoolate de chloral.	$C^4HCl^3O^2 + C^4H^6O^2$	"	$+\ 1,6$	B.
Diamylène..........	$2\,C^{10}H^{10}$	140	$+\ 15,4$	B.
Benzine............	$3\,C^4H^2$	78	$+\ 171$	B.
Benzine par le dipropargyle.............	$C^{12}H^6$	78	$+\ 70,5$	B.
Aldéhyde par l'éther glycolique.........	$C^4H^4O^2$	44	$+\ 32,9$	B.

(¹) D. Hs. F et S. G. A. T. B. — (²) D. F et S. G. A. B. T.

TABLEAU II. — Formation des sels solides, depuis l'acide et la base anhydres, tous deux solides.

AZOTATES.		SULFATES.		AUTRES SELS	
$AzO^5 + HO$ (solide)..	+ 1,1	$SO^3 + HO$ (solide)..	+ 9,9	*(Phosphates).*	
$AzO^5 + KO$	+ 64,2	$SO^3 + KO$	+ 71,3	$\frac{1}{3}PO^5 + HO$ (solide)...	- 4,9
$AzO^5 + NaO$	+ 54,4	$SO^3 + NaO$	+ 61,7	Id. + NaO	- 39,8
$AzO^5 + BaO$	+ 40,7	$SO^3 + BaO$	+ 51,0	Id. + CaO	- 26,7
$AzO^5 + SrO$	+ 38,1	$SO^3 + SrO$	+ 47,8	*(Succinates).*	
$AzO^5 + CaO$	+ 29,6	$SO^3 + CaO$	+ 42,0	$\frac{1}{2}C^8H^4O^6 + HO$ (solide)	- 4,1
$AzO^5 + PbO$	+ 21,4	$SO^3 + PbO$	+ 30,4	Id. + NaO	+ 38,1
$AzO^5 + AgO$	+ 19,2	$SO^3 + ZnO$	+ 19,7		
(Iodates).		$SO^3 + CuO$	+ 19,5	*(Carbonates).*	
$IO^5 + KO$	+ 51,6	$SO^3 + AgO$	+ 28,0	CO^2 (solide) + KO....	- 40,3
$IO^5 + BaO$	+ 34,9			Id. + NaO...	- 34,9
				Id. + BaO...	- 25,0
				Id. + CaO...	- 18,7

TABLEAU III. — Formation des sels solides, depuis l'acide anhydre gazeux et la base solide.

NOMS.	ÉLÉMENTS.	CHALEUR dégagée.
Azotates............	$AzO^5 + KO$	+ 79,7
	$AzO^5 + NaO$	+ 60,9
	$AzO^5 + BaO$	+ 47,8
Azotites	$AzO^3 + BaO$	+ 33,8
Sulfates............	$SO^3 + KO$	+ 76,6
	$2SO^3 + KO$	+ 95,7
	$SO^3 + NaO$	+ 67,2
	$SO^3 + BaO$	+ 56,9
Sulfites	$SO^2 + KO$	+ 53,1
	$2SO^2 + KO$	+ 66,8
Acétates...........	$C^4H^3O^3 + KO$	+ 55,1
	$C^4H^3O^3 + NaO$	+ 47,0
	$C^4H^3O^3 + BaO$	+ 35,5
Carbonates	$CO^2 + KO$	+ 43,3
	$CO^2 + NaO$	+ 37,9
	$CO^2 + BaO$	+ 28,0
	$CO^2 + SrO$	+ 26,7
	$CO^2 + CaO$	+ 21,7
	$CO^2 + PbO$	+ 10,8
	$CO^2 + AgO$	+ 9,8

TABLEAU IV. — Formation des sels solides, depuis l'acide hydraté et la base hydratée, tous deux solides.

Acide + base = sel + eau solide.

La chaleur dégagée, S, offre cette propriété de ne pas varier sensiblement avec la températature, contrairement à ce qui arrive pour les réactions opérées sur les corps dissous (p. 179).

(*Annales de Chimie et de Physique*, 5ᵉ série, t. IV, p. 74.)

SYMBOLE des métaux.	AZOTATES AzO^6M.	FORMIATES C^2HMO^4.	ACÉTATES $C^4H^3MO^4$.	BENZOATES $C^{14}H^5MO^4$.	PICRATES $C^{12}H^2(AzO^4)^3MO^2$.	SULFATES SO^4M.	OXALATES $\frac{1}{2}(C^4M^2O^3)$.	TARTRATES $\frac{1}{2}(C^8H^4M^2O^{12})$.
K.....	+ 42,6	+ 25,5	+ 21,9	+ 22,5	+ 30,5	+ 40,7	+ 29,4	+ 27,1
Na....	+ 36,1	+ 22,3	+ 18,3	+ 17,4	+ 24,3	+ 34,7	+ 26,5	+ 22,9
Ba....	+ 31,7	+ 18,5	+ 15,2	"	"	+ 33,0	+ 20,8 (¹)	"
Sr....	+ 29,2	+ 16,7	+ 14,7	"	"	+ 29,5	+ 21,3 (¹)	"
Ca....	"	+ 13,5	+ 10,6	+ 8,2	"	+ 24,7	+ 18,9 (¹)	+ 16,7 (¹)
Mn...	"	+ 7,6	+ 4,5	"	"	+ 15,6	+ 13,2 (¹)	"
Zn....	"	+ 6,2	+ 3,3	PHÉNATE.	SUCCINATES.	+ 11,9	+ 11,5 (¹)	IODATES.
Cu ...	"	+ 5,4	+ 4,3	K + 17.7	$\frac{1}{2}K^2$ + 23,2	+ 10,5	"	K + 31,5
Pb....	+ 19,7	+ 9,1	+ 5,1		$\frac{1}{2}Na^2$ + 20,0	+ 19,9	+ 13,1	Ba + 25,6
Ag....	+ 18,0	"	+ 7,6	"		+ 17,9	+ 12,5	"

(¹) Ce nombre se rapporte au sel précipité, qui renferme de l'eau combinée.

TABLEAU V. — Formation des sels ammoniacaux solides.

NOMS.	COMPOSANTS.	CHALEUR dégagée.
1° Depuis l'acide hydraté solide et la base gazeuse.		
Azotate	$AzO^6H + AzH^3$	34,0
Formiate	$C^2H^2O^4 + AzH^3$	21,0
Acétate	$C^4H^4O^4 + AzH^3$	18,5
Benzoate	$C^{14}H^6O^4 + AzH^3$	17,0
Picrate	$C^{12}H^3(AzO^4)^3O^2 + AzH^3$	22,9
Sulfate	$SO^4H + AzH^3$	33,8
Oxalate	$\frac{1}{2}(C^4H^2O^8) + AzH^3$	24,4
Succinate	$\frac{1}{2}(C^8H^6O^8) + AzH^3$	19,7
2° Acide et base gazeux.		
Chlorhydrate	$HCl + AzH^3$	42,5
Bromhydrate	$HBr + AzH^3$	45,6
Iodhydrate	$HI + AzH^3$	44,2
Cyanhydrate	$HCy + AzH^3$	20,5
Sulfhydrate	$H^2S^2 + AzH^3$	23,0
Acétate	$C^4H^3O^4 + AzH^3$	26,0
Formiate	$C^2H^2O^4 + AzH^3$	29,0
Azotate	$AzO^6H + AzH^3$	41,9
Chlorh. de triméthylamine	$HCl + C^6H^9Az$	39,8
3° Depuis l'oxacide anhydre, l'eau et la base, tous trois gazeux.		
Azotate	$AzO^5 + HO + AzH^3$	47,1
Azotite	$AzO + HO + AzH^3$	33,7
Acétate	$C^4H^3O^3 + HO + AzH^3$	41,5
Sulfate	$SO^3 + HO + AzH^3$	45,1
Bicarbonate	$C^2O^4 + H^2O^2 + AzH^3$	30,4
Formiate	$C^2O^4 + H^2O^2 + AzH^3$	31,6
4° Depuis leurs éléments gazeux.		
Chlorhydrate	$Cl + H^4 + Az$	76,7
Bromhydrate	$Br(gaz) + H^4 + Az$	71,2
Iodhydrate	$I(gaz) + H^4 + Az$	56,0
Sulfhydrate	$S^2(gaz) + H^5 + Az$	42,4
Azotite	$O^4 + H^4 + Az^2$	64,8
Azotate	$O^6 + H^4 + Az^2$	87,9
Perchlorate	$Cl + O^8 + H^4 + Az$	79,7
Sulfate	$S + O^4 + H^4 + Az$	135,0
Chlorh. d'oxyammoniaque	$Cl + H^4 + Az + O^5$	70,8

TABLEAU VI. — Formation des principales combinaisons chimiques, les compo[...]

NOMS.	COMPOSANTS.	COMPOSÉS[...]
		Comp[...]
Acide chlorhydrique	$H + Cl$	$H\,Cl$
Perchlorure d'hydrogène	$H\,Cl$ conc. $+ Cl^2$	$H\,Cl^3$
Acide bromhydrique	$H + Br$	$H\,Br$
Acide iodhydrique	$H + I$	HI
Eau	$H + O$	HO
Bioxyde d'hydrogène	$H + O^2$	HO^2
	$HO + O$	HO^2
Acide sulfhydrique	$H + S$	HS
Persulfure d'hydrogène	$HS + S^n$	$HS^{n+\bullet}$
Ac. sélénhydrique (Se métall.)	$H + Se$	$H\,Se$
Ammoniaque	$H^3 + Az$	$Az\,H^3$
Oxyammoniaque	$Az + H^3 + O^2$	$Az\,H^3\,O^2$
Hydrogène phosphoré gazeux	$H^3 + P$	PH^3
Id. solide	$H + P^2$	$P^2\,H$
Id. arsénié gazeux	$H^3 + As$	$As\,H^3$
Bromhydrate d'hydrogène phosphoré	$PH^3 + H\,Br$	$PH^4\,Br$
Iodhydrate d'hydrogène phosphoré	$PH^3 + HI$	$PH^4\,I$
Protohydrure de carbone ou Acétylène (C diamant)	$C^2 + H$	$C^2\,H$
Bihydrure (éthylène) (C diamant)	$C^2 + H^2$	$C^2\,H^2$
Trihydrure (méthyle) id	$C^2 + H^3$	$C^2\,H^3$
Quadrihydrure (formène) id	$C^2 + H^4$	$C^2\,H^4$
Hydrogène silicé (Si amorphe)	$Si + H^4$	$Si\,H^4$
		Composés [...]
Protoxyde d'azote	$Az + O$	$Az\,O$
Acide hypoazoteux	$Az^2 + O^3$	$Az^7\,O^3$
Bioxyde d'azote	$Az + O^2$	$Az\,O^2$
Acide azoteux	$Az + O^3$	$Az\,O^3$
Acide hypoazotique	$Az + O^4$	$Az\,O^4$
Acide azotique anhydre	$Az + O^5$	$Az\,O^5$
Acide azotique hydraté	$Az + O^5 + HO$	$Az\,O^5,\ H[...]$
	$Az + O^6 + H$	$Az\,O^6\,H$
Acide azotique : 2e hydrate	$Az\,O^6\,H + 2\,H^2\,O^2$	$Az\,O^6\,H, 2\,H[...]$
Sulfure d'azote	$Az + S^2$	$Az\,S^2$
Acide hyposulfureux	$S^2 + O^3 + HO$	$S^2\,O^2,\ H[...]$
Acide hydrosulfureux	$S^2 + O^2 + HO$	$S^2\,O^3,\ H[...]$
Acide hyposulfurique	$S^2 + O^5 + HO$	$S^2\,O^5,\ H[...]$
Acide tétrathionique	$S^4 + O^5 + HO$	$S^4\,O^5,\ H[...]$

s composés étant pris, dans leur état actuel, à + 15 degrés. — Métalloïdes.

IVAL. omposé.	CHALEUR DÉGAGÉE, LE COMPOSÉ				AUTEURS.
	gazeux.	liquide.	solide.	dissous.	
rogénés.					
6,5	+ 22,0	//	//	- 39,9	T. B.
7,5	//	//	//	- 9,4	B.
1	+ 9,5	//	//	- 29,5	T. [B.]
8	— 6,2	//	//	- 13,2	T. B.
9	+ 29,1	+ 34,5	+ 35,2	//	D. Hs. F. et S. G. A. T. B.
7	//	//	//	- 23,7	F. et S. T. [B.]
7	//	//	//	- 10,8	Id.
7	+ 2,3	//	//	- 4,6	H. T.
//	//	— 2.6	//	//	Sab.
0,5	— 2,7	//	//	//	H.
7	+ 12,2	//	//	- 21,0	[B.] T.
3	//	//	//	+ 19,0	B.
4	+ 11,6	//	//	//	Og.
3	//	//	- 17,7	//	Og.
5	— 36,7	//	//	//	Og.
2	//	//	- 23,0	//	Og.
5	//	//	+ 24,0	//	Og.
3	— 30,5	//	//	//	[B.] T.
4	— 7,7	//	//	//	D. F. et S. A. T. [B.]
5	+ 2,85	//	//	//	B.
5	+ 18,5	//	//	//	D. F. et S. A. [B.] T.
2	+ 32,9	//	//	//	Og.
s et sulfurés.					
2	— 10,3	— 8,1	//	//	F. et S. T. [B.]
2	//	//	//	— 38,6	B. et Og.
0	— 21,6	//	//	//	B. T.
3	— 11,1	//	//	- 4,2	B.
5	— 2,6	+ 1,7	//	//	B.
4	— 0,6	+ 1,8	+ 5,9	- 14,3	B.
3	— 0,1	+ 7,1	+ 7,7	- 14,3	B.
4	+ 34,4	— 41,6	— 42,2	- 48,8	B.
0	//	— 5,0	//	//	B.
	//	//	— 32,3	+ 42,9	B. et Vie.
	//	//	//	+ 33,6	T.
	//	//	//	+ 42,9	B.
	//	//	//	+ 103,3	T.
	//	//	//	+ 101,3	T.

TABLEAU VI. (Suite.) — **Formation des principales combinaisons chimiques, les**

NOMS.	COMPOSANTS.	COMPOSÉ
Acide sulfureux.........................	$S + O^2$	SO^2
	$S + O^3$	SO^3
Acide sulfurique anhydre................	$SO^2 + O + HO$	SO^3, HO
	$S + O^3 + HO$	SO^3, HO
Acide sulfurique monohydraté...........	$S + O^4 + H$	$SO^4 H$
Acide sulfurique bihydraté.............	$SO^4 H + HO$	$SO^4 H, HO$
	$S^2 + O^7$	$S^2 O^7$
Acide persulfurique....................	$S^2 O^6 \text{diss.} + O$	$S^2 O^7$
Acide hypophosphoreux..................	$P + O + 3 HO$	$PO, 3 HO$
Acide phosphoreux......................	$P + O^3 + 3 HO$	$PO^3, 3 HO$
Acide phosphorique anhydre.............	$P + O^5$	PO^5
Acide phosphorique hydraté.............	$P + O^5 + 3 HO$	$PO^5, 3 HO$
Acide arsénieux........................	$As + O^3$	$As O^3$
Acide arsénique.......................	$As + O^5$	$As O^5$
Acide borique (B amorphe)..............	$B + O^3$	BO^3
Acide hypochloreux.....................	$Cl + O$	$Cl O$
Acide chlorique hydraté................	$Cl + O^5 + HO$	$Cl O^5, HO$
Acide perchlorique hydraté.............	$Cl + O^7 + HO$	$Cl O^7, HO$
Id. 2ᵉ hydrate..................	$Cl O^8 H + H^2 O^2$	$Cl O^8 H, H^2$
Id. 3ᵉ hydrate.................	$Cl O^8 H + 2 H^2 O^2$	$Cl O^8 H, 2 H^2$
Acide hypobromeux.....................	$Br + O$	$Br O$
Acide bromique.......................	$Br + O^5 + HO$	$Br O^5, HO$
Acide hypo-iodeux.....................	$I + O$	IO
Acide iodique anhydre.................	$I + O^5$	IO^5
Acide iodique hydraté.................	$I + O^5 + HO$	IO^5, HO
Acide periodique.....................	$I + O^7 + HO$	IO^7, HO
Acide carbonique. (C diamant.......... / C amorphe...........)	$C + O^2$	CO^2
Oxyde de carbone. (C diamant.......... / C amorphe...........)	$C + O$	CO
Oxychlorure carbonique. (C diamant.......... / C amorphe...........)	$C + O + Cl$	$CO Cl$
Id....................................	$CO + Cl$	$CO Cl$
Oxysulfure de carbone. (C diamant.......... / C amorphe...........)	$C + O + S$	$CO S$
Id....................................	$CO + S$	$CO S$
Sulfure de carbone. (C diamant.......... / C amorphe...........)	$C + S^2$	CS^2
Acide silicique. (Si amorphe.......... / Si cristallisé...........)	$Si + O^4$	$Si O^4$

...et les composés étant pris, dans leur état actuel, à + 15 degrés. — Métalloïdes.

ÉQUIVAL. du composé.	CHALEUR DÉGAGÉE, LE COMPOSÉ				AUTEURS.
	gazeux.	liquide.	solide.	dissous.	
32	+ 34,6	//	//	+ 38,8	F. et S. T. [B.]
40	+ 45,9	//	+ 51,8	+ 70,5	D. Hs F. et S. A. T. [B.]
49	//	+ 27,2	//	+ 36,0	Id.
49	//	+ 62,0	+ 62,4	+ 70,5	Id.
49	//	+ 96,5	+ 96,9	+ 105,0	Id.
58	//	+ 3,1	+ 4,5(¹)	//	B.
88	//	//	//	+ 126,6	B.
88	//	//	//	— 13,8	B.
66	//	+ 35,0	+ 37,4	+ 37,2	T.
82	//	+ 122,1	+ 125,1	+ 125,0	T.
71	//	//	+ 181,9	+ 202,7	T.
98	//	+ 197,5	+ 200,0	+ 202,7	T.
99	//	//	+ 77,3	+ 73,5	T.
15.	//	//	+ 109,7	+ 112,7	T.
85	//	//	+ 156,3	+ 159,9	B. Tr. et H.
43,5	— 7,6	//	//	— 2,9	B. T.
84,5	//	//	//	— 12,0	[B.] T.
30,5	//	— 15,4	//	+ 4,9	B.
18,5	//	+ 12,6	+ 8,6*	//	B.
36,5	//	//	+ 15,0	//	B.
88	//	//	//	— 6,2	B.
129	//	//	//	— 24,8	T. B.
85	//	//	//	< — 5,2	B.
67	//	//	+ 22,8	+ 21,9	T. B.
76	//	//	+ 24,3	+ 21,9	T. B.
92	//	//	//	+ 13,5	T.
22	+ 47	//	+ 50,0	+ 49,8	F. et S.
	+ 48,5	//	+ 51,5	+ 51,3	
14	+ 12,9	//	//	//	F. et S. G. A. T. [B.]
	+ 14,4	//	//	//	
49,5	+ 22,3	//	//	//	B.
	+ 23,8	//	//	//	
49,5	+ 9,4	//	//	2	B.
30	+ 9,8	//	//	//	B.
	+ 11,3	//	//	//	
30	— 3,1	//	//	//	B.
38	— 10,55	— 7,2	//	//	F. et S. [B.]
	— 9,05	— 5,7	//	//	
60	//	//	+ 219,2	+ 207,4	T. et H. B.
	//	//	+ 211,1	+ 199,3	

TABLEAU VII. — Formation des oxydes métalliques, d'après M. Thomsen ([1]).

NOMS.	COMPOSANTS.	ÉQUIVALENTS.	CHALEUR DÉGAGÉE.	
			État solide.	État dissous.
Potasse	$K + O$ (Beketoff)	47,1	$+ 48,6$	$+ 82,3$
	$K + O + HO$	56,1	$+ 69,8$	$+ 82,3$
	$K + H + O^2$		$+ 104,3$	$+ 116,8$
Soude	$Na + O$ (Beketoff)	31	$+ 50,1$	$+ 77,6$
	$Na + O + HO$	40	$+ 67,8$	$+ 77,6$
	$Na + H + O^2$		$+ 102,3$	$+ 112,1$
Ammoniaque (B.)	$Az + H^3 + 2HO$	35	$''$	$+ 21,0$
	$Az + H^3 + O^2$			$+ 90,0$
Chaux	$Ca - O$	28	$+ 66,0$	$+ 75,05$
	$Ca + O + HO$	37	$+ 73,5$	$+ 75,05$
	$Ca + H + O^2$	37	$+ 108,0$	$+ 109,55$
Strontiane	$Sr + O$	51,8	$+ 65,7$	$+ 79,1$
	$Sr + O + HO$	60,8	$+ 74,3$	$+ 79,1$
	$Sr + H + O^2$	60,8	$+ 108,8$	$+ 113,6$
Baryte	$Ba + O$	76,5	x	$x + 14,0$
Bioxyde de baryum (B.)	$BaO + O$	84,5	$+ 6,05$	$''$
Magnésie	$Mg + O + HO$	29	$+ 74,9$	$''$
	$Mg + H + O^2$		$+ 109,4$	$''$
Alumine	$Al^2 + O^3 + 3HO$	78,4	$+ 195,8$ ou $+ 65,3 \times 3$	$''$
Protoxyde de magnèse (hydraté)	$Mn + O$	35,5	$+ 47,4$	$''$
Bioxyde id. (hydraté)	$Mn + O^2$	43,5	$+ 58,1$	$''$
Acide permanganique (dissous)	$Mn^2 + O^7 + HO$	120	$''$	$+ 89$
Acide chromique	$Cr^2 O^3$ hydraté $+ O^3$	103	$+ 12,1$	$+ 11,0$ ([2]) ou $+ 3,7 \times 3$
Protoxyde de fer (hydraté)	$Fe + O$	36,0	$+ 34,5$	$''$
Peroxyde de fer (hydraté)	$Fe^2 + O^3$	80	$+ 95,6$ ou $+ 31,9 \times 3$	$''$
Oxyde magnétique (B.)	$Fe^3 + O^4$	116	$+ 134,5$ ou $+ 33,6 \times 4$	$''$
	$FeO + Fe^2 O^3$		$+ 4,5$	
Oxyde d'or (hydraté)	$Au^2 + O^3$	221	$- 5,6$	$''$
Oxyde de zinc anhydre	$Zn + O$	40,5	$+ 43,2$	$''$
Oxyde de zinc hydraté	$Zn + O + HO$	49,5	$+ 41,8$	$''$
Oxyde de cadmium (hydraté)	$Cd + O$	64	$+ 33,2$	$''$
Oxyde de plomb anhydre	$Pb + O$	111,5	$+ 25,5$	$''$
Oxyde de plomb hydraté	$Pb + O + HO$	120,5	$+ 26,7$	$''$
Protoxyde de plomb	$Cu^2 + O$	71,4	$+ 21,0$	$''$
Bioxyde de cuivre anhydre	$Cu + O$	39,7	$+ 19,2$	$''$
Bioxyde de cuivre hydraté	$Cu + O + HO$	48,7	$+ 19,0$	$''$
Protoxyde d'étain (hydraté)	$Sn + O$	67	$+ 34,9$	$''$
Bioxyde d'étain (hydraté)	$Sn + O^2$	75	$+ 67,9$	$''$
Protoxyde de mercure	$Hg^2 + O$	208	$+ 21,1$	$''$
Bioxyde de mercure (jaune)	$Hg + O$	108	$+ 15,5$	$''$
Oxyde d'argent	$Ag + O$	116	$+ 3,5$ ([2])	$''$
Sesquioxyde d'argent (B.)	$Ag^2 + O^3$	240	$+ 10,5$	$''$
Oxyde de bismuth (W.)	$Bi + O^3$	234	$+ 19,8$	$''$
Oxyde antimonique (D.)	$Sb + O^4$	154	$+ 124,3$	$''$

([1]) Les chaleurs de dissolution des alcalis sont empruntées à M. Berthelot. Sans modifier les bases expérimentales de M. Thomsen, on a fait subir à ses calculs, dans les Tableaux X et XI, les petits changements nécessaires pour les mettre en harmonie avec les autres données des présents Tableaux, telles que la chaleur de formation de l'eau : $+ 34,5$ au lieu de 34,7, et les chiffres du Tableau X.

([2]) Rectifié d'après B.

TABLEAU VIII. — Sels halogènes.

NOMS.	COMPOSANTS.	ÉQUI-VALENTS.	CHALEUR DÉGAGÉE. Sel solide.		Sel dissous.		AUTEURS.
Chlorure de potassium...	$K + Cl$	$+ 74,6$	$+105,0$		$+100,8$		T.
Id. de sodium......	$Na + Cl$	$+ 58,5$	$+ 97,3$		$+ 96,2$		T.
Id. d'ammonium...	$Az + H^3 + Cl$	$+ 53,5$	$+ 76,7$		$+ 73,7$		B.
Id. de strontium...	$Sr + Cl$	$+ 79,3$	$+ 92,3$		$+ 97,8$		T.
Id. de baryum...	$Ba + Cl$	$+104,0$	$x + 31,7$		$x + 32,7$		B.
			Br gaz.	liquide.	**Br** gaz.	liquide.	
Bromure de potassium...	$K + Br$	$+119,1$	$+100,4$	$+ 96,4$	$+ 95,0$	$+ 91,0$	T.
			I gaz.	solide.	**I** gaz.	solide.	
Iodure de potassium.....	$K + I$	$+166,1$	$+ 85,4$	$+ 80,0$	$+ 80,1$	$+ 74,7$	T.

TABLEAU IX. — Formation des sulfures métalliques (¹)

| NOMS. | COMPOSANTS. | ÉQUIVAL. | CHALEUR DÉGAGÉE, le composé étant | | AUTEURS. |
			solide.	dissous.	
Sulfure de potassium..	$K + S$	55,1	+ 51,1	+ 56,2	T. Sab.
Polysulfure id......	$KS + S^5$	103,1	+ 6,2	+ 2,6(²)	Sab.
Sulfhydrate id......	$KS + HS$ gaz.	72,1	+ 9,2	+ 2,9(²)	Sab.
Sulfure de sodium....	$Na + S$	39,0	+ 44,2	+ 51,6	T. Sab.
Polysulfure id......	$NaS + S^3$	87	+ 5,1	+ 2,5(²)	Sab.
Sulfhydrate de sodium.	$NaS + HS$ gaz.	56	+ 9,3	+ 3,9(²)	Sab.
Sulfure d'ammonium...	$Az + H^4 + S$	34	"	+ 28,4	B.
Sulfhydrate id.....	$Az H^4 S + HS$	51	"	+ 3,0(²)	B.
Id. id......	$Az + H^5 + S^2$solide	51	+ 39,8	+ 36,6	B.
Sulfure de strontium..	$Sr + S$	59,8	+ 47,6	+ 53,0	Sab.
Id. de calcium....	$Ca + S$	36	+ 46,0	+ 49,0	Sab.
Id. de baryum....	$Ba + S$	84,5	c — 15,6	"	Sab.
Id. de fer........	$Fe + S$	44	+ 11,9	"	B.
Id. de zinc.......	$Zn + S$	48,5	+ 21,5	"	B.
Id. de plomb....	$Pb + S$	119,5	+ 8,9	"	B.
Id. de cuivre(proto).	$Cu^3 + S$	79	+ 10,1	"	T.
Id. de cuivre......	$Cu + S$	47,5	+ 5,1	"	T.
Id. de mercure....	$Hg + S$	116	+ 9,9	"	B.
Id. d'argent.......	$Ag + S$	124	+ 1,5	"	B.

(¹) Ces nombres se rapportent au soufre solide; pour passer au soufre gazeux vers 448°, il suffirait d'y ajouter + 1,3. Vers 1000° la correction serait beaucoup plus forte (p. 58); mais elle n'est pas connue avec certitude. Les sulfures solides métalliques, à partir du manganèse, sont ici les sulfures précipités, aucune expérience n'ayant été faite sur les sulfures cristallisés.
(²) Composants dissous.

On peut tirer des Tableaux précédents certaines relations générales, que la chaleur, dégagée dans la formation des combinaisons, présente avec leur stabilité et leurs réactions ; avec les proportions multiples de leurs éléments ; avec la fonction et la famille chimique de ces éléments ; enfin avec leur masse elle-même, c'est-à-dire leur équivalent ou poids atomique.

Mais cette discussion ne saurait trouver place dans le cadre du présent Ouvrage ; je me bornerai à renvoyer au Mémoire que j'ai publié sur cette question (*Annales de Chimie et de Physique*, 5ᵉ série, t. XXI, p. 387 ; 1880) et à mon *Essai de Méc. chimique,* t. I, p. 344, 353, 358, 363, 367, 369, 381, 383, 404, 540 ; et t. II, p. 18, 88, 424, 469, etc.

TABLEAU X. — Formation des composés cyaniques d'après B.

NOMS.	COMPOSANTS.	COMPOSÉS.	ÉQUIVALENT du composé.	CHALEUR DÉGAGÉE, LE COMPOSÉ			
				gazeux.	liquide.	solide.	dissous.
Cyanogène............	C^2(diamant) + Az	C^2Az	26	— 37,3	"	"	— 33,9
	C^4 + Az^2	C^4Az^2	52	— 74,5	"	"	— 67,7
Acide cyanhydrique.....	C^2(diamant)Az + H	C^2AzH	27	29,5	— 23,8	"	— 23,4
	Cy gaz + H	CyH	27	+ 7,8	+ 13,5	"	+ 13,1
							+ 10,5 (Cy diss.)
Chlorure de cyanogène..	C^2(diamant) + Az + Cl	C^2AzCl	61,5	— 35,7	— 27,2	"	"
	Cy + Cl	CyCl	61,5	+ 1,6	+ 9.9	"	"
Cyanhydrate d'ammon...	C^2(diamant) + Az^2 + H^4	C^2AzH,AzH^3	44	"	"	+ 3,2	— 1,2
	Cy + Az + H^4	CyAm	44	"	"	+ 40,5	+ 36,1
Cyanure de potassium ..	C^2(diamant) + Az + K	C^2AzK	65,1	"	"	+ 30,3	+ 27,4
	Cy + K	CyK	65,1	"	"	+ 67,6	+ 64,7
Cyanure de sodium	Cy + Na	CyNa	49	"	"	+ 60,4	+ 59,9
Cyanure de mercure.....	C^2(diamant) + Az + Hg	C^2AzHg	126	"	"	- 25,4	— 26,9
	Cy + Hg	CyHg	126	"	"	+ 11,9	+ 10,4
Cyanate de potasse.....	C^2(diamant) + Az + K + O^2	C^2AzKO^2	81,1	"	"	+ 102,0	+ 96,8
	CyK + O^2	CyKO^2	81,1	"	"	+ 72,0	+ 69,7
Acide sulfocyanique (Jo).	Cy + S^2 + H	CyS^2H	59	"	"	"	+ 19,9
Sulfocyanate K (Jo)....	Cy + S^2 + K	CyS^2K	97,1	"	"	+ 87,8	+ 81,7
Sulfocyanate Na (Jo)...	Cy + S^2 + Na	CyS^2Na	95	"	"	"	+ 77,1
Sulfocyanate Am (Jo)...	Cy + S^2 + Az + H^4	CyS^2Am	72	"	"	- 59,1	+ 53,4
Id. Hg (Jo)...	Cy + S^2 + Hg	CyS^2Hg	158	"	"	+ 18,0	"
Acide ferrocyanhydrique.	3H Cy dissous + FeO pp / Fe + H^2 + 3Cy	Cy^3FeH^2	108	"	"	+ 53,4	+ 53,6
Ferrocyanure de potassium	3H Cy diss. + 2KO diss. + FeO pp / Fe + K^2 + Cy^3	Cy^3FeK^2	184,2	"	"	" / + 182,6	+ 39,3 / + 185,3 (KCy diss.)

TABLEAU XI. — Formation des principaux oxysels solides,
depuis leurs éléments pris dans leur état actuel.

NOMS.	ÉLÉMENTS.	ÉQUIVAL.	CHALEUR DÉGAGÉE.
	$Az + O^6 + K$	101,1	+ 118,7
	$Az + O^6 + Na$	85	+ 110,6
	$Az^2 + O^6 + H^4$	80	+ 87,9
Azotates	$Az + O^6 + Sr$	103,8	+ 109,8
	$Az + O^6 + Ca$	82	+ 101,2
	$Az + O^6 + Pb$	165,5	+ 52,8
	$Az + O^6 + Ag$	170	+ 28,7
	$S + O^4 + K$	87,1	+ 171,1
	$S + O^4 + Na$	71	+ 163,2
	$S + O^4 + H^4 + Az$	66	+ 142,9
	$S + O^4 + Sr$	91,8	+ 164,7
	$S + O^4 + Ca$	68	+ 160,0
Sulfates	$S + O^4 + Mg$	60	+ 150,6
	$S + O^4 + Mn$	75,5	+ 123,8
	$S + O^4 + Pb$	151,5	+ 107,0
	$S + O^4 + Zn$	80,5	+ 114,4
	$S + O^4 + Cu$	79,7	+ 90,2
	$S + O^4 + Ag$	156	+ 82,9
Bisulfate	$S^2 + \quad + K$	127,1	+ 236,0
Hyposulfate	$S^2 + O^6 + K$	119,1	+ 205,7
Sulfite	$S + O^3 + K$	79,1	+ 136,3
Bisulfite	$S^2 + O^5 + K$	111,1	+ 184,6
Hyposulfite	$S^2 + O^3 + K$	95,1	+ 133,4
	$Cl + O^6 + K$	122,6	+ 94,6
	$K Cl + O^6$	"	− 11,0
Chlorates	$Cl + O^6 + Na$	106,5	+ 85,4
	$Na Cl + O^6$	"	− 12,3
	$Ba Cl + O^6$	152,1	− 12,6
Bromate	$Br\,gaz + O^6 + K$	167,1	+ 87,6
	$K Br + O^6$	"	− 11,1
Iodate	$I\,gaz + O^6 + K$	214,1	+ 128,4
	$K I + O^6$	"	+ 44,1
	$Cl + O^8 + K$	138,6	+ 112,5
	$K Cl + O^8$	"	+ 7,5
Perchlorates	$Cl + O^8 + Na$	122,1	+ 110,2
	$Na Cl + O^8$	"	+ 3,0
	$Ba Cl + O^8$	168,1	+ 1,1
	$Cl + O^8 + Az + H^4$	117,5	+ 79,7
Phosphates	$P + O^8 + Na^3$	164	+ 451,6
	$P + O^8 + Ca^3$	155	+ 460,6
	$C + O^3 + K$	69,1	+ 138,9
Carbonates	$C + O^3 + Na$	53	+ 135,1
(carbone diamant.)	$C + O^3 + Sr$	73,8	+ 139,4
	$C + O^3 + Ca$	50	+ 134,7

TABLEAU XI (suite). — **Formation des principaux oxysels solides,
depuis leurs éléments pris dans leur état actuel.**

NOMS.	ÉLÉMENTS.	ÉQUIVAL.	CHALEUR DÉGAGÉE.
Carbonates.............. (Carbone diamant.)	$C + O^3 + Mg$	42	$+ 133,8$
	$C + O^3 + Mn$	57,5	$+ 104,0$
	$C + O^3 + Pb$	133,5	$+ 83,2$
	$C + O^3 + Zn$	62,5	$+ 97,1$
	$C + O^3 + Ag$	138	$+ 60,2$
Bicarbonates..............	$C^2 + O^5 + K + H$	100,1	$+ 232,8$
	$C^2 + O^5 + Na + H$	84	$+ 227,0$
	$C^2 + O^5 + Az + H^4$	79	$+ 205,6$
Formiates.............. (même remarque.)	$C^2 + H + K + O^4$	84,1	$+ 154,8$
	$C^2 + H + Na + O^4$	68	$+ 149,6$
Acétates.............. (même remarque.)	$C^4 + H^3 + K + O^4$	98,1	$+ 184,9$
	$C^4 + H^3 + Na + O^4$	82	$+ 179,2$
	$C^4 + H^7 + Az + O^4$	77	$+ 159,6$
Oxalates.............. (même remarque.)	$C^4 + K^2 + O^8$	166,2	$+ 323,6$ ou $161,8 \times 2$
	$C^4 + Na^2 + O^8$	134	$+ 313,8$ ou $156,9 \times 2$
	$C^4 + H^6 + Az^2 + O^9$	124	$+ 272,4$ ou $+ 136,5$
	$C^4 + Ag^2 + O^8$	304	$+ 158,5$ ou $79,2 \times 2$
Chromates..............	$Cr^2 O^3 pp + O^3 + K^2$	174,2	$+ 206,7$
	$Cr^2 O^3 pp + O^5 + Na^2$	142	$+ 190,3$
Bichromates..............	$Cr^2 O^3 pp + O^4 + K$	147,1	$+ 115,5$
	$Cr^2 O^3 pp + O^4 — Az + H^4$	126	$+ 85,4$

SELS ACIDES.

NOMS.	ÉLÉMENTS.	ÉQUIVAL.	CHALEUR DÉGAGÉE.
Bisulfates..............	$SO^3 + SO^4 K = S^2 O^7 K$	127,1	$+ 13,1$
	$SO^4 H \, sol. + SO^4 K$	136,1	
	$= S^2 O^8 KH$	"	$+ 7,5$
	$SO^4 H \, sol. + SO^4 Na$	120	
	$= S^2 O^8 Na H$	"	$+ 8,1$
Bichromate..............	$Cr O^3 + Cr O^4 K$	147,1	$+ 1,9$

HYDRATES.

NOMS.	ÉLÉMENTS.	ÉQUIVAL.	CHALEUR DÉGAGÉE.
Hydrates..............	$KO + HO$	47,1	$+ 21,2$
	$Na O + HO$	40	$+ 17,8$
	$Ba O + HO$	85,6	$+ 8,8$
	$Sr O + HO$	60,8	$+ 8,6$
	$Ca O + HO$	37	$+ 7,55$

TABLEAU XII. — **Chaleur dégagée par la combustion d'un corps quelconque, au moyen de divers agents oxydants.**

NOM DE L'AGENT OXYDANT.	FORMULES.	ÉQUI-VALENTS.	CHALEUR DÉGAGÉE.
Oxygène libre.............	O	8	A Calories
Oxyde de cuivre..........	CuO	39,7	$A—19,2$
Oxyde de plomb..........	PbO	111,5	$A—25,5$
Protoxyde d'étain........	SnO	67	$A—34,9$
Bioxyde d'étain..........	$\frac{1}{4}SnO^2$	37,5	$A—34,0$
Oxyde d'antimoine........	$\frac{1}{4}SbO^4$	38,1	$A—31,1$
Oxyde de mercure........	HgO	108	$A—15,5$
Oxyde de bismuth.... ...	$\frac{1}{3}BiO^3$	78	$A— 6,6$
Oxyde d'argent..........	AgO	116	$A— 3,5$
Protoxyde d'azote........	AzO	22	$A+10,3$
Bioxyde d'azote..........	$\frac{1}{4}AzO^2$	15	$A+10,8$
Acide hypoazotique liquide.	$\frac{1}{4}AzO^4$	11,5	$A— 0,4$
Acide azotique liquide. ...	$\frac{1}{5}AzO^6H$ (1)	12,6	$A— 1,4$
Azotate de potasse........	$\frac{1}{8}AzO^6K$ (2)	20,2	$A— 5,4$ ou bien $A—2,5$
Azotate de soude..........	$\frac{1}{5}AzO^6Na$ (3)	17	$A— 4,4$ ou bien $A—2,3$
Azotate de strontiane......	$\frac{1}{5}AzO^6Sr$ (4)	21,2	$A— 5,4$
Azotate de baryte.........	$\frac{1}{5}AzO^6Ba$ (5)	26,1	$A— 5,5$
Azotate de plomb.........	$\frac{1}{6}AzO^6Pb$ (6)	28,9	$A— 8,8$
Azotate d'argent...........	$\frac{1}{6}AzO^6Ag$ (7)	34	$A— 4,8$
Azotate d'ammoniaque.....	$\frac{1}{2}AzO^6AzH^4$ (8)	40	$A+25,0$
Chlorate de potasse.......	$\frac{1}{6}ClO^6K$ (9)	20,4	$A+ 1,8$
Perchlorate de potasse.....	$\frac{1}{8}ClO^8K$ (10)	17,3	$A— 0,9$
Bioxyde de manganèse....	MnO^2 (11)	43,5	$A—10,7$
Bichromate de potasse....	$\frac{1}{3}Cr^2O^7K$ (12)	49,1	$A— 7,9$

(1) On suppose que l'hydrogène se sépare à l'état d'eau liquide.

(2) A — 5,4 répond à la formation du carbonate de potasse; A — 2,6, à celle du bicarbonate. On suppose que le corps combustible, composé défini ou mélange, renferme assez de carbone pour transformer tout le potassium en carbonate. La quantité A répond à la combustion de cette même dose de carbone par l'oxygène libre, formant de l'acide carbonique.

(3) Mêmes hypothèses pour la soude.

(4) Mêmes hypothèses pour la strontiane.

(5) Mêmes hypothèses pour la baryte.

(6) On suppose le plomb réduit à l'état métallique.

(7) Même hypothèse pour l'argent.

(8) On suppose que l'hydrogène se sépare à l'état d'eau liquide.

(9) On suppose le potassium et le chlore unis sous forme de chlorure, dans le résidu.

(10) Même hypothèse.

(11) On suppose le manganèse changé en protoxyde.

(12) Mêmes hypothèses que pour l'azotate de potasse.

TABLEAU XIII. — Décompositions multiples d'un composé explosif,
par M. Berthelot.

AzO^6H, AzH^3 solide [1] =	EAU	
	liquide.	gazeuse.
$Az^2O^2 + 2H^2O^2$..................	+ 29,5	— 10,2
$Az^2 + O^2 + 2H^2O^2$..............	+ 50,1	— 30,7
$Az + AzO^2 + 2H^2O^2$............	+ 28,5	— 9,2
$\frac{4}{3}Az + \frac{2}{3}AzO^3 + 2H^2O^2$............	"	— 23,3
$\frac{3}{2}Az + \frac{1}{2}AzO^4 + 2H^2O^2$............	+ 48,8	— 29,5
$\frac{2}{5}AzO^6H + \frac{8}{5}Az + \frac{18}{5}HO$............	+ 52,7	— 33,4
$AzO^6H + AzH^3$ (tous gaz)...........	"	— 41,3

[1] Si le sel était fondu, ces nombres devraient être accrus de + 1 environ.

TABLEAU XIV. — Formation des principaux sels, dans l'état dissous ou précipité, au moyen des acides dissous (1 équiv. dissous dans 2 litres ou 4 litres de liqueurs) vers 15 degrés, d'après **MM**. Berthelot et Thomsen.

BASES.	CHLORURES HCl 1 éq. = 2 l.	AZOTATES AzO^6H 1 éq. = 2 l.	ACÉTATES $C^4H^4O^4$ 1 éq. = 2 l.	FORMIATES $C^2H^2O^4$ 1 éq. = 2 l.	OXALATES $\frac{1}{2}C^4H^2O^8$ 1 éq. = 2 l.	SULFATES SO^4H 1 éq. = 2 l.	SULFURES HS 1 éq. = 8 l.	CYANURES CyH 1 éq. = 2 l.	CARBONATES CO^3 1 éq. = 15 l.
NaO ([1])	13,7	13,7	13,3	13,4	14,3	15,85	3,85	2,9	10,3
KO	13,7	13,8	13,3	13,4	14,3	15,7	3,85	3,0	10,1
AzH^3	12,45	12,5	12,0	11,9	41,7	14,5	3,1	1,3	5,3
CaO ([2])	14,0	13,9	13,4	13,5	18,5	15,6	3,9	3,2	9,8
BaO ([3])	13,85	13,9	13,4	13,5	16,7	18,4	//	3,2	11,1
SrO ([4])	14,0	13,9	13,3	13,5	17,6	15,4	//	3,1	10,5
MgO ([5])	13,8 ([7])	13,8	//	//	//	15,6	//	//	9,0
MnO ([5])	11,8	11,7	11,3	10,7	14,3	13,5	5,1	//	6,8
FeO	10,7	//	9,9	//	//	12,5	7,3	//	5,0
NiO	11,3	//	//	//	//	13,1	//	//	//
CoO	10,6	//	//	//	//	13,3	//	7,2	//
CdO	10,1	10,1	//	//	//	11,9	//	7,3	//
ZnO	9,8	9,8	8,9	9,1	12,5	11,7	9,6	//	5,5
PbO	7,7 ([7])	7,7	6,5	6,6	12,8	10,7	13,3	//	6,7
	10,7 ([6])	//	//	//	//	//	//	//	//
CuO	7,5	7,5	6,2	6,6	//	9,2	15,8	//	2,4
HgO	9,45 ([8])	//	3,0	//	7,0	//	24,35	15,5	//
AgO	+20,1 ([10])	5,2	4,7	//	12,9	7,2	27,9	20,9	6,9
$\frac{1}{3}Al^2O^3$	9,3	//	//	//	//	10,5	//	//	//
$\frac{1}{3}Fe^2O^3$	5,9	5,9	4,5	//	//	5,7	//	//	//
$\frac{1}{3}Cr^2O^3$	6,9	//	//	//	//	8,2	//	//	//

([1]) 1 équiv. = 2 litres. — ([2]) 1 équiv. = 25 litres. — ([3]) 1 équiv. = 6 litres. — ([4]) 1 équiv. = 10 litres. — ([5]) Précipité ; observation qui s'applique aux oxalates et aux carbonates te roux et métalliques, ainsi qu'aux oxydes et sulfures métalliques. — ([6]) Cristallisé. — ([7]) 1 équiv. = 4 litres ; ce qui s'applique à tous les sels formés par des oxydes insolubles. — ([8]) Très étendu. — ([9]) HgCl solide : +11,0 ; HBr étendu ; Hg Br diss. : +13,7 ; solide +15,4 ; HI étendu, HgI rouge : +23,2. — ([10]) HBr étendu + AgO : +22,5 à +25,5 ; HI étendu + AgO : +26,5 d'abord, puis +23,1.

La chaleur dégagée dans la formation des sels métalliques varie notablement avec la concentration ; il en est de même pour les sels ammoniacaux formés par les acides faibles et pour les alcoolates alcalins. La formation des bromures et iodures solubles dégage

en général la même quantité de chaleur que la formation des chlorures correspondants. Il en est de même des azotates, chlorates,
bromates, hyposulfates solubles. La formation des sels solubles de
lithine et d'oxyde de thallium dégage la même chaleur que celle
des sels de soude correspondants.

En général, les sels solubles formés par l'union d'une même base
avec les acides forts dégagent des quantités de chaleur très voisines
les unes des autres, comme le montre le Tableau XIV. Il en résulte
que l'on peut prévoir, dans une certaine mesure, la chaleur dégagée
par l'union de cette base avec un acide dont on connaît à peu près
la force relative.

De même les bases alcalines, alcalino-terreuses et jusqu'à la
magnésie, en formant des sels solubles par leur union avec un
même acide, dégagent des quantités de chaleur fort voisines les
unes des autres, et il en est de même, si l'on compare entre eux
les sels solubles des oxydes formés par les métaux proprement dits,
facilement oxydables, tels que le manganèse, le fer, le nickel, le
cobalt, le zinc, le cadmium.

TABLEAU XIV. — Chaleur dégagée dans la formation des composés organiques

NOMS.	COMPOSANTS.	POIDS moléculai[re]
Carbures.		
Carbone amorphe changé en diamant....	C^2	12
Oxyde de carbone......................	$C^2 + O^2$	28
Acide carbonique......................	$C^2 + O^4$	44
Acétylène.............................	$2(C^2 + H)$	26 ou 13 >
Éthylène	$2(C^2 + H^2)$	28 ou 14 >
Méthyle (hydrure d'éthylène)...........	$2(C^2 + H^3)$	30 ou 15 >
Formène..............................	$C^2 + H^4$	16
Amylène..............................	$C^{10} + H^{10}$	70 ou 14 >
Diamylène.	$2(C^{10} + H^{10})$	140
Benzine..............................	$C^{12} + H^6$	78
Dipropargyle.........................	$2(C^6 + H^3)$	78
Naphtaline...........................	$C^{20} + H^8$	128
Térébenthène liquide..................	$C^{20} + H^{16}$	136
Anthracène...........................	$C^{28} + H^{10}$	178
Alcools.		
Alcool méthylique.	$C^2 + H^4 + O^2$	32
Alcool ordinaire..	$C^4 + H^6 + O^2$	46
Phénol...............................	$C^{12} + H^6 + O^2$	94
Glycol...............................	$C^4 + H^6 + O^4$	62
Glycérine.............................	$C^6 + H^8 + O^6$	92
Mannite et dulcite....................	$C^{12} + H^{14} + O^{12}$	182
Glucose et isomères...................	$C^{12} + H^{12} + O^{12}$	180
Éther ordinaire.......................	$C^8 + H^{10} + O^2$	74
Polyglucosides (saccharose, amidon, cellulose), etc	$n(C^{12} + H^{12} + O^{12})$ $- m\,H^2 O^2$	180 n. $-18\,m$
Aldéhyde.............................	$C^4 + H^4 + O^2$	44
Acétone..............................	$C^6 + H^6 + O^2$	58

(1) Les chaleurs de combustion sont connues à 1 ou 2 centièmes près. Les chaleurs de formation, qui [...] absolu de la chaleur de combustion. On admet : C^2 diamant $+ O^4 = C^2 O^4 : + 94,0$.

éléments : carbone diamant, hydrogène gazeux, oxygène gazeux, azote gazeux,

CHALEUR DÉGAGÉE le composé étant				AUTEURS.	CHALEUR de combustion [1] à pression constante (état actuel).
gazeux.	liquide	solide.	dissous.		
				Carbures.	
"	"	+ 3,0	"	F. et S.	97
- 25,8	"	"	"	B.	68,2
- 94	"	+100,1	+ 99,6	F. et S.	"
- 61,1	"	"	"	[B.] T.	318,1
- 15,4	"	"	"	[B.] D. F. et S. A. T.	341,4
- 5,7	"	"	"	[B.] T.	389,3
- 18,5	"	"	"	B. D. F. et S. A. T.	213,5
- 5,4	+ 10,6	"	"	F. et S.	804,4
- 26,1	+ 33,0	"	"	B.	1597
- 12,0	— 5,0	— 2,7	"	[B.] T.	776
- 82,8	"	"	"	B. et Og.	853,6 (gaz)
"	"	— 42,0	— 37,4	Rech.	1258
8,6	+ 17	"	"	F. et S. D.	1475
"	"	—115	"	Rech.	1776
				Alcools.	
- 53,6	+ 62	"	+ 64,0	F. et S.	170
- 60,7	+ 70,5	"	+ 73,0	[B.] D. A. F. S.	324,5
"	+ 34	+ 36,3	+ 32,0	F. et S.	737
"	+111,7	"	+113,4	L.	283
"	+165,5	+169,4	+164	L.	392,5
"	"	+290	+285 (Man.)	Rech.	753 à 760
"	"	+269	+167 (Gluc.)	Rech.	709 à 701
+ 65,3	+ 72	"	+ 78	[B.] D. F. et S.	649
"	"	+269 n — 69 m	(Approximatif)	Rech.	$n \times$ (709 à 726)
+ 50,5	+ 56,5	"	+ 60,1	B. et Og.	269,5
+ 57,5	+ 65	"	+ 67,5	F. et S.	424

", sont affectées d'une probabilité d'erreur égale à la valeur de cette approximation, rapportée au chiffre

TABLEAU XV. (Suite et fin.) — Chaleur dégagée dans la formation de[s]
oxygène g[...]

NOMS.	COMPOSANTS.	POIDS moléculai[re]
Acides.		
Acide formique.....................	$C^2 + H^2 + O^4$	46
Id. acétique.....................	$C^4 + H^4 + O^4$	60
Id. margarique.....................	$C^{32} + H^{32} + O^4$	256
Id. stéarique.....................	$C^{36} + H^{36} + O^4$	284
Id. benzoïque.....................	$C^{14} + H^6 + O^4$	122
Id. oxalique.....................	$C^4 + H^2 + O^8$	90
Id. tartrique.....................	$C^8 + H^6 + O^{12}$	150
Éthers.		
Éthers composés formés par les acides organiques.....................	Acide + Alcool — eau	"
Trioléine.....................	$C^{114} + H^{104} + O^{12}$	884
Éther azotique.....................	$C^4 + H^5 + Az + O^6$	91
Nitroglycérine.....................	$C^6 + H^5 + Az^3 + O^{18}$	227
Nitromannite.....................	$C^{12} + H^8 + Az^6 + O^{36}$	432
Comp[...]		
Oxamide solide.....................	$C^4 + H^4 + Az^2 + O^4$	88
Fulminate de mercure.....................	$C^4 + Az^2 + Hg^2 + O^4$	284
Poudre-coton.....................	$C^{18} + H^{29} + Az^{11} + O^{81}$	1143
Collodion.....................	$C^{48} + H^{31} + Az^9 + O^{76}$	1053
Nitrobenzine.....................	$C^{12} + H^5 + Az + O^4$	123
Binitrobenzine.....................	$C^{12} + H^4 + Az^2 + O^8$	168
Acide picrique.....................	$C^{12} + H^3 + Az^3 + O^{14}$	229
Picrate de potasse.....................	$C^{12} + H^2 + K + Az^3 + O^{14}$	267
Picrate d'ammoniaque.....................	$C^{12} + H^6 + Az^4 + O^{14}$	246
Cyanogène.....................	$2(C^2 + Az)$	26×2 ou
Acide cyanhydrique.....................	$C^2 + Az + H$	27
Nitrate de diazobenzol.....................	$C^{12} + H^5 + Az^3 + O^6$	167

organiques depuis leurs éléments : carbone diamant, hydrogène gazeux,
gazeux, etc.

CHALEUR DÉGAGÉE (le composé étant)				AUTEURS.	CHALEUR de combustion à pression constante (état actuel).
gazeux.	liquide.	solide.	dissous.		
Acides.					
+ 88,2	+ 93,0	-95,5	--93,1	B.	7o (liq.)
+121,5	+126,6	129,1	--127,0	B.	199,4 (liq.)
"	"	+233	"	F. et S.	2385
"	"	+126	"	Rech.	{ 2808 (2759 F. et S.)
"	"	+ 54	-- 47,5	Rech.	811
"	"	-197	--194,7	B. Rech.	6o
"	"	+372	+368,7	Rech.	211
Éthers.					
"	(Approxim. = chaleur dégagée dans la formation de l'acide + chaleur de formation de l'alcool — chaleur de formation de l'eau — 2,0 pour chaque équivalent d'alcool.	"	"	B.	(Somme des chaleurs de combustion de l'acide et de l'alcool +2,0; approximativement.
"	+228	."	"	D.	8718
"	+ 49,3	"	+- 5o,3	B.	311
"	+ 98	"	"	B.	356,5
"	"	+149	"	Sa. et Vie.	691
otés.					
"	"	+140	"	B.	286
"	"	+ 62,9	"	B. et Vie.	250,9 (Hg libre
"	"	+624	"	Sa. et Vie.	633
"	"	+696	"	B.	2629,5
"	+ 4,2	+ 6,9	"	B.	732
"	"	-- 12,7	"	B.	689
"	"	+- 49,1	+ 41,0	Sa. et Vie.	618,4
"	"	+117,5	+107,5	Sa. et Vie.	619,7 (bicarb. K
"	"	+ 80,1	+ 71,4	Sa. et Vie.	690,9
— 74,5	"	"	— 67,7	B.	262,5
— 29,5	— 23,8	"	— 23,4	B.	158 (Cy gaz)
"	"	— 47,4	"	B. et Vie.	782,9

TABLEAU XVI. — Formation des aldéhydes et des acides organiques par oxydation.

NOMS.	COMPOSANTS.	COMPOSÉS.	CHALEUR dégagée.	ÉTAT PHYSIQUE du composé.

1° *Avec les carbures d'hydrogène.*

NOMS.	COMPOSANTS.	COMPOSÉS.	CHALEUR dégagée.	ÉTAT PHYSIQUE du composé.
Aldéhyde éthylique....	$C^4H^4 + O^2$	$C^4H^4O^4$	$+ 65,9$ $+ 71,9$	gaz. liquide.
Aldéhyde orthopropylique..............	$C^6H^6 + O^2$	$C^6H^6O^4$	$+ 87,3$ $+ 83,3$	liquide. liquide.
Aldéhyde isopropylique.				
Acide acétique.......	$C^4H^4 + O^4$	$C^4H^4O^4$	$+133,2$ $+138,3$ $+133,9$	gaz. liquide. solide.
Acide propionique. ...	$C^6H^6 + O^4$	$C^6H^6O^4$	$+153,3$	liquide.
Acide oxalique.......	$C^4H^2 + O^8$	$C^4H^2O^8$	$+258$	solide.
Acide acétique........	$C^4H^2 + O^2 + H^2O^2$	$C^4H^4O^4$	$+118,7$ $+121,2$	liquide. solide.
Acide formique.......	$C^2H^4 + O^4$	$C^2H^2O^4 + H^2O^2$	$+128,9$ $+143,5$ $+147,3$	gaz. liquide. solide.

2° *Avec les aldéhydes.*

NOMS.	COMPOSANTS.	COMPOSÉS.	CHALEUR dégagée.	ÉTAT PHYSIQUE du composé.
Acide acétique........	$C^4H^4O^2 + O^2$	$C^4H^4O^4$	$+ 67,3$ $+ 66,4$	Tous corps gazeux. État actuel.
Acide propionique.....	$C^6H^6O^2 + O^2$	$C^6H^6O^4$	$+ 74,0$	État actuel.

3° *Avec les alcools.*

NOMS.	COMPOSANTS.	COMPOSÉS.	CHALEUR dégagée.	ÉTAT PHYSIQUE du composé.
Acide formique liquide.	$C^2H^4O^2 + O^4$	$C^2H^2O^4 + H^2O^2$	$+100$	État actuel.
Acide acétique liquide.	$C^4H^6O^2 + O^4$	$C^4H^4O^4 + H^2O^2$	$+125,1$	Id.
Acide valérique liquide.	$C^{10}H^{12}O^2 + O^4$	$C^1H^{10}O^4 + H^2O^2$	$+131$	Id.
Acide margarique solide..............	$C^{32}H^{34}O^2 + O^4$	$C^{32}H^{32}O^4 + H^2O^2$	$+180$	Id.
Acide oxalique solide..	$C^4H^6O^2 + O^{10}$ $C^4H^4O^4 + O^6$	$C^4H^2O^8 + 2H^2O^2$ $C^4H^2O^8 + H^2O^2$	$+261$ $+139,4$	Id.

TABLEAU XVII. — Divers composés organiques.

NOMS.	COMPOSANTS.	COMPOSÉS.	ÉQUI-VALENT.	CHALEUR dégagée.
Formation des amides par les sels ammoniacaux.				
Amide formique.....	$C^2H^2O^4$, AzH^3 (diss.).	$C^2H^1AzO^2$ (dissous).	45	— 1,0
Nitrite formique ou acide cyanhydrique	$C^2H^2O^4$, AzH^3 (diss.).	C^2HAz (dissous)....	27	— 10,4
Oxamide....	$C^4H^2O^8$, $2AzH^3$ (crist.).	$C^4H^4Az^2O^4$ (solide).	88	— 1,2×2
Formation des corps isomères et polymères.				
Diamylène.........	$2C^{10}H^{10}$ { liquide.... gazeux.... gazeux....	$C^{20}H^{20}$ { liquide..... liquide..... gazeux.....	140 140 140	+ 11,8 + 22,3 + 15,4
Benzine............	$3C^4H^2$ (action réelle)	$C^{12}H^6$ gaz..........	78	+171
Dipropargyle........	{ $3C^4H^2$ (act. théorique) $C^{12}H^6$ (Benzine, idem)	$C^{12}H^6$ gaz..........	78	+100,5 — 70,5

TABLEAU XVIII. — Formation des dérivés nitriques.

Composé organique $+ AzO^6H$ liquide $=$ Dérivé nitrique $+ H^2O^2$ liquide.

NOMS.	COMPOSÉS.	ÉQUI-VALENTS.	CHALEUR dégagée.
Éther nitrique (B.)........	$C^4H^4(AzO^6H)$	91	+ 6,2
Nitroglycérine (B.)........	$C^6H^2(AzO^6H)^3$	227	+ 4,7×3
Nitromannite (B.).........	$C^{12}H^2(AzO^6H)^6$	453	+ 3,9×6
Poudre-coton (B.)........	$C^{18}H^{18}O^{18}(AzO^6H)^{11}$	1143	+11,4×11
Nitrobenzine (B.)..........	$C^{12}H^5(AzO^4)$	123	+36,6
Binitrobenzine (B.)........	$C^{12}H^4(AzO^4)^2$	168	+36,2×2
Acide picrique (phénol tri-nitré) (Sa. et Vic.)......	$C^{12}H^3(AzO^4)^3O^2$	229	+34,0×3
Benzine chloronitrée (B.)..	$C^{12}H^4Cl(AzO^4)$	157,5	+36,4
Acide nitrobenzoïque (B.)..	$C^{14}H^5(AzO^4)O^4$	167	+36,6
Naphtaline nitrée (Tr. et H.).	$C^{20}H^7(AzO^4)$	173	+36,5
Toluène nitré (Tr. et H.)...	$C^{14}H^7(AzO^4)$	137	+38,0

TABLEAU XIX. — Chaleur de fusion des éléments et de quelques-uns de leurs composés.

NOMS.	FORMULES.	ÉQUIV.	TEMPÉRAT. de fusion.	CHALEUR de fusion.	AUTEUR.
			°	C	
Brome....................	Br	80	— 7,3	— 0,13	R.
Iode....................	I	127	— 113,6	— 1,49	R.
Soufre....................	S	16	— 113,6	— 0,15	P.
Phosphore....................	P	31	— 44,2	— 0,15	P.
Mercure....................	Hg	100	— 39,5	— 0,28	P.
Plomb....................	Pb	103	+ 335	— 0,53	P.
Bismuth....................	Bi	210	+ 265	— 2,6	P.
Étain....................	Sn	59	+ 235	— 0,84	P.
Gallium....................	Ga	35	+ 30	— 0,66	B.
Cadmium....................	Cd	56	+ 500	— 0,65	P.
Argent....................	Ag	108	+ 954	— 0,23	P.
Platine....................	Pt	98,6	+ 1775	— 2,68	Vi.
Palladium....................	Pd	53	+ 1500	— 1,9	Vi.
Eau....................	HO	9	0,0	— 0,715	Ds.
Chlorure d'iode....................	I Cl	126,5	25	— 2,3	B.
Acide azotique anhydre.......	AzO^5	54	+ 29,5	— 4,14	B.
Acide azotique monohydraté...	AzO^5, HO	63	+ 47	— 0,6	B.
Acide sulfurique monohydraté.	SO^3, HO	49	+ 8	— 0,43	B.
Id. bihydraté....	SO^4H, HO	58	8,8	— 1,84	B.
Naphtaline....................	$C^{20}H^8$	128	+ 79	— 4,6	Al.
Glycérine....................	$C^6H^8O^6$	92	+ 17	— 3,9	B.
Acide formique....................	$C^2H^2O^4$	46	+ 8,2	— 2,43	B.
Acide acétique....................	$C^4H^4O^4$	60	+ 17	— 2,5	B.
Benzine....................	$C^{12}H^6$	78	+ 4,5	— 2,27	Pett.
Benzine nitrée....................	$C^{12}H^5AzO^4$	123	+ 3,0	— 2,74	Pett.
Phénol....................	$C^{12}H^6O^2$	94	+ 42	— 2,34	Pett.
Azotate de soude....................	AzO^5, NaO	85	+ 333,5	— 5,5	P.
Azotate de potasse....................	AzO^5, KO	101	+ 306	— 4,9	P.

TABLEAU XX. — Chaleur de volatilisation (chaleur latente) des éléments et de leurs principaux composés, rapportés à un même volume gazeux (22^{lit}, 32), sous la pression atmosphérique.

NOMS.	FORMULES.	POIDS molécul.	CHALEUR latente.	AUTEURS.
Brôme (liquide).....................	Br^2	160	7,2	R.
Iode (liquide)......................	I^2	254	6,0	F.
Soufre (liquide)	S^1	64	4,6	F.
Mercure (liquide)...................	Hg^2	200	15,4	F.
Eau...............................	H^2O^2	18	9,65	R.
Ammoniaque	AzH^3	17	4,4	R.
Protoxyde d'azote	$2AzO$	44	4,4	F.
Acide hypoazotique.................	AzO^4	46	4,3	B.
Acide azotique anhydre (liquide)....	$2AzO^5$	108	4,8	B.
Acide azotique hydraté..............	AzO^6H	63	7,25	B.
Acide sulfureux.....................	$2SO^2$	64	6,2	F.
Acide sulfurique anhydre (solide)...	S^2O^6	80	11,8	B.
Acide carbonique (solide)...........	$2CO^2$	44	6,1	F.
Sulfure de carbone.................	$2CS^2$	76	6,4	R.
Acide cyanhydrique.................	C^2AzH	27	5,7	B.
Chlorure de cyanogène.............	C^2AzCl	61,5	8,3	B.
Amylène...........................	$C^{10}H^{10}$	70	5,25	B.
Diamylène.........................	$C^{20}H^{20}$	140	6,9	B.
Benzine...........................	$C^{12}H^6$	78	7,2	R.
Térébenthène......................	$C^{20}H^{16}$	136	9,4	R.
Alcool méthylique..................	$C^2H^2(H^2O^2)$	32	8,45	R.
Alcool ordinaire...................	$C^4H^4(H^2O^2)$	46	9,8	R.
Aldéhyde..........................	$C^4H^4O^2$	44	6,0	B.
Acétone...........................	$C^6H^6O^2$	58	7,5	R.
Acide formique....................	$C^2H^2O^4$	46	4,8	B. et Og.
Acide acétique....................	$C^4H^4O^4$	60	5,1	B. et Og.
Éther éthylacétique...............	$C^4H^4(C^4H^4O^4)$	88	10,9	R.
Éther ordinaire....	$C^4H^4(C^4H^6O^2)$	74	6,7	R.

Le calcul des pressions exercées au moment de la décomposition des matières explosives exige, non seulement la connaissance de la chaleur dégagée par la transformation, mais aussi la connaissance de la chaleur spécifique des produits de l'explosion et celle de leur volume. Il est également nécessaire de savoir la chaleur spécifique des corps composants, afin de connaître les effets d'un certain échauffement sur ces corps. Enfin le volume qu'ils occupent sous un poids donné, lequel se déduit de leur densité, joue un rôle essentiel dans l'évaluation de la densité de changement et de la pression spécifique (p. 59). C'est ce qui m'a engagé à donner les Tableaux suivants.

TABLEAU XXI. — **Chaleurs spécifiques des substances que l'on peut observer dans l'étud des matières explosives. — Gaz.**

NOMS.	FORMULES.	POIDS molécu-laire.	CHALEUR SPÉCIFIQUE à pression constante, rapportée	
			à 1 gramme.	au poids moléculaire (sous le volume 22^l,32).
Hydrogène	H^2	2	3,41	6,82 (^{1})
Oxygène	O^4	32	0,217	6,96
Azote	Az^2	28	0,244	6,82
Chlore	Cl^2	71	0,121 (0-200°)	8,58
Oxyde de carbone	C^2O^2	28	0,245	6,86
Bioxyde d'azote	AzO^2	30	0,232	6,96
Protoxyde d'azote	Az^2O^2	44	0,226 (0-200°)	9,94
Acide carbonique	C^2O^4	44	0,215 (0-200°)	9,50
Acide sulfureux	S^2O^4	64	0,154 (0-200°)	9,86
Vapeur d'eau	H^2O^2	18	0,48 (128°-220°)	8,64
Gaz chlorhydrique	HCl	36,5	0,185	6,75
Gaz sulfhydrique	H^2S^2	34	0,243	8,30
Gaz ammoniac	AzH^3	17	0,535 (0-200°)	9,11
Formène	C^2H^4	16	0,593 (0-200°)	9,5
Éthylène	C^4H^4	28	0,404 (0-200°)	11,3

(^{1}) Ces nombres expriment de petites calories. On en déduit les chaleurs spécifiques à volume constant, en en retranchant la valeur constante 2,0.

TABLEAU XXII. — Chaleurs spécifiques des substances que l'on peut observer dans l'étude des matières explosives. — Solides et Liquides.

NOMS.	FORMULES.	ÉQUIV.	CHALEUR SPÉCIFIQUE rapportée	
			à 1 gramme.	au poids équivalent.
Éléments.				
Soufre................	S	16	0,203 solide	3,2
			0,234 liquide (120°-150°)	3,7
Phosphore.............	P	31	0,19 solide	5,9
			0,20 liquide	6,3
Arsenic................	As	75	0,081	6,1
Antimoine.............	Sb	122	0,051	6,2
Bismuth...............	Bi	210	0,031	6,5
Étain.................	Sn	59	0,055	3,3
Carbone..............	C^2	12	0,202 graphite, coke	2,4
			0,241 bois calciné	2,9
Fer..................	Fe	28	0,114	3,2
Zinc.................	Zn	32,5	0,096	3,1
Cuivre...............	Cu	31,5	0,095	3,0
Mercure..............	Hg	100	0,033	3,3
Plomb................	Pb	103,5	0,0314	3,3
Argent...............	Ag	108	0,334	6,2
Platine...............	Pt	98,5	0,324	3,2
Or...................	Au	98,5	0,324	3,2
Oxydes.				
Magnésie..............	MgO	20	0,244	5,0
Oxyde de chrome.......	Cr^2O^3	76	0,19	14,5
Alumine..............	Al^2O^3	51	0,217	11,2
Oxyde de fer..........	Fe^2O^3	80	0,16	13,1
Oxyde de zinc.........	ZnO	40,5	0,13	5,4
Oxyde de cuivre.......	CuO	39,5	0,14	5,7
	Cu^2O	71	0,11	7,7
Oxyde de plomb.......	PbO	111,5	0,051	5,7
Silice................	SiO^4	60	0,195	11,7
Bioxyde d'étain........	SnO^2	75	0,093	14,0
Chlorures et Sulfures.				
Chlorhydrate d'ammon..	AzH^3, HCl	53,5	0,373	20
Chlorure de potassium...	KCl	74,6	0,173	12,9
Id. sodium.....	$NaCl$	58,5	0,214	12,5
Id. baryum	$BaCl$	104	0,090	9,3
Id. calcium	$CaCl$	55,5	0,164	9,2
Id. d'argent....	$AgCl$	143,5	0,091	13,1
Sulfure de potassium....	KS	55,1	//	8,9 [1]
Id. de sodium.......	NaS	38	//	8,9 [1]
Id. de fer...........	FeS	44	0,136	6,0
Cyanoferrure de potassium sec.	$C^6Az^3FeK^2$	211	0,28	59

[1] Évaluation théorique.

TABLEAU XXII. (Suite.) — Chaleurs spécifiques des substances que l'on peut observer dans l'étude des matières explosives. — Solides et Liquides.

NOMS.	FORMULES.	ÉQUIV.	CHALEUR SPÉCIFIQUE rapportée	
			à 1 gramme.	au poids équivalent.
Azotates.				
Azotate de potasse......	AzO^6K	101	0,239 solide / 0,332 liquide	24,2 / 33,5
Id. soude.......	AzO^6Na	85	0,2-8	23,7
Id. baryte.......	AzO^6Ba	130,5	0,15	19,0
Id. strontiane...	AzO^6Sr	105,8	0,18	19,1
Id. plomb.......	AzO^6Pb	165,5	0,11	18,2
Id. argent.......	AzO^6Ag	170	0,143	24,4
Id. ammoniaque.	AzO^6H, AzH^3	80	0,455	36,4
Sulfates et Chromates.				
Sulfate de potasse.......	SO^4K	87	0,190	16,6
Id. soude........	SO^4Na	71	0,229	16,2
Id. chaux........	SO^4Ca	68	0,18	12,7
	SO^4Ba	116,6	0,11	12,6
Id. id.	SO^4Sr	91,8	0,14	12,4
	SO^4Mg	60	0,22	13,3
Id. cuivre........	SO^4Cu	80,5	0,134	14,1
Hyposulfite de potasse...	S^2O^3K	95	0,20	18,7
Id. de soude....	S^2O^3Na	79	0,221	17,5
Chromate de potasse....	CrO^4K	97	0,19	27,6
Bichromate.............	Cr^2O^7K	147	0,187	18,2
Chromate de plomb. ...	CrO^4Pb	161	0,09	14,5
Carbonates.				
Carbonate de potasse....	CO^3K	69,1	0,21	15,0
Id. soude.....	CO^3Na	53	0,27	14,5
Id. chaux.....	CO^3Ca	50	0,209	10,5
Id. baryte	CO^3Ba	98,5	0,11	10,7
Id. plomb.....	CO^3Pb	134	0,145	10,7
Chlorates.				
Chlorate de potasse......	ClO^6K	122,6	0,21	25,7
Perchlorate.............	ClO^8K	138,6	0,19	26,3
Eau, Acides, Composés organiques.				
Eau.................	HO	9	1 liquide / 0,50 solide	9 / 4,5
Acide azotique..........	AzO^5, HO	63	0,445 liquide	28
Acide sulfurique	SO^3, HO	49	0,34 liquide	16,7
Benzine..............	$C^{12}H^6$	78	0,44 liquide	34,0
Alcool..............	$C^4H^6O^2$	46	0,595 vers 20°	27,3
Glycérine..............	$C^6H^8O^6$	92	0,591	54,4
Mannite...	$C^{12}H^{14}O^{12}$	182	0,324	59,1
Sucre de cannes........	$C^{24}H^{22}O^{22}$	342	0,301	103

Les chaleurs spécifiques des composés solides peuvent être calculées approximativement, d'après la somme de celles de leurs éléments; celles-ci étant prises, non avec les valeurs réelles qu'ils possèdent à l'état libre, mais avec les valeurs calculées par M. Kopp d'après la moyenne des valeurs observées pour leurs composés.

Il a obtenu ainsi les valeurs empiriques que voici, rapportées aux poids équivalents (p. 30) :

$6,4$ pour K, Li, Na, Rb, Tl, Ag, As, Bi, Sb, Br, I, Cl;

$5,4$ pour P;

$5,0$ pour F;

$3,8$ pour Si (28);

$3,2$ pour Al, Au, Ba, Sr, Ca, Cd, Co, Cr, Cu, Fe, Hg, Ir, Mg, Mn, Ni, Os, Pb, Pd, Pt, R, Sn, Ti, Mo, N, Zn, Se, Te, Az;

$2,7$ pour S (16); B (11);

$2,3$ pour H;

$2,0$ pour O (8);

$1,8$ pour C^2 (12).

TABLEAU XXIII. — Densités et volumes moléculaires de quelques corps.

NOMS.	SYMBOLES.	ÉQUIV.	DENSITÉ.	VOLUME moléculaire.
Soufre..................	S	16	2,04	cc 7,9
Carbone...............	C	6	3,5 diamant 2,27 graphite 1,57 carb.amorphe	1,7 2,7 3,8
Cuivre................	Cu	31,6	8,94	3,5
Plomb................	Pb	103,5	11,4	9,1
Argent................	Ag	108	10,47	10,3
Fer...................	Fe	28	7,8	3,6
Étain................	Sn	59	7,3	8,1
Mercure...............	Hg	100	13,59	7,35
Zinc..................	Zn	32,5	6,9	4,7
Oxyde de plomb........	PbO	111	9,36	11,9
Id. d'étain..........	SnO^2	75	6,71	11,2
Id. de chrome.......	Cr^2O^3	79	5,2	15
Alumine...............	Al^2O^3	51,5	3,5 à 4,1	15 à 12,5
Silice.................	SiO^4	60	2,65	23
Chlorure de potassium..	KCl	74,6	1,94	38
Id. de sodium.....	$NaCl$	58,5	2,15	27
Id. de baryum.....	$BaCl$	104,6	3,70	28
Id. de strontium ..	$SrCl$	79,3	2,80	28
Chlorhydrate d'ammon..	AzH^3, HCl	53,5	1,53	35
Azotate de potasse.......	AzO^6K	101,1	2,06	49
Id. de soude........	AzO^6Na	85	2,20	39
Id. de baryte........	AzO^6Ba	130,5	3,18	41
Id. de plomb...... .	AzO^6Pb	165,5	4,40	38
Id. d'argent........	AzO^6Ag	170	4,35	39
Id. d'ammoniaque...	AzO^6H, AzH^3	80	1,71	41
Carbonate de potasse....	CO^3K	69,1	2,26	31
Id. de soude......	CO^3Na	53	2,46	21,5
Id. de baryte.....	CO^3Ba	98,5	4,30	23
Id. de strontiane .	CO^3Sr	73,8	3,62	20
Id. de chaux.....	CO^3Ca	50	2,71	18
Sulfate de potasse......	SO^4K	87,1	2,66	33
Id. de soude........	SO^4Na	17	2,63	27
Id. de baryte.......	SO^4Ba	116,5	4,45	26
Id. de strontiane....	SO^4Sr	91,8	3,59	26
Id. de chaux........	SO^4Ca	68	2,93	23
Chlorate de potasse.....	ClO^6K	122,6	2,33	52,6
Bichromate............	Cr^2O^7K	147	2,69	55
Sucre de canne	$C^{24}H^{22}O^{22}$	342	1,59	215

CHAPITRE III.

APPAREILS CALORIMÉTRIQUES.

§ 1. — Généralités.

1. C'est avec le calorimètre à eau que j'ai effectué presque toutes les mesures des quantités de chaleur dégagées ou absorbées dans mes expériences. Il se prête fort bien aux déterminations qui concernent les matières explosives. Cet instrument, employé par Dulong et par Regnault, et que M. Thomsen met également en œuvre, me paraît celui qui offre les garanties de l'exactitude la plus grande. En effet, les quantités que l'on y détermine se rapprochent d'aussi près que possible de la définition théorique de la calorie; tandis que le calorimètre à glace de Lavoisier et Laplace, aussi bien que celui de M. Bunsen, et le calorimètre à mercure de Favre et Silbermann, déterminent des quantités différentes, telles que les poids de l'eau liquéfiée ou les dilatations de certains liquides. La relation de ces quantités avec la calorie doit être évaluée séparément, par un système d'expériences spéciales, et elle est exposée à varier incessamment, suivant les conditions du milieu ambiant. On rencontre donc dans l'emploi de ces instruments toutes les incertitudes des mesures indirectes.

2. Je vais décrire l'instrument dont je me sers : les conditions de son emploi sont d'une extrême simplicité et susceptibles d'être reproduites aisément par tous les chimistes et physiciens qui voudront exécuter des expériences semblables. Les mesures effectuées sont plus promptes d'ailleurs et le calcul en est plus aisé que dans aucune autre méthode.

Pour la discussion complète du procédé, la vérification des thermomètres, et les dispositions spéciales à certaines expériences, je renverrai à mon *Essai de Mécanique chimique,* où ces sujets sont traités plus complètement.

§ 2. — Description du calorimètre.

Mon appareil se compose de trois parties fondamentales, savoir :
Un calorimètre ;
Un thermomètre ;
Une enceinte.
Le dessin ci-contre donnera une idée suffisante de l'appareil
(réduction au cinquième).

Fig. 19.

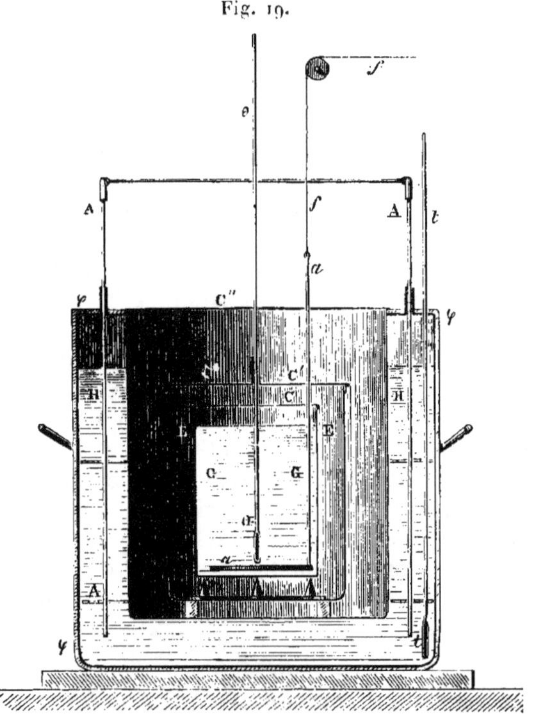

Calorimètre de M. Berthelot avec ses enceintes.

CC, calorimètre de platine. — C, son couvercle. — θθ, thermomètre calorimétrique. — EE, enceinte argentée. — C′, son couvercle. — HH, double enceinte
de fer-blanc, remplie d'eau. — C″, son couvercle. — AA, son agitateur. — tt, son
thermomètre. — φφ, enveloppe de feutre épais appliquée sur l'enceinte de fer-
blanc.

2. Le *calorimètre* proprement dit se compose d'un vase de platine,
de laiton ou de verre, à parois très minces, en forme de gobelet,

pourvu de divers accessoires et posé sur trois pointes de liège. Décrivons-le avec détail.

Dans la plupart de mes expériences, j'ai employé un vase de platine cylindrique, capable de contenir 600ᶜᶜ de liquide et même un peu plus. Il a 0ᵐ,120 de hauteur sur 0ᵐ,085 de diamètre et pèse 63ᵍʳ,43.

Il est pourvu d'un *couvercle* de platine, agrafé à baïonnette sur les bords du vase cylindrique, et percé de divers trous pour le passage du thermomètre, de l'agitateur, de tubes adducteurs destinés aux gaz ou aux liquides, etc. Ce couvercle pèse 12ᵍʳ,18.

Il ne sert que dans certaines expériences, le calorimètre étant le plus souvent découvert.

Dans les expériences où l'équilibre de température est presque instantané, on peut supprimer le couvercle et l'agitateur et employer le thermomètre lui-même pour agiter le liquide; ce qui simplifie les opérations.

Dans ces conditions, le calorimètre est très simple, comme on peut en juger. Réduit en eau, il vaut de 3ᵍʳ à 4ᵍʳ, suivant les pièces accessoires; c'est-à-dire que sa masse calorimétrique ne surpasse pas la deux-centième partie de la masse des liquides aqueux qu'il renferme : cette circonstance est très favorable à la précision des expériences.

3. J'ai encore mis en œuvre plusieurs autres calorimètres de platine : l'un jaugeant 1ˡⁱᵗ, qui a servi pour la plupart des expériences de détonation faites sur les gaz; l'autre de 2ˡⁱᵗ,5.

Dans certaines expériences, où il était nécessaire d'éviter complètement le contact de l'air, j'ai employé comme calorimètres des fioles de verre, jaugeant 700ᶜᶜ à 800ᶜᶜ; toujours en les plaçant dans la même enceinte protectrice.

Ces instruments fournissent des mesures d'autant plus exactes qu'ils sont plus grands; mais à la condition de consommer des poids de matières de plus en plus considérables : ce qui limite l'emploi des grands instruments. Au contraire, les petits sont de plus en plus sujets aux corrections du refroidissement; lesquelles sont négligeables avec les calorimètres d'un demi-litre et au-dessus, pour la durée d'une expérience ordinaire (une à deux minutes), et toutes les fois que les excès de température demeurent inférieurs à 2°.

3. *Agitateur*. — Dans les expériences où l'agitation de l'eau du calorimètre, au moyen du thermomètre, était insuffisante, ou offrait quelque difficulté, j'ai employé un agitateur de forme spéciale,

agitateur supérieur à ceux usités jusqu'à présent, parce qu'il mêle plus complètement toutes les couches d'eau, avec une moindre dépense de forces.

Mon agitateur (*fig.* 20) se compose de quatre larges lames hélicoïdales A, A′, A″, A‴, très minces, inclinées à 45º environ sur la verticale et normales à la surface interne du cylindre employé

Fig. 20.

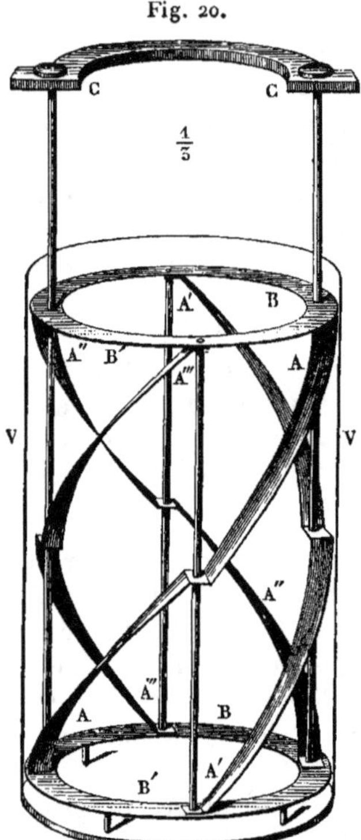

Agitateur hélicoïdal.

comme calorimètre. Elles sont assemblées sur un cadre, formé de deux anneaux horizontaux, B, B′, qui terminent ce cadre à ses extrémités, et de quatre fortes tiges verticales; le tout en platine ou en laiton, suivant les besoins.

Les lames, larges de $0^m,010$ environ, et les anneaux, de même diamètre, sont disposés de façon à former un ensemble concentrique à un vide cylindrique intérieur; ensemble enveloppé lui-même et presque touché par le vase cylindrique VV, qui constitue mon calorimètre.

Deux des tiges verticales se prolongent de o, 15 environ au-dessus du calorimètre, et sont réunies, à leur partie supérieure, par une demi-bague de bois, CC, d'une largeur et d'une épaisseur convenables. D'autre part, l'anneau inférieur est muni de quatre petits pieds ou prolongements, longs de quelques millimètres et disposés de façon à faire reposer l'agitateur sur leurs bouts arrondis, au fond du calorimètre.

Voici le tout, figuré au centre du calorimètre (*fig.* 20).

Dans le vide cylindrique, entouré par l'agitateur, on place le thermomètre et les appareils convenables.

Pour se servir de cet agitateur, on saisit à la main, ou avec un appareil mécanique (tourne-broche, moteur hydraulique, moteur électromagnétique, etc.), la demi-bague de bois ; on soulève l'agitateur de quelques millimètres et on lui imprime un mouvement horizontal et rotatoire autour de son axe vertical : ce mouvement est alternatif et comprend un arc de 30° à 35°. Par suite, l'eau du calorimètre se trouve chassée vers le centre et à toutes les hauteurs à la fois, étant poussée brusquement par les lames hélicoïdales, qui frappent l'eau sous un angle de 45° avec la verticale.

Le degré de perfection que l'on réalise ainsi dans le mélange des couches, et la promptitude avec laquelle on atteint ce résultat, même avec un faible effort et un mouvement peu rapide, sont surprenants.

En outre, l'agitateur, ne sortant pas continuellement du liquide, comme il arrive pour les agitateurs mus de haut en bas, n'expose pas à l'évaporation, très sensible, que ceux-ci provoquent, ni aux causes d'erreur qui en résultent.

4. Le calorimètre qui vient d'être décrit peut être employé dans des conditions extrêmement variées et dont il serait trop long de reproduire ici le détail. On le trouvera dans mon *Essai de Mécanique chimique* et dans mes Mémoires. Quelques-uns des appareils spéciaux employés pour effectuer les réactions chimiques dans l'intérieur de ce calorimètre seront décrits d'ailleurs dans les Chapitres suivants, à l'occasion des expériences pour lesquelles ils ont été construits.

§ 3. — Détonateur ou bombe calorimétrique.

1. Cependant je donnerai ici les appareils que j'ai mis en œuvre pour mesurer par détonation, soit la chaleur de combustion des gaz hydrocarburés, soit en sens inverse la chaleur de formation

1.

des gaz comburants, tels que le protoxyde et le bioxyde d'azote ; les appareils employés n'étant pas décrits dans l'Ouvrage précité.

2. La méthode consiste à mélanger, dans un vase convenable, le gaz ou la vapeur combustible avec la proportion d'oxygène strictement nécessaire pour le brûler exactement ; ou même avec un léger excès d'oxygène, quand cet excès n'est pas nuisible ; puis à déterminer l'explosion du mélange, en vase clos, et à volume constant. Le détonateur a été placé à l'avance dans un calorimètre, et l'on mesure la chaleur produite. En procédant ainsi, la combustion dure une fraction de seconde seulement ; elle est toujours totale, du moins pour les gaz proprement dits ; enfin la mesure calorimétrique s'effectue dans un temps aussi court que possible, c'est-à-dire dans les conditions de la plus grande exactitude.

3. On déduit de cette mesure, à l'aide du calcul, la chaleur dégagée par la combustion totale du gaz, simple ou composé. Si l'on connaît, d'autre part, la somme des quantités de chaleur dégagées par la combustion des éléments, lorsque le gaz est composé, il suffit de retrancher de cette somme la chaleur de combustion dudit gaz composé, pour obtenir la chaleur même de formation de ce gaz, au moyen de ses éléments.

Par exemple, le gaz des marais, C^2H^4, pris sous le poids de 16^{gr}, dégage, en brûlant sous pression constante : $213^{Cal},5$; or ses éléments dégagent respectivement : pour $C^2 = 12^{gr}$, pris dans l'état de diamant : 94^{Cal}.

Et pour $H^4 = 4^{gr}$: 138^{Cal}.

On en conclut que la formation du gaz des marais, au moyen de ses éléments,

$$C^2 \text{ (diamant)} + H^4 = C^2H^4, \text{ dégage} : +94 + 138 - 213,5 + 18^{Cal},5.$$

4. La même méthode m'a permis de mesurer en sens inverse la chaleur de formation du bioxyde d'azote, employé comme comburant. Ce gaz, mêlé d'hydrogène, ne détone pas sous l'influence de l'étincelle électrique ; mais il détone avec violence, lorsqu'il est mélangé avec l'éthylène ou le cyanogène. J'ai donc opéré un tel mélange, dans les proportions strictement nécessaires pour la combustion totale, je l'ai fait détoner dans mon appareil et j'ai mesuré la chaleur dégagée.

La même expérience a été faite avec les mêmes gaz combustibles et l'oxygène pur.

Cela fait, il suffit de retrancher la chaleur dégagée dans le premier cas de celle qui est produite dans le second, pour obtenir la chaleur même de formation du bioxyde d'azote par ses éléments; sans qu'aucune donnée, autre que ces deux-là, intervienne dans cette évaluation. On trouve ainsi un nombre négatif, soit — $21^{Cal},6$ pour

$$Az + O^2 = Az\,O^2\ (30^{gr});$$

c'est-à-dire que la combustion d'un corps oxydable, opérée par le bioxyde d'azote, dégage plus de chaleur que la même combustion opérée par l'oxygène pur.

Ainsi le bioxyde d'azote est formé avec absorption de chaleur depuis ses éléments : il renferme plus d'énergie que l'oxygène et l'azote qui le constituent. Cette circonstance est capitale, car elle explique la puissance comburante des composés oxygénés de l'azote.

5. Ceci posé, je vais décrire les appareils employés et donner quelques types d'expériences, pour caractériser la méthode.

Voici les figures des appareils. Ils se rattachent à deux modèles, la bombe ellipsoïdale et la bombe demi-cylindrique : le mode de clôture de ces deux modèles est un peu différent. Mais l'introduction des gaz, leur extraction, l'inflammation et la mesure de la chaleur dégagée s'opèrent toujours de la même manière.

La *fig.* 21 représente la bombe calorimétrique qui a servi à mes premières mesures. Sa capacité est de 218^{cc}, sa valeur en eau de 51^{gr}.

Elle est formée d'un récipient B'B' et d'un couvercle BB (*fig.* 22), assemblés par un pas de vis muni d'oreilles O, O ; tous deux en tôle d'acier épaisse de $2^{mm},5$. Ils ont été recouverts à l'intérieur, par la galvanoplastie, d'une très épaisse couche d'or, pesant 22^{gr} environ, laquelle a résisté à toutes les détonations.

A l'origine, j'avais fait platiner la bombe à l'intérieur, par la galvanoplastie; mais le platine ainsi déposé ne résiste pas à un emploi prolongé. Au bout d'un certain nombre d'opérations, le platine est soulevé, ou éliminé pendant les nettoyages, et le fer, mis à nu, s'oxyde pendant les détonations; surtout lorsqu'il y a formation d'eau. Aussi ai-je renoncé complètement au platinage galvanoplastique.

Le poids de l'or fixé à l'intérieur doit être déterminé par des pesées spéciales; afin de pouvoir en évaluer la valeur en eau, simultanément avec celle de l'acier.

La surface extérieure de la bombe a été nickelée, toujours par voie galvanique, pour la rendre moins oxydable.

Fig. 21.

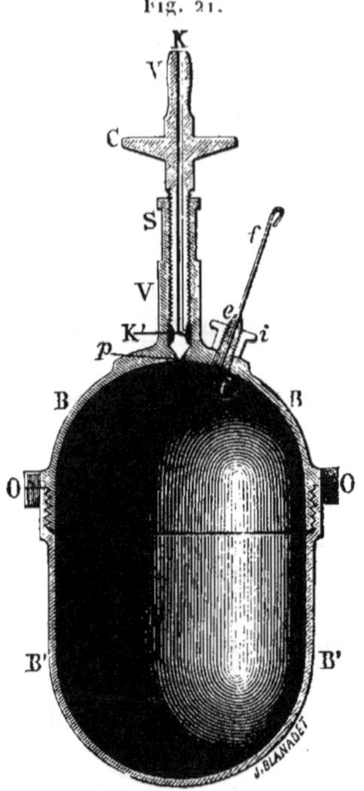

Bombe calorimétrique (coupe).

Le couvercle porte latéralement un ajutage d'ivoire isolant i,

Fig. 22.

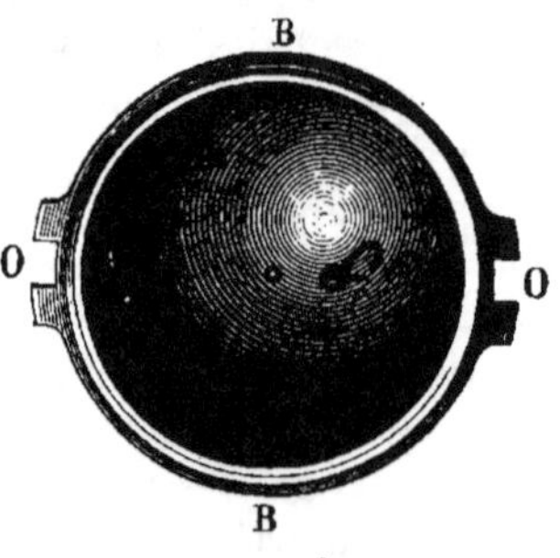

Couvercle.

traversé par un fil de platine ff, lequel est pourvu d'un petit pas de vis, qui l'assujettit dans l'ivoire. C'est par ce fil que l'on fait passer l'étincelle électrique.

Dans chaque expérience, avant de fermer l'appareil, on ajuste un petit disque de mica, percé au centre, à la surface de l'ivoire, afin de protéger celui-ci contre la flamme de l'explosion.

Les gaz sont introduits d'abord, puis extraits à la fin, avec le con-

Fig. 23.

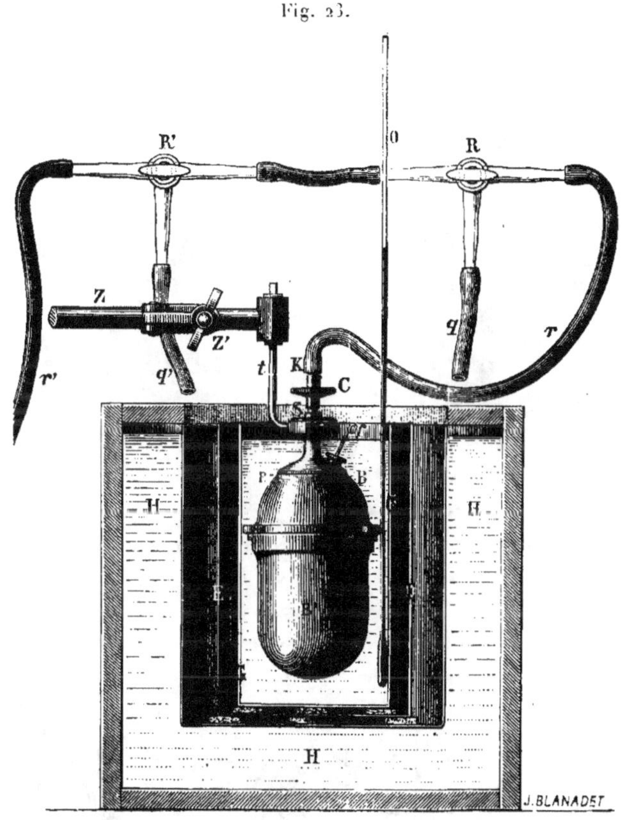

Bombe suspendue dans le calorimètre.

cours d'une pompe à mercure, combinée avec un appareil analogue à l'eudiomètre Regnault, mais d'une plus grande capacité (un demi-litre); on procède à cette introduction par un orifice p, obturable à volonté par la vis VV, munie d'une tête C et d'un canal KK'.

La *fig.* 23 montre la bombe calorimétrique en place, au sein du calorimètre, avec ses supports et les robinets de verre à trois voies, destinés à sa manœuvre.

6. M. Golaz a aussi construit pour moi un autre appareil d'une forme analogue, tout en platine intérieurement, doublé extérieurement avec une feuille de tôle d'acier. La vis et le tube qu'elle traverse sont entièrement en platine : ce qui permet d'y faire passer

Fig. 24.

Fig. 25.

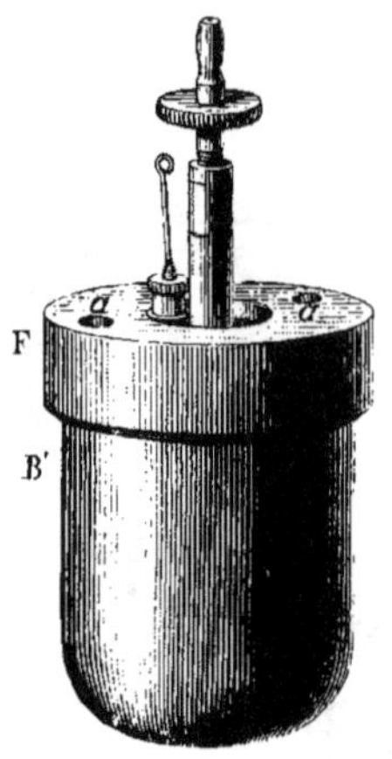

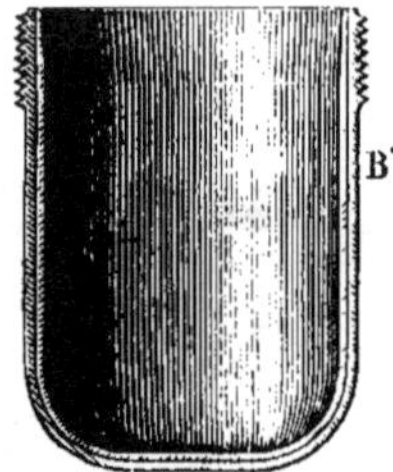

Bombe calorimétrique (autre modèle).

Récipient.

du chlore, des gaz sulfurés ou des gaz acides. La construction de cette vis de platine est un vrai chef-d'œuvre d'exécution.

Donnons le dessin de cet appareil complet (*fig.* 24).

La *fig.* 25 représente le récipient séparé.

Fig. 26.

Fig. 27.

Fig. 28.

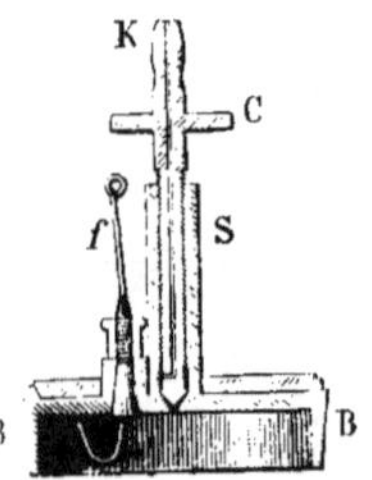

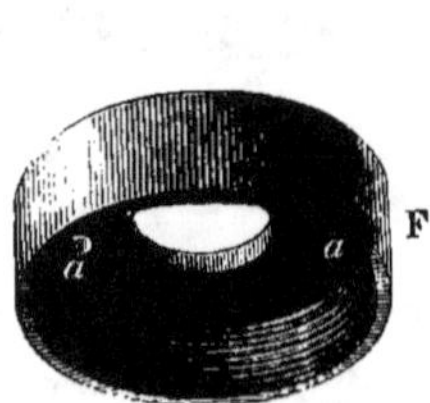

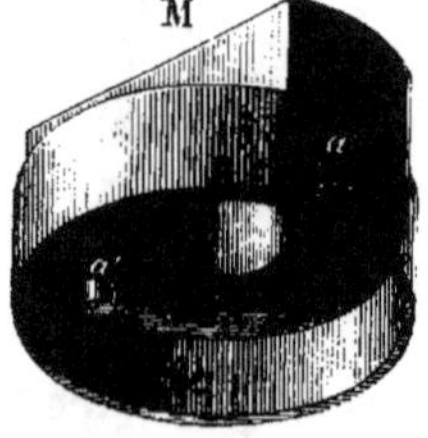

Couvercle.

Pièce de serrage.

Écrou auxiliaire.

La *fig.* 26, le couvercle muni de sa vis obturatrice.

La *fig.* 27, la pièce de serrage FF du couvercle.

Enfin la *fig.* 28, l'écrou auxiliaire R, pourvu de deux goupilles a, a', destiné à serrer la pièce précédente. Cet écrou ne fait pas partie de l'appareil immergé dans le calorimètre.

Le second appareil a une capacité intérieure égale à 247^{cc} : il renferme 662^{gr} de platine et 419^{gr} d'acier et vaut, en eau, $70^{gr},4$.

J'en ai combiné les dimensions, de façon à le faire fonctionner dans mon calorimètre de 1^{lit}, renfermant seulement 550^{gr} d'eau.

7. En procédant ainsi, les élévations de température peuvent atteindre $1°,5$ à $2°,0$.

La mesure calorimétrique, exécutée à $\frac{1}{200}$ de degré près, comporte une erreur plus petite que dans l'ancienne méthode ; attendu que les combustions sont d'ordinaire totales, et les corrections extrêmement réduites par la courte durée de l'expérience.

Cependant l'exactitude est limitée par le poids même de la matière, sur lequel on est obligé d'opérer ; le poids de l'acide carbonique formé ne surpassant pas en général $0^{gr},200$ à $0^{gr},300$ dans les cas les plus favorables.

La quantité du gaz brûlé peut être estimée, soit d'après son volume initial, soit d'après le poids de ses produits.

L'estimation du volume initial offre d'assez grandes difficultés, à cause de la nécessité de tenir compte des espaces intérieurs des tubes qui joignent la bombe aux récipients où l'on mesure les gaz ; cependant je l'ai exécutée sur l'hydrogène.

Mais, dans la plupart des cas, il est préférable de peser, après la combustion, les produits gazeux, produits qui se réduisent d'ordinaire à l'acide carbonique. A cet effet, on reprend les gaz dans la bombe, après détonation, au moyen de la pompe à mercure, et on les fait passer dans un tube à ponce sulfurique qui les dessèche, puis dans un tube de Liebig à potasse, suivi d'un tube en U à potasse solide, afin d'absorber l'acide carbonique. On remplit jusqu'à trois fois la bombe avec de l'air (privé d'acide carbonique), afin de balayer complètement les gaz de la combustion, et l'on fait repasser chaque fois les gaz extraits de la bombe dans le tube de Liebig. On pèse enfin celui-ci et le tube à potasse solide.

Il est nécessaire de faire encore les vérifications suivantes.

Au préalable, on exécute dans l'eudiomètre, sur le mercure, la combustion de chaque gaz, afin de vérifier qu'il est pur et qu'il fournit les chiffres théoriques.

D'autre part, on fait une combustion semblable dans la bombe calorimétrique ; on en extrait la totalité des gaz avec la pompe et on les recueille sur le mercure. Après l'absorption de l'acide carbonique et de l'oxygène, on vérifie s'il ne reste aucune trace de gaz combustible (oxyde de carbone, hydrogène, gaz des marais, etc.).

Cette vérification est faite, d'abord à l'aide du chlorure cuivreux acide, puis, au moyen d'un essai de combustion nouvelle par une dose d'oxygène convenable. Si rien ne brûle, on ajoute au mélange la moitié de son volume de gaz tonnant, et l'on recommence l'essai.

J'ai vérifié ainsi que les combustions sont totales avec tous les gaz hydrocarbonés proprement dits, tels que : gaz des marais, éthylène, acétylène, diméthyle, propylène, etc.

8. La combustion des gaz azotés, chlorés, bromés, iodés, sulfurés peut être également exécutée dans le détonateur de platine que je viens de décrire.

9. Non seulement on brûle les gaz permanents au sein des appareils décrits ci-dessus, mais il est facile d'y brûler toute vapeur dont la tension est suffisante pour pouvoir être transformée complètement en gaz dans le volume d'oxygène capable de la brûler complètement.

Dans ce cas, je pèse le liquide dans une petite ampoule de verre scellée, je place l'ampoule dans la bombe, je ferme celle-ci, je la remplis d'oxygène; puis, à l'aide de quelques secousses, je brise l'ampoule; j'attends quelques instants pour que la vaporisation se fasse, je place alors la bombe dans le calorimètre. Après cinq ou six minutes, consacrées à suivre la marche du thermomètre, je procède à la détonation. L'acide carbonique est recueilli et pesé comme ci-dessus.

En agissant ainsi, on a l'avantage de pouvoir contrôler le poids d'acide carbonique obtenu, par le poids du liquide primitif.

Voilà comment j'ai opéré pour l'aldéhyde, l'éther glycolique, l'acide cyanhydrique, les éthers chlorhydriques et bromhydriques, les alcalis méthyliques et éthyliques, etc. Les combustions sont totales pour toute vapeur ayant une tension notable, telle que celle des corps bouillant au-dessous de 5o°.

Mais, pour les corps moins volatils, tels que la benzine, on n'a plus la même certitude d'une combustion totale; probablement à cause de la condensation de quelque trace de matière contre les parois et les rainures de l'appareil. Dans ce cas exceptionnel, la méthode par détonation perd une partie de ses avantages et elle exige des corrections analogues à la méthode par combustion ordinaire.

10. Les chiffres obtenus par détonation n'ont pas exactement la même signification que les chiffres obtenus dans les chaleurs de combustion ordinaires. En effet, celles-ci sont exécutées sous pression constante, tandis que j'opère à volume constant. On obtient par là des nombres qui se prêtent mieux à la plupart des discussions théoriques.

Il est facile d'ailleurs de passer des nombres obtenus à volume constant aux nombres qui seraient obtenus sous pression constante : d'après la formule donnée plus haut

$$Q_{t_p} = Q_{t_v} + 0,5424 \, (N - N') + 0,002 \, (N - N') \, t.$$

Soit, par exemple, la combustion de l'oxyde de carbone à 15° :

$$C^2O^2 + O^2 = C^2O^4, \text{ dégage, à volume constant...} \quad + 68^{Cal},0.$$

Pour passer de là à la chaleur dégagée sous pression constante, observons que, d'une part, C^2O^2 occupe une unité de volume, O^2 occupe une demi-unité.

Donc

$$N = 1\tfrac{1}{2}.$$

D'autre part, C^2O^4 occupe une unité de volume :

$$N' = 1,$$
$$N - N' = \tfrac{1}{2}.$$

A 0° on aurait donc, pour la différence entre les chaleurs de combustion à pression constante et à volume constant,

$$+ 0,54 \times \tfrac{1}{2} = + 0,27.$$

A + 15°, il faut ajouter à ce chiffre + 0,03, ce qui porte la correction à + 0,30.

La chaleur de combustion de l'oxyde de carbone à pression constante à 15° sera donc + 68^{Cal},30.

Soit encore la combustion de l'hydrure d'éthylène :

$$C^4H^6 + O^{14} = 2\,C^2O^4 + 3\,H^2O^2,$$
$$N = 1 + 3\tfrac{1}{2} = 4\tfrac{1}{2},$$
$$N' = 2 \quad \text{(en admettant l'eau liquide)},$$
$$N - N' = 2\tfrac{1}{2}.$$

La différence des deux chaleurs de combustion est exprimée, à 15°, par + 1^{Cal},425.

La correction relative à la condensation devrait être diminuée

en principe d'une petite quantité, en raison de la tension sensible
de la vapeur d'eau à 15°; mais cette quantité peut être négligée, en
raison de sa petitesse, dans le calcul présent.

11. Rappelons, au contraire, que la correction due à la formation même de la vapeur d'eau est fort sensible dans le calcul de la
chaleur de combustion à volume constant, aussi bien qu'à pression
constante, attendu qu'elle représente la formation de l'eau gazeuse,
laquelle dégage moins de chaleur que la formation de l'eau liquide.
Elle a été évaluée, dans chacune de mes expériences, d'après la capacité intérieure de la bombe et conformément aux Tables de Regnault pour la tension de la vapeur d'eau et pour la chaleur de
vaporisation de l'eau, à la température du calorimètre.

12. Plus de trois cents détonations ont été effectuées dans ces
instruments, grâce au concours dévoué et au zèle scientifique de
M. Ogier, mon préparateur. Je dois l'en remercier ici publique-
ment. Aucun accident ne s'est produit au sein des instruments eux-
mêmes, malgré la grandeur des pressions subites développées pendant les détonations. J'évalue ces pressions à une cinquantaine
d'atmosphères, dans certains cas où l'on a opéré sur des mélanges
gazeux déjà comprimés.

13. Je dois cependant prévenir les opérateurs que nous avons
observé deux fois l'*explosion spontanée des mélanges gazeux,* pendant qu'on les agitait, dans des vases de verre clos et très secs, avec
du mercure. Cet accident fort grave, dont je ne connais aucun autre
exemple, paraît dû à des étincelles électriques intérieures, produites
par suite du frottement du mercure sur le verre des flacons, ceux-ci
étant tenus à la main et réalisant des conditions de condensation
analogues à celles de la bouteille de Leyde.

14. Exposons maintenant les données d'une détermination, destinée
à montrer la marche des expériences, des vérifications et des calculs.

Diméthyle (hydrure d'éthylène). — Le gaz a été préparé par l'électrolyse de l'acétate de potasse; il a été purifié d'acide carbonique,
par la potasse; d'éthylène, par le brome; et d'oxyde de carbone,
par une agitation prolongée sur le mercure, avec son volume de
chlorure cuivreux acide.

On en a vérifié la composition.

102^{vol} de ce gaz, brûlés dans l'eudiomètre par un léger excès
d'oxygène (360^{vol}), ont produit $200^{vol},5$ d'acide carbonique; la diminution totale du volume, après détonation et absorption de l'acide

carbonique, s'élevait à 451^{vol}; le résidu, privé de l'excès d'oxygène
par l'hydrosulfite, a laissé 2 volumes d'azote.

D'après la formule

$$C^4 H^5 + O^{14} = C^2 O^4 + 3 H^2 O^2 \text{ liquide,}$$

100^{vol} de carbure combustible auraient dû produire 200^{vol} d'acide
carbonique, en donnant lieu à une diminution totale de 450^{vol}.

Le gaz analysé était donc de l'hydrure d'éthylène, renfermant
seulement 2 centièmes d'azote, lequel n'a pas d'influence appréciable sur la chaleur de combustion.

Les résultats précédents prouvent que le gaz employé est bien
réellement du diméthyle et que sa combustion, par un léger excès
d'oxygène, est totale. Cependant il a paru utile de vérifier que la
combustion s'opère de la même manière dons la bombe calorimétrique; c'est-à-dire que l'équation précédente s'applique à la mesure elle-même.

A cet effet, la bombe a été remplie avec le mélange de diméthyle
et d'oxygène, fait dans les proportions convenables, la bombe placée dans l'eau du calorimètre, et l'on a fait détoner; puis on a
extrait la totalité des gaz contenue dans la bombe, à l'aide d'une
pompe à mercure; on les a fait passer dans une grande éprouvette,
et l'on a absorbé l'acide carbonique par la potasse, puis l'excès
d'oxygène par l'hydrosulfite. On sait que ce réactif n'agit ni sur
l'oxyde de carbone, ni sur les carbures d'hydrogène. Le résidu ainsi
obtenu n'éprouvait aucune diminution de volume par le chlorure cuivreux. Il n'était pas combustible. Mêlé avec la moitié de son volume
d'oxygène, il n'a pas détoné sous l'influence de l'étincelle. Dans un
autre essai, pour plus de certitude, on a mélangé le résidu analogue
avec son volume de gaz de la pile, après y avoir ajouté l'oxygène, afin
de brûler les dernières traces de gaz combustibles, s'il y en avait. Mais
cette épreuve a montré qu'il ne restait pas dans le résidu autre chose
que de l'azote. La combustion du diméthyle, dans la bombe caio-
rimétrique, avait donc été totale, aussi bien que dans l'eudiomètre.

Voici les chiffres d'une expérience calorimétrique exécutée le
28 octobre 1880.

On a mélangé, sur le mercure, 200^{cc} de diméthyle avec 720^{cc} d'oxygène pur, et l'on a fait passer le mélange, à l'aide d'un système de
tubes convenables, dans la bombe calorimétrique de platine doublée d'acier, figurée à la page 230, après avoir fait à l'avance le vide
dans cette bombe à l'aide de la pompe à mercure. On a fermé le
robinet de la bombe, et on l'a introduite dans un calorimètre de

platine, d'une capacité égale à 1^{lit}. En raison du déplacement produit par la bombe, 550^{cc} d'eau ont suffi pour remplir le calorimètre et noyer la bombe (à l'exception de la vis-robinet). On a placé le thermomètre, qui servait en même temps d'agitateur. La valeur en eau du calorimètre, du thermomètre et de la bombe s'élevait à $77^{gr},4$.

On a laissé le tout en repos pendant quelque temps, afin de permettre à l'équilibre des températures de s'établir. Cela fait, voici la marche du thermomètre :

Au début . . . . $13^{o},295$
Après 1 minute . . . . $13,295$
   »   2   »   . . . . $13,295$
   »   3   »   . . . . $13,295$
   »   4   »   . . . . $13,295$
   »   5   »   . . . . $13,259$

On détermine alors la détonation, en faisant passer une seule étincelle, fournie par une très petite bobine d'induction, actionnée à l'aide d'un élément au bichromate. Le bruit de cette détonation est faible, mais appréciable avec le diméthyle : c'est avec ce gaz, d'ailleurs, et avec le diallyle, que le bruit a été le plus intense. Souvent, dans ce genre d'expériences, on n'entend même pas l'explosion, et l'on n'en reconnaît l'existence que par l'échauffement de l'eau du calorimètre. Voici la suite de cette expérience.

Après 6 minutes (depuis le début) . . . . $14^{o},74$
   »   7   »   . . . . $14,745$
   »   8   »   . . . . $14,735$
   »   9   »   . . . . $14,725$
   »   10   »   . . . . $14,715$
   »   11   »   . . . . $14,705$
   »   12   »   . . . . $14,695$

On met fin aux lectures

On voit combien la combustion est courte et combien les phases de la mesure calorimétrique sont nettes.

Cela fait, on extrait l'acide carbonique de la bombe, à l'aide de la pompe à mercure, on le dessèche, en le faisant passer à travers une courbe d'acide sulfurique concentré et un tube en U rempli de ponce sulfurique, puis on le fait passer lentement à travers un tube de Liebig, à potasse liquide, suivi d'un petit tube en U à potasse solide.

L'extraction faite et le vide poussé jusqu'à quelques millimètres de mercure, on laisse rentrer de l'air (privé d'acide carbonique) dans la bombe, puis on extrait cet air par la pompe et on le fait passer à son tour à travers la potasse. On répète trois fois cette opération, afin d'extraire jusqu'aux dernières traces de l'acide carbonique formé par la combustion. L'extraction dure en tout un quart d'heure environ. Quand elle est accomplie, on pèse le tube de Liebig joint au tube en U : l'augmentation de poids est égale au poids de l'acide carbonique formé. Elle a été trouvée de $0^{gr},2090$, dans l'expérience ci-dessus.

Cela posé, calculons la chaleur produite. Elle est égale au produit des masses réduites en eau et multipliées par la variation de température : $\Sigma \mu \times \Delta t$.

$$\Sigma \mu = 550 + 77,4 = 627,4,$$
$$\Delta t = 14,745 - 13,295 \text{ ou } 1°,45 \div \rho,$$

ρ étant la chaleur perdue par refroidissement.

Or, dans la période initiale de cinq minutes qui a précédé la détonation, il n'y avait ni gain ni perte. Le maximum a été établi une minute et demie après la détonation. Dans les cinq minutes qui ont suivi (période finale), la perte était régulière et égale à $0°,01$ par minute. Cela posé, entre la cinquième et la sixième minute, la perte peut être évaluée à la moitié, soit $0°,005$; entre la septième et la huitième, elle est de $0°,01$. La correction totale sera donc $0°,015$; ce qui fait $\Delta t = 1°,465$.

La chaleur dégagée est $627,4 \times 1,465 = 919^{cal},14$.

Mais ce chiffre ne répond pas à une transformation totale du diméthyle en acide carbonique gazeux et eau *liquide*. En effet, une certaine dose d'eau conserve l'état gazeux dans l'intérieur de la bombe. Cette dose est facile à calculer, car elle répond à la tension maximum de la vapeur d'eau à $1°,74$: soit $12^{mm},5$, d'après les Tables de Regnault. La capacité de la bombe étant de 247^{cc} et la densité de la vapeur d'eau à $14°,7$ supposée théorique (ce qui est fort approché de la réalité d'après les expériences de Regnault), le poids réel de l'eau demeurée dans la bombe gazeuse peut être évalué à

$$0^{gr},806 \times \frac{247}{1000} \times \frac{12,5}{760} \times \frac{1}{1 + 0,00367 \times 14,74} = 0^{gr},0031.$$

Or la vaporisation de ce poids d'eau, à $15°$, toujours d'après Regnault, absorbe — $1^{cal},85$, quantité qu'il convient d'ajouter avec le signe contraire à $919^{cal},14$: ce qui fait en tout $+ 920^{cal},99$.

Telle est la chaleur dégagée par la combustion du poids de diméthyle qui a fourni $0^{gr},2090$ d'acide carbonique.

Mais $1^{éq}$ de diméthyle, $C^4H^6 = 30^{gr}$, aurait fourni 88^{gr} d'acide carbonique. Il suffit donc de calculer la chaleur dégagée par la formation de 88^{gr} d'acide carbonique, pour obtenir la chaleur de combustion du diméthyle à volume constant, soit $387^{Cal},78$.

A pression constante, ce chiffre doit être accru de $1,425$, d'après la formule de la page 232, ce qui fait $+ 389^{Cal},21$.

Telle est la chaleur de combustion du diméthyle, déduite de l'expérience précédente.

15. La méthode qui vient d'être décrite a été appliquée à l'étude de la combustion des trente gaz et vapeurs suivants, tous *corps combustibles* (^{1}) :

Hydrogène;

Oxyde de carbone;

Carbures d'hydrogène, tels que : gaz des marais, diméthyle, éthylène, acétylène, hydrure de propylène, propylène, allylène, benzine, dipropargyle, diallyle;

Composés oxygénés, tels que : éther méthylique, éther glycolique, aldéhyde, éthers méthylformique et éthylformique, méthylal diméthylique;

Composés azotés, tels que : cyanogène, acide cyanhydrique, triméthylamine, éthylamine;

Composés chlorés, bromés, iodés, tels que : éthers méthylchlorhydrique, méthylbromhydrique, méthyliodhydrique, éthylchlorhydrique et éthylbromhydrique, chlorures de méthylène et d'éthylidène;

Composés sulfurés, tels que : sulfure de carbone.

Je l'ai également mise en œuvre, en sens inverse, pour mesurer la chaleur de formation des *gaz comburants*, tels que le protoxyde d'azote et le bioxyde d'azote (p. 226); la chaleur de formation de ces gaz étant déduite de la différence entre les chaleurs de combustion d'un même gaz carboné par l'oxygène pur, d'une part, par le gaz oxygéné, d'autre part.

(^{1}) *Annales de Chimie et de Physique,* 5ᵉ série, t. XXIII, p. 145 et suiv

CHAPITRE IV.

CHALEUR DE FORMATION DES COMPOSÉS OXYGÉNÉS DE L'AZOTE.

§ 1. — Préliminaires.

1. L'azotate de potasse, autrement dit *nitre* ou *salpêtre*, est employé depuis dix à douze siècles dans les usages militaires; il sert de base à la fabrication de la poudre de guerre. Son emploi a été découvert par l'empirisme; mais la théorie a commencé à l'éclairer il y a un siècle seulement, lorsque le rôle de l'oxygène dans la combustion fut découvert par Lavoisier, ainsi que la présence d'une grande quantité d'oxygène dans l'azotate de potasse. Le salpêtre fut dès lors réputé un *magasin d'oxygène*, condensé sous un petit volume; en effet, le salpêtre peut céder environ les 40 centièmes de son poids d'oxygène (O^5) à un corps oxydable, tel que le charbon.

2. Mais cette conception est incomplète; car il existe des corps, tels que le sulfate de potasse, susceptibles de fournir aux matières oxydables presque autant d'oxygène que l'azotate de potasse. En effet, le sulfate de potasse, étant changé en sulfure, cède environ 37 centièmes de son poids d'oxygène au charbon. Le poids du charbon transformé est d'ailleurs supérieur d'un sixième environ à celui que peut brûler l'azotate, ainsi que le volume des gaz produits par la réaction. Cependant le sulfate de potasse n'a jamais été employé pour la fabrication des matières explosives.

Jusqu'à ces dernières années on aurait été fort embarrassé pour expliquer la raison d'une telle différence entre l'azotate et le sulfate de potasse. Elle est due en effet, non à la différence de leur composition, mais à des motifs thermochimiques : l'oxydation de 24^{gr} de charbon effectuée par 101^{gr} d'azotate de potasse, avec production de carbonate de potasse et d'oxyde de carbone

$$AzO^6K + 4C = CO^3K + 3CO + Az : \text{dégage} \ldots + 64^{Cal},9;$$

tandis que l'oxydation du même poids de charbon par 87^{gr} de sulfate
de potasse

$$SO^4K + 4C = KS + 4CO$$

absorbe au contraire $- 62^{Cal},4$; chiffre qui serait porté à $- 72^{gr},4$
si l'on prenait le sulfate sous le même poids que l'azotate.

Il résulte de là que la première réaction est seule susceptible
de se produire d'elle-même et de devenir explosive en vertu de
l'énergie interne de ses composants.

3. Cette explication de l'énergie des azotates n'a pu être donnée
avec précision que depuis l'époque fort récente où j'ai déterminé
la chaleur de formation de l'azotate de potasse et celle des composés oxygénés de l'azote. C'est en effet sur ces déterminations
que repose tout le calcul de l'énergie des diverses poudres et matières explosives.

Les déterminations dont il s'agit offrent des difficultés extraordinaires : elles n'ont pas été réalisées du premier coup, et elles
n'ont atteint toute leur exactitude qu'après une suite de tâtonne-
ments, qu'il paraît utile de rappeler.

4. Avant l'année 1870, aucun essai n'avait été fait pour mesurer la
chaleur de formation de l'azotate de potasse. C'est au moment du
siège de Paris et lors des travaux poursuivis en vue de la Défense
nationale, que la connaissance, au moins approchée, de cette
quantité m'ayant paru indispensable, j'ai essayé de l'évaluer provisoirement, en faisant concourir les déterminations calorimétriques
déjà connues de MM. Dulong, Hess, Graham, Favre et Silbermann, Andrews, Woods, Thomsen, Deville et Hautefeuille, etc.,
avec les expériences de MM. Bunsen et Schischkoff sur la combustion de la poudre, et en complétant ces données par quelques mesures personnelles. Un calcul établi d'après ces bases est fort
compliqué, en raison de la multiplicité des produits de la combustion de la poudre ([1]). Par cette voie, la chaleur de formation de
l'azotate de potasse, depuis ses éléments, a été trouvée égale à 129^{Cal};
chiffre qui ne paraîtra pas trop éloigné de la valeur exacte, $+118,7$,
que j'ai mesurée depuis; surtout si l'on remarque que l'évaluation
de la chaleur de formation de la plupart des sels a été modifiée
depuis par des expériences plus précises; et que la chaleur même
de combustion de la poudre avait été estimée trop bas ($619^{cal},5$ par
gramme, au lieu de 700 environ).

([1]) Voir la 2ᵉ édition du présent Ouvrage, p. 41 à 51; 1872.

« Ces chiffres, ajoutais-je alors, doivent être regardés comme provisoires, à cause de la complication des réactions qui ont servi à les calculer. Mais, tels quels, ils permettent d'établir approximativement un grand nombre de données intéressantes, comme la chaleur de formation de l'acide azotique, celle des azotates, celle enfin des composés organiques dérivés de l'acide azotique. »

Tous mes efforts ont tendu depuis à obtenir des valeurs plus exactes, et j'ai étendu mon travail à la chaleur de formation des divers composés oxygénés de l'azote; le cadre en est devenu ainsi plus étendu et l'importance théorique plus considérable. Je vais en présenter les résultats, en commençant par le bioxyde d'azote, qui est l'origine de la plupart des autres.

§ 2. — Chaleur de formation du bioxyde d'azote.

1. La série des cinq oxydes de l'azote, formés en proportions multiples, suivant des rapports simples de poids et de volume, est l'une des plus importantes de la Chimie. La connaissance des chaleurs de formation de ces oxydes offre d'autant plus d'intérêt, que les deux premiers sont engendrés avec absorption de chaleur depuis leurs éléments; les trois suivants, au contraire, avec dégagement de chaleur depuis le bioxyde d'azote, qui joue le rôle d'un radical composé véritable. Les chaleurs de formation de tous ces corps sont d'ailleurs indispensables pour l'étude théorique des matières explosives, dont ils concourent à constituer la plupart. Malheureusement la détermination exacte de ces quantités offre de très grandes difficultés; comme il arrive pour les combinaisons qui ne peuvent être formées par synthèse immédiate.

J'ai proposé, il y a quelques années, la première méthode connue, par laquelle on ait pu en obtenir une évaluation générale. Elle était fondée sur la décomposition de l'azotite d'ammoniaque; mais elle reposait sur la chaleur de formation de l'ammoniaque par les éléments, donnée que j'avais supposée connue exactement, d'après les déterminations antérieures de M. Favre et de M. Thomsen. J'ai reconnu depuis (¹) que cette donnée est fort éloignée de la vérité, ayant été déduite de la réaction du chlore sur l'ammoniaque, laquelle se passe autrement qu'on ne l'enseigne. J'ai trouvé, par un procédé irréprochable, que la chaleur de formation de l'ammo-

---

(¹) *Voir* le Chapitre VII.

I.

niaque :

$$Az + H^3 = AzH^3\,gaz,$$

est égale à $+\,12,2$, au lieu de $+\,26,7$; admise par **M.** Thomsen.

Le nouveau nombre est déduit de la chaleur de combustion du gaz ammoniac, soit $+\,91,3$; il a été confirmé depuis par **M.** Thomsen, qui a répété mes expériences, en suivant mon nouveau procédé; il a obtenu de son côté $+\,90,65$, nombre concordant avec le mien, dans les limites d'erreur que supporte ce genre de mesures.

2. Toutes les valeurs reçues jusque-là, dans le calcul desquelles intervenait la formation de l'ammoniaque, ont donc dû être corrigées de la différence entre 26,7 et 12,2, soit de $+\,14^{Cal},5$.

3. Mais, avant de faire subir à la chaleur de formation des oxydes de l'azote une telle correction, il m'a paru nécessaire de la mesurer par quelque méthode plus directe et plus sûre que celle qui procède de la décomposition de l'azotite d'ammoniaque.

Cette décomposition, que j'avais employée au début comme une sorte de ressource désespérée, dans un problème réputé alors presque inabordable ([1]), ne saurait fournir que des valeurs approchées et peu certaines en principe : attendu qu'elle est provoquée par l'introduction d'une source de chaleur étrangère, source qu'il faut évaluer à part; et aussi parce que la décomposition subite d'une matière explosive solide, produite par simple échauffement, ne se développe presque jamais suivant un mode unique et avec une régularité absolue. La chaleur de formation du bioxyde d'azote, ainsi calculée, repose d'ailleurs sur neuf données expérimentales au moins, savoir : 1° la formation de l'eau; 2° la combustion du gaz ammoniac; 3° la dissolution de ce gaz; 4° et 5° la formation de l'acide azoteux dissous, à partir du bioxyde d'azote; laquelle repose sur deux autres données, dans mes expériences personnelles (*voir* plus loin); sur quatre ou cinq, dans celles de **M.** Thomsen; 6° la neutralisation de l'acide azoteux par l'ammoniaque; 7° la dissolution de l'azotite d'ammoniaque; 8° l'introduction d'une source de chaleur étrangère; 9° enfin la décomposition de l'azotite même : toutes données susceptibles d'erreurs plus ou moins notables.

([1]) *Annales de Chimie et de Physique,* 5ᵉ série, t. **V**, p. 17 à 27, et t. **VI**, p. 139.

4. C'est pourquoi j'ai cherché et j'ai réalisé une méthode plus rigoureuse, dans laquelle la chaleur de formation du bioxyde d'azote se déduit de la différence de deux données expérimentales seulement : données susceptibles d'être obtenues par des déterminations calorimétriques promptes, exactes et comparables entre elles. Cette méthode consiste à brûler un même gaz combustible : d'une part, par l'oxygène pur; d'autre part, par le bioxyde d'azote, dans le détonateur calorimétrique décrit à la page 229.

5. Le bioxyde d'azote, employé dans mes expériences, a été préparé au moyen du sulfate de fer et de l'acide azotique; afin d'éviter les quantités sensibles de protoxyde d'azote que fournit la réaction du cuivre sur l'acide azotique. Quant au gaz combustible mis en sa présence, il a donné lieu à un choix tout spécial. On sait en effet que l'on ne peut pas enflammer les mélanges du bioxyde d'azote avec l'hydrogène ou l'oxyde de carbone (*voir* p. 102). Au contraire, l'éthylène, le sulfure de carbone et, d'après ce que j'ai reconnu, le cyanogène brûlent avec une vive lumière dans une atmosphère de bioxyde d'azote.

Mais la combustion, faite dans ces conditions, produit toujours de la vapeur nitreuse en abondance, ainsi que divers autres gaz, dus à la décomposition propre du bioxyde d'azote; ce qui rend les mesures calorimétriques impraticables.

On réussit fort bien, au contraire, en faisant détoner le cyanogène (ou l'éthylène) mêlé de bioxyde d'azote, suivant des proportions de volume strictement théoriques.

Les mêmes gaz combustibles ont été brûlés, d'autre part, par l'oxygène pur, dans le même appareil et dans les mêmes conditions.

Ces données étant obtenues, le problème est résolu; et il l'est sans faire intervenir aucune autre donnée, déduite d'expériences étrangères, telles que la combustion de l'hydrogène, celle du carbone, etc. En effet, il suffit de retrancher la chaleur de détonation du cyanogène par le bioxyde d'azote, de la chaleur de détonation du même gaz par l'oxygène libre, pour obtenir la chaleur de formation du bioxyde d'azote au moyen de ses éléments. Cette quantité se déduit ainsi seulement de deux données expérimentales, faciles à obtenir dans des conditions tout à fait comparables.

Le même système autonome d'expériences et de calculs permet de déduire la chaleur de formation du bioxyde d'azote d'après la détonation de l'éthylène, mélangé d'une part avec l'oxygène pur, d'autre part avec le bioxyde d'azote. La valeur obtenue avec l'éthylène est presque identique avec celle qui se déduit de la combustion du cyanogène.

Donnons les chiffres observés.

I. — *Combustion du cyanogène par l'oxygène libre.*

La détonation du mélange gazeux suivant :

$$C^2 Az\,(26^{gr}) + O^4 = C^2 O^4 + Az, \text{ a dégagé}.. + 131{,}0 \text{ et} + 130{,}7,$$

en moyenne : $+ 130{,}9$; détonation à volume constant.

On tire de là la chaleur absorbée dans l'union du carbone (diamant) et de l'azote

$$C^2\,(\text{diamant}) + Az = C^2\,Az, \text{ absorbe}... \quad - 36{,}9.$$

Dans une autre série d'expériences, faites en brûlant un jet de cyanogène dans l'oxygène sous pression constante, j'avais obtenu : $+ 131{,}6$, pour la chaleur de combustion et $- 37{,}6$ pour la chaleur de formation.

Les nombres obtenus, soit à pression constante, soit à volume constant, peuvent donc être regardés comme identiques : ce qui doit être, la combustion du cyanogène par l'oxygène libre ne donnant lieu à aucun changement de volume. Cette remarque s'applique également à la combustion du cyanogène par le bioxyde d'azote.

II. — *Combustion du cyanogène par le bioxyde d'azote.*

La détonation du mélange gazeux suivant :

$$C^2 Az + 2 Az O^2 = C^2 O^4 + 3 Az$$

a dégagé : $+ 175{,}3$; $+ 172{,}9$; $+ 175{,}0$; $+ 174{,}4$; $+ 175{,}3$.

En moyenne $+ 174{,}6$; détonation à volume constant.

La différence entre ce nombre et le chiffre $+ 130{,}9$, obtenu avec l'oxygène libre dans les mêmes conditions, c'est-à-dire la valeur $+ 43{,}7$, représente la chaleur dégagée par la décomposition de $2\,Az\,O^2$ en ses éléments.

D'après ce couple de données, l'union de l'azote avec l'oxygène pour former le bioxyde d'azote $(Az\,O^2\,30^{gr})$

$$Az + O^2 = Az\,O^2,$$

absorbe : $- 21^{Cal}{,}8.$

Observons que la formation de l'acide carbonique, dans la combustion du cyanogène par le bioxyde d'azote, fournit un nombre presque double ($+174,6$) de cette même formation par les éléments libres ($+94$). On voit par là combien étaient inexactes les notions appliquées autrefois au calcul de la chaleur animale, lorsqu'on évaluait celle-ci d'après la chaleur de combustion du carbone et de l'hydrogène libre et que l'on appliquait ces évaluations à la combustion du poids de ces éléments contenus dans les tissus et dans les aliments.

III. — *Combustion de l'éthylène par l'oxygène libre et par le bioxyde d'azote.*

J'ai opéré également la combustion de l'éthylène par détonation : au moyen de l'oxygène d'une part; au moyen du bioxyde d'azote, d'autre part. Les expériences sont analogues à celles du cyanogène. Aussi n'est-il pas nécessaire d'entrer dans les détails. Je me borne à dire ici que la ·différence entre les nombres observés· a donné pour la réunion des éléments, azote et oxygène,

$$Az + O^2 = AzO^2,$$

le chiffre $— 21^{Cal},4$.

La moyenne des deux valeurs obtenues, l'une avec le cyanogène, l'autre avec l'éthylène, est égale à $— 21^{Cal},6$.

C'est cette valeur que j'adopterai désormais.

Elle s'accorde exactement avec celle que M. Thomsen a obtenue récemment, en reprenant la décomposition de l'azotite d'ammoniaque, c'est-à-dire en perfectionnant mon premier procédé; non sans avoir reconnu d'abord avec loyauté son erreur relative à l'ammoniaque, dont la chaleur de formation concourt au calcul d'après ce procédé.

Les expériences faites par la détonation du bioxyde d'azote, mêlé avec un gaz combustible, sont, au contraire, je le répète, indépendantes de la chaleur de formation de l'ammoniaque, aussi bien que de toute donnée, autre que la chaleur de détonation du même gaz combustible par l'oxygène libre.

Si j'insiste sur ce point, c'est parce que cette chaleur de formation est une donnée capitale : elle est le point de départ de l'évaluation de la chaleur de formation des acides azoteux, hypoazotique, azotique, ainsi que de celle des hypoazotites, des azotites et des azotates : c'est pourquoi je l'ai présentée d'abord.

Mais, avant d'aller plus loin, il convient d'exposer la chaleur de formation du protoxyde d'azote, quantité mesurée depuis long-temps déjà par Favre et Silbermann, et dont j'ai repris l'étude, quoiqu'il ne joue aucun rôle dans l'évaluation de celle des autres composés. Je la ferai suivre de la mesure de la chaleur de formation des hypoazotites.

§ 3. — Chaleur de formation du protoxyde d'azote.

J'ai mesuré la chaleur de formation du protoxyde d'azote, en faisant détoner l'oxyde de carbone, mêlé d'abord à ce gaz, puis à l'oxygène, et en prenant la différence des deux résultats.

I. — *Combustion de l'oxyde de carbone par l'oxygène*

$$CO(14^{gr}) + O = CO^2, \text{ a dégagé : } + 33,7 \text{ et } + 34,4.$$

La moyenne $+ 34,0$ se rapporte à la détonation à volume constant.

On passe de là à la chaleur de combustion à pression constante ([1]) en ajoutant $+ 0,14$; en raison de la condensation qui réduit 1 volume et demi du mélange explosif à 1 volume : on obtient ainsi $+ 34^{cal},14$.

Ce chiffre s'accorde presque exactement avec celui que j'ai obtenu antérieurement par la combustion d'un jet d'oxyde de carbone dans l'oxygène : soit $+ 34,09$ ([2]).

Il concorde aussi avec la valeur obtenue par voie humide ([3]) avec l'acide formique : en oxydant, d'une part, cet acide formique, et, d'autre part, en le transformant en eau et oxyde de carbone. J'ai trouvé ainsi pour la combustion de l'oxyde de carbone : $+ 34,25$. On peut juger par là de la concordance des méthodes.

II. — *Combustion de l'oxyde de carbone par le protoxyde d'azote.*

$$CO + AzO = CO^2 + Az, \text{ a dégagé : } + 44,0; + 45,1; + 44,1;$$

en moyenne $+ 44,4$: détonation à volume constant.

D'après la théorie, ce nombre est le même à pression constante.

2. Il résulte de ces chiffres que la formation du protoxyde d'azote,

---

([1]) *Essai de Mécanique chimique*, t. I, p. 115. - Le présent volume, page 233.
([2]) *Annales de Chimie et de Physique*, 5ᵉ série, t. XIII, p. 13.
([3]) Même Recueil, t. V, p. 316.

depuis l'azote et l'oxygène libre, à pression constante :

$$Az + O = AzO, \text{ absorbe}\ldots \quad + 34,1 - 44,4 = -10,3,$$

soit, pour $Az^2 + O^2 = Az^2O^2$: $-20^{Cal},6$.

Cette formation, de même que celle du bioxyde d'azote, a lieu avec absorption de chaleur.

La chaleur absorbée dans la formation du protoxyde ($-10,3$) est sensiblement la moitié de la chaleur absorbée dans la formation du bioxyde ($-21,6$); relation sur laquelle je n'insiste pas autrement.

3. Le fait même d'une certaine absorption de chaleur dans la formation du protoxyde d'azote, et, par conséquent, d'un certain dégagement de chaleur dans sa décomposition, avait été déjà remarqué, il y a près de quarante ans, par Dulong, en brûlant l'hydrogène et l'oxyde de carbone par ce gaz, sous la pression ordinaire. Favre et Silbermann avaient trouvé ensuite, par des mesures faites dans les mêmes conditions que Dulong : $-8,7$; pour la quantité de chaleur absorbée. M. Thomsen, qui a opéré tout récemment, toujours par le même procédé : $-9,2$.

Le chiffre que j'ai observé s'écarte peu de ceux-là. Mais il me paraît obtenu par une méthode plus sûre : les résultats de la combustion ordinaire étant moins certains que ceux de la détonation d'un mélange fait en proportions définies et théoriques : surtout lorsqu'il s'agit d'un comburant formé avec absorption de chaleur, et dont on emploie un excès, susceptible d'intervenir et de se décomposer partiellement, pour son propre compte, dans les combustions faites au sein d'une atmosphère de protoxyde d'azote.

§ 3. — Chaleur de formation de l'acide azoteux dissous, de l'acide azoteux anhydre et des azotites.

1. La chaleur de formation du bioxyde d'azote étant connue, il est facile d'en tirer celle des oxydes supérieurs de l'azote; car il est facile de changer le bioxyde d'azote, dans les conditions des expériences calorimétriques, en acides azotique, hypoazotique et azoteux.

Je vais rapporter les expériences que j'ai faites pour cet objet, en commençant par l'acide azoteux. Mais, avant de commencer cette étude, rappelons quelques règles indispensables à observer

dans des recherches aussi difficiles que celles que nous allons
aborder.

Les mesures de la Thermochimie doivent être exécutées en partant de corps parfaitement purs, susceptibles d'être reproduits à
volonté et conservés sans altération, de façon à constituer un système initial complètement défini, au double point de vue physique
et chimique. En outre, elles doivent aboutir, dans la courte durée
d'une seule et même expérience, opérée dès la température ordinaire, à un système final également défini, tel que tous les composants primitifs aient éprouvé des transformations stables, simples
et très exactement connues comme nature et comme proportions.
Si je rappelle ces conditions générales, c'est qu'elles sont très
difficiles à remplir dans l'examen des composés azotés; j'ajouterai
même qu'elles ne l'avaient jamais été en toute rigueur par les expérimentateurs qui m'ont précédé.

Aussi me suis-je attaché d'abord à préparer un composé cristallisé, stable, parfaitement défini, et qui pût fournir à mes essais une
base indiscutable. J'ai choisi l'azotite de baryte; j'ai également
préparé les azotites d'ammoniaque et d'argent, et je crois utile de
donner plus loin quelques détails sur ces divers composés.

2. J'ai changé le bioxyde d'azote en acide azotique par plusieurs
suites d'expériences.

Première méthode : Par les azotites. — Le bioxyde d'azote et
l'oxygène, réagissant très rapidement l'un sur l'autre, avec le contact d'une base alcaline, se changent presque uniquement en
azotites, quelles que soient les proportions relatives des deux gaz
(voir *Ann. de Chim. et de Phys.*, 5ᵉ série, t. VI, p. 193).

J'ai réalisé cette expérience dans une fiole close (*fig.* 29), d'une
capacité égale à 800ᶜᶜ, presque entièrement remplie d'eau de baryte :
j'avais mesuré le titre et le poids, au milligramme, de la solution
alcaline. Cette fiole servait de calorimètre : elle était entourée
par mon enceinte ordinaire, conformément à la figure ci-après.

Un thermomètre calorimétrique 0 était plongé dans la fiole, en
traversant un large tube K, à l'orifice supérieur duquel il était
légèrement fixé par un petit bouchon *b*.

La fiole elle-même était close par un gros bouchon, percé de
quatre trous, destinés : l'un, au passage du tube K; l'autre, à
celui d'un tube *t* qui amenait le bioxyde d'azote, tube immergé
dans le liquide; un troisième trou (caché par le large tube dans
la figure) recevait un autre tube destiné à amener l'oxygène; enfin,

un dernier tube S était destiné à éconduire l'excédent des gaz, excédent que l'on avait soin de rendre à peu près nul, en en réglant approximativement les écoulements relatifs.

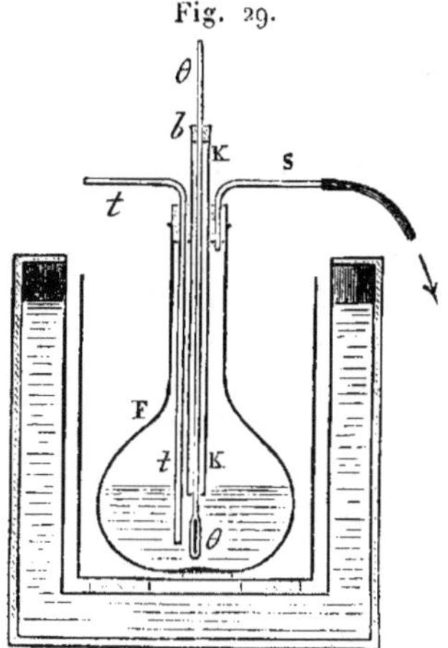

Fig. 29.

J'ai donc fait arriver séparément dans la fiole calorimétrique du bioxyde d'azote et de l'oxygène secs, en agitant sans cesse.

J'ai mesuré la chaleur dégagée et l'accroissement de poids ; puis j'ai dosé les acides azoteux et azotique formés : la somme de leurs poids fournit une équation de vérification, genre de précaution que j'ai constamment observé dans ces expériences délicates. Le poids de l'acide azotique formé est toujours très faible ; on en a tenu compte dans les calculs, d'après les données des pages suivantes.

J'ai trouvé, tout calcul fait :

$$\mathrm{Az\,O^2 + O + Ba\,O}\ \text{étendue} = \mathrm{Az\,O^4\,Ba}\ \text{dissous} : + 28^{\mathrm{Cal}},0.$$

Voici les chiffres des expériences mêmes :

Expériences.	$\mathrm{Az\,O^3}$ formé.	$\mathrm{Az\,O^5}$.	Réaction $\mathrm{Az\,O^2 + O + Ba\,O}$ étendue.	
	gr	gr	Cal	
I...........	0,943	0,077	+ 27,82	
II.........	2,024	0,159	+ 27,58	moyenne + 27,96
III........	1,472	0,074	+ 28,49	

3. *Azotite de baryte.* — Pour passer de l'azotite de baryte dissous à l'acide azoteux, il m'a paru nécessaire de faire une étude spéciale de l'azotite de baryte lui-même, ce sel étant un corps parfaitement pur et bien défini, destiné à servir de point de départ à d'autres

expériences sur la transformation respective de l'acide azoteux et des azotites en acide azotique et azotates.

J'ai préparé l'azotite de baryte par la réaction de la vapeur nitreuse (amidon attaqué par l'acide azotique) sur un mélange de carbonate et d'hydrate de baryte, tenus en suspension dans l'eau. J'ai fait cristalliser l'azotite de baryte à plusieurs reprises, de façon à le séparer complètement de l'azotate. J'ai préparé près de 1 kilogramme de ce sel, et j'en ai vérifié la pureté par l'analyse ([1]) : il répondait à la formule AzO^4Ba, HO.

Ce sel se présente en prismes aiguillés et brillants, confusément assemblés. L'évaporation spontanée, très lente, le fournit en gros cristaux maclés, qui offrent l'apparence d'une double pyramide hexagonale assez aiguë. C'est, en réalité, une forme limite, appartenant au système du prisme rhomboïdal droit, et analogue à celle du sulfate de potasse.

Voici quelques données thermiques relatives à ce sel :

1 équivalent AzO^4Ba, HO, soit $123^{gr},5$, dissous dans 60 fois son poids d'eau, absorbe à $12°$ . . . . $-4,30$ Cal

La dissolution du sel anhydre, $AzO^4Ba = 114^{gr},5$, absorbe à $12°$ . . . . $-2,84$

Il résulte de ces chiffres que la réaction

$$AzO^4Ba \text{ solide} + HO \text{ liquide} = AzO^4Ba, HO \text{ solide, dégage}: \quad +1,46$$

La dissolution très étendue d'azotite de baryte, lorsqu'on la décompose par l'acide sulfurique dilué, dégage pour 1 équivalent : $+7^{Cal},9$.

J'ai d'ailleurs reconnu que l'acide azoteux très étendu est mis à nu dans ces conditions, sans formation bien sensible d'acide azotique, comme le prouve son dosage par le permanganate de potasse. En outre, la formation du sulfate de baryte, d'après mes expé-

---

([1]) 100 parties de sel cristallisé ont perdu à l'étuve.. 7,6

Formule : 7,3.

100 parties de sel desséché ont fourni : sulfate de baryte. 101,5

Formule : 101,7.

Enfin 100 parties de sel cristallisé ont absorbé, en se changeant en azotate, sous l'influence du permanganate de potasse, oxygène :   12,6

Formule : 12,9.

riences, et dans les mêmes conditions de dilution et de tempéra
ture, dégage $+18,50$; à partir de l'acide sulfurique et de la base
étendue.

On peut conclure de ces chiffres que :

AzO^3 très dilué $+ BaO$ étendue $= AzO^4Ba$ étendu, dégage : $+10,6$

C'est $3^{Cal},2$ de moins que les acides azotique et chlorhydrique ; ce
qui montre que l'acide azoteux doit être rangé parmi les acides
faibles.

J'ai encore observé que l'acide chlorhydrique étendu déplace
complètement l'acide azoteux dans les azotites alcalins dissous,
d'après les mesures thermiques ; tandis que, en présence de la baryte, l'acide acétique étendu, plus faible que l'acide chlorhydrique,
donne lieu à un partage, variable suivant les propositions relatives.

Ce partage me paraît devoir s'expliquer aussi par la déshydrata-
tion partielle, c'est-à-dire par l'état de dissociation partielle de
l'hydrate d'acide azoteux dans ses dissolutions : mais je me borne
à signaler ces résultats, sans y insister pour le moment.

4. *Azotite d'ammoniaque.* — L'azotite d'ammoniaque solide n'a
guère été étudié jusqu'à présent. Ayant eu occasion de préparer ce
sel en quantité assez considérable, pour mes expériences de Thermochimie, j'ai observé divers faits qu'il peut être utile de faire
connaître.

Je l'ai obtenu par double décomposition, entre des solutions
concentrées d'azotite de baryte parfaitement pur et de sulfate
d'ammoniaque, en proportions strictement équivalentes. On opère
à froid et la liqueur filtrée est évaporée dans le vide, sur la chaux
vive, aussi rapidement que possible. Quoi que l'on fasse, l'opération dure plusieurs semaines, et le rendement ne dépasse guère
30 à 40 pour 100 de la quantité théorique, à cause de l'altération
spontanée du sel. Il faut évaporer complètement à sec, et conserver
le sel solide dans une capsule exposée dans le vide, au-dessus de
la chaux vive, pour des raisons qui vont être dites.

On obtient ainsi un sel blanc, cristallin, mais élastique et tenace,
qui se laisse rouler entre les doigts et qui adhère singulièrement
aux parois des vases, à la façon du monochlorhydrate de térébenthine (pseudo-camphre artificiel). Il est parfaitement neutre aux
réactifs, et sa composition répond exactement, d'après mes analyses, à la formule AzO^4H, AzH^3.

L'azotite d'ammoniaque est très déliquescent.

Le sel sec se décompose très lentement à la température ordinaire de l'hiver. En été, la décomposition du sel rigoureusement neutre marche plus vite. La présence d'une trace de gaz ammoniac paraît en augmenter la stabilité.

Chauffé vers 60° à 70°, au bain-marie, il demeure quelques instants sans changement apparent, puis il *détone* avec violence. Il détone également sous le choc du marteau. Ce sel doit donc être manié avec prudence. Sa décomposition dégage une dose de chaleur voisine des trois quarts de celle de la nitroglycérine, à poids égal, soit $+73^{Cal},2$ pour 64^{gr}, transformés d'après l'équation suivante :

$$AzO^4H.AzH^3 \text{ solide} = Az^2 + 2H^2O^2 \text{ liquide.}$$

On obtient ainsi 1144^{Cal} par gramme, au lieu de 1594 fournies par la nitroglycérine. Un si grand dégagement de chaleur produit dans la décomposition d'azotite d'ammoniaque explique les faits précédents. Le même sel chauffé peu à peu sur une lame de platine disparaît en un moment. Mais s'il est projeté en petite quantité sur la lame échauffée, il déflagre tout d'un coup, avec une flamme livide. Si la décomposition s'opère avec détonation, elle fournit seulement de l'azote. Lorsqu'elle se produit graduellement, à la suite d'un échauffement progressif, le sel perd d'abord un peu d'ammoniaque et fournit ensuite, en même temps que l'azote libre, quelque peu de ses oxydes : protoxyde, bioxyde, vapeur nitreuse, etc.

Sa décomposition très lente, à la température ordinaire, fournit de l'azote et de l'eau, sans changement dans la neutralité. En raison de ce dégagement gazeux, il ne doit pas être conservé dans des vases scellés à la lampe, lesquels ne tarderaient pas à faire explosion. Il ne doit pas non plus être conservé dans des flacons, même incomplètement clos par un bouchon de verre. En effet, dans ces conditions, l'eau qui résulte de la décomposition ne s'évapore pas, et elle finit par dissoudre l'excès du sel solide : ce qui a le double inconvénient d'altérer le sel sec et d'en accélérer la décomposition. C'est pour éliminer l'eau à mesure qu'il convient de garder le sel dans le vide sur la chaux vive.

Les solutions aqueuses et concentrées d'azotite d'ammoniaque pur se décomposent beaucoup plus vite à froid que le sel sec ; opposition singulière et dont je ne connais pas l'explication. Aussi ces solutions agitées moussent-elles comme du vin de Champagne. Chauffées, elles dégagent aussitôt, comme on le sait, des torrents d'azote pur, sans perdre leur neutralité.

Au bout de deux mois, le sel dissous a disparu dans la liqueur, à l'exception de quelques centièmes qui paraissent subsister presque indéfiniment : soit que la décomposition s'arrête à un certain degré de dilution, soit plutôt qu'elle devienne alors d'une lenteur extrême et toujours croissante. J'ai observé ces faits, et notamment l'instabilité plus grande des solutions concentrées, comparées au sel sec, en opérant dans des éprouvettes sur le mercure.

Dans des flacons à l'émeri, le sel sec se liquéfie à la longue, en se décomposant, comme je l'ai dit plus haut, et il ne reste à la fin qu'une solution très faible d'azotite.

Quelques cristaux du sel, abandonnés à l'air libre dans une capsule de verre, tombent d'abord en déliquescence, puis ils dégagent des bulles d'azote. Au bout de plusieurs semaines tout a disparu, sauf des traces d'aiguilles d'azotate d'ammoniaque; sel qui préexistait dans l'azotite, ou qui a été formé pendant sa destruction spontanée par l'action de l'oxygène de l'air; ce que je ne décide pas. Ce qui est certain, c'est qu'il ne reste dans le vase aucune matière capable de précipiter l'azotate d'argent, à la façon d'un azotite.

Les mêmes changements peuvent avoir lieu dans un flacon à l'émeri, incomplètement bouché et conservé sous une cloche à côté de l'acide sulfurique : de telle façon qu'à la longue il reste encore dans le flacon quelques traces d'azotate d'ammoniaque solide.

L'azotite d'ammoniaque solide peut être montré aisément, et même préparé en grande quantité, par la réaction simultanée du bioxyde d'azote, de l'ammoniaque et de l'oxygène. On fait arriver les trois gaz secs dans une éprouvette refroidie, par de très larges tubes qui ne pénètrent pas jusqu'au fond : on peut même mélanger à l'avance dans un autre vase le bioxyde d'azote et l'ammoniaque secs, pour simplifier l'appareil. Les trois gaz réagissent aussitôt dans l'éprouvette; mais, comme ils ne renferment pas l'eau nécessaire à la constitution de l'azotite d'ammoniaque, l'azote prend naissance au même moment.

$$\begin{cases} AzO^2 + O + AzH^3 = Az^2 + 3HO, \\ 3(AzO^2 + O + AzH^3 + HO) = 3(AzO^4H, AzH^3). \end{cases}$$

Les deux réactions se développent en effet simultanément; mais le volume de l'azote recueilli est beaucoup plus grand que celui qui devrait se produire, si toute l'eau disponible se changeait en azotite d'ammoniaque. Dans mes expériences, il représentait plus du double de la quantité théorique; ce qui s'explique aisément, à cause de la décomposition simultanée d'une portion de l'azotite.

J'ai vérifié d'ailleurs, par l'analyse complète des produits, qu'ils ne renfermaient pas une proportion sensible d'azotate.

Quoi qu'il en soit, l'azotite d'ammoniaque solide se condense en abondance dans les parties supérieures de l'éprouvette, où l'on fait réagir les gaz. Il offre l'aspect d'un sel cristallisé, en petites masses d'apparence cubique, mieux définies que lorsqu'on obtient le sel par évaporation spontanée. Sa formation dans ces conditions est une jolie expérience de cours.

Voici maintenant diverses données thermiques, relatives à l'azotite d'ammoniaque :

AzO^3, HO, AzH^3 (64^{gr}) sec $+ 120$ fois son poids
d'eau à $12°,5$ absorbe en se dissolvant............. $- 4^{Cal},75.$

La chaleur dégagée lorsque l'acide azoteux étendu s'unit avec l'ammoniaque diluée peut être déduite de la chaleur dégagée lorsqu'on précipite le sulfate d'ammoniaque par l'azotite de baryte. J'ai trouvé ainsi :

AzO^3 très dilué $+ AzH^3$ étendu $+$ HO, dégage...... $+ 9,1$

La chaleur dégagée par sa décomposition en azote et eau

$$AzO^4H.AzH^3 \text{ solide} = Az^2 + 2H^2O^2 \text{ liquide}$$

s'élève, d'après le calcul, à......................... $+ 73,2$:
l'eau gazeuse, on aurait............................. $+ 54^{Cal}.$

5. *Azotite d'argent.* — J'ai trouvé, par voie indirecte, c'est-à-dire en procédant par double décomposition avec des liqueurs diversement concentrées :

AzO^3 dissous $+ AgO$ précipité $= AzO^4Ag$ dissous, dégage.. $+ 3,36$
AzO^3 dissous $+ AgO$ précipité $= AzO^4Ag$ cristallisé, dégage. $+ 12,1$

La chaleur absorbée dans la dissolution d'un équivalent d'azotite d'argent est égale à $- 8^{Cal},74.$

Il est digne de remarque que la formation thermique de l'azotite d'argent solide................................. $+ 12,1$
surpasse celle de l'azotate d'argent.................. $+ 10,9$;
les deux formations étant comptées, depuis la base et les acides étendus.

Tandis que la formation des azotates alcalins, tels que l'azotate de baryte solide, dégage............................... $+ 18,6$

et celle de l'azotate d'ammoniaque, calculée d'après les mêmes composants...................................... $+18,7$
chiffres qui l'emportent au contraire sur la chaleur de formation des azotites correspondants. En effet, la formation de l'azotite de baryte solide dégage seulement....................... $+13,4$
et celle de l'azotite d'ammoniaque solide............... $+13,8$

Ces relations méritent quelque attention, car elles tendent à rapprocher les azotites des chlorures et des sels halogènes, pour lesquels la formation thermique des sels d'argent, calculée d'une manière analogue, surpasse même celle des sels alcalins. De telles relations sont conformes aux analogies connues entre le groupement (AzO^4), qui joue le rôle de radical composé dans les azotites, et les radicaux halogènes simples, tels que le chlore et ses congénères : en d'autres termes, (AzO^4) Ba est comparé ici à BaCl et (AzO^4Ag) à AgCl.

6. *Formation de l'acide azoteux.* — Les nombres qui précèdent étant connus, je veux dire ceux qui concernent l'azotite de baryte, on en déduit la chaleur dégagée par la transformation du bioxyde d'azote en acide azoteux étendu; soit

$$AzO^2 + O + eau = AzO^3 \text{ étendu} : +28,0 - 10,6 = +17^{Cal}4 \,(^1).$$

On déduit de ce chiffre et de la chaleur de formation du bioxyde d'azote la formation de l'*acide azoteux étendu*, depuis ses éléments, azote et oxygène :

$$Az + O^3 + eau = AzO^3 \text{ étendu, absorbe} \ldots \quad -4^{Cal},2.$$

On sait que cette dissolution n'est pas stable, point sur lequel je reviendrai tout à l'heure.

Ce serait ici le lieu d'exposer mes expériences relatives à la formation de l'acide azoteux anhydre : mais ces expériences seront décrites d'une façon plus convenable à la suite de celles qui con-

---

(^{1}) Favre avait évalué cette quantité à $-6^{Cal},6$; d'après des données erronées. M. Thomsen, a calculé $+18,2$; en se fondant sur la réunion de trois données thermiques plus exactes, tirées l'une de la réaction du bioxyde d'azote et de l'oxygène formant de l'acide hypoazotique $(+19,57)$; l'autre de la dissolution de ce dernier corps $(+7,75)$ dans l'eau, dissolution qu'il suppose donner naissance à l'acide azotique et à l'acide azoteux à équivalents égaux; enfin la dernière donnée est déduite de la réaction du chlore sur cette même dissolution, qu'elle change entièrement en acide azotique. Cette marche est bien plus compliquée que la mienne et elle est fondée sur des réactions moins sûres. Cependant les résultats coïncident très suffisamment.

cernent l'acide hypoazotique, attendu qu'elles ont été faites avec les mêmes appareils. Bornons-nous à en donner dès à présent le résultat numérique :

$$\text{Az} + \text{O}^3 = \text{AzO}^3 \text{ gaz, absorbe}\ldots\ldots \quad -11^{Cal},1.$$
$$\text{Soit pour Az}^2\text{O}^5\ldots\ldots\ldots\ldots \quad -22^{Cal},2.$$

17. *Formation des azotites depuis les éléments.* — D'après les nombres ci-dessus, la formation thermique des azotites depuis leurs éléments dégage :

	Sel dissous.	Sel anhydre.
Azotite de potasse $\text{Az} + \text{O}^4 + \text{K} = \text{AzO}^4\text{K}$	$+88,7$	»
Azotite de soude $\text{Az} + \text{O}^4 + \text{Na} = \text{AzO}^4\text{Na}$	$+84,0$	»
Azotite d'ammoniaque $\text{Az}^2 + \text{O}^4 + \text{H}^4 = \text{AzO}^4\text{H}, \text{AzH}^3$.	$+60,0$	$+64,8$
Azotite de baryte (¹) $\text{Az} + \text{O}^3 + \text{BaO} = \text{AzO}^4\text{Ba}$	$+26,3$	$+29,6$
Azotite d'argent $\text{Az} + \text{O}^4 + \text{Ag} = \text{AzO}^4\text{Ag}$	$+2,7$	$+11,4$

§ 4. — Chaleur de formation de l'acide hypoazotique.

1. J'ai mesuré la chaleur de formation de ce corps par deux méthodes inverses et suivant trois procédés distincts, destinés à se contrôler les uns les autres, savoir :

1° Par synthèse, je veux dire par la réation directe du bioxyde d'azote sur l'oxygène, les deux gaz étant employés dans des rapports équivalents ;

2° Par la transformation de l'acide hypoazotique tout formé en acide azotique, au moyen du chlore et de l'eau;

Par la transformation du même acide hypoazotique en azotate de baryte, au moyen du bioxyde de baryum : de là on passe par le calcul à la transformation opérée au moyen de l'oxygène libre. La chaleur dégagée par la métamorphose directe du bioxyde d'azote et de l'oxygène, en acide azotique étendu, étant supposée connue par d'autres expériences ; on déduit des derniers essais par différence la chaleur même que dégagerait la métamorphose du bioxyde d'azote et de l'oxygène en acide hypoazotique.

La première méthode, quoique plus simple, est moins rigoureuse,

---

(¹) On a donné la chaleur de formation de ce sel depuis la baryte seulement; la chaleur d'oxydation du baryum étant inconnue. Dans les transformations de l'azotite de baryte, aussi bien que dans celle de l'azotate, cette donnée suffit d'ailleurs pour tous les calculs relatifs aux matières explosives; ceux-ci pouvant toujours être établis depuis la baryte même.

parce qu'elle n'est pas susceptible d'une aussi grande précision que les autres, au double point de vue du poids des gaz employés et de la quantité de chaleur produite.

2. *Premier procédé : Bioxyde d'azote et oxygène.* — J'enferme l'une dans l'autre deux grandes ampoules concentriques, scellées séparément et contenant chacune l'un des deux gaz secs, dans le rapport exact de 2 volumes de bioxyde (250^{cc} à 280^{cc}) pour 1 volume d'oxygène (*voir* la *fig.* 30).

Fig. 30.

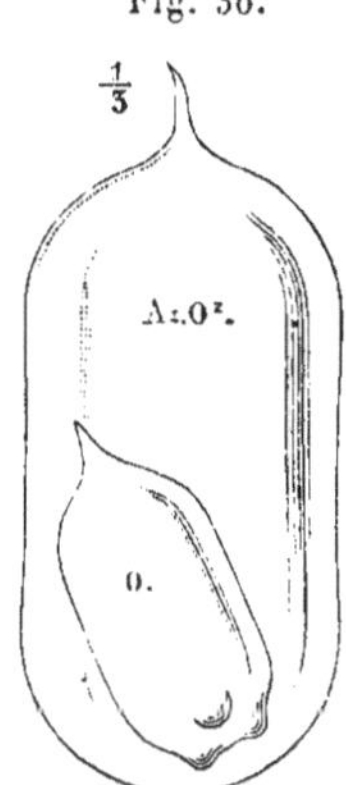

Synthèse de l'acide hypoazotique.

On plonge le système dans l'eau du calorimètre, puis, à l'aide d'un certain tour de main, on brise l'ampoule interne, en laissant son enveloppe intacte. Les deux gaz réagissent aussitôt; on laisse l'action se compléter, de façon à changer entièrement en gaz hypoazotique l'acide azoteux qui prend d'abord naissance. L'acide hypoazotique demeure d'ailleurs gazeux, même vers 10° à 15°, parce que sa tension dans l'ampoule est inférieure d'un tiers à la pression atmosphérique. Cette dernière circonstance diminue un peu les nombres qui seraient observés à la pression normale, soit de $0^{Cal},3$ (p. 233).

J'ai trouvé, en opérant ainsi, pour la réaction calculée à pression constante ([1]) :

$$Az O^2 + O^2 = Az O^4 \text{ gaz :}$$

$+19,6 ; +19,9 ; +18,3, +19,8 ;$ moyenne............ $19^{Cal},4$

______

([1]) M. Thomsen a obtenu : $+19,57$, en faisant arriver les deux gaz simultanément dans une chambre placée au sein d'un calorimètre.

3. *Second procédé : Acide hypoazotique, chlore gazeux et eau.* — En principe, cette réaction est la suivante :

$$AzO^4 \text{ gaz} + Cl \text{ gaz} + H^2O^2 + \text{eau} = AzO^5, HO \text{ étendu} + HCl \text{ étendu}.$$

Elle suppose connues la chaleur de formation de l'eau ($34,5$ pour $H + O$) et celle de l'acide chlorhydrique étendu ($+39,3$ pour $H + Cl + \text{eau} = HCl$ étendu).

En pratique, j'ai trouvé préférable d'opérer sur l'acide hypoazotique liquide ; ce qui m'a conduit à en mesurer d'abord la chaleur de vaporisation ([1]) : soit $- 4^{Cal},33$ pour $AzO^4 = 46^{gr}$. La pesée de l'acide hypoazotique liquide peut être faite très exactement, dans une ampoule scellée à la lampe.

Pour pouvoir peser de même le chlore directement, j'ai eu recours à l'artifice suivant. Au lieu de faire agir l'acide hypoazotique et le chlore simultanément sur l'eau, j'ai jugé plus exact de faire absorber d'abord le chlore par une solution étendue de potasse, celle-ci étant en excès ; j'ai mesuré la chaleur dégagée et le poids du chlore absorbé : ce qui se fait directement au moyen de la fiole figurée p. 249.

Je prends alors un volume de la solution alcaline, volume tel qu'il renferme un poids de chlore précisément équivalent à celui de l'acide hypoazotique. Cela fait, on place l'ampoule renfermant cet acide dans la dernière solution, et l'on ouvre l'ampoule, par la rupture de l'une de ses pointes, en s'arrangeant pour que l'acide hypoazotique n'arrive que peu à peu en contact avec la solution d'hypochlorite.

On mesure la chaleur dégagée pendant la réaction.

Enfin on ajoute à la solution un excès d'acide chlorhydrique étendu, en mesurant la chaleur dégagée par cette dernière addition : on ramène ainsi le tout à un état final très simple, celui d'une solution aqueuse étendue, formée avec un équivalent de potasse, un équivalent d'acide azotique et une proportion connue d'acide chlorhydrique, supérieure à un équivalent.

Dans une expérience indépendante, très facile et très exacte, on mesure la chaleur dégagée par le mélange de ces trois composants, pris directement suivant les mêmes proportions et sous la même dilution que dans l'expérience ci-dessus.

Ceci étant connu, il est facile de déduire des données obtenues la chaleur dégagée par la transformation suivante :

$$AzO^4 \text{ liq.} + Cl \text{ gaz} + H^2O^2 + \text{eau} = AzO^6H \text{ étendu} + HCl \text{ étendu}.$$

([1]) *Voir* la méthode employée (*Annales de Chimie et de Physique,* 5ᵉ série, t. V, p. 154).

J'ai trouvé :

Le poids de AzO^4 étant $2^{gr},381$... $+17^{Cal},9$ $\Big\}$ Moyenne : $+17^{Cal},8$.
»   »   » $1^{gr},125$... $+17^{Cal},7$

En retranchant de cette valeur la différence des chaleurs de formation de l'acide chlorhydrique étendu, soit

$$39,3 - 34,5 = +4,8,$$

on trouve :

AzO^4 liquide $+ O$ gaz $+$ eau $= AzO^5,HO$ étendu..... $+13,0$

En ajoutant maintenant la chaleur de vaporisation de l'acide hypoazotique, on obtient

AzO^4 gaz $+ O$ gaz $+$ eau $= AzO^5,HO$ étendu...... $+17,3$ [1].

Si donc nous supposons connue la chaleur dégagée par la transformation du bioxyde d'azote et de l'oxygène en acide azotique étendu, soit

$AzO^2 + O^3 + HO +$ eau $= AzO^5,HO$ étendu, dégage.. $+35^{Cal},9,$

chiffre qui sera établi tout à l'heure d'une façon indépendante, nous aurons, en définitive, pour la chaleur dégagée par la formation de l'acide hypoazotique gazeux, depuis ses composants prochains :

$AzO^2 + O^2 = AzO^4$ gaz, dégage..... $+35,9 - 17,3 = +18,6$

d'après les expériences du deuxième procédé.

4. *Troisième procédé : Acide hypoazotique et bioxyde de baryum.* — Ce procédé repose sur la réaction suivante :

$$AzO^4 + BaO^2 = AzO^5,BaO.$$

Mais cette réaction n'ayant pas lieu avec les corps purs et anhydres dans des conditions qui se prêtent aux mesures calorimétriques, j'ai dû opérer de la manière suivante :

On pèse l'acide hypoazotique liquide dans une ampoule, puis on pèse aussi le bioxyde de baryum équivalent ; on dissout ce dernier dans l'acide chlorhydrique étendu, on mesure la chaleur dégagée.

---

[1] M. Thomsen a obtenu pour cette réaction la valeur $+16,9$. Il a suivi pour la mesurer la marche suivante, qui est moins sûre que la marche indiquée dans le texte. Il fait agir le gaz hypoazotique sur l'eau, de façon à le dissoudre, ce qui dégage $+7,75$; puis il fait arriver du chlore dans la liqueur, ce qui dégage encore $+14,28$; et il conclut de ces données la chaleur d'oxydation du gaz hypoazotique, formant l'acide azotique étendu.

Ensuite on fait réagir peu à peu sur la liqueur l'acide hypoazotique, qui se dégage de l'une des pointes brisées de l'ampoule complètement immergée dans la liqueur même ; on mesure la chaleur dégagée pendant cette seconde réaction.

La somme des deux effets donne la chaleur totale qui répond à la transformation suivante :

$$\text{Az O}^4 \text{ liquide} + \text{Ba O}^2 \text{ anhydre} + \text{HCl dissous}$$
$$= \text{Az O}^5, \text{HO dissous} + \text{Ba Cl dissous}.$$

Il est indifférent de supposer la baryte unie à l'acide chlorhydrique, ou à l'acide azotique, ou bien partagée entre les deux ; attendu que la chaleur dégagée par l'union de cette base avec l'un ou l'autre des deux acides est la même. On observe en effet que l'addition de l'acide chlorhydrique étendu à une solution d'azotate de baryte, aussi bien que l'addition de l'acide azotique étendu à une solution de chlorure de baryum, ne donne lieu qu'à des phénomènes thermiques négligeables.

L'expérience précédente a été faite avec du bioxyde de baryum pur et anhydre, composé dont j'ai donné ailleurs ([1]) la chaleur de formation, depuis la baryte anhydre et l'oxygène libre

$$\text{Ba O} + \text{O} = \text{Ba O}^2, \text{dégage} \ldots \ldots \quad + 6,05.$$

Cette quantité étant connue, ainsi que la chaleur de dissolution de la baryte anhydre dans l'acide chlorhydrique étendu $(+ 27,8)$;

Enfin la chaleur dégagée par la réaction de l'acide azotique (formé par l'acide hypoazotique) sur le chlorure de baryum étendu, étant sensiblement nulle ;

Le calcul des expériences faites avec l'acide hypoazotique permet d'évaluer la chaleur dégagée dans la réaction suivante :

$$\text{Az O}^4 \text{ liquide} + \text{O gaz} + \text{HO} + \text{eau} = \text{Az O}^5, \text{HO étendu}.$$

J'ai obtenu ainsi :

	Poids.	Trouvé.
	gr	Cal
Az O⁴	2,279	+ 12,4
Id	1,358	+ 12,2
Id	0,951	+ 12,6
Moyenne		+ 12,4

Pour passer à Az O⁴ gazeux, il faut ajouter la chaleur de vaporisation de ce corps, soit $+ 4,33$; ce qui fait en tout : $+ 16,73$.

---

[1] *Annales de Chimie et de Physique*, 5ᵉ série, t. VI, p. 209.

Ce nombre enfin, retranché de la chaleur même de formation de l'acide azotique étendu par le bioxyde d'azote et l'oxygène (soit $+35,9$), donne pour la formation du gaz hypoazotique, par le bioxyde et l'oxygène : $+35,9 - 16,73 = +19,17$.

5. En résumé, la réaction : $AzO^2 + O^2 = AzO^4$ gaz, dégage :

D'après l'expérience directe...................... $+19,4$
D'après la réaction du gaz hypoazotique sur le chlore. $+18,57$
D'après la réaction de l'acide hypoazotique sur le bioxyde de baryum .... $+19,17$

J'adopterai la moyenne générale................. $+19,04$

La chaleur de formation du bioxyde d'azote lui-même, depuis les éléments, étant $-21,6$, on tire de là celle du gaz hypoazotique :

$$Az + O^4 = AzO^4 \text{ gaz, absorbe : } -2,6.$$

La formation de l'acide hypoazotique liquide dégage au contraire de la chaleur, soit : $+1,7$.

6. Les chiffres qui expriment la chaleur de formation du gaz hypoazotique, soit depuis l'azote et l'oxygène, soit depuis le bioxyde d'azote et l'oxygène, sont évalués ici au voisinage de la température ordinaire. Mais leur valeur devient notablement différente, lorsqu'on la rapporte à une température plus élevée. En effet, la chaleur spécifique du gaz hypoazotique varie dans des proportions très considérables avec la température, d'après les expériences que nous avons faites sur ce sujet, M. Ogier et moi (*Bulletin de la Société chimique*, 2ᵉ série, t. XXXVII, p. 434; 1882). Ce gaz éprouve particulièrement, depuis 26° jusqu'à 150°, une sorte de transformation moléculaire d'un ordre exceptionnel, laquelle en fait varier la densité presque du double au simple, pour l'amener à une valeur correspondante au poids moléculaire $AzO^4 = 46^{gr}$. Cette transformation peut être évaluée en supposant la chaleur spécifique théorique du gaz constante et égale à la somme de celles des composants. Nous avons trouvé ainsi que la transformation absorbe

$$
\begin{array}{ll}
& \text{Cal} \\
\text{De } 27 \text{ à } 67^\circ\dots\dots\dots\dots & 2,65 \\
\text{De } 67 \text{ à } 103.\dots\dots\dots\dots & 1,75 \\
\text{De } 103 \text{ à } 150\dots\dots\dots\dots & 0,85 \\
\text{De } 150 \text{ à } 200\dots\dots\dots\dots & 0,03 \\
\hline
\text{En tout}\dots\dots\dots & 5,28
\end{array}
$$

Ce nombre, ajouté à la chaleur de vaporisation proprement dite, soit 4,3, porte vers 9,6 la chaleur absorbée pour amener l'acide hypoazotique depuis l'état liquide, sous la pression ordinaire, jusqu'à un état gazeux tel qu'il occupe son volume moléculaire normal. Il en résulte que la réaction du bioxyde d'azote sur l'oxygène,

$$AzO^2 + O^2 = AzO^4 \text{ gaz,}$$

dégage des quantités de chaleur décroissantes avec la température, au moins depuis 26° jusque vers 200°. Elle produit seulement $+ 13^{Cal},7$ vers 200°.

De même, la formation du composé depuis les éléments,

$$Az + O^4 = AzO^4 \text{ gaz,}$$

absorbe des quantités de chaleur de plus en plus fortes en valeur absolue : soit $- 7,9$ vers 200°.

Ces chiffres varient à peine de 200° à 250°.

Au delà, ils semblent décroître de nouveau, quoique beaucoup moins rapidement et conformément à ce qui arrive pour l'acide carbonique et les gaz formés avec condensation ([1]).

7. *Formation de l'acide azoteux anhydre.* — Le calcul de la chaleur de formation de cet acide n'a pas été présenté plus haut, parce qu'il est lié inséparablement aux expériences relatives à l'acide hypoazotique. Soit, en effet, la réaction

$$AzO^2 + O = AzO^3.$$

Si cette réaction pouvait avoir lieu isolément, il suffirait de mettre en présence 4 volumes de bioxyde d'azote et 1 volume d'oxygène et de mesurer la chaleur dégagée.

Mais, dans ces conditions, une portion des deux gaz se change toujours en acide hypoazotique, et il ne paraît pas possible d'obtenir l'acide azoteux anhydre, sans avoir en même temps les produits de sa transformation, AzO^4 et AzO^2, le tout constituant un système en équilibre. Seulement, en accroissant la proportion du bioxyde d'azote, on accroît celle de l'acide azoteux; mais on est limité à cet égard par la nécessité d'opérer sur un volume d'oxygène suffisant pour donner des effets calorimétriques notables.

([1]) *Essai de Mécanique chimique*, t. I, p. 334.

En opérant la réaction à l'aide d'un système d'ampoules concentriques (*voir* p. 257) renfermant les deux gaz secs sous un volume connu (400 centimètres cubes de AzO^2 environ), j'ai mesuré la chaleur dégagée; puis j'ai déterminé la proportion de AzO^3 et de AzO^4 formés, en absorbant les produits par une solution alcaline étendue, dont j'ai fait ensuite l'analyse; le poids de l'oxygène employé a fourni une équation de vérification.

Les produits étant connus, ainsi que la chaleur de formation de AzO^4, on peut calculer la chaleur de formation du gaz azoteux. La donnée qui résulte de ces mesures, quoique moins exacte que celle des autres oxydes de l'azote, est cependant utile à connaître.

D'après la moyenne de trois expériences, j'ai trouvé :

$$AzO^2 + O = AzO^2 \text{ gaz, dégage} \dots \dots + 10^{Cal},5.$$

Dès lors la fixation d'un deuxième équivalent d'oxygène, c'est-à-dire la transformation de l'acide azoteux en acide hypoazotique dans l'état gazeux, soit

$$AzO^3 + O = AzO^4 \text{ gaz, dégage} \dots + 19,0 - 10,5 = +8,5.$$

8. Ajoutons dès à présent que, d'après les données établies plus loin, la fixation d'un troisième équivalent d'oxygène, transformant le gaz hypoazotique en acide azotique anhydre,

$$AzO^4 + O = AzO^5 \text{ gaz, dégage} \dots \dots + 2,0.$$

La chaleur dégagée par un même poids d'oxygène, à la température ordinaire, va donc en décroissant, à mesure que l'oxygène s'unit avec un oxyde de l'azote plus oxygéné, à partir du bioxyde : c'est ce que démontre la série des nombres : $+10,5$; $+8,5$; $+2,0$.

Le dernier chiffre est corrélatif avec la faible stabilité de l'acide azotique anhydre, composé dont la synthèse, au moyen du bioxyde d'azote, n'a pas lieu directement; contrairement à ce que l'on observe dans la synthèse des acides azoteux et hypoazotique.

9. J'ai vérifié par des mesures directes, indépendantes de toute analyse, qu'un même volume d'oxygène, mis en présence d'un volume de bioxyde d'azote, égal ou supérieur au double de celui de l'oxygène, dans des ampoules scellées, dégage d'autant plus de chaleur que le volume du bioxyde d'azote, et par conséquent celui de l'acide azoteux formé, sont plus considérables. Ce résultat concorde avec les précédents pour prouver que la chaleur dégagée dans la formation du gaz hypoazotique n'est pas double de celle que dégage le gaz azoteux, contrairement à la relation existant entre les poids d'oxygène successivement fixés.

Enfin la formation du gaz azoteux depuis les éléments, à la température ordinaire, calculée d'après les données précédentes,

$$Az + O^3 = AzO^3 \text{ gaz, absorbe} \dots\dots\dots\dots\dots \quad -11,1$$

soit pour Az^2O^6 : $-22,2$.

§ 5. — Chaleur de formation de l'acide azotique étendu, de l'acide azotique monohydraté et de l'acide azotique anhydre.

1. La chaleur de formation de l'acide azotique depuis les éléments est une donnée capitale : je la déduis de celle du bioxyde d'azote. Ce gaz étant supposé formé, je l'ai changé en acide azotique étendu en suivant trois méthodes différentes, réalisables chacune par des procédés divers dans les expériences calorimétriques. La diversité des méthodes est une garantie indispensable pour assurer la certitude des résultats, dans des expériences de cette nature où les contrôles ne sauraient être trop multipliés. Indiquons-en d'abord le principe, puis nous en exposerons le détail.

1° Par les azotites. — Le bioxyde d'azote et l'oxygène ayant formé d'abord un azotite, en présence d'une base telle que la baryte, je transforme l'azotite de baryte en azotate : cela suivant quatre procédés distincts.

2° Par l'acide azotique et le bioxyde de baryum. — On dissout le bioxyde d'azote dans l'acide azotique concentré, ce qui le change en acide azoteux, que l'on suroxyde, après dilution, par le bioxyde de baryum.

3° Par l'acide hypoazotique. — On suroxyde ce corps par divers agents : les résultats ont été donnés dans le paragraphe précédent. Ils peuvent être employés, soit pour mesurer la chaleur de formation de l'acide hypoazotique, déduite de celle de l'acide azotique, supposée connue d'autre part; soit pour mesurer, au contraire, la chaleur de formation de l'acide azotique, celle de l'acide hypoazotique étant donnée.

2. Première méthode : Transformation de l'azotite de baryte en azotate. — J'ai oxydé l'azotite de baryte et mesuré la chaleur

dégagée dans cette réaction, par quatre procédés distincts et indépendants les uns des autres.

Premier procédé : Chlore gazeux. — Système initial :

$$Az\,O^4\,Ba \text{ dissous};\quad Cl^2\,\text{gaz};\quad H^2\,\text{gaz};\quad O^2\,\text{gaz};$$
$$n\,BaO \text{ dissoute};\quad n\,HCl \text{ dissous}.$$

ces corps étant tous séparés les uns des autres.

Système final :

$$Az\,O^6\,Ba \text{ dissous} + 2\,HCl \text{ dissous} + n\,(\,BaCl + HO\,) \text{ dissous},$$

ces corps étant mélangés.

On suppose d'abord que l'on a fait agir H^2 sur O^2, ce qui forme de l'eau, en dégageant $+ 69^{Cal}$; puis on exécute réellement les expériences suivantes.

On fait agir le chlore sec sur l'eau de baryte, prise sous un titre et un poids total connus dans une fiole calorimétrique (p. 249); on mesure la chaleur dégagée Q, et l'on pèse directement à $0^{gr},001$ près le chlore absorbé, p. On a soin qu'il reste un excès notable de baryte libre et l'on agite sans cesse pendant l'opération, afin de ne pas former d'autre oxyde du chlore que l'acide hypochloreux; la mesure de la chaleur dégagée fournit d'ailleurs une vérification à cet égard (voir *Annales de Chimie et de Physique*, 5ᵉ série, t. V, p. 335-338).

Cela fait, on pèse un poids d'azotite de baryte, strictement équivalent au poids du chlore absorbé ($Az\,O^4\,Ba$ pour Cl^2); on le dissout séparément dans l'eau, puis on en mélange la dissolution avec celle de l'hypochlorite : opération qui dégage une quantité de chaleur q, à peu près négligeable.

On ajoute aussitôt de l'acide chlorhydrique étendu, en excès notable : ce qui dégage une nouvelle quantité de chaleur, Q_1.

Dans ces conditions, tout le chlore introduit au début se trouve à la fin et, dans un moment, changé en acide chlorhydrique, ainsi qu'il est facile d'ailleurs de le vérifier.

L'état final est donc complètement défini, aussi bien que l'état initial, sans qu'il y ait lieu de se préoccuper des états intermédiaires. La somme :

$$Q + q + Q_1,$$

représente la chaleur totale dégagée pendant le passage de l'état initial à l'état final; soit, pour $Cl^2 = 71^{gr}$,

$$\frac{Q + q + Q_1}{p} \times 71 = S.$$

La chaleur dégagée, depuis le système initial jusqu'au système final, est donc : $69 + S$.

Mais on aurait pu passer du même état initial au même état final, en suivant la marche que voici :

Unir $2H$ avec $2Cl$ en formant $2HCl$ étendu, ce qui dégage. $+ 78,6$ Cal

Puis unir $nHCl$ étendu avec $nBaO$ dissoute, en formant

$nBaCl$ dissous, ce qui dégage..................... $+ 13,85 n$

Enfin unir O^2 gazeux $+ AzO^4Ba$ dissous, ce qui produit

AzO^6Ba dissous, en dégageant.................... x.

La somme thermique étant la même dans les deux marches, on a l'équation

$$S - 13,85 n - (78,6 - 69) = x.$$

Trois expériences concordantes, faites d'après ce procédé, chacune sur 25^{gr} environ d'azotite, ont donné

$$x = + 22^{Cal},1,$$

valeur qui correspond à la réaction suivante :

$$AzO^4Ba \text{ dissous} + O^2 \text{ gaz} = AzO^6Ba \text{ dissous}.$$

On remarquera l'artifice employé dans ces expériences pour éviter l'emploi du chlore gazeux dans un milieu soit neutre, soit acide, soit encore tel que la transformation du chlore en chlorure n'ait pas lieu d'une façon absolument instantanée : toutes conditions qui exposent l'opérateur à une formation variable des oxydes du chlore, comme je l'ai prouvé précédemment (¹). J'ai également écarté l'acide hypochloreux libre, parce que cet acide ne peut guère être obtenu tout fait exempt de chlore ou d'oxydes supérieurs du chlore; en outre, il s'altère avec promptitude, spontanément, et aussi en présence des corps qu'il oxyde, surtout dans un milieu acide, comme je l'ai observé (²).

Deuxième procédé : Bioxyde de baryum. — Je change l'azotite

(¹) *Annales de Chimie et de Physique*, 5ᵉ série, t. V, p. 329.
(²) *Même Recueil*, p. 342.

de baryte en azotate, au moyen du bioxyde de baryum dissous dans l'acide chlorhydrique :

$$\text{Az O}^4\text{Ba étendu} + 2\,\text{Ba O}^2 + 2\,\text{H Cl étendu}$$
$$= \text{Az O}^6\text{Ba étendu} + 2\,\text{Ba Cl étendu} + 2\,\text{HO}.$$

Le système initial est le suivant :

$$\text{Az O}^4\text{Ba étendu}; \quad 2\,\text{Ba O anhydre}; \quad \text{O}^2\text{gaz}; \quad 2\,\text{H Cl étendu};$$

tous ces corps étant séparés.

Le système final est le suivant :

$$\text{Az O}^6\text{Ba étendu} + 2\,\text{Ba Cl étendu} + 2\,\text{HO}.$$

On passe de l'un à l'autre, en suivant deux cycles différents.

Premier cycle.

$$\text{Az O}^4\text{Ba étendu} + \text{O}^2 = \text{Az O}^6\text{Ba étendu} \dots\dots\dots\dots \quad x$$
$$2\,\text{Ba O anhydre} + 2\,\text{H Cl étendu} = 2\,\text{Ba Cl ét.} + 2\,\text{HO} .. \quad + 55,58$$
$$\text{Somme} \dots\dots \quad \overline{+ 55,58 + x}$$

Second cycle.

$$2\,(\text{Ba O} + \text{O}) = 2\,\text{Ba O}^2 \text{ anhydre} \dots\dots\dots\dots\dots\dots \quad + 12,1$$
$$2\,\text{Ba O}^2 + 2\,\text{H Cl étendu, puis réaction de cette li-}$$
queur sur $\text{Az O}^4\text{Ba}$ dissous$\dots\dots\dots\dots\dots\dots\dots$ R
$$\text{Somme} \dots\dots \quad \overline{R + 12,1}$$

R étant déterminé par expérience, il est facile de calculer x.

En fait, j'opère de la manière suivante. Je dissous d'abord dans le calorimètre, au moyen de l'acide chlorhydrique étendu, un poids connu p de bioxyde de baryum anhydre, soit $8^{gr},5o$, par exemple, ce qui dégage une quantité de chaleur Q, que je mesure chaque fois. Avec $8^{gr},5o$ elle est sensiblement égale à $\dfrac{11^{Cal},o}{2o}$.

J'ajoute ensuite à la liqueur un poids d'azotite de baryte,

$$\text{Az O}^4\text{Ba, HO,}$$

strictement équivalent au bioxyde de baryum employé ; soit $6^{gr},2o$. L'azotite doit avoir été préalablement dissous dans 25 fois son poids d'eau, en dehors du calorimètre. La température de la dissolution une fois faite est exactement mesurée, un moment avant son mélange dans le calorimètre avec la solution chlorhydrique du bioxyde de baryum.

Aussitôt ce mélange opéré, divers phénomènes se produisent et se succèdent rapidement; la liqueur jaunit, puis elle se décolore; elle se trouble un moment, comme s'il s'y formait un précipité; quelques bulles gazeuses excessivement fines apparaissent pendant un instant, sans donner lieu à la production d'un volume de gaz appréciable; puis la liqueur s'éclaircit complètement. Une minute, et même moins, suffit à l'accomplissement de tous ces effets.

A ce moment le dégagement de chaleur est terminé, et l'azotite entièrement changé en azotate, comme je l'ai vérifié à plusieurs reprises.

D'après les données observées, on calcule la chaleur dégagée pendant la dernière métamorphose, soit Q'.

On a dès lors, en appelant E l'équivalent du bioxyde de baryum, c'est-à-dire $BaO^2 = 84^{gr},5$, on a, dis-je, pour expression de la chaleur dégagée,

$$R = \frac{Q + Q'}{p} E \, ;$$

par suite, la chaleur dégagée dans la transformation de l'azotite de baryte en azotate sera

$$x = R + 12,1 - 55,58 = R - 43,5.$$

J'ai trouvé par expérience :

Première expérience à 12°.

$2\,BaO^2$ dissous dans $2\,HCl$ étendu.	$+ 22,02$
Réaction sur AzO^4Ba dissous	$+ 43,23$
	$R = + 65,25$

d'où je tire

$$x = + 22,25.$$

Seconde expérience à 12°.

Cette fois on a dissous directement l'azotite de baryte cristallisé dans la solution chlorhydrique du bioxyde de baryum.

$2\,BaO^2 + 2\,HCl$ étendu.	$+ 21,84$
Réaction sur AzO^4Ba, HO cristallisé	$+ 38,75$
Somme.	$+ 60,59$

Cette expérience a été faite à dessein avec l'azotite cristallisé, afin de varier les conditions. Pour la rendre comparable à la précédente il faut ajouter au nombre obtenu la chaleur de dissolution du sel à la même température, prise en signe contraire, soit $+ 4,30$.

On a dès lors

$$R = + 64,89,$$

d'où je tire

$$x = + 21,49.$$

Les deux expériences ont donc donné

$$+ 22,25 \quad \text{et} \quad + 21,49;$$

soit en moyenne

$$+ 21,87, \text{ ou plus simplement} : + 21^{\text{Cal}},9.$$

C'est la quantité de chaleur dégagée dans la réaction suivante :

$$AzO^4Ba \text{ dissous} + O^2 \text{ gaz} = AzO^6Ba \text{ dissous}.$$

Troisième procédé : Brome liquide. — La réaction théorique est la suivante :

$$AzO^4Ba \text{ dissous} + Br^2 + H^2O^2 = AzO^6Ba \text{ dissous} + 2HBr \text{ dissous}.$$

J'avais fondé quelque espérance sur cette réaction, à cause de la facilité avec laquelle on peut peser le brome pur sous forme liquide. On le pèse, en effet, dans une ampoule à deux pointes, soit $2^{\text{gr}},254$ de brome par exemple; puis on pèse un poids strictement équivalent d'azotite de baryte pur. On place l'eau dans le calorimètre, on y dissout le sel et l'on y introduit l'ampoule de brome. Quand l'équilibre de température est établi, on brise les deux pointes et l'on écrase l'ampoule, puis on agite vivement.

Mais la réaction du brome sur l'azotite de baryte pur n'offre pas la même promptitude que celle du chlore; le brome ne se dissout complètement qu'au bout de plusieurs minutes, et la liqueur conserve, même après vingt minutes, une forte odeur de brome. Bref, l'azotite et le brome ne se changent pas entièrement en azotate et acide bromhydrique, dans ces conditions; mais il subsiste au sein des liqueurs un composé bromonitrique, analogue à l'eau régale, et dont la permanence empêche d'effectuer rigoureusement le calcul calorimétrique à l'aide de l'équation donnée plus haut.

Le calcul, en effet, appliqué aux résultats de mes expériences, a donné des résultats trop faibles pour la réaction théorique :

$$AzO^4Ba \text{ dissous} + O^2 = AzO^6Ba \text{ dissous};$$

les valeurs trouvées oscillaient autour de $+ 18^{\text{Cal}}$, au lieu de $+ 22$.

Je ne tiendrai pas compte de ce résultat dans les moyennes, à cause de la nature incomplète de la transformation. Mais il m'a semblé utile de signaler, au point de vue purement chimique, le caractère véritable de la réaction du brome sur les azotites.

Quatrième procédé : Permanganate de potasse. — On sait avec quelle netteté ce réactif peut être employé pour doser les azotites, qu'il change en azotates. J'ai effectué la réaction dans le calorimètre.

Les expériences ont été exécutées avec une solution titrée de permanganate de potasse absolument pur (voir *Ann. de Ch. et de Phys.*, 5ᵉ série, t. V, p. 3o6); ce corps étant dissous dans l'eau et sa dissolution mêlée avec un grand excès d'acide sulfurique étendu (*voir* p. 3o8 du Mémoire ci-dessus).

J'ai employé, par exemple, 192^{cc} de la solution de permanganate ($20^{gr} = 1^{lit}$), et 1800^{cc} d'une solution d'acide sulfurique étendu, ces liqueurs étant mélangées dans mon grand calorimètre de platine.

J'y ajoute $2^{gr},470$ d'azotite de baryte cristallisé, AzO^4Ba, HO. La réaction est immédiate. On mesure la chaleur qu'elle dégage.

Aussitôt la réaction accomplie, et toujours dans le calorimètre, on achève la destruction du permanganate excédant, au moyen d'une solution titrée d'acide oxalique (160^{cc} par exemple); ce qui s'effectue encore presque instantanément, tout l'acide carbonique demeurant dissous d'après les volumes de liqueur employés : ce qui est essentiel. On mesure encore les quantités de chaleur dégagées dans cette seconde réaction.

La somme des quantités de chaleur, qui résultent des observations précédentes, représente la chaleur dégagée lorsque le permanganate employé, dont le poids est connu, a cédé tout son oxygène excédant pour devenir du sulfate manganeux, en présence d'un très grand excès d'acide sulfurique. L'oxygène a été cédé d'ailleurs, en partie à l'azotite, dont le poids est aussi connu, et en partie à l'acide oxalique.

Comme vérification, on titre l'excès d'acide oxalique resté dans la liqueur.

Ces mesures, combinées avec les données de mon Mémoire *Sur la chaleur de combustion de l'acide oxalique* (*Ann. de Ch. et de Phys.*, 5ᵉ série, t. V, p. 3o5), et avec les chiffres que j'ai obtenus dans la réduction du permanganate de potasse par l'acide oxalique (même Mémoire, p. 3o9), permettent de calculer la chaleur dégagée dans la transformation de l'azotite de baryte en azotate.

Finalement je trouve, par cette méthode, que la réaction

$$AzO^4Ba \text{ dissous} + O^2 \text{ gaz} = AzO^6Ba \text{ dissous}$$

dégage

$$
\begin{array}{ll}
& \text{Cal} \\
\text{Premier essai} \dots\dots\dots\dots\dots\dots\dots & +21,7 \\
\text{Deuxième essai} \dots\dots\dots\dots\dots\dots & +20,5 \\
\text{Soit en moyenne} \dots\dots\dots\dots\dots\dots & +21,1
\end{array}
$$

Ces résultats offrent un peu moins de certitude que ceux des deux premières méthodes, à cause de la complication des réactions thermiques du permanganate. Leur moyenne est cependant suffisamment concordante.

En résumé, la réaction :

$$AzO^4 Ba \text{ dissous} + O^2 = AzO^6 Ba \text{ dissous, dégage :}$$

$$
\begin{array}{ll}
& \text{Cal} \\
\text{D'après les résultats obtenus avec le chlore gazeux} \dots\dots & +22,1 \\
\qquad\qquad\text{»}\qquad\qquad \text{le bioxyde de baryum} .. & +21,9 \\
\qquad\qquad\text{»}\qquad\qquad \text{le permang. de potasse} & +21,1 \\
\hline
\text{J'adopterai la moyenne générale} \dots\dots & +21,7
\end{array}
$$

valeur qui s'applique non seulement à l'oxydation de l'azotite de baryte, mais aussi et très sensiblement à l'oxydation de tous les azotites alcalins dissous.

On en déduit, d'après la connaissance des chaleurs de neutralisation des acides azoteux ($+10,6$), azotique ($+13,8$) par la baryte :

$$AzO^3 \text{ très dilué} + O^2 + HO = AzO^5, HO \text{ étendu}$$

dégage : $+18^{\text{Cal}},5$.

Pour les deux corps gazeux, on a, d'après les données présentées plus loin :

$$AzO^3 \text{ gaz} + O^2 = AzO^5 \text{ gaz, dégage} : +10.5.$$

Ainsi le changement de l'acide azoteux en acide azotique dégage, lorsque la réaction a lieu sur les gaz : $+10,5$;

Sur les corps dissous : $+18,5$;

Enfin, en présence des alcalis : $+24,7$,

Nombres qui varient du simple au double.

Cette grande différence entre les quantités de chaleur dégagées par une même transformation, suivant l'état des corps, mérite l'attention : elle est due à la différence des chaleurs d'hydratation et de neutralisation des deux acides.

Donnons encore ici les chaleurs d'oxydation des azotites solides et anhydres, lesquelles se calculent aisément, si l'on connaît leur chaleur de dissolution.

$$AzO^4Ba + O^2 = AzO^6Ba,\ \text{dégage, sels dissous : } +21,7 ;\ \text{sels solides : } +23,5$$
$$AzO^4Am + O^2 = AzO^6Am \qquad » \qquad\qquad » \qquad\qquad +21,8 ; \qquad » \qquad +23,3$$
$$AzO^4Ag + O^2 = AzO^6Ag \qquad » \qquad\qquad » \qquad\qquad +20,3 ; \qquad » \qquad +17,2$$

3. Deuxième méthode : Par l'acide azotique et le bioxyde de baryum. — Je fais absorber à un poids connu d'acide azotique concentré et pur, dont le titre est d'ailleurs indifférent, du bioxyde d'azote sec ; je détermine le poids de ce dernier corps par une nouvelle pesée, après avoir mesuré la chaleur dégagée, soit Q pour $AzO^2 = 3o^{gr}$. L'acide concentré est contenu dans un petit tube pesé et clos, lequel est immergé dans le calorimètre pendant toute la durée de l'absorption. Un thermomètre sensible à $\frac{1}{200}$ de degré donne la température du calorimètre ; un thermomètre plus petit, sensible à $\frac{1}{20}$ de degré, donne celle de l'acide : on ramène cette dernière à être aussi voisine que possible de celle du calorimètre. Les corrections du refroidissement sont faites suivant mes procédés ordinaires (*Essai de Mécanique chimique,* t. I, p. 208). C'est à l'aide de toutes ces données que l'on calcule la quantité Q.

D'autre part, je pèse un poids de bioxyde de baryum anhydre, équivalent au poids du bioxyde d'azote absorbé ci-dessus ($3BaO^2$ pour AzO^2), et je dissous ce bioxyde de baryum dans un excès d'acide chlorhydrique étendu : ce qui dégage Q_1 ;

Puis je mêle au sein du calorimètre l'acide azotique concentré, qui a dissous le bioxyde d'azote, avec la solution chlorhydrique du bioxyde de baryum. Tout se trouve ainsi ramené à l'état final d'acide azotique étendu et de chlorure de baryum étendu, en dégageant une quantité de chaleur mesurée et égale à Q_2 ;

Enfin je dissous le même poids du même acide azotique pur, que j'ai employé tout d'abord, dans le même volume d'acide chlorhydrique étendu, ce qui dégage une quantité de chaleur P.

Comme contrôle, j'ajoute à la dernière liqueur du bioxyde de baryum pesé, qui doit produire, et produit en effet, la même quantité de chaleur que s'il se dissolvait dans une liqueur renfermant seulement de l'acide chlorhydrique : ce qui prouve que l'acide azotique employé est bien exempt d'acide azoteux.

Cela posé, on a toutes les données du calcul. Soit le système initial

$$O^3 ;\quad AzO^2 ;\quad 3BaO ;\quad m(AzO^6H + nAq) ;\quad 3HCl\ \text{étendu} ;$$

ces corps étant pris séparément ;

Et soit le système final :

$$3(BaCl + HO) \text{ dissous} + (m+1)\, AzO^6H \text{ étendu.}$$

On passe de l'un à l'autre, en suivant les deux marches que voici :

Premier cycle.

$3\,BaO + 3\,O = 3\,BaO^2$ anhydre dégage..	$+ 18^{Cal},0$
$3\,HCl$ étendu $+ 3\,BaO^2$...............	Q_1
Réaction de AzO^2 sur l'acide azotique concentré..........................	Q
Réaction entre les deux mélanges......	Q_2

$$\text{Somme : } + 18^{Cal},0 + Q + Q_1 + Q_2$$

Deuxième cycle.

$3\,BaO$ anhydre $+ 3\,HCl$ étendue, dégage $+ 27,8 \times 3$ (d'après mes expér.), soit.	$+ 83^{Cal},4$
$AzO^2 + O^3 + $ eau $= AzO^5, HO$ étendu ..	x
$m\,(AzO^6H + n\,Aq) + $ eau.............	P

$$\text{Somme : } + 83^{Cal},4 + P + x$$

d'où l'on tire la valeur de x :

$$+ 18^{Cal},0 + Q + Q_1 + Q_2 = + 83^{Cal},4 + P + x.$$

Mes essais ont donné :

$$x = + 34^{Cal},4 ; \text{ valeur un peu faible.}$$

4. LA TROISIÈME MÉTHODE repose sur l'emploi de l'ACIDE HYPOAZOTIQUE. Les résultats ont été exposés plus haut (p. 257 à 261). Ils se résument ainsi.

J'ai trouvé directement :

$AzO^2 + O^2 = AzO^4$ gaz..........	$+ 19,4$
Liquéfaction de AzO^4..........	$+ 4,33$

AzO^4 liquide $+ O + HO + $ eau $= AzO^5, HO$ étendu : $+ 12,7$.

On a donc, en somme :

$$AzO^2 + O^3 + HO + \text{eau} = AzO^5, HO \text{ étendu : } + 36,4 \; (^1).$$

Ces résultats méritent d'être signalés ; mais ils ne me paraissent

---

(^{1}) M. Thomsen, en suivant une marche analogue, quoique non identique, a trouvé : $+ 36,47$.

pas susceptibles d'une grande exactitude, à cause de la difficulté d'obtenir des réactions régulières en observant cette marche.

5. En résumé, j'ai trouvé :

$$AzO^? + O^2 + \text{eau} = AzO^5, HO \text{ étendu :}$$

par les azotites	$+ 35,$
» par une solution azotique . . .	$+ 34,$
» par l'acide hypoazotique. . . .	$+ 36,$
Moyenne	$+ 35,$

Cependant je ne crois pas devoir adopter cette moyenne, parce que la précision des trois méthodes est très inégale, ainsi qu'il a été dit. J'adopterai de préférence la valeur $+ 35,9$, obtenue par la méthode que je regarde comme la plus rigoureuse, et j'envisagerai les deux autres chiffres comme de simples vérifications.

6. *Chaleur de formation de l'acide azotique étendu depuis les éléments.* — Cette chaleur, calculée depuis l'azote et l'oxygène, se déduit facilement de la donnée précédente ; car il suffit d'en retrancher la chaleur absorbée dans la formation du bioxyde d'azote.

$$Az + O^5 + HO + \text{eau} = AzO^5, HO \text{ étendu,}$$
$$\text{dégage : } + 35,9 - 21,6 = + 14^{Cal},3.$$

Si l'on envisage la formation intégrale de l'acide azotique hydraté, depuis ses trois éléments AzO^6H, on ajoutera la chaleur de formation de l'eau, soit $+ 34,5$. Ainsi :

$$Az + O^6 + H + \text{eau} = AzO^6H \text{ étendu, dégage : } + 48^{Cal},8.$$

Une telle réaction dégage donc de la chaleur. Aussi peut-elle avoir lieu directement : on l'observe en effet lors de la combustion de l'hydrogène dans l'air ; mais elle ne porte que sur une petite quantité.

7. *Chaleur de formation de l'acide azotique monohydraté.* — Il suffit, pour la connaître, de mesurer maintenant la chaleur dégagée par la dissolution de l'acide monohydraté liquide dans une grande quantité d'eau, soit : $+ 7,2$.

On a donc

$$Az + O^5 + HO = AzO^5, HO \text{ liquide, dégage : } + \quad 7,1$$
$$Az + O^6 + H = AzO^6H \text{ liquide} \qquad » \qquad + 41,6$$

Pour passer à l'état gazeux et à l'état solide, il suffit de mesurer la chaleur de vaporisation et la chaleur de fusion, à basse température, de l'acide azotique monohydraté, $AzO^6H = 63^{gr}$.

$$\text{J'ai trouvé pour la chaleur de vaporisation} : +7,35,$$
$$\text{» pour la chaleur de fusion} : -0,6.$$

On a donc, en négligeant les différences entre les chaleurs spécifiques du corps sous ses divers états :

$$Az + O^5 + HO \text{ solide} = AzO^5, HO \text{ solide (à basse temp.)}.. \quad + 7,0$$
$$Az + O^6 + H \quad\text{»}\quad = AzO^6H \text{ solide}\ldots\ldots\ldots\ldots\ldots \quad + 42,2$$
$$Az + O^5 + HO \text{ gaz} = AzO^5, HO \text{ gaz}\ldots\ldots\ldots\ldots\ldots \quad - 0,1$$
$$Az + O^6 + H \quad\text{»}\quad = AzO^6H \text{ gaz}\ldots\ldots\ldots\ldots\ldots \quad + 34,4$$

8. *Acide à diverses concentrations.* — Pour passer à l'acide azotique envisagé sous divers états de concentration, il suffit d'en connaître la chaleur de dilution, sous ses divers états, et de l'ajouter aux chiffres précédents. Je l'ai mesurée pour toute l'échelle des dilutions : on trouvera mes résultats dans les *Annales de Chimie et de Physique*, 5ᵉ série, tome IV, page 446.

Je me bornerai à donner ici la chaleur de formation de l'hydrate $AzO^6H, 2H^2O^2$, lequel constitue approximativement l'acide du commerce :

$$AzO^6H + 2H^2O^2 = AzO^6H, 2H^2O^2 \text{ liquide, dégage} : +5^{Cal},0.$$

L'eau-forte des graveurs est voisine de la formule

$$AzO^6H + 6,5 H^2O^2.$$

La formation d'un tel hydrate :

$$AzO^6H + 6,5 H^2O^2 = AzO^6H, 6,5 H^2O^2, \text{ dégage} : +7,0.$$

9. *Acide azotique anhydre. Préparation.* — On sait que ce beau corps a été découvert par H. Sainte-Claire Deville dans la réaction du chlore sur l'azotate d'argent, mais par un procédé très difficile et qui a réussi seulement en raison de l'habileté consommée de ce savant chimiste. Dans mes recherches thermiques, j'ai été conduit à en proposer un autre, bien plus facile et qui permet aujourd'hui de montrer dans tous les cours ce corps remarquable. Il paraît utile de le décrire ici.

Le principe de ce procédé a été trouvé en 1872 par M. R. Weber (*Ann. de Pogg.*, t. CXLVII, p. 113). Il consiste à déshydrater l'acide azotique monohydraté par l'acide phosphorique anhydre.

Disons d'abord comment cet auteur opérait. Il effectuait le mélange dans un vase de Bohême, entouré d'eau froide; puis introduisait le *sirop* obtenu dans une cornue et distillait : le produit le plus volatil se sépare en deux couches. On décante la couche supérieure ; on la refroidit à zéro, ce qui en sépare encore un peu de l'autre liquide; puis on place ce qui reste dans un mélange réfrigérant; l'acide azotique apparaît en croûtes cristallines; on décante l'eau-mère et l'on fait refondre et cristalliser les croûtes à plusieurs reprises.

Cette longue série d'opérations délicates et pénibles, sur des matières excessivement volatiles, hygrométriques, corrosives et altérables, n'est pas sans difficulté et abaisse beaucoup le rendement.

J'ai introduit des perfectionnements qui permettent d'obtenir, du premier coup et par une seule distillation, 60 à 70 pour 100 de la quantité théorique.

Pour arriver à ce résultat, on refroidit l'acide azotique monohydraté (*réel*) avec un mélange de glace et de sel; on y incorpore l'acide phosphorique anhydre pulvérulent, par parcelles ménagées, de façon à éviter *toute élévation locale de température*, laquelle produirait aussitôt de l'acide hypoazotique. En outre, la *température de la masse*, mesurée à l'aide d'un thermomètre, *ne doit jamais monter au-dessus de zéro*.

Quand on a ajouté à l'acide azotique un peu plus de son poids d'acide phosphorique, la masse acquiert la consistance d'une *gelée*. On s'arrête alors, et, à l'aide d'une spatule de porcelaine et d'un entonnoir à bec coupé, on bourre rapidement la masse dans la panse d'une cornue tubulée (bouchée à l'émeri), d'une capacité cinq à six fois supérieure.

Il ne reste plus qu'à distiller avec une extrême lenteur. La masse tend à se boursoufler; on modère cette action, en plongeant la cornue dans un mélange réfrigérant, chaque fois que la matière est sur le point de déborder. On condense les produits dans des flacons à l'émeri, ou dans des éprouvettes, au sein desquels le col de la cornue entre à frottement doux. On entoure de glace ces récipients.

L'acide azotique s'y condense en gros cristaux, brillants et incolores, tout à fait purs au début.

Vers la fin de l'opération, qui dure plusieurs heures, il passe en même temps une petite quantité d'un liquide étranger (acide azoteux-azotique) signalé par M. Weber.

En opérant sur 150^{gr} d'acide monohydraté, j'ai obtenu du premier coup près de 80^{gr} de cristaux.

Le maniement de l'acide azotique anhydre est relativement facile. Ce corps n'est pas explosif; il ne l'est, dis-je, ni sous forme solide, ni sous forme gazeuse : ce qui s'explique, attendu que l'acide azotique anhydre est formé, à partir de l'acide hypoazotique, avec dégagement de chaleur, comme je le montrerai tout à l'heure. Cependant l'acide azotique anhydre se décompose très facilement, et dès la température ordinaire, en oxygène et acide hypoazotique, ainsi que M. Deville l'avait observé. Aussi ne doit-on pas le conserver dans des vases fermés à la lampe. Au contraire, il se garde fort bien dans des flacons à l'émeri, fermés par simple apposition du bouchon et placés sous une cloche, à côté d'un vase renfermant de l'acide sulfurique.

Au contact de l'air, les cristaux s'évaporent lentement, en émettant d'abondantes vapeurs, mais sans avoir le temps de s'hydrater sensiblement et de se liquéfier; sauf dans les temps d'humidité extrême. Ces circonstances permettent de les introduire, sans trop de difficulté, dans des vases bouchés à l'émeri, pour les peser.

J'ajouterai, par surcroît, l'analyse suivante :

$5^{gr},555$ de cristaux pesés, puis dissous dans l'eau, ont fourni une liqueur qui, d'après l'essai alcalimétrique, contenait $5^{gr},54$ d'acide azotique anhydre. Il n'y avait pas d'acide azoteux sensible (réaction du permanganate de potasse).

L'acide azotique anhydre étant ainsi préparé en grande quantité, j'en ai étudié l'action sur l'eau, dans le calorimètre, en le prenant successivement sous les trois états : solide, liquide et gazeux.

État solide. — J'ai trouvé :

$$\text{Az O}^5 \text{ cristallisé} + \text{HO} + \text{eau, à } 10^\circ = \text{Az O}^5, \text{HO étendu.} \qquad + 8^{Cal},34$$

D'ailleurs

$$\text{Az O}^3, \text{HO pur} + \text{eau, à } 10^\circ = \text{Az O}^5, \text{HO étendu, dégage..} \qquad + 7^{Cal},18$$

Donc

$$\text{Az O}^5 \text{ solide} + \text{HO liq.} = \text{Az O}^5, \text{HO pur et liquide, dégage.} \qquad + 1^{Cal},16$$

Cette quantité de chaleur est fort petite ; ce qui s'explique à cause de l'effet thermique contraire produit par la liquéfaction de l'anhydride.

Aussi l'action de l'anhydride solide sur l'eau n'est-elle pas très violente ; ce qui confirme par une autre voie le résultat précédent.

L'union de l'anhydride solide avec la vapeur d'eau atmosphérique est également plus lente que celle des corps réputés très hygrométriques. En effet, à la température ordinaire, l'anhydride s'évapore en nature sur une plaque de porcelaine vernie, sans laisser à sa place une goutte considérable d'acide étendu.

Signalons encore la réaction suivante, rapportée à l'état solide :

AzO^5 solide $+$ BaO solide $=$ AzO^6Ba solide, dégage . . . . . $+ 40,7$.

Cette quantité de chaleur est inférieure de $+ 10,3$ à celle que dégage la formation du sulfate de baryte, à partir de l'acide anhydre et de la base anhydre, tous deux solides, soit : $+ 51,0$.

État liquide. Chaleur de fusion. — J'ai opéré par deux méthodes :

1° Par la solidification de l'acide fondu et contenu dans une ampoule, plongée au sein du calorimètre ;

2° En dissolvant directement l'acide solide dans l'eau.

J'ai trouvé directement et sans difficulté, par des essais concordants, faits à l'aide de chacune de ces méthodes :

$AzO^5 (= 54^{gr})$ liquide, en devenant solide, dégage . . . . . . $+ 4,14$

Soit pour Az^2O^{10} . . . . $+ 8,28$

Cette valeur est très grande, et égale environ à 6 fois la chaleur de solidification de l'eau ($+ 0,72$ pour $HO = 9^{gr}$, d'après M. Desains). Donc

AzO^5 liq. $+$ HO liq. $=$ AzO^5, HO liq. et pur, dégage . . . . $+ 5^{Cal},30$

AzO^5 liq. $+$ HO liq. $+$ eau $=$ acide étendu . . . . $+ 12^{Cal},48$

La première valeur est voisine de la chaleur d'hydratation de l'anhydride acétique ($C^4H^3O^3$ liquide $+$ HO liquide $= C^4H^4O^4$ liquide, dégage $+ 6,9$), et même un peu inférieure ; mais la seconde est bien plus considérable que la chaleur d'hydratation de l'acide acétique anhydre rapportée à l'acide étendu ($+ 7,3$). Aussi l'action de l'anhydride azotique liquide sur l'eau est-elle extrêmement violente : ce qui contraste avec la réaction bien plus faible que l'eau exerce sur l'acide solide.

État gazeux. Chaleur de vaporisation.

AzO^5 gaz, changé en liquide, dégage . . . . $+ 2,42$

Id.   changé en solide . . . . $+ 6,56$

J'ai déterminé cette quantité en faisant passer dans l'eau du calorimètre de l'air sec, chargé de vapeur azotique, à la température de $+ 43°$. La vaporisation préalable de l'anhydride, dans le courant d'air, était produite au moyen d'une petite étuve.

J'ai vérifié d'ailleurs que la décomposition de l'anhydride, en acide hypoazotique et oxygène, n'est pas sensible dans ces conditions de vaporisation.

On a opéré sur des poids connus d'anhydride, préalablement pesé dans une ampoule scellée, et l'on a contrôlé le résultat par l'essai acidimétrique de la liqueur aqueuse. Ce contrôle a fourni en effet, d'après mes expériences, un poids de l'acide condensé tout à fait concordant avec celui que l'on avait introduit dans l'étuve.

On obtient par cette voie la chaleur dégagée lorsque le gaz azotique se change en acide étendu, soit

AzO^5 gaz + eau = acide étendu, à + 10°, dégage . . . .   + 14,90

La chaleur de vaporisation de l'acide liquide est donc, pour le poids

$$AzO^5 = 54^{gr}.$$
$$14,90 - 12,48 = 2,42.$$

Soit pour Az^2O^{10} . . . . $4^{Cal},84.$

Celle de l'acide solide pour AzO^5,

$$14,90 - 8,34 = 6,56.$$

Soit pour Az^2O^{10} . . . .   13,12.

D'après les chiffres ci-dessus, la chaleur de vaporisation de l'anhydride azotique liquide (en admettant $AzO^5 = 2$ vol.) sera pour Az^2O^{10}   4,84

Elle est à peu près la même que celle de l'acide hypoazotique sous le même volume; soit 4,3 pour AzO^4. Elle est aussi voisine de la chaleur de vaporisation du protoxyde d'azote; soit 4,42 pour Az^2O^2, d'après M. Favre.

La formation thermique de l'acide anhydre depuis les éléments, se conclut des données précédentes. Sous les trois états, on a en effet :

$Az + O^5 = AzO^5$ gaz . . . .   — 0,6
$Az + O^5 = AzO^5$ liquide . . . .   + 1,8
$Az + O^5 = AzO^5$ solide . . . .   + 5,9.

10. Le Tableau suivant résume la formation thermique des oxydes de l'azote sous la forme gazeuse, rapportée à la température ordinaire :

$Az + O = AzO$ (2 v.).   10,3
$Az + O^2 = AzO^2$ (4 v.)   21,6   — 11,3
$Az + O^3 = AzO^3$ (2 v.)   11,1   + 10,5
$Az + O^4 = AzO^4$ (4 v.   2,6   8,5
$Az + O^5 = AzO^5$ (2 v.) . . . .   — 0,6   + 2,0

On voit que la formation progressive des oxydes de l'azote suit une marche singulière; elle absorbe d'abord une quantité de chaleur presque proportionnelle pour les deux premiers; puis elle dégage des quantités qui vont en décroissant, à partir du second jusqu'aux trois derniers.

Tous les corps sont pris d'ailleurs ici sous la forme gazeuse, la seule qui soit réellement comparable. Le composé le plus stable, je veux dire l'acide hypoazotique, ne répond ni au maximum ni au minimum de la chaleur absorbée. Enfin il n'existe aucune relation numérique simple entre les quantités de chaleur mises en jeu.

Le fait le plus général qui résulte du Tableau précédent, c'est que la formation de tous les oxydes de l'azote, depuis leurs éléments gazeux, *absorbe* de la chaleur; leur décomposition doit donc en dégager. Cependant, en fait, aucun d'eux n'est explosif par simple échauffement. Mais le bioxyde d'azote, formé avec la plus grande absorption de chaleur, se décompose en ses éléments avec facilité, comme je l'établirai plus loin (*voir* p. 290). La chaleur absorbée dans sa formation le rend comparable au cyanogène ($-37,3$ pour C^2Az), ou de l'acétylène ($-30,5$ pour C^2H). Ces trois corps peuvent d'ailleurs éprouver une détonation véritable, sous l'influence du choc brusque et violent du fulminate de mercure (p. 106). Ajoutons que ces trois corps offrent une aptitude à la combinaison, tout à fait comparable à celle des radicaux simples.

Aussi s'explique-t-on par la connaissance de ces relations pourquoi la formation des oxydes de l'azote n'a jamais lieu directement; et pourquoi elle exige le concours d'une énergie étrangère, celle de l'électricité, ou d'une action chimique simultanée.

On s'explique encore par là la grande énergie des mélanges et des combinaisons détonantes, formés par les composés oxygénés de l'azote.

§ 5. — Acide hypoazoteux et hypoazotites.

1. En étudiant les produits de la réduction des azotites par l'amalgame de sodium, M. Divers (¹) découvrit en 1871 un nouveau sel, qu'il appela l'*hypoazotite d'argent*, et dont il détermina la composition et les propriétés; ce sel et ses dérivés ont été, depuis, l'objet de nouvelles recherches, exécutées par MM. Van der Plaats (²) et Zorn (³). Ces auteurs ont attribué à l'hypoazotite d'argent la formule AzO^2Ag, qui le ferait dériver du protoxyde d'azote asso-

---

(¹) *Journal of the Chemical Society*, XXIV, 484. — *Proceedings of the Royal Society*, XXXI, 425. — *Bulletin de la Société chimique*, XV, 176.

(²) *Berichte der deutsch. Chem. Ges., Ber.*, X, 1508.

(³) *Ibid.*, X, 1306, et XV, 1258.

cié à l'oxyde d'argent. Mais les recherches récentes que nous avons faites, M. Ogier et moi, sur ce sel, au double point de vue chimique et thermique, nous ont conduits à préférer la formule $Az^2 O^5 Ag^2$, c'est-à-dire $Az^2 O^3$, $2 AgO$; laquelle fait de l'acide hypoazoteux un sesquioxyde d'azote.

Les hypoazotites alcalins prennent aussi naissance dans l'électrolyse des azotites; et ils se forment, quoique en très petite quantité, dans la décomposition des azotites par la chaleur surtout en présence du fer.

C'est au moyen de l'hypoazotite d'argent que l'on prépare l'acide hypoazoteux et ses sels: nous parlerons donc d'abord de ce composé.

2. *L'hypoazotite d'argent* est un corps jaune, amorphe, d'une grande insolubilité, qui se précipite lorsqu'on neutralise très exactement les solutions alcalines d'acide hypoazoteux et qu'on y verse de l'azotate d'argent. Pour l'obtenir pur, il est nécessaire de le redissoudre dans l'acide azotique très étendu et de le reprécipiter, en neutralisant exactement par l'ammoniaque.

Ce corps éprouve une décomposition très sensible, lorsqu'on le chauffe à 100°, et surtout un peu au-dessus; la proportion centésimale d'argent croît avec la durée de la dessiccation opérée dans ces conditions. Par exemple, un sel maintenu plusieurs heures vers 120° a fourni ensuite 85,6 d'argent; au lieu de 76 exigés par la formule. Dès 95°, une matière amenée à renfermer 75,5 d'argent par la dissociation commence à noircir légèrement. C'est cette circonstance qui a dû surélever les dosages d'argent effectués jusqu'à présent, lesquels ont été faits sur un sel séché à haute température.

Il convient dès lors de dessécher l'hypoazotite dans le vide, à la température ordinaire et dans l'obscurité.

Son analyse nous a donné les chiffres suivants :

Ag................................	76,2	76,1
Az................................	9,7	9,8
O.................................	14,1	14,1

Ces résultats conduisent à la formule $Az^2 O^5 Ag^2$.

	Calculé d'après		
	$Az\,O^2 Ag.$ (138)	$Az^2 O^5 Ag^2.$ (284)	Trouvé.
Ag.....................	78,3	76,1	76,1
Az.....................	10,1	9,9	9,8
O......................	10,6	14,1	14,1

L'acide hypoazoteux a donc pour formule Az^2O^3, $2HO$: ce qui en fait un sesquioxyde d'azote, répondant, à l'état anhydre, à la formule Az^2O^3. Cette formule rend compte de l'existence de sels acides observés par M. Zorn.

La chaleur décompose l'hypoazotite d'argent, avec formation de bioxyde d'azote, d'acide azoteux et d'argent métallique :

$$Az^2O^5Ag^2 = AzO^2 + AzO^3 + Ag^2.$$

Mais l'acide azoteux réagit partiellement sur l'argent; de façon à reproduire une certaine dose d'azotite et même d'azotate d'argent.

3. En décomposant l'hypoazotite d'argent par un acide étendu, on obtient l'*acide hypoazoteux* en solution aqueuse. Cet acide est peu stable. Ses dissolutions portées à l'ébullition se décomposent, en fournissant du protoxyde d'azote, mêlé d'azote; en même temps elles retiennent une certaine dose d'acide azotique étendu :

$$4Az^2O^3 \text{ étendu} + HO = 7AzO + AzO^5, HO \text{ étendu}.$$

Au contact de l'air, elles en absorbent lentement l'oxygène, en se changeant en acide azotique.

Les hypoazotites alcalins peuvent s'obtenir par double décomposition au moyen d'un chlorure alcalin et du sel d'argent. Il paraît exister deux sels de baryte, un sel acide soluble et un sel neutre peu soluble.

4. Nous avons soumis méthodiquement, en vue des essais calorimétriques, l'acide hypoazoteux à l'action de trois corps oxydants : l'iode, le brome, le permanganate de potasse.

1° L'iode en solution dans l'iodure de potassium n'a pas exercé d'action appréciable sur l'acide hypoazoteux combiné à l'argent ([1]), ou mis préalablement en liberté par une dose équivalente d'acide chlorhydrique étendu.

2° L'oxydation par le brome est très caractéristique. Pour l'effectuer, on a opéré sur un poids connu d'hypoazotite d'argent, soit 2^{gr}, mis en présence de l'acide chlorhydrique en excès et d'une solution aqueuse de brome titré et employé en léger excès : on laisse réagir pendant quelque temps, puis on titre le brome restant. Ce procédé tend à donner des chiffres un peu forts, à cause de l'éva-

---

([1]) Sauf le changement de l'argent en iodure.

poration de quelques traces de brome pendant les manipulations. Tantôt l'acide chlorhydrique est mêlé d'avance avec l'eau de brome dans laquelle on délaye le sel d'argent (série I); tantôt on délaye le sel dans cet acide, puis on y ajoute le brome (série II).

Le rapport équivalent entre l'argent et le brome employés a été trouvé très voisin de 1 : 3,5; ce qui concorde avec la formule

$$Az^2O^5Ag^2 + 7HO + 7Br = 2AzO^6H + 5HBr + 2AgBr.$$

La formule AzO^2Ag exigerait le rapport 1 : 4, fort supérieur à tous les dosages observés.

3° L'oxydation par le permanganate de potasse fournit des résultats peu réguliers, l'oxygène absorbé variant de 4,6 à 8,9 centièmes, et l'action ne se terminant pour ainsi dire pas. Cependant, en opérant en présence d'un très grand excès d'acide sulfurique, on arrive à des chiffres assez concordants, tels que

$$8,3; \quad 7,5; \quad 8,4; \quad 8,9.$$

Ces chiffres répondent sensiblement à $3^{éq}$ d'oygène absorbés.

Les liqueurs étudiées consécutivement ne renferment pas d'ammoniaque; mais elles dégagent par l'ébullition une dose considérable de protoxyde d'azote. Dans une même expérience, on a dosé l'oxygène absorbé et le protoxyde d'azote (en extrayant celui-ci avec la trompe à mercure et le dosant par détonation au moyen de l'hydrogène). On a obtenu :

O fixé : — 8,3; AzO dégagé : 8,0 pour 100 parties de sel.

Ces chiffres répondent très sensiblement à la transformation suivante :

$$Az^2O^5Ag^2 + O^3 + HO = AzO + AzO^5, HO + 2AgO \text{ (comb. à l'acide).}$$

C'est donc une nouvelle confirmation de la formule.

Les dosages par le permanganate doivent être faits en introduisant le sel d'argent d'un seul corps dans le mélange de permanganate et d'acide sulfurique fait à l'avance et en excès; car l'acide hypoazoteux, mis en liberté à l'avance, absorbe lentement l'oxygène de l'air. La dissolution de cet acide, introduite dans un petit flacon plein d'air et dosée seulement le lendemain, n'a plus pris que 1,2 d'oxygène aux dépens du permanganate.

Ces faits étant acquis, nous avons passé aux mesures calorimétriques et nous avons déterminé successivement la chaleur de formation du sel d'argent, celle de l'acide lui-même ainsi que la chaleur dégagée par son union avec l'oxyde d'argent et avec la potasse.

5. *Chaleur de formation de l'hypoazotite d'argent.* — Nous avons déterminé la chaleur de formation de l'hypoazotite d'argent en l'oxydant par l'eau de brome, conformément à l'une des méthodes précédentes. Les chiffres obtenus, sans avoir une concordance aussi grande que nous l'aurions désiré, sont cependant suffisamment voisins. En voici la liste :

1re SÉRIE. — *Action opérée d'un seul coup, pour* $Ag = 108^{gr}$.

$$
\begin{array}{lll}
 & \text{Cal} & \\
1^{er}\text{ essai} \ldots\ldots\ldots\ldots & 29,83 & \Big\}\ \text{moyenne} : 30,68 \\
2^e\text{ essai} \ldots\ldots\ldots\ldots & 31,54 &
\end{array}
$$

2e SÉRIE. — *Actions successives de* HCl *et de* Br.

$$
\begin{array}{lll}
 & \text{Cal} & \\
3^e\text{ essai} \ldots\ldots\ldots\ldots & 28,00 & \\
4^e\text{ essai} \ldots\ldots\ldots\ldots & 29,85 & \Big\}\ \text{moyenne} : 28,62 \\
5^e\text{ essai} \ldots\ldots\ldots\ldots & 28,00 &
\end{array}
$$

La moyenne générale des deux séries est : $29^{Cal},65$,

Le rapport expérimental entre l'argent et le brome absorbé, en équivalents, a été trouvé en moyenne : $3,71$; chiffre un peu trop fort, comme il a été dit, à cause des pertes de brome par évaporation. Le rapport théorique est : $3,50$.

6. Soit donc l'état initial

$$Az^2 O^5 Ag^2 + 7\,HO + 7\,Br\ gaz + eau.$$

On arrive à l'état final par le cycle suivant :

$$Az^2 + O^5 + Ag^2 = Az^2 O^5 Ag^2.$$

$$
\begin{array}{lr}
7\,(H + O) = 7\,HO\ \text{dégage} \ldots\ \ +34,5 \times 7 = 241,5 \\
7\,Br\ \text{gazeux} + eau = 7\,Br\ \text{dissous} \ldots\ +29,0 \\
\text{Réaction (pour } Ag^2) \ldots\ldots\ldots\ldots\ +59,3 \\
\hline
\ .r + 329,8
\end{array}
$$

L'état final étant

$$2\,AzO^6 H\ \text{étendu} + 5\,HBr\ \text{étendu} + 2\,AgBr.$$

On parvient à ce même état final, en suivant le cycle que voici :

$$
\begin{array}{lr}
2\,(Az + O^6 + H) + eau = AzO^6 H\ \text{étendu} \ldots\ldots\ + 97,6 \\
5\,(H + Br\ gaz) + eau = 5\,Br\ \text{étendu} \ldots\ldots\ldots\ + 167,5 \\
2\,(Ag + Br\ gaz) = 2\,AgBr \ldots\ldots\ldots\ldots\ + 55,4 \\
\hline
+ 320,5
\end{array}
$$

Les deux sommes thermiques étant égales, il en résulte

$$x = -9^{\text{Cal}},3.$$

Telle est la chaleur absorbée dans la réunion des éléments :

$$Az^2 + O^5 + Ag^2.$$

On a encore, depuis l'azote, l'oxygène et l'oxyde d'argen :

$$Az^2 + O^3 + 2AgO\ldots\ldots\ldots\ldots \quad -16^{\text{Cal}},3$$

7. *Chaleur de formation de l'acide hypoazoteux.* — Pour passer à l'acide lui-même, nous avons mesuré la chaleur dégagée dans la réaction de l'acide chlorhydrique étendu sur l'hypoazotite d'argent : soit, pour $1^{\text{éq}}$ d'argent, Ag, contenu dans ce composé,

$$\left.\begin{array}{l} +9^{\text{Cal}},15 \\ +8^{\text{Cal}},73 \end{array}\right\} + \text{moyenne} : +8^{\text{Cal}},94,$$

ce qui fait pour Ag^2 : $+17,88$.

L'acide hypoazoteux subsiste d'ailleurs après cette opération ; au moins pendant la durée de l'expérience, comme le montre la concordance des dosages de brome effectués avant et après l'action de l'acide chlorhydrique.

Ceci posé, la réaction

$$HCl \text{ étendu} + AgO = AgCl + HO, \text{ dégage} \ldots \ldots \quad +20,1$$

d'où résulte

$$Az^2O^3 \text{ ét.} + AgO = Az^2O^5Ag^2, \text{ dégage} \ldots \ldots \quad +40,2-17,9 = +22,3$$

soit $+11,15$, pour chaque équivalent d'oxyde combiné.

On a, dès lors,

$$Az^2 + O^3 + \text{eau} = Az^2O^3 \text{ étendu} \ldots \ldots \quad -38^{\text{Cal}},6$$

L'acide hypoazoteux est donc formé depuis les éléments avec absorption de chaleur ; ainsi que les analogies et l'instabilité de l'acide lui-même permettaient de le prévoir.

Sa transformation en acide azotique, par oxydation (au moyen du brome), dégage

$$Az^2O^3 \text{ étendu} + O^7 + 2HO = 2(AzO^5, HO) \text{ étendu} \ldots \quad +67,2$$

soit $+9^{\text{Cal}},6$ par équivalent d'oxygène fixé.

C'est là un chiffre à peine supérieur à celui que l'on obtient pour la transformation de l'acide azoteux dissous en acide azotique étendu :

$$AzO^3 \text{ étendu} + O^2 + HO = AzO^5, HO \text{ étendu} \dots \quad +18,5$$

soit $+9^{Cal},25$ par chaque O fixé.

Cependant, si l'on envisage les deux oxydations successives, le calcul montre que l'oxydation de l'acide hypoazoteux, changé en acide azoteux, dégage un peu plus de chaleur,

$$\text{soit} : +10,1 \text{ par O fixé,}$$

que celle de l'acide azoteux changé en acide azotique

$$\text{soit} : +9,25 ;$$

remarque conforme à celle que nous avons faite déjà sur la chaleur dégagée par la fixation successive de $2^{éq}$ d'oxygène sur le bioxyde d'azote ($+10,5$ et $+8,5$ dégagées). Le changement même des sels les uns dans les autres dégagerait, pour les sels d'argent solide,

Hypoazotite changé en azotite, par O fixé..... $+10,4$
Azotite en azotate .... $+\ 8,8$

Pour les sels de potasse dissous, l'écart s'étant accru en raison de la différence des chaleurs de neutralisation,

Hypoazotite changé en azotite, par O fixé..... $+13,6$
Azotite en azotate........................... $+10,8$

Ce sont toujours des relations du même ordre.

L'oxydation par le permanganate, avec formation de protoxyde d'azote (en faisant abstraction de la chaleur propre, due à la réduction du permanganate)

$$Az^2O^2 \text{ ét.} + O^3 + HO = AzO^5, HO \text{ ét.} + AzO \text{ gaz, dégage.} \quad +42,3$$

La décomposition lente de l'acide hypoazoteux au contact de l'air et aux dépens de l'oxygène tant libre que dissous dans l'eau dégage précisément cette quantité de chaleur avec formation de protoxyde d'azote. Le dédoublement pur et simple

$$Az^2O^3 \text{ étendu} = AzO \text{ gaz} + AzO^2 \text{ gaz, dégagerait}\dots \quad +6,4$$

Le protoxyde d'azote peut d'ailleurs être formé sans bioxyde par d'autres dédoublements, tels que le suivant, qui dégage beaucoup plus de chaleur et s'effectue de préférence :

$$4Az^2O^3 + \text{eau} = 7AzO \text{ gaz} + AzO^5, HO \text{ étendu, dégage}\dots \quad +96,6$$

soit $+24,1$ pour Az^2O^3.

Les combinaisons de l'ordre de l'acide hypoazoteux ont une mobilité et une complexité de réactions qui s'expliquent par leur formation endothermique. On connaît bien des phénomènes analogues dans la série des oxydes inférieurs du soufre et du phosphore ; sans parler de l'oxyammoniaque, laquelle fournit aussi fort aisément de l'azote et du protoxyde d'azote.

8. *La chaleur de neutralisation de l'acide hypoazoteux étendu par l'oxyde d'argent* a été donnée plus haut, soit

$$Az^2O^3, \text{étendu} + 2AgO = Az^2O^3, 2AgO \ldots\ldots\ldots \quad +11,15 \times 2$$

Nous avons cherché à évaluer encore la *chaleur de neutralisation* de l'acide hypoazoteux *par les alcalis*, en décomposant le sel d'argent par les chlorures alcalis. La réaction est presque immédiate. Nous avons obtenu

$$Az^2O^5Ag^2 + 2KCl \text{ étendu, vers } 14° \ldots\ldots\ldots \quad +5^{Cal},50.$$

Avec le chlorure de baryum, BaCl, le dégagement de chaleur a été plus notable ; mais il paraît se compliquer de la précipitation partielle de l'hypoazotite de baryte. Avec le chlorhydrate d'ammoniaque, il se produit une décomposition spéciale, avec mise à nu d'ammoniaque, déjà observée par M. Divers.

D'après les chiffres ci-dessus, on a, pour la potasse et l'acide hypoazoteux, à 14° :

Az^2O^3 étendu $+ 2KO$ étendu dégage :

$$2(+8,9 + 13,8 + 2,75 - 20,1) = +2 \times 5^{Cal},35.$$

Comparons maintenant ces résultats avec les nombres analogues, relatifs aux deux autres acides de l'azote.

$$AzO^5, HO \text{ étendu} + AgO, \text{ formant } AzO^5, AgO \text{ solide} \ldots\ldots \quad +10,7^{Cal}$$
$$AzO^3 \text{ étendu} + AgO, \text{ formant } AzO^3, AgO \text{ solide} \ldots\ldots\ldots \quad +12,1$$
$$\tfrac{1}{2}Az^2O^3 \text{ étendu} + AgO, \text{ formant } \tfrac{1}{2}(Az^2O^3, Ag^2O^2) \ldots\ldots\ldots \quad +11,1$$

Ce sont presque les mêmes valeurs pour l'oxyde d'argent, formant des sels solides.

Pour la potasse, au contraire, formant des sels solubles :

$$AzO^5HO \text{ étendu} + KO \text{ étendue} \ldots\ldots\ldots\ldots \quad +13,8$$
$$AzO^3 \text{ étendu} + KO \text{ étendue} \ldots\ldots\ldots\ldots \quad +10,6$$
$$\tfrac{1}{2}Az^2O^3 \text{ étendu} + KO \text{ étendue} \ldots\ldots\ldots\ldots \quad +5,4$$

La faiblesse relative des derniers acides, faiblesse corrélative de leur richesse décroissante en oxygène, s'accuse ici de plus en plus ([1]).

§ 6. — Stabilité et transformation réciproques des composés oxygénés de l'azote.

1. Dans le cours de mes déterminations thermiques, j'ai été conduit à étudier la formation et la décomposition des divers oxydes de l'azote, sujet dont quelques points n'avaient pas été repris depuis le temps de Gay-Lussac([2]), de Dulong ([3]), de Dalton ([4]) et même de Priestley. J'ai eu occasion de reproduire également certaines des expériences classiques de M. Peligot ([5]) sur les acides hypoazotique et azoteux. Je vais exposer celles de mes observations qui me semblent offrir quelque nouveauté ; elles ont fourni des résultats particulièrement inattendus et contraires aux opinions reçues sur la stabilité du bioxyde d'azote.

2. *Protoxyde d'azote.* — On enseigne depuis Priestley que le protoxyde d'azote est décomposé par la chaleur rouge, ou par l'étincelle électrique, en azote et oxygène. Cette décomposition est d'autant plus facile qu'elle dégage de la chaleur :

$$AzO = Az + O\ldots\ldots\quad + 10^{Cal},3.$$

A ce titre, elle n'est pas accompagnée de dissociation, ni par conséquent réversible. J'ai cherché vers quelle température commence cette décomposition et si le bioxyde d'azote apparaît parmi ses produits.

([1]) Nous croyons devoir donner ici le calcul des chaleurs de formation des hypoazotites, suivant l'ancienne formule. Le calcul ne peut avoir lieu que d'après cette hypothèse que l'oxydation par le brome ne serait pas tout à fait complète : $3^{éq},71$ d'oxygène ayant été fixés au lieu de 4 ; ce qui revient à admettre que l'action du brome aurait dû dégager $+30^{Cal},65$ par équivalent d'argent (en tenant compte de la formation de AgBr, qui n'est pas changée). On trouve ainsi :

$$Az + O^2 + Ag :: AzO^2Ag \ldots\ldots\ldots\ldots\quad -8,25$$
$$Az + O + eau = AzO \text{ dissous} \ldots\ldots\ldots\quad -22,9$$
$$AzO \text{ dissous} + AgO :: AzO^2Ag\ pp \ldots\quad +11,15$$
$$AzO \text{ dissous} + KO = AzO^2K \text{ dissous} \ldots\quad +5,35$$

Les déductions et rapprochements généraux demeurent d'ailleurs les mêmes.

([2]) *Annales de Chimie et de Physique*, t. I, p. 394, 1816.

([3]) Même Recueil, t. II, p. 517 ; 1816.

([4]) Même Recueil, t. VII, p. 36 ; 1817.

([5]) Même Recueil, 3ᵉ série, t. II, p. 58 ; 1841.

Le protoxyde résiste à l'action d'une chaleur modérée mieux qu'on ne le supposait en général. En le chauffant au rouge sombre, vers 520°, pendant nne demi-heure, dans un tube de verre de Bohême scellé à la lampe, c'est à peine si 1,5 centième se trouve décomposé en azote et oxygène, sans oxyde supérieur. La décomposition est donc extrêmement lente.

Observons ici que la transformation du protoxyde d'azote en bioxyde, à la température ordinaire :

$$2\,AzO = Az + AzO^2, \text{ absorberait..} \quad -1^{Cal},0;$$

La compression brusque du protoxyde d'azote, dans un système analogue au briquet à gaz et sous des conditions capables de faire détoner un mélange d'hydrogène et d'oxygène, ne détermine également que des traces de décomposition.

J'ajouterai que le protoxyde d'azote, mêlé d'oxygène et chauffé au rouge sombre dans un tube scellé, ne fournit pas de bioxyde d'azote : ce qui se comprend, la formation du bioxyde d'azote absorbant de la chaleur

$$AzO + O = AzO^2, \text{ absorberait...} \quad -11,3.$$

Rappelons enfin, pour achever d'en définir la stabilité, que le protoxyde d'azote n'exerce d'action oxydante à froid sur aucun corps connu; et que ce gaz n'est ni absorbé, ni décomposé par la potasse, alcoolique ou aqueuse; je dis à aucune température susceptible d'être atteinte dans un tube de verre scellé, même avec le concours du temps (¹). Si j'insiste sur ces circonstances, c'est pour les opposer aux propriétés du bioxyde d'azote.

La transformation du protoxyde d'azote en azotate de potasse et ammoniaque sous l'influence de la potasse, réaction annoncée autrefois par Gerhardt, est erronée, comme je l'ai reconnu dès 1857. Elle est d'ailleurs incompatible avec les principes de la Thermochimie, car la réaction

$$\begin{cases} Az^2O^2 + H^2O^2 + KO, HO \text{ étendu} \\ = AzO^5, KO \text{ étendu} + AzO^3, \text{ absorberait} : -29^{Cal},4. \end{cases}$$

J'ai aussi examiné l'action de l'étincelle électrique sur le protoxyde d'azote, principalement pour en étudier les premières phases; car les produits généraux ont été déjà signalés par Priestley, par

---

(¹) *Bulletin de la Société philomatique* pour 1857, p. 121.

M. Grove, par MM. Andrews et Tait, ainsi que par MM. Buff et Hoffmann. J'opérais dans un tube scellé à la lampe, afin d'éviter toute action secondaire, due à l'eau ou au mercure.

La décomposition s'opère rapidement et la vapeur nitreuse apparaît aussitôt. Au bout d'une minute et avec de faibles étincelles (appareil de Ruhmkorff, mû par 2 éléments Bunsen), un tiers du gaz était décomposé. La partie décomposée s'était partagée, en proportion à peu près égale, entre les deux actions suivantes :

$$\begin{cases} AzO = Az + O, \\ 4AzO = AzO^4 + 3Az. \end{cases}$$

La première action peut être regardée comme due surtout à l'action de la chaleur de l'étincelle; tandis que, dans la seconde action, la chaleur et l'électricité concourent.

Les deux réactions d'ailleurs sont exothermiques; la première dégageant $+ 10^{Cal},3$, et la seconde $+ 38^{Cal}$; c'est-à-dire $+ 9^{Cal},5$ pour chaque équivalent de protoxyde d'azote décomposé.

Au bout de trois minutes, avec des étincelles plus fortes (6 éléments Bunsen), près des trois quarts du gaz étaient déjà détruits; toujours de la même manière, la seconde réaction l'emportant un peu sur la première.

On voit par là que le bioxyde d'azote n'apparaît point et ne saurait apparaître dans la décomposition électrique du protoxyde, puisque celle-ci donne toujours lieu à un excès d'oxygène libre.

La proportion d'acide hypoazotique, formée dans mes essais, représentait à peu près le septième du volume final; proportion qui ne doit pas être très éloignée de celle qui répondrait à l'équilibre définitif produit par l'étincelle dans un mélange équivalent d'azote et d'oxygène libres, d'après les expériences exposées plus loin.

3. *Bioxyde d'azote.* — Le bioxyde d'azote est réputé l'un des gaz les plus stables de la Chimie. Cependant on enseigne que l'étincelle (Priestley) ou l'action de la chaleur rouge (Gay-Lussac) le décomposent lentement en azote ou en acide hypoazotique. En présence du mercure ou du fer, il ne reste que de l'azote (Buff et Hofmann, 1860).

Cette opinion sur la stabilité du bioxyde d'azote n'est pas fondée, d'après ce que j'ai observé. Le bioxyde d'azote (¹), renfermé dans

---

(¹) J'ai préparé ce gaz par la réaction ménagée de l'acide azotique sur une solution bouillante de sulfate ferreux; c'est la seule réaction qui le fournisse tout un tube de verre scellé et chauffé au rouge sombre, vers 520°, éprouve un commencement de décomposition. Au bout d'une demi-heure, le volume du bioxyde décomposé s'élevait à peu près du quart du volume initial. La portion détruite s'était partagée en partie en protoxyde d'azote et oxygène

$$AzO^2 = AzO + O \; ; \text{ réaction qui dégage.... } + 11^{Cal},3,$$

et en partie en azote libre et oxygène

$$AzO^2 + Az + O^2 \; ; \text{ réaction qui dégage .... } + 21,6$$

La première réaction, c'est-à-dire la formation du protoxyde d'azote, était prédominante. Mais l'oxygène régénéré à mesure, en présence d'un excès de bioxyde d'azote non décomposé, l'avait transformé partiellement, d'abord en acide azoteux :

$$AzO^2 + O = AzO^3, \text{ dégage....... } + 10,5$$

la réaction totale

$$2\,AzO^2 = AzO + AzO^3 \; ; \text{ dégageant... } + 21,7.$$

Puis, l'oxygène augmentant par suite d'une décomposition plus avancée, il se forme de l'acide hypoazotique :

$$AzO^2 + O^2 = AzO^4, \text{ dégage..... } + 19,0 ;$$

la réaction totale, c'est-à-dire

$$2\,AzO^2 = Az + AzO^4, \text{ dégageant..... } + 40^{Cal},6.$$

Une autre expérience, prolongée pendant six heures dans les mêmes conditions, a fourni sensiblement les mêmes résultats : la proportion de bioxyde détruit était la même, et celle du protoxyde d'azote un peu moindre, mais toujours très considérable.

L'action de l'étincelle électrique confirme et étend ces résultats. Elle commence à s'exercer avec une extrême promptitude et présente divers termes successifs, très dignes d'intérêt.

J'ai opéré sur le gaz enfermé dans des tubes scellés, avec des étincelles assez faibles (2 éléments Bunsen).

Au bout d'une minute, un sixième du gaz est déjà détruit. La proportion en serait certainement plus forte, si les électrodes de platine étaient situées au centre de la masse, au lieu de se trouver à une

à fait pur. L'emploi du cuivre et de l'acide azotique, même très étendu et froid, donne toujours du protoxyde, dont la proportion, variable avec la période de la réaction, peut s'élever à plus d'un dixième du volume du gaz qui se dégage.

extrémité: ce qui ralentit le mélange des gaz. Un tiers euviron du produit détruit a formé du protoxyde d'azote

$$2\,Az\,O^2 = Az\,O + Az\,O^3;$$

les deux autres tiers produisant de l'azote et de l'acide hypoazotique

$$2\,Az\,O^2 = Az + Az\,O^4.$$

Au bout de cinq minutes, les trois quarts du bioxyde d'azote étaient détruits, avec formation de protoxyde d'azote et d'acides azoteux et hypoazotique. Le rapport entre le protoxyde d'azote et l'azote, c'est-à-dire entre les deux modes de décomposition, était à peu près le même que plus haut.

Il y a encore lieu de distinguer ici l'action calorifique de l'étincelle, laquelle donne lieu à la formation du protoxyde (corps que l'étincelle n'engendre point en agissant sur les éléments), ainsi qu'à une portion de l'azote libre : et l'action propre de l'électricité, laquelle tend à faire prédominer l'acide hypoazotique, comme le montre une expérience de plus longue durée.

En effet, le flux d'étincelles, prolongé pendant une heure, ne laisse plus subsister qu'un mélange de bioxyde d'azote non décomposé (13 centièmes du volume initial), de vapeur nitreuse (plus de 40 centièmes) et d'azote. Je n'ai pu y découvrir de protoxyde d'azote en proportion sensible. Ce gaz disparaît donc avant le bioxyde; sans doute sous l'influence de la haute température de l'étincelle.

Ce fait, opposé en apparence avec la transformation initiale d'une partie du bioxyde en protoxyde, semble indiquer que le bioxyde commence à se décomposer à une température plus basse que le protoxyde et qu'il subsiste cependant, en partie, plus longtemps, ou à une température plus haute, en présence des produits de sa décomposition.

Pourtant l'action plus prolongée encore de l'électricité finit par le faire disparaître à son tour; en même temps que diminue le volume de la vapeur nitreuse, produite dans la première période. Au bout de dix-huit minutes d'électrisation, je n'ai plus trouvé que 12 centièmes de vapeur nitreuse, formée cette fois uniquement par l'acide hypoazotique. Le mélange gazeux renfermait

$$Az = 44, \quad O = 37, \quad Az\,O^4 = 13,$$

pour 100 volumes du gaz primitif.

En raison de la durée de la réaction et de l'influence antagoniste qui tend à former le gaz hypoazotique, dans un mélange d'azote et d'oxygène purs traversés par l'étincelle, le système ci-dessus doit être regardé comme voisin d'un état d'équilibre.

Mais revenons au bioxyde; en somme, ce composé est moins stable dans les conditions ordinaires que le protoxyde, puisqu'il l'engendre d'abord, en se décomposant sous l'influence de la chaleur ou de l'étincelle.

Ici se présente une contradiction apparente entre les propriétés connues des deux gaz. Pourquoi le charbon, le soufre, le phosphore une fois enflammés continuent-ils à brûler plus facilement dans le protoxyde que dans le bioxyde d'azote, circonstance qui a fait croire jusqu'ici à une stabilité plus grande du dernier gaz? L'explication est la suivante (*voir* p. 101 et 103) : d'une part, le bioxyde ne renferme pas plus d'oxygène à volume égal que le protoxyde, et, d'autre part, cet oxygène ne devient disponible en totalité pour les combustions qu'à une température beaucoup plus haute, le bioxyde se changeant d'abord en grande partie en acide hypoazotique, corps réellement plus stable que le protoxyde d'azote. L'énergie comburante du bioxyde, à la température du rouge naissant, devra donc être moindre que celle du protoxyde, qui se détruit immédiatement en azote et oxygène libre.

Nous avons expliqué de la même manière l'impossibilité de faire détoner un mélange de bioxyde d'azote et d'hydrogène ou d'oxygène de carbone. En effet, la combustion produite au contact du corps incandescent, ou sur le trajet de l'étincelle, n'élève pas la température jusqu'au degré nécessaire pour détruire l'acide hypoazotique; tandis que les mélanges explosifs dégageant notablement plus de chaleur, comme il arrive avec le cyanogène et l'éthylène, détonent au contraire, et cela avec une violence extrême.

Le défaut de stabilité du bioxyde d'azote se manifeste également dans un grand nombre de réactions lentes, opérées sur le gaz pur à la température ordinaire : soit qu'il se résolve en azotite et protoxyde sous l'influence de la potasse (Gay-Lussac), réaction que j'ai eu occasion de vérifier

$$\begin{cases} 2\,AzO^2 + KO \text{ étendue} + \text{eau} \\ \quad = A\,zO^3, KO \text{ dissoute} + AzO, \text{ dégage}: \quad +39^{Cal},2\,; \end{cases}$$

soit qu'il oxyde, à froid et peu à peu, divers corps minéraux, d'après les anciens observateurs; ou bien certains composés organiques d'après mes propres essais (¹).

(¹) *Chimie organique fondée sur la synthèse*, t. II, p. 485.

Les dernières réactions ont lieu : tantôt avec mise en liberté de tout l'azote du bioxyde ($Az + O^2$), en dégageant $+ 21,6$ en plus de la chaleur produite avec l'oxygène libre ;

Tantôt avec mise en liberté de la moitié de l'azote du bioxyde ($Az + AzO^4$) : réaction lente observable sur l'essence de térébenthine ou la benzine, lesquelles laissent un résidu d'azote égal au quart du volume du bioxyde d'azote ;

Tantôt avec mise en liberté du protoxyde d'azote : autre réaction lente observable avec le sulfure de sodium ou le chlorure stanneux, lesquels laissent du protoxyde d'azote et de l'azote à volumes égaux ;

Tantôt même avec mise en liberté d'ammoniaque, avec le concours de l'hydrogène de l'eau ou de divers composés organiques.

Les mêmes causes engendrent du protoxyde d'azote, de l'azote et même de l'ammoniaque, dans la plupart des réactions où un corps oxydable tend à ramener l'acide azotique à l'état de bioxyde d'azote. Aussi ce dernier gaz, préparé par la réaction des métaux sur l'acide azotique étendu, est-il rarement pur.

Une semblable aptitude à des décompositions lentes et multiples est le caractère propre des composés peu stables et formés avec absorption de chaleur. Le bioxyde d'azote est comparable sous ce rapport au cyanogène et à l'acétylène. Or tous ces composés endothermiques offrent une aptitude à entrer en réaction, une sorte de plasticité chimique bien supérieure à celle de leurs éléments et comparable à celle des radicaux les plus actifs : ce que j'explique par l'excès d'énergie emmagasinée dans l'acte de leur synthèse.

En effet, l'énergie potentielle des éléments diminue, en général, dans l'acte de la combinaison; tandis qu'elle se trouve, au contraire et par exception, accrue pendant la formation de l'acétylène, du cyanogène et du bioxyde d'azote. Un tel accroissement d'énergie est évidemment corrélatif avec l'aptitude que ces corps, véritables radicaux composés, possèdent pour contracter directement de nouvelles combinaisons avec les éléments.

Le mécanisme qui préside à la formation synthétique de ces radicaux composés n'est pas moins digne d'attention : c'est, en effet, sous l'influence de l'électricité que l'on obtient la réunion directe, quoique toujours endothermique, des éléments qui engendrent, soit l'acétylène lui-même, soit la combinaison hydrogénée du cyanogène, soit la combinaison suroxydée du bioxyde d'azote.

4. *Acide azoteux.* — Rappelons d'abord les relations thermiques suivantes, qui concernent l'acide azoteux anhydre :

$$AzO^3 = AzO^2 + O \text{ absorberait} \dots \quad -10^{Cal},5$$
$$AzO^3 + O = AzO^4 \text{ dégage} \dots \quad +8,5$$

Il résulte de là que le partage de l'acide azoteux en bioxyde d'azote et acide hypoazotique

$$2\,AzO^3 = AzO^2 + AzO^4, \text{ absorberait.} \quad -2^{Cal},0.$$

En fait, les trois corps inscrits dans la dernière équation constituent un système à l'état de dissociation, système dont l'équilibre se modifie avec les proportions relatives, la température, la condensation, etc. C'est ce que je vais établir, en examinant d'abord la réaction de l'oxygène sur le bioxyde d'azote.

Peu de réactions ont été plus étudiées que celle du bioxyde d'azote sur l'oxygène, surtout en présence de l'eau. Aux débuts de la chimie pneumatique, on espérait y trouver un procédé sûr et facile pour mesurer la pureté de l'air par son analyse (*eudiométrie*); mais on reconnut bientôt que les rapports entre les volumes des gaz absorbés peuvent varier extrèmement: par exemple, de 3 : 4, jusqu'à 3 : 12, suivant qu'il se forme d'abord de l'acide azotique, ou de l'acide azoteux; la solution aqueuse de ce dernier corps absorbe d'ailleurs assez vite l'oxygène, en devenant de l'acide azotique.

Cependant la réaction effective passe toujours par un premier terme défini, l'acide azoteux

$$AzO^2 + O = AzO^3.$$

Gay-Lussac avait déjà observé que l'oxygène et l'azote, mêlés en volumes dans le rapport de 1 : 4, en présence d'une solution concentrée de potasse, fournissent seulement un azotite.

J'ai reconnu qu'il en est de même, *quels que soient les proportions relatives des deux gaz et l'ordre du mélange,* en présence des solutions alcalines concentrées et même de l'eau de baryte; il en est ainsi pourvu que la vapeur nitreuse, qui apparaît un moment dans le mélange, soit aussitôt absorbée à l'aide de l'agitation, dans des tubes suffisamment larges. Non seulement les rapports entre les volumes des gaz disparus établissent ce fait; mais les analyses faites sur plusieurs grammes de matière ont montré que la proportion d'acide azoteux formé répond à 96 ou 98 pour 100 du bioxyde employé, dans les expériences bien conduites (*voir* p. 249).

Si la réaction a lieu, sans que l'on ait soin d'absorber à mesure l'acide azoteux, et particulièrement si on l'exécute entre les corps anhydres, l'acide hypoazotique apparaît bientôt, et l'analyse ([1]) indique alors, dans tous les cas où l'oxygène fait défaut, un mélange de ces trois gaz : AzO^2, AzO^3, AzO^4, quel que soit l'excès relatif du bioxyde d'azote, c'est-à-dire que l'acide azoteux ne subsiste quelque temps, sous forme gazeuse, qu'en présence des produits de sa décomposition. C'est ce mélange complexe et variable avec les circonstances qui constitue le corps appelé *vapeur nitreuse*, toutes les fois que l'oxygène n'est pas prépondérant. La même remarque s'applique d'ailleurs à l'acide liquide; l'acide azoteux le plus pur qui ait été obtenu (Fritzche; Hasenbach) contenait environ $\frac{1}{8}$ d'acide hypoazotique, d'après les analyses. M. Peligot avait depuis longtemps insisté sur cette circonstance.

En présence d'un excès d'oxygène, il se forme, ou plutôt il subsiste uniquement de l'acide hypoazotique; comme on le sait par les travaux de Gay-Lussac, de Dulong et de M. Peligot, qui a obtenu par cette voie l'acide cristallisé. Je n'ai pas à revenir sur ce point, si ce n'est pour observer que : l'acide azoteux étant le produit initial de la réaction, même en présence d'un excès d'oxygène, nous sommes forcés d'admettre que l'acide hypoazotique résulte de cet acide azoteux, combiné ensuite avec un second équivalent d'oxygène

$$AzO^3 + O = AzO^4.$$

Dans un mélange gazeux sec, aussi bien qu'en présence de l'eau, la formation des deux oxydes se succède presque immédiatement. En admettant, d'après les analogies et conformément à une densité

([1]) J'opère avec un système de deux ampoules concentriques (*voir* p. 257) de capacité connue, et scellées successivement à la lampe; l'une contient l'oxygène sec, l'autre le bioxyde d'azote sec, 300 à 400^{cc} environ. On brise alors, à l'aide d'un tour de main, l'ampoule intérieure, et on laisse réagir les deux gaz. Quand la réaction est terminée, on casse la pointe de l'ampoule extérieure sur une solution de potasse, en proportion connue, laquelle absorbe l'acide azoteux et l'acide hypoazotique, sans toucher au bioxyde d'azote. L'acide azoteux est absorbé sans changement, comme le prouvent les essais précédents. L'acide hypoazotique en vapeur s'absorbe également complètement, comme je l'ai vérifié; il se change, suivant une réaction connue, en acide azoteux et azotique, à équivalents égaux. Cela fait, on mesure le bioxyde d'azote et on dose dans la liqueur les acides azoteux et azotique, le premier par le permanganate, le second par la comparaison entre le poids et l'acide azoteux trouvé et la perte du titre alcalin de la potasse; cette dernière perte étant d'ailleurs proportionnelle au poids du bioxyde d'azote disparu ; ce qui constitue une vérification que j'ai trouvée suffisamment concordante dans toutes mes expériences.

gazeuse approximative donnée par M. Hasenbach, que la formule
de l'acide azoteux, AzO^3, représente 2 volumes, la seconde réaction
offrirait ce caractère remarquable, et jusqu'ici unique dans l'étude
des actions directes, d'une *combinaison gazeuse réelle, effectuée avec
dilatation :* 3 volumes des gaz composants fournissent 4 volumes.

Il en serait de même de la métamorphose du protoxyde d'azote
en bioxyde

$$AzO + O = AzO^2,$$

si elle pouvait avoir lieu. A la vérité, cette réaction ne s'effectue
pas directement, parce qu'elle est endothermique. Mais j'ai établi
(p. 291 et 293) l'existence réelle de la décomposition inverse, laquelle
offre une anomalie du même ordre et corrélative, à savoir une *décomposition gazeuse simple, effectuée avec contraction :* 4 volumes
se changent en 8 volumes. Cette dernière relation est plus nette,
sinon en principe, du moins en fait, que la première; attendu
qu'elle a lieu entre trois gaz dont la densité est parfaitement connue.

Si l'acide hypoazotique est le degré ultime de l'oxydation de l'a-
cide azoteux anhydre par l'oxygène libre, il n'en est pas de même de
l'acide azoteux dissous dans l'eau. En effet, les dissolutions étendues
d'acide azoteux absorbent peu à peu l'oxygène libre et finissent
par se changer entièrement en acide azotique

$$AzO^3 \text{ étendu} + HO + O^2 = AzO^5, HO \text{ étendu, dégage} \dots \quad + 18,5$$

Cette réaction est lente cependant : après dix heures de contact,
elle n'est pas encore terminée. L'agitation l'accélère. Remplace-
t-on l'oxygène ordinaire par l'ozone, l'oxydation de l'acide azoteux
est immédiate ; circonstance qui ne permet pas d'admettre la
coexistence de l'ozone et de l'acide azoteux dans l'atmosphère.

Revenons maintenant à l'action de l'eau sur l'acide azoteux. En
présence de l'eau, l'acide azoteux anhydre devient, en tout ou en
partie, de l'acide azoteux hydraté ; il manifeste aussi quelque tendance
à se décomposer en acide azotique et en bioxyde d'azote. La réaction

$$3\,AzO^3 \text{ gaz} + \text{eau} = AzO^5, HO \text{ étendu} + 2\,AzO^2, \text{ dégage.} \quad + 4,4$$

Mais cette dernière réaction n'a lieu, d'une manière notable ou
même sensible, que si l'eau n'est pas en proportion suffisante. Elle
me paraît due à la nécessité d'une grande quantité d'eau pour permettre à l'acide azoteux hydraté de subsister. Si l'eau fait défaut, il
se sépare en partie en bioxyde d'azote et oxygène, lequel transforme
à mesure une autre portion de l'acide azoteux en acide azotique.
C'est ce qu'on peut observer en traitant par l'acide sulfurique étendu

des solutions diversement concentrées d'azotite de baryte. La réaction immédiate attribuée ici à l'oxygène naissant est la même que la réaction lente de l'oxygène libre sur l'acide azoteux dissous.

D'après ces faits, faciles à vérifier, d'après la réaction connue de l'eau sur l'acide azoteux anhydre, enfin d'après mes expériences sur le partage de la baryte entre les acides chlorhydrique, acétique et azoteux étendus, je pense que l'on observe une double dissociation, lorsque l'acide azoteux se trouve en présence d'une quantité d'eau insuffisante, savoir : la dissociation de l'acide azoteux hydraté, qui se change en partie en eau et acide anhydre, et la dissociation de l'acide azoteux anhydre, qui se change en partie en oxygène et bioxyde d'azote. Les effets se compliquent d'ailleurs en raison de l'action ultérieure de l'oxygène, qui disparaît en transformant une autre portion de l'acide azoteux en acide azotique.

Dans ces conditions, le bioxyde d'azote étant éliminé à mesure, il semble que sa formation devrait se reproduire indéfiniment. Mais la dilution progressive de la portion d'acide azoteux hydraté non encore décomposée, dilution qui résulte de la réaction même, restreint de plus en plus la proportion relative de l'acide anhydre, et cela jusqu'au terme où la petite quantité de bioxyde d'azote qui reste dissoute suffit pour assurer la stabilité du système. Peut-être aussi la dilution, amenée à un certain degré, arrête-t-elle complètement la décomposition de l'acide azoteux hydraté, en ne permettant plus à aucune portion d'acide anhydre de subsister.

Quoi qu'il en soit de ce dernier point, en fait il est certain qu'on réalise un système final qui renferme à la fois de l'eau, de l'acide azotique étendu et de l'acide azoteux hydraté et étendu. En diminuant la proportion relative de l'eau, on détruirait l'équilibre; on le détruit aussi en élevant la température, ce qui donne lieu à un dégagement de bioxyde d'azote. En sens inverse, on peut compenser la diminution de l'eau par l'abaissement de la température.

5. *Acide hypoazotique.* — Examinons maintenant le degré de stabilité de l'acide hypoazotique. On regarde ce corps avec raison comme le plus stable des oxydes de l'azote; en effet, chauffé dans un tube de verre scellé, vers 500°, pendant une heure, l'acide hypoazotique résiste, sans donner le moindre indice de décomposition. Il n'exerce d'ailleurs aucune réaction, ni sur l'oxygène à froid, ni sur l'azote libre au rouge sombre, dans les mêmes conditions. Cependant, sous l'influence de l'effluve électrique, le mélange d'oxygène et d'acide hypoazotique se décolore, et donne naissance à un

composé nouveau, l'*acide perazotique* (*Ann. de Ch. et Phys.*, 5e série, t. **XXII**, p. 432). Nous ne parlerons pas autrement de ce composé, à peine entrevu.

Une série d'étincelles électriques décompose l'acide hypoazotique, placé dans un tube scellé à la lampe et rempli vers 30° sous la pression atmosphérique; elle le réduit en ses éléments

$$Az O^4 = Az + O^4.$$

Au bout d'une heure, un quart était déjà détruit. Au bout de dix-huit heures, j'ai obtenu un mélange, probablement voisin de l'équilibre, qui renfermait en volumes

$$Az = 28; \quad O = 56; \quad Az O^4 = 14.$$

Observons que la décomposition s'arrête à un certain terme, comme dans tous les cas où l'étincelle développe une action inverse. On sait en effet, depuis Cavendish, que l'étincelle détermine la combinaison de l'azote avec l'oxygène. Mais cette combinaison, opérée entre les gaz secs, ne saurait fournir autre chose que de l'acide hypoazotique; attendu qu'il subsiste toujours de l'oxygène libre, ainsi que je vais le montrer. En opérant sur l'air atmosphérique, j'ai trouvé qu'au bout d'une heure, 7,5 centièmes, c'est-à-dire un treizième de volume, avaient donné de l'acide hypoazotique; dix-huit heures d'électrisation n'ont pas modifié sensiblement ce rapport.

Mais je ne veux pas insister sur la valeur numérique de ces limites, dont la mesure exacte réclamerait des expériences plus nombreuses et faites dans des conditions plus variées, tant comme énergie électrique, que comme pression et comme proportions relatives des gaz. Le seul fait que je veuille mettre en lumière, c'est l'existence même des limites, conséquence nécessaire des deux réactions antagonistes.

L'action de l'eau sur l'acide hypoazotique mérite maintenant de nous arrêter.

Si l'eau est en petite quantité et l'acide hypoazotique liquide, on obtient, comme on sait, à basse température, de l'acide azoteux anhydre :

$$2 Az O^4 + HO = Az O^3 + Az O^5, HO.$$

En présence d'une grande quantité d'eau, le gaz hypoazotique, agissant peu à peu, s'absorbe complètement, avec formation d'acides azotique et azoteux hydratés :

$$2 Az O^4 + n HO = Az O^3, HO \text{ étendu} + Az O^3, HO \text{ étendu};$$

cette réaction dégage $+ 7^{Cal}, 7$, pour $Az O^4 = 46^{gr}$.

Mais l'acide hypoazotique liquide, en présence de la même quantité d'eau, donne en général naissance à du bioxyde d'azote, d'après la réaction suivante, réaction qui porte sur des quantités de matières dont la proportion est variable avec les conditions du contact :

$$3\,AzO^4 + n\,HO = 2\,(AzO^5, HO)\ \text{étendu} + AzO^2.$$

Cette réaction, qui peut être restreinte presque jusqu'à devenir nulle lorsqu'on opère le contact peu à peu, dégage, lorsqu'elle a lieu : $+ 4,8$ pour AzO^4. Son existence, connue depuis longtemps, a été contestée à tort dans ces derniers temps.

Voici une expérience, facile à répéter dans un cours public, qui met en évidence les deux modes de décomposition de l'acide hypoazotique sous l'influence de l'eau. Dans un tube un peu large, fermé par un bout et étranglé de l'autre en entonnoir, on verse un peu d'acide hypoazotique liquide, puis on le fait bouillir, de façon à chasser l'air et à ne laisser qu'un excès de liquide, nul ou insignifiant : on ferme alors à la lampe. D'autre part, on verse dans un tube semblable, mais beaucoup plus étroit, de l'acide hypoazotique liquide; on chasse de même l'air par ébullition et l'on ferme, en laissant cette fois un peu de liquide. Après refroidissement, le tube large étant ouvert sur l'eau, il se remplit complètement, par suite de la transformation totale de l'acide hypoazotique en acides azotique et azoteux. Au contraire, le tube étroit ne se remplit qu'en partie, en raison de la formation du bioxyde d'azote, facile à manifester par la rentrée de quelques bulles d'air.

La différence entre ces deux réactions me paraît due à la faible stabilité de l'acide azoteux hydraté, telle que je l'ai définie plus haut (p. 297). Si l'acide hypoazotique rencontre tout d'abord assez d'eau pour que l'acide azoteux hydraté se forme sans décomposition, l'absorption est totale : c'est ce qui arrive avec l'acide hypoazotique gazeux et l'eau, réagissant peu à peu sur une large surface. Mais, si l'acide hypoazotique vient en contact sur un point avec une trop faible quantité d'eau à la fois, comme il arrive pour l'acide liquide et l'eau réagissant dans un tube étroit, l'acide azoteux se décomposera en partie, avec formation de bioxyde d'azote, que le surplus de la liqueur ne redissoudra point. Enfin le contact des mêmes quantités de matières liquides, opéré peu à peu, ne donnera pas, ou presque pas, naissance au bioxyde d'azote.

6. *Acide azotique.* — Nous avons dit que l'acide azotique anhydre manifeste une certaine tendance à se décomposer spontanément, à la température ordinaire.

La cause qui accélère ainsi la décomposition spontanée de l'acide azotique anhydre paraît être la lumière. Quelques rayons de soleil suffisent pour déterminer un abondant dégagement d'oxygène et d'acide hypoazotique.

La décomposition s'opère d'ailleurs d'elle-même à la lumière diffuse, mais avec une extrême lenteur : car j'ai conservé les cristaux pendant plusieurs semaines, sans altération notable.

Cette décomposition s'accélère également avec l'élévation de la température ; sans cependant être encore bien rapide à $+43°$. Elle est endothermique, car elle absorbe $-2{,}0$ pour : $Az O^5 gaz = Az O^4 + O$; et elle n'est pas réversible, l'acide hypoazotique sec n'absorbant l'oxygène à aucune température, comme je l'ai vérifié par des analyses précises. Ces divers caractères de la réaction me paraissent dignes d'être notés, au point de vue général de la Mécanique chimique.

On sait que la lumière décompose également l'acide azotique monohydraté.

7. *Chaleur dégagée dans les diverses oxydations effectuées au moyen de l'acide azotique.* — L'oxydation des métaux et autres corps oxydables par l'acide azotique donne lieu, suivant les circonstances, aux quatre oxydes inférieurs de l'azote, à l'acide hypoazoteux, à l'azote lui-même, enfin à l'oxyammoniaque, à l'azotate d'ammoniaque et à l'ammoniaque, terme ultime de la réduction de l'acide azotique par les corps hydrogénés. Voici le calcul de la chaleur développée : Q étant la chaleur supposée produite par l'union d'un équivalent d'oxygène libre ($O = 8^{gr}$) avec le corps oxydable, celui-ci étant d'ailleurs changé, soit en oxyde, soit en sel soluble, on aura :

LES PRODUITS ÉTANT	AVEC $Az O^6 H$ par	AVEC $Az O^6 H + 4 HO$ (acide ordinaire).	AVEC $Az O^6 H$ étendu.
$Az O^4$ gaz $-$ O cédé....	$Q - 9{,}7$	$Q - 16{,}1$	$Q - 16{,}9$
$Az O^3$ gaz $+$ O^2 cédé....	$(Q - 9{,}1) \times 2$	$(Q - 12{,}3) \times 2$	$(Q - 12{,}7) \times 2$
$Az O^3$ diss. $-$ O^2 cédé..	$''$	$''$	$(Q - 9{,}3) \times 2$
$Az O^2$ gaz $-$ O^3 cédé....	$(Q - 9{,}6) \times 3$	$''$	$(Q - 12{,}0) \times 3$
$\frac{1}{2} Az^2 O^3$ diss. $+ O^{3,5}$ cédé.	$''$	$''$	$(Q - 9{,}6) \times 3{,}5$
$Az O$ gaz $+ O^4$ cédé....	$(Q - 4{,}3) \times 4$	$(Q - 5{,}9) \times 4$	$(Q - 6{,}1) \times 4$
Az gaz $+ O^5$ cédé....	$(Q - 1{,}4) \times 5$	$(Q - 2{,}6) \times 5$	$(Q - 2{,}8) \times 5$
$Az H^3 O^2$ diss. $+ O^6$ cédé.	2 HO excédants concourent à cette réaction.	$(Q - 16{,}3) \times 6$	$(Q - 16{,}4) \times 6$
$Az H^3 + O^8$ cédé........	$''$	$(Q - 12{,}0) \times 8$	$(Q - 12{,}1) \times 8$
$Az O^6 H, Az H^3$ diss. $+ O^8$	2 $Az O^6 H + 2 HO$ concourent à cette réaction.	$(Q - 10{,}4) \times 8$	$(Q - 10{,}5) \times 8$

On voit que la chaleur dégagée croît sans cesse, depuis l'acide hypoazotique jusqu'à l'azote, à mesure que la réduction devient plus complète ; sans cependant atteindre la chaleur que produirait l'oxygène libre. Quand l'hydrogène entre en jeu, la formation de l'oxyammoniaque et de l'ammoniaque diminue au contraire la chaleur dégagée.

8. Donnons encore les chiffres relatifs à l'acide azoteux

$$
\begin{aligned}
&AzO^3 \text{ étendu} = \\
&AzO^2 + O \ \text{cédé, dégage} \dots\dots \quad Q - 17,4 \\
&AzO \ + O^2 \text{ cédé,} \quad \text{»} \quad \dots\dots \quad (Q - 3,0) \times 2 \\
&Az \ \ + O^3 \text{ cédé,} \quad \text{»} \quad \dots\dots \quad (Q + 1,4) \times 3
\end{aligned}
$$

$$
\begin{aligned}
AzH^3O^2 + O^4 \text{ cédé} \ &\Big\{ \ 3HO \text{ excédants concourant} \ \Big\} \ (Q - 20,1) \times 4 \\
AzH^3 \ \ + O^6 \ &\Big\{ \quad\quad \text{à la réaction} \quad\quad \Big\} \ (Q - 13,0) \times 6.
\end{aligned}
$$

On sait que l'acide azoteux oxyde les corps plus aisément que l'acide azotique. Cette différence s'explique par l'état de dissociation propre à l'acide azoteux (p. 296 et 298).

La formation de l'ammoniaque dans les oxydations effectuées aux dépens de l'acide azotique mérite également de nous arrêter.

C'est une réaction secondaire ; car elle semble ne se produire que sous l'hydrogène libre (mousse de platine), ou d'un métal capable de dégager l'hydrogène de l'eau en se dissolvant dans les acides plus ou moins étendus : ce qui exige la relation subsidiaire $Q > 34,5$ [1].

Pour bien concevoir les conditions de cette formation, il est utile de distinguer le rôle général des acides étendus, l'eau de ces composés tendant à être détruite par les métaux avec dégagement d'hydrogène, du rôle spécial en vertu duquel l'acide azotique produit l'ammoniaque. Supposons donc l'acide sulfurique ou l'acide chlorhydrique étendu en présence d'un métal capable d'en dégager l'hydrogène, et faisons intervenir une petite quantité d'acide azotique, nous provoquerons la réaction :

$$AzO^5, HO \text{ dil.} + 8H \text{ lib.} = AzH^3 \text{ ét.} + 8HO ; \text{ ce qui dégage : } + 248^{Cal},2.$$

Soit $+ 41^{Cal},4$ pour chaque équivalent d'oxygène $(O = 8^{gr})$ éliminé. L'ammoniaque se combinant avec l'excès d'acide sulfurique, la chaleur dégagée s'élèvera de $+ 12,4$; ce qui fait en tout, pour chaque équivalent d'oxygène : $+ 43,5$.

---

[1] Ou plutôt $Q > 34,5 - S$, S étant la chaleur de solidification de l'hydrogène ; car il serait nécessaire de comparer le métal et l'hydrogène sous le même état physique.

CHAPITRE V.

CHALEUR DE FORMATION DES AZOTATES.

1. Je vais donner dans ce Chapitre la chaleur de formation de l'azotate de potasse et des autres azotates, composés utilisés dans la fabrication d'une multitude de mélanges explosifs.

La chaleur de formation de *l'azotate de la potasse* depuis ses éléments est facile à calculer, pourvu que l'on connaisse, vers la température de 15° :

1° La chaleur de formation de l'acide azotique étendu, depuis l'azote et l'oxygène,

$$Az + O^5 + HO + eau = AzO^5, HO \text{ étendu, dégage : } + 14,3.$$

2° La chaleur de formation de la potasse étendue, depuis le potassium et l'oxygène,

$$K + O + HO + eau = KO, HO \text{ étendue, dégage : } + 82,3.$$

3° La chaleur dégagée dans la combinaison de l'acide azotique étendu et de la potasse étendue,

$$KO, HO \text{ étendue} + AzO^5, HO \text{ étendu}$$
$$= AzO^5, KO \text{ étendu} + HO, \text{ dégage} \ldots \ldots \ldots + 13,8.$$

4° Enfin la chaleur qui serait dégagée, si l'azotate de potasse solide se séparait de sa dissolution étendue : chaleur précisément égale, en valeur absolue, à la chaleur absorbée dans l'acte de la dissolution du même sel, mais de signe contraire,

$$AzO^5, KO \text{ étendu} = AzO^5, KO \text{ cristallisé} + eau, \text{ dégagerait : } + 8,3.$$

La somme de ces quatre quantités, c'est-à-dire

$$+ 14,3 + 82,3 + 13,8 + 8,3 = + 118^{Cal},7,$$

exprime précisément la chaleur dégagée par la réunion des éléments du salpêtre cristallisé, pris sous le poids de 101^{gr},

$$Az + O^6 + K = AzO^5K \text{ solide, dégage} \ldots \ldots + 118,7.$$

La formation du salpêtre dissous, depuis les mêmes éléments, dégagerait : $+ 110,4$.

Depuis la potasse anhydre, l'azote et l'oxygène,

$$Az + O^5 + KO = AzO^5K \text{ solide dégage} : + 70,1.$$

Depuis la potasse dissoute, la formation du salpêtre dissous,

$$Az + O^6 + KO \text{ étendue} = AzO^6K \text{ étendu,}$$
$$\text{dégage} \dots \dots \quad + 28,1 \text{ seulement.}$$

2. On a de même pour l'*azotate de soude* :

$$Az + O^6 + Na = AzO^6Na \text{ cristallisé} : + 110,6$$
$$\text{et pour le sel dissous} \dots \dots \quad + 105,9.$$

Depuis la soude anhydre, l'oxygène et l'azote :

$$Az + O^5 + NaO = AzO^6Na \text{ cristallisé} \dots \dots \quad + 60,5.$$

Depuis la soude étendue, la formation de l'azotate de soude dissous, dégage : $+ 28,0$.

3. La formation de l'*azotate d'ammoniaque*,

$$Az^2 + O^6 + H^4 = AzO^6H, AzH^3 \text{ cristallisé} \dots \quad + 87,9.$$

Le sel dissous : $+ 81,7$.

Si l'on admet que l'équivalent d'eau, nécessaire à la constitution des sels ammoniacaux, est formé d'avance, comme il arrive lorsque l'azotate d'ammoniaque prend naissance de toutes pièces au milieu des pluies d'orage, on trouve que cette formation dégage :

$$\text{Le sel étant supposé solide} \dots \dots \quad + 53^{\text{Cal}},4$$
$$\text{Le sel étant supposé dissous} \dots \dots \quad + 47^{\text{Cal}},2 ;$$

soit $+ 23^{\text{Cal}},6$ par chaque équivalent d'azote entré en combinaison, en présence d'un excès d'eau.

Depuis le gaz ammoniac et l'eau liquide et préexistante

$$Az + O^5 + AzH^3 + HO = AzO^6H, AzH^3 \text{ cristallisé.} \quad + 41,2.$$

Depuis l'ammoniaque étendue, le sel dissous : $+ 26,8$.

4. La formation de l'*azotate de chaux*.

$$Az + O^6 + Ca = AzO^6Ca \text{ anhydre} : + 101,3,$$
$$\text{Pour le sel dissous} \dots \dots \dots \quad + 103,3.$$

Depuis la chaux anhydre :

$$Az + O^5 + CaO = AzO^6 Ca \text{ anhydre} : + 35,3.$$

Depuis la chaux dissoute, le sel également dissous : + 28,2.

5. La formation de l'*azotate de strontiane,*

$$Az + O^6 + Sr = AzO^6 Sr \text{ anhydre} : + 109,8$$
$$\text{Pour le sel dissous} \dots\dots\dots\dots\dots \quad + 107,3$$

Depuis la base anhydre :

$$Az + O^5 + SrO = AzO^6 Sr \text{ anhydre} : + 44,1.$$

Depuis la strontiane dissoute, le sel également dissous : + 28,2.

6. La formation de l'*azotate de baryte* ne peut pas être calculée depuis les éléments, parce que la chaleur d'oxydation du baryum est inconnue. Heureusement cette chaleur de formation totale n'intervient jamais dans les calculs relatifs aux matières explosives. Pour calculer les effets thermiques que l'azotate de baryte produit dans les combustions, il suffit d'en connaître la chaleur de formation depuis la baryte anhydre,

$$Az + O^5 + BaO = AzO^6 Ba, \text{ dégage} : + 47,2.$$

Depuis la base dissoute, le sel également dissous : + 28,2.

7. On remarquera que la chaleur de formation des azotates alcalins et alcalinoterreux dissous, au moyen de l'azote gazeux, de l'oxygène gazeux et de la base dissoute, est sensiblement la même pour tous. Le même chiffre (+ 28,1) s'applique également à l'azotate de magnésie, en tant que formé à partir de l'hydrate de magnésie solide.

8. La formation des azotates anhydres depuis la base anhydre et l'acide azotique anhydre, soit gazeux, soit solide, figure aux Tableaux de la page 191; de même la formation des azotates solides formés au moyen de l'acide azotique hydraté solide et des hydrates basiques également solides est inscrite au Tableau de la page 192. On croit donc inutile de reproduire ici ces données.

9. Rappelons encore que la métamorphose des azotites alcalins en azotates : $AzO^4 M$ dissous $+ O^2 = AzO^6 M$ dissous, dégage une quantité de chaleur voisine de + 21,7 et sensiblement la même, quelle que soit la base du sel (p. 272).

I.   20

10. La chaleur de formation des azotates anhydres de magnésie, de fer, de cobalt, de nickel, de zinc, de manganèse, ne peut être calculée, ces sels étant connus seulement à l'état hydraté. Dans l'état dissous, on a, depuis les métaux, et depuis les oxydes métalliques :

$$Az + O^6 + Mg, \text{ dégage} : + 1o3,o \qquad Az + O^5 + MgO, \text{dégage} : + 28,1$$
$$Az + O^6 + Mn \quad \text{»} \quad + 73,5 \qquad Az + O^5 + MnO \quad \text{»} \quad + 26,1$$
$$Az + O^6 + Fe \quad \text{»} \quad + 59,5 \qquad Az + O^5 + FeO \quad \text{»} \quad + 25,o$$
$$Az + O^6 + Zn \quad \text{»} \quad + 67,3 \qquad Az + O^5 + ZnO \quad \text{»} \quad + 24,1$$
$$Az + O^6 + Co \quad \text{»} \quad + 56,9 \qquad Az + O^5 + CoO \quad \text{»} \quad + 24,9$$
$$Az + O^6 + Ni \quad \text{»} \quad + 56,3 \qquad Az + O^5 + NiO \quad \text{»} \quad + 25,6$$
$$Az + O^6 + Cd \quad \text{»} \quad + 57,6 \qquad Az + O^5 + CdO \quad \text{»} \quad + 24,4$$
$$Az + O^6 + Cu \quad \text{»} \quad + 39,8 \qquad Az + O^6 + CuO \quad \text{»} \quad + 21,8$$

11. La formation de l'*azotate de plomb*, depuis les éléments :

$$Az + O^6 + Pb = AzO^6Pb \text{ anhydre, dégage...} \quad + 52,8.$$

Celle du sel dissous : + 48,7.
La formation du même sel, depuis l'oxyde anhydre :

$$Az + O^5 + PbO = AzO^6Pb, \text{ dégage} \dots \dots \dots \quad + 27,3.$$

Le sel dissous : + 23,2.

9. La formation de l'*azotate d'argent*, depuis les éléments :

$$Az + O^6 + Ag = AzO^6Ag \text{ anhydre, dégage...} \quad + 28,7.$$

Celle du sel dissous : + 23,o.
La formation du même sel, depuis l'oxyde :

$$Az + O^5 + AgO = AzO^6Ag \dots \dots \dots \dots \dots \quad + 25,2.$$

Le sel dissous : + 19,5.

12. Ajoutons la remarque générale que voici : entre la formation de deux sels, obtenus par l'union d'une même base alcaline avec deux acides distincts, ces sels étant envisagés sous la forme solide et anhydre, on trouve une différence thermique à peu près constante, quelle que soit la base, lorsqu'on compte les quantités de chaleur dégagées depuis les éléments jusqu'aux sels anhydres. Par exemple, la formation des sulfates anhydres de potasse, de soude, d'ammoniaque, de chaux, de strontiane, de plomb, d'argent dégage en moyenne 54^{Cal} de plus que la formation des azotates correspondants.

Une différence analogue se retrouve entre les azotates et la plupart des oxysels. Elle existe même entre les chlorures, bromures, iodures alcalins; sans pourtant s'étendre cette fois jusqu'aux chlorures métalliques anhydres.

13. Ces nombres permettent, comme je le montrerai dans le Livre III, d'évaluer la chaleur dégagée par toute décomposition ou combustion définie de la poudre de guerre et des autres poudres, artifices, ou mélanges explosifs constitués par les azotates. C'est en vertu de données analogues, tirées de la chaleur même de formation de l'acide azotique, que nous évaluerons la chaleur de formation de la nitroglycérine et des composés organiques dérivés de l'acide azotique.

Les nombres ainsi calculés s'accordent, d'ailleurs, avec les expériences de MM. Sarrau et Vieille, autant qu'on peut l'espérer dans des vérifications de cette nature.

14. Si j'insiste sur cette concordance, c'est qu'à mon avis les applications des matières explosives, aussi bien que les applications de l'industrie humaine, ont besoin d'être dirigées par des notions théoriques. Il convient de s'élever au-dessus de l'empirisme, si l'on veut obtenir les résultats les plus favorables. C'est ainsi que la poudre de mine, si longtemps en possession exclusive des applications, tend à être aujourd'hui remplacée par la dynamite dans la plupart de ses usages. Or cette substitution est encouragée et réglée par la théorie. En effet, celle-ci nous apprend que la poudre de mine, aussi bien que la poudre de guerre, est loin d'utiliser de la façon la plus convenable l'énergie comburante de l'acide azotique.

Dans la combustion de la poudre ordinaire, les produits formés ne sont ni les plus oxydés, ni ceux qui dégageraient le plus de chaleur, pour une proportion convenable des divers ingrédients : attendu que le maximum de chaleur que pourrait développer un poids connu de salpêtre agissant sur le soufre et le charbon ne répond point au volume maximum des gaz dégagés. Entre ces deux données du problème, l'empirisme a conduit à adopter une sorte de compromis, qui est notre poudre traditionnelle. Mais il serait bien préférable de disposer d'une matière telle, que le maximum des deux effets s'y rencontrât pour les mêmes proportions.

Ce n'est pas tout. La formation de l'azotate de potasse lui-même, comptée à partir soit de l'acide azotique, soit des éléments, répond à des affinités très puissantes et donne lieu à un dégagement de chaleur plus considérable, et par conséquent à une déperdition d'énergie plus grande, que la plupart des autres combinaisons dérivées de l'acide azotique.

La théorie indique donc que le salpêtre est un agent de combustion peu favorable; elle explique par là la supériorité des composés organiques dérivés de l'acide azotique et spécialement des éthers azotiques, tels que la nitroglycérine. En effet, mes expériences (*voir* le deuxième Volume de cet Ouvrage) montrent un dégagement de chaleur bien moindre, c'est-à-dire une conservation d'énergie plus considérable, dans la formation de ces substances. L'énergie introduite dans un composé explosif, formé par un même poids d'acide azotique, est double dans la nitroglycérine que dans la poudre de guerre. Aussi s'explique-t-on aisément l'abandon de la poudre de mine, abandon qui tend à se faire dans l'industrie. Peut-être en sera-t-il prochainement de même de la poudre de guerre, si la pratique, guidée par les théories nouvelles, réussit à découvrir des composés nitrogénés plus actifs que la poudre, sans cesser de satisfaire aux conditions multiples que réclame l'emploi des matières explosives dans les armes.

CHAPITRE VI.

ORIGINE DES AZOTATES.

§ 1. — Division du Chapitre.

L'origine des azotates et les conditions de la fixation naturelle de l'azote constituent un problème capital et dont je me suis préoccupé à divers points de vue. Je crois même avoir découvert la source principale, et demeurée jusque-là ignorée, de la fixation de l'azote atmosphérique sur les principes hydrocarbonés. C'est ce qui m'engage à en faire l'objet d'un Chapitre spécial, comprenant les questions suivantes :

1° Nitrification naturelle ;

J'en examinerai d'abord les circonstances chimiques, telles qu'elles sont aujourd'hui connues ; puis j'en discuterai :

2° Les conditions thermiques, à l'aide de la chaleur de formation définie plus haut. On sait combien ces conditions sont intéressantes, non seulement au point de vue de la fabrication de la poudre, mais aussi pour l'agriculture et pour le problème général de l'origine de l'azote qui entre dans la constitution des principes immédiats des végétaux et des animaux.

Je présenterai ensuite les faits connus relativement à :

3° La transformation de l'azote libre en composés azotés, problème tout différent de celui de la nitrification naturelle, quoique connexe. Je décrirai mes expériences récentes sur la fixation de l'azote libre sous l'influence de l'effluve et de l'électricité à faible tension : l'action de cette dernière surtout est comparable à l'action normale et incessante de l'électricité atmosphérique. Je terminerai par

4° L'histoire de l'extraction du salpêtre en France avant le XIXe siècle.

§ 2. — Sur la nitrification naturelle.

1. La formation du nitre dans la nature a été longtemps regardée comme un phénomène des plus obscurs, malgré les nombreuses recherches dont cette formation a été l'objet depuis des siècles.

On sait depuis longtemps que les alcalis et les carbonates alcalins, exposés pendant quelque temps à l'air, fournissent les réactions de l'acide azotique : Stahl en faisait déjà la remarque, il y a deux cents ans. En tout temps, en tout lieu, sous l'action des forces naturelles, il se produit de petites quantités d'azotates.

. Il existe aussi certaines plantes qui paraissent fabriquer du salpêtre, aux dépens des combinaisons azotées contenues dans le sol, ou dans les engrais. Telles sont la bourrache, la pariétaire, la betterave, le tabac, et surtout les plantes de la famille des amarantacées ([1]). Cependant les conditions de la nitrification naturelle sont encore imparfaitement connues.

3. Je ne parlerai pas ici des mines d'azotate de soude du Chili, formées sous l'influence de conditions géologiques que nous ignorons ; je me bornerai à la nitrification qui se produit tous les jours sous nos yeux.

4. Rappelons d'abord l'acide azotique, formé dans l'atmosphère en petite quantité sous l'influence des orages, en même temps qu'un peu d'azotate d'ammoniaque, puis entraîné par les eaux de pluie dans le sol, où il s'unit aux bases. Cette formation est d'un grand intérêt. Mais une étude approfondie a montré qu'une telle origine ne suffit pas pour rendre compte de la production des azotates dans la nature et de leur concentration dans un sol imprégné de matières animales.

5. En effet, la nitrification naturelle résulte principalement de l'oxydation lente des composés organiques azotés, ou même de l'ammoniaque, opérée par l'oxygène de l'air, avec le concours de l'eau et d'un carbonate alcalin ou terreux. Une lumière trop vive l'entrave. Les substances argileuses et les matières poreuses paraissent la favoriser ; mais il ne semble pas que l'azote libre intervienne dans ce mode de formation du salpêtre.

6. Diverses questions se présentent ici. Ainsi, on s'est demandé si cette oxydation lente est simplement provoquée par la présence de l'argile et des corps poreux comme il arrive dans les expériences de Kuhlmann, où l'ammoniaque se change en vapeur nitreuse et acide azotique, au contact de la mousse de platine et de l'oxygène, vers 3oo°.

Les principes humiques, les composés sulfurés, ferrugineux, et les

---

([1]) Cf. *Note sur l'extraction du salpêtre*, par Faucher (*Mémorial des poudres et salpêtres*, p. 162 ; 1883).

autres corps oxydables, qui se détruisent dans le sol, en même temps que le nitre se forme, sont-ils les intermèdes de quelque réaction spéciale?

Provoquent-ils l'oxydation de l'ammoniaque, en s'oxydant eux-mêmes comme le fait le cuivre en présence de l'air? Le phosphore exerce en effet une réaction analogue et l'on a attribué aussi cette influence à l'humus.

Un corps oxydant proprement dit intervient-il, à la façon du mélange de bichromate de potasse et d'acide sulfurique, ou du bioxyde de manganèse au rouge, lorsque ce dernier agent change l'ammoniaque en vapeur nitreuse?

L'ozone joue-t-il quelque rôle de cette espèce, comme le voulait Schönbein, d'après lequel certains végétaux émettraient de l'ozone, substance capable en effet de brûler l'ammoniaque à froid, avec formation d'azotite?

Enfin les mycodermes et les microbes déterminent-ils cette oxydation à la manière d'une fermentation?

Telles sont les principales hypothèses qui ont été mises en avant depuis le xviii° siècle jusqu'à notre temps pour expliquer la formation, en apparence spontanée, du nitre dans la nature.

Aujourd'hui ces questions, depuis si longtemps controversées, paraissent avoir fait un pas décisif, par suite des expériences récentes de MM. Schlœsing et Müntz ([1]).

7. Ces savants ont constaté que la nitrification de l'ammoniaque et des composés organiques azotés a lieu sous l'influence de corpuscules organisés, punctiformes, arrondis ou légèrement allongés, parfois accolés deux à deux, de très petites dimensions et fort analogues, comme apparence, aux corpuscules-germes des bactéries. Ces corpuscules se trouvent dans tous les sols arables et dans les eaux d'égout, qu'ils concourent à purifier.

Ils déterminent la fixation de l'oxygène sur l'ammoniaque et sur les matières azotées, en formant d'ordinaire des azotates; parfois des azotites, quand la température est inférieure à 20°, ou l'aération insuffisante. Les azotites résultent encore de la réduction des azotates originels par l'intervention du ferment butyrique et de ferments secondaires analogues ([2]).

([1]) *Comptes rendus,* t. LXXXIV, p. 3o1, 1877; t. LXXXV, p. 1o18; t. LXXXVI, p. 892; t. LXXXIX, p. 891 et 1074; 1879.

([2]) Dehérain et Maquenne, *Comptes rendus,* XCV, 691; Gayen, même Recueil, XCV, 1365. Ces ferments auxiliaires, ou plutôt perturbateurs, réduisent en sens

Leur action s'exerce entre des limites de température déterminées. Au-dessous de $+5°$, elle est insensible; à $12°$, elle devient appréciable. Elle est de plus en plus active, à mesure que la température est plus haute, jusque vers $37°$, température à laquelle la nitrification est dix fois plus rapide qu'à $14°$, tout en demeurant assez lente, toutes choses égales d'ailleurs. Au delà, elle se ralentit; vers $45°$, elle est moins active qu'à $15°$; à $55°$ elle cesse complètement.

En même temps que la température s'élève, et surtout lorsqu'on la porte à $100°$, la vitalité des corpuscules diminue. Ils périssent à $100°$; de telle façon qu'un terreau ou une eau en cours de nitrification perd cette propriété, sans la retrouver après refroidissement. Ils périssent également sous l'influence des vapeurs du chloroforme et des antiseptiques.

L'humidité leur est indispensable. Il suffit même de dessécher à l'air un terreau fertile, pour qu'il devienne stérile au bout de quelque temps.

Les corpuscules ne résistent pas davantage à une privation prolongée d'oxygène; au moins lorsqu'on opère dans un liquide.

Ils agissent également dans l'obscurité, ou sous l'influence d'une lumière modérée; mais une vive lumière leur est nuisible

Leur action exige le concours d'une légère alcalinité, due soit à la présence du carbonate de chaux, soit à celle de 2 à 3 millièmes de carbonates alcalins. Au delà de ce degré, l'alcalinité leur nuit; ce qui explique l'influence défavorable exercée par le chaulage sur la nitrification.

Le développement du ferment nitrique dans l'eau exige la présence simultanée d'une matière organique et d'un composé azoté. Mais le rapport entre l'acide carbonique et l'acide azotique produits n'a rien de constant. Il en est de même de l'absorption de l'oxygène, laquelle continue à s'exercer aux dépens d'un terreau stérilisé, par la température de $100°$, ou par l'action des vapeurs de chloroforme.

Le ferment nitrique se multiplie en ensemençant un liquide nourricier ou une terre, au moyen d'une parcelle de sol arable ou bien encore de quelques centimètres cubes d'eau d'égout. Il n'existe pas, en général, dans les poussières de l'air. Sa multiplication est lente et semble s'opérer par bourgeonnement. L'exis-

---

inverse les azotates, avec production d'azotites, de protoxyde d'azote, d'azote libre, et même d'ammoniaque, suivant leur nature propre et l'intensité plus ou moins grande de leur réaction. Les hypoazotites doivent aussi intervenir.

tence ou l'absence de corps poreux paraissent avoir peu de rôle dans la nitrification, contrairement aux anciennes opinions.

Les moisissures et les mycodermes ordinaires sont tout à fait distincts de ce ferment, et même contraires à son action. En effet, ils détruisent les azotates et les changent en composés organiques azotés, pendant le développement de leur mycélium; ils agissent de même sur l'ammoniaque ou sur les sels ammoniacaux, et même de préférence. Plus tard, pendant la fructification, une portion même de l'azote s'élimine sous forme gazeuse, parfois avec reproduction intermédiaire d'ammoniaque.

L'ensemble de ces observations met en évidence l'existence d'êtres organisés particuliers, analogues au ferment acétique, qui déterminent la fixation de l'oxygène sur l'ammoniaque et sur les composés organiques azotés et, par suite, la métamorphose de ces substances en azotates. Elles résolvent en grande partie le problème de la nitrification, opérée dans la nature aux dépens des composés azotés ou ammoniacaux : problème tout à fait distinct d'ailleurs de la fixation de l'azote libre, emprunté à l'atmosphère. Il en est cependant connexe : car la nitrification naturelle s'opère sur les composés azotés déjà formés et préexistants.

§ 3. — Conditions chimiques et thermiques de la nitrification.

1. Ces faits étant admis, il semble utile de montrer que l'étude des quantités de chaleur dégagées durant l'acte de la nitrification naturelle peut y apporter une nouvelle lumière. Pour rendre la discussion plus nette, tâchons au préalable de préciser les conditions chimiques de cette oxydation, autant que faire se peut dans l'état présent de nos connaissances.

2. Les expériences les plus développées qui aient été exécutées sur les conditions chimiques de la nitrification sont, même aujourd'hui, celles de MM. Thouvenel, bien qu'elles remontent à près d'un siècle [*Mémoires de l'Académie des Sciences* (*Savants étrangers*), t. XI, 1787]. Elles indiquent :

Que la nitrification s'opère principalement sur les composés gazeux produits dans la putréfaction, mélangés avec un excès d'air atmosphérique (nous savons aujourd'hui que les principaux de ces composés sont l'ammoniaque, le carbonate d'ammoniaque, le sulfhydrate, le cyanhydrate d'ammoniaque et peut-être l'acide cyanhydrique?);

Qu'elle exige le concours de l'humidité;

Qu'elle s'opère mieux en présence des sels alcalins ou terreux qu'en leur absence;

Enfin elle n'a guère lieu qu'avec les carbonates, à l'exclusion des sulfates. Par exemple un panier percé de trous, et contenant de la craie bien lavée, étant placé au-dessus du sang en putréfaction, la craie s'est trouvée renfermer après quelques mois 2,5 pour 100 d'azotate. Une assiette, contenant du mortier lavé et placée dans l'atmosphère d'une étable, renferme des azotates au bout de trois semaines, etc.

Ces conditions sont d'accord avec les conditions biologiques qui président au développement du ferment nitrique, telles qu'elles ont été définies plus haut.

3. On peut également se rendre compte de ces diverses circonstances, au point de vue chimique. Entrons dans le détail de cette discussion.

L'ammoniaque et l'oxygène sont, avons-nous dit, les générateurs des azotates. Soit d'abord l'ammoniaque. Le dégagement de l'ammoniaque gazeuse, fournie par la lente métamorphose des principes organiques azotés, se fait seulement dans un milieu alcalin. Dans une liqueur acide, il est clair que ce dégagement ne peut avoir lieu.

Il n'a pas lieu non plus dans une liqueur capable de former uniquement, par double décomposition, des sels ammoniacaux neutres et fixes, tels que le sulfate.

Au contraire, il est facilité, lorsque la liqueur peut donner naissance, par double décomposition, à un sel ammoniacal volatil et en partie dissocié ([1]), tel que le carbonate.

La présence d'un alcali fixe, ou d'un carbonate alcalin, n'est pas seulement utile pour mettre en liberté l'ammoniaque préexistante des sels ammoniacaux; elle détermine en outre la génération de l'ammoniaque, aux dépens des principes organiques azotés, en vertu d'une sorte d'affinité prédisposante, due à l'intervention de l'excès d'énergie qui résulte de la saturation des bases par les acides, produits pendant l'oxydation. Attachons-nous maintenant à ce dernier phénomène.

L'air, ou plutôt son oxygène, est indispensable, puisqu'il s'agit d'un phénomène d'oxydation, incapable de se produire dans un milieu réducteur, tel que celui d'une matière en putréfaction.

A ce même point de vue, la présence d'un alcali ou d'un sel à réac-

---

([1]) *Essai de Mécanique chimique,* t. II, p. 717.

tion alcaline est très efficace pour accélérer l'oxydation des principes organiques par l'oxygène de l'air, et cela dès la température ordinaire ; tandis qu'ils résistent bien davantage dans un milieu acide.

Le mode même qui préside à l'oxydation de l'ammoniaque, pendant la nitrification, concourt à expliquer l'efficacité des alcalis fixes et de leurs carbonates. En effet, l'oxydation lente de l'ammoniaque développe de l'acide azoteux, puis de l'acide azotique ; lesquels doivent s'unir à mesure avec les portions d'ammoniaque libre et non oxydée. De là résulte finalement l'azotate d'ammoniaque, c'est-à-dire un sel fixe à la température ordinaire et privé de réaction alcaline. Si l'on opérait sur un principe azoté, pris isolément, la moitié de l'ammoniaque serait ainsi soustraite à l'action oxydante ; en même temps, la liqueur tendrait sans cesse à perdre la réaction alcaline, due à l'existence de l'ammoniaque libre, réaction qui facilite l'oxydation. Mais le carbonate alcalin maintient l'alcalinité, parce qu'il transforme à mesure l'azotate d'ammoniaque en azotate alcalin fixe et en carbonate d'ammoniaque, lequel est en partie dissocié, avec formation d'ammoniaque libre : or celle-ci est susceptible d'une oxydation ultérieure.

J'ai établi d'ailleurs, par des expériences directes et précises, que l'azotate d'ammoniaque dissous, mis en présence du carbonate de potasse (ou de soude), se transforme instantanément en azotate de potasse (ou de soude) et carbonate d'ammoniaque : l'acide fort prenant de préférence la base forte, en laissant à l'acide faible la base faible ([1]). Le carbonate de chaux produit la même réaction. On reviendra sur ce fait, à cause du rôle qu'il joue dans la nitrification naturelle.

Rapprochons maintenant ces diverses circonstances chimiques des phénomènes thermiques qui les accompagnent et qui permettront d'en concevoir le rôle et l'efficacité dans la nitrification.

4. Soit d'abord la transformation de l'ammoniaque en acide azoteux, acide azotique et en azotate d'ammoniaque ([2]) :

$$\text{Acide azoteux} \quad\quad \mathrm{AzH^3 + O^5 = AzO^4H + 2HO.}$$
$$\text{Acide azotique} \quad\quad \mathrm{AzH^3 + O^8 = AzO^6H + 2HO.}$$
$$\text{Azotate d'ammoniaque} \quad 2\,\mathrm{AzH^3 + O^8 = AzO^6H,\ AzH^3 + 2HO.}$$

([1]) *Essai de Mécanique chimique,* t. II, p. 717.
([2]) Il conviendrait sans doute d'établir aussi des calculs analogues pour les hypoazotites ; *voir* p. 285.

La formation de l'ammoniaque gazeuse par ses éléments,

$$Az + H^3 = Az\,H^3,$$

dégage, d'après mes mesures : $+ 12^{Cal},2$;
Celle de l'ammoniaque dissoute,

$$Az + H^3 + n\,Aq = Az\,H^3 + n\,Aq,$$

dégage $+ 21^{Cal},06$.
Enfin la formation de l'eau,

$$H + O = HO,$$

dégage $+ 34500$, ou $+ 29500$; selon que l'eau se produit dans l'état liquide, ou dans l'état gazeux.

Il suit de là que l'oxydation de l'ammoniaque, soit rapide, soit lente, dégage les quantités de chaleur suivantes, selon la nature et l'état des produits auxquels elle donne naissance.

(1) *Formation de l'azote :*

$$Az\,H^3 + 3O = Az + 3HO.$$

Ammoniaque gazeuse et eau gazeuse... $+ 88,5 - 12,2 = + 76,3$
Ammoniaque dissoute et eau liquide... $+ 103,5 - 21,0 = + 82,5$
Ammoniaque gazeuse et eau liquide... $+ 103,5 - 12,2 = + 91,3$

(2) *Formation de l'acide azoteux :*

$$Az\,H^3 + 6O = AzO^3,\,HO + 2HO.$$

Ammoniaque gazeuse, eau et acide azoteux étendu...... $+ 87,1$
Ammoniaque dissoute, eau et acide azoteux étendu...... $+ 78,3$

(3) *Formation de l'acide azotique :*

$$Az\,H^3 + 8O = AzO^6H + 2HO.$$

Ammoniaque gazeuse, eau et acide azotique gazeux....... $+ 81,2$
   »   »   eau liquide, acide azotique étendu.. $+ 105,6$
Ammoniaque dissoute, acide azotique étendu............. $+ 96,8$

(4) *Formation de l'azotate d'ammoniaque dissous :*

$$2Az\,H^3 + 8O = AzO^6H,\,Az\,H^3 + 2HO.$$

Ammoniaque gazeuse, azotate dissous........ $+ 125,3$
   Soit, pour $Az\,H^3 + 4O$ .... $+ 62,6$

(5) *Transformation de l'azotite d'ammoniaque dissous en azotate par fixation d'oxygène.*

Cette transformation, et plus généralement celle d'un azotite dissous en un azotate de la même base, dégage $+ 21,8$; valeur qui est sensiblement la même pour les divers azotites alcalins dissous. Cette valeur offre d'autant plus d'intérêt que la transformation des azotites en azotates et la métamorphose inverse se produisent dans la nature, comme le montrent les expériences très curieuses de M. Chabrier (*Comptes rendus*, 1871), et les recherches récentes de MM. Gayon, Dehérain et Maquenne.

La présence des azotites a été signalée dans les étables, comme coexistant avec les azotates, par Goppelsröder. Ils existent également ment dans les pluies d'orage.

Il y aurait lieu de rechercher aussi les hypoazotites.

5. Tous les chiffres qui précèdent sont applicables à l'oxydation de l'ammoniaque par l'oxygène libre : que cette oxydation ait lieu par combustion brusque, ou qu'elle soit provoquée à une moindre température par la mousse de platine; ou bien encore qu'elle ait lieu lentement et à froid, comme dans la nitrification.

Ils montrent que la formation des composés oxygénés de l'azote, par l'oxydation de l'ammoniaque, se produit toujours avec dégagement de chaleur. Elle peut donc avoir toujours lieu, sans le secours d'aucune énergie étrangère; les microbes se bornant, comme dans tous les cas où leur action s'exerce, à déterminer une formation, dans laquelle ils n'apportent le concours d'aucune énergie propre.

Réciproquement, la formation de l'ammoniaque par la réaction de l'hydrogène sur les divers oxydes de l'azote dégage plus de chaleur que la même formation effectuée au moyen de l'azote libre : ce qui explique la facilité plus grande de la première réaction. Mais je ne veux pas m'étendre sur ce dernier sujet, étranger à la question de la nitrification; quoiqu'il joue un certain rôle dans la réduction des azotates à l'état d'ammoniaque par les agents naturels.

6. J'ai fait diverses expériences pour rechercher si l'ammoniaque libre pourrait être oxydée directement par l'oxygène de l'air, dès la température ordinaire, avec le concours du temps, et sans le concours des microbes. J'ai opéré en présence de la potasse et de son carbonate dissous, dans de grands flacons pleins d'air, bien clos et exposés à une lumière peu intense. J'ai aussi fait intervenir, simultanément aux alcalis, une petite quantité de matières oxydables,

naturellement désignées, telles que le glucose et l'essence de térébenthine. Mais je n'ai point obtenu de nitre, même au bout de plusieurs mois (mars à juin 1871). Malgré ces essais négatifs, l'oxydation de l'ammoniaque, pendant la nitrification, ne peut être révoquée en doute ; mais les conditions qui y président ne sont connues que depuis les expériences déjà citées de MM. Schlœsing et Müntz.

7. Examinons encore la transformation intégrale de l'azotate d'ammoniaque en azotate de potasse. Nous avons dit en effet que l'ammoniaque pouvait fournir d'abord, en s'oxydant, de l'azotate d'ammoniaque. Montrons comment la totalité de l'azote contenu dans ce sel passe à l'état d'azotate de potasse.

Deux phases se manifestent pendant ce changement.

La première transformation engendre de l'azotate de potasse et de l'ammoniaque, ultérieurement oxydable. Cette transformation s'exécute, soit dans la nature, soit dans les laboratoires, au moyen du carbonate de potasse dissous. La double décomposition entre les deux sels, dissous séparément et à équivalents égaux, donne lieu, d'après mes expériences, à un phénomène thermique considérable, je veux dire à une absorption de 3 Calories par équivalent. Ce phénomène indique que le carbonate de potasse se change en carbonate d'ammoniaque dans la liqueur ; car la formation du dernier sel, au moyen de l'acide dissous et de la base dissoute, dégage bien moins de chaleur que celle du carbonate de potasse (voir *Essai de Mécanique chimique*, t. II, p. 717).

Or le carbonate d'ammoniaque, ainsi formé dans la dissolution, disparaît par le fait de l'évaporation de la liqueur, ou même par le seul fait de la diffusion de l'acide carbonique et de l'ammoniaque dans une atmosphère illimitée ; de telle sorte qu'il ne reste plus à la fin que l'azotate de potasse, soit dans la liqueur concentrée par évaporation ignée, soit dans les résidus efflorescents que cette liqueur donne par évaporation spontanée.

L'ammoniaque, d'autre part, après avoir été ramenée à l'état gazeux, se trouve séparée de l'acide carbonique, en raison de la diffusion des deux gaz dans une atmosphère illimitée ; elle s'oxyde de nouveau sous l'influence des mêmes causes, quelles qu'elles soient, qui ont déjà changé la moitié de cette base en acide azotique. L'autre moitié devient à son tour de l'azotate d'ammoniaque, et ce dernier corps reproduit encore de l'ammoniaque par les mêmes mécanismes ; mais il n'en reproduit que le quart de la quantité primitive. La chaîne des réactions se poursuit ainsi, et la totalité de l'ammoniaque finit par être changée en azotate de potasse, pourvu que la liqueur renferme un excès de potasse.

La transformation de l'azotate d'ammoniaque en azotates de chaux ou de magnésie, dans la nature, s'opère en vertu de réactions semblables; avec cette différence pourtant que les doubles décompositions peuvent avoir lieu entre l'azotate d'ammoniaque et les carbonates terreux, surtout lorsque ceux-ci sont dissous à la faveur de l'acide carbonique (bicarbonates). Le carbonate de magnésie peut aussi se dissoudre par une autre voie, en formant un sel double avec le carbonate d'ammoniaque. Malgré ces diversités de détail, les mécanismes généraux demeurent les mêmes, qu'il s'agisse des azotates de potasse, de chaux ou de magnésie.

8. Rapportons maintenant la nitrification à l'ammoniaque gazeuse et à l'azotate de potasse dissous, sans nous préoccuper des intermédiaires, et calculons la chaleur dégagée :

$$Az\,H^3\,gaz + 8\,O + CO^3K \text{ étendu} = AzO^6K \text{ ét.} + 3\,HO + CO^2 \text{ dissous.}$$

Cette réaction dégage 109,2 ; elle diffère à peine de la formation de l'acide azotique étendu.

9. Dans le cas où la nitrification ne s'opère pas aux dépens de l'azote et de l'oxygène libres, mais aux dépens de l'oxygène libre et d'un composé azoté préexistant, tel que l'ammoniaque, les cyanures, etc., la chaleur dégagée varie avec la nature dudit composé; mais elle est à peu près indépendante de la nature particulière de l'alcali dissous qui concourt à la réaction (potasse, soude, chaux) ; elle est aussi la même avec les divers carbonates, comparés entre eux. Ceci résulte d'un fait d'observation, à savoir que l'union d'un même acide avec les divers alcalis fixes dégage à peu près les mêmes quantités de chaleur.

On voit par ces données que la nitrification naturelle, une fois provoquée et dans les conditions mêmes où elle a lieu, c'est-à-dire en présence des carbonates alcalins ou terreux, peut s'effectuer sans le concours d'aucune énergie étrangère.

10. Elle s'effectue d'autant mieux, d'ailleurs, que ce concours lui-même ne lui fait pas défaut : attendu que l'oxydation des principes organiques azotés ou non azotés se développe en même temps que celle de l'ammoniaque, fournie par ces principes, et dégage une quantité de chaleur additionnelle. Ce point demande à être développé.

La présence d'un alcali, libre ou carbonaté, facilite, nous l'avons dit, l'absorption de l'oxygène par le principe organique. C'est là un fait qui s'explique encore par des considérations thermiques ; car l'oxygène desdits principes engendre des acides, dont la formation et la combinaison simultanée avec l'alcali dégagent plus de chaleur que n'en ferait la formation pure et simple du même acide libre. Par exemple, le changement de l'alcool en acétate de potasse, au contact de la potasse étendue, dégage 13 Calories de plus que son changement en acide acétique libre.

L'oxydation elle-même devient souvent plus profonde sous l'influence de ce travail additionnel : ce qui exagère encore le dégagement de chaleur. Tel est le cas de l'alcool. On sait combien il est difficile d'oxyder l'alcool par l'oxygène libre, à basse température et sans intermédiaire. Il faut porter l'alcool, pris isolément, à une température très élevée pour lui faire absorber l'oxygène, en formant d'abord de l'aldéhyde et de l'acide acétique. Mais il en est autrement si l'on met l'alcool en présence de l'oxygène et d'un alcali simultanément : alors l'alcool s'oxyde peu à peu, dès la température ordinaire, et il forme non seulement de l'acide acétique, mais même de l'acide oxalique, ou plutôt un oxalate. Or la métamorphose de l'alcool en oxalate de potasse dissous dégage une quantité de chaleur (288) à peu près double de celle que produit la métamorphose de l'alcool en acétate (136).

Les phénomènes du même genre sont très communs en Chimie organique ; ils jouent certainement un rôle dans la nitrification naturelle. Leur interprétation me paraît devoir être tirée en grande partie des considérations thermochimiques : attendu que les réactions chimiques sont d'autant plus faciles, toutes choses égales d'ailleurs, qu'elles dégagent une plus grande quantité de chaleur.

11. Montrons enfin qu'un concours analogue peut se produire, dans l'hypothèse où les azotates résulteraient directement de l'oxydation des principes organiques azotés. Il suffira, pour prendre un exemple précis, de faire le calcul approximatif de la chaleur dégagée dans la nitrification de l'acide cyanhydrique, ou plutôt du cyanure de potassium : calcul de quelque intérêt par lui-même, les cyanures existant souvent dans les briques et autres matériaux nitrifiables. Soit donc

$$C^2 Az K \text{ dissous} + 10\, O = Az\, O^6 K \text{ dissous} + C^2 O^4 \text{ gaz.}$$

La chaleur dégagée s'élève à $+ 177^{Cal}$. Elle est presque double de la chaleur dégagée dans la nitrification de l'ammoniaque, aux dépens du carbonate de potasse dissous. Un tel excès est dû en grande partie à l'oxydation du carbone ; il se retrouve probablement dans l'oxydation des autres matières organiques azotées.

L'acide cyanhydrique gazeux et la potasse étendue dégageraient 186^{Cal}, en fournissant un équivalent d'azotate de potasse.

Enfin le cyanhydrate d'ammoniaque dissous et la potasse absorbent 18 équivalents d'oxygène, pour se changer en azotate de potasse

$$C^2 AzH, AzH^3 \text{ ét.} + 2\,KO \text{ ét.} + 18\,O = 2\,AzO^6K \text{ ét.} + C^2O^4 \text{ gaz} + 4\,HO$$

et dégagent $+ 279^{Cal},1$; soit $+ 139^{Cal},5$ par équivalent d'azote.

Tous ces nombres l'emportent sur celui qui répond à l'oxydation de l'ammoniaque seule ($+ 109$) ; on est donc fondé à admettre que la nitrification est facilitée par l'oxydation simultanée du carbone contenu dans le principe organique.

§ 4. — Sur la transformation de l'azote libre en composés azotés.

PREMIÈRE SECTION. — *Problème de la fixation de l'azote dans la nature.*

1. C'est un problème depuis longtemps controversé que celui de la fixation de l'azote de l'air et de sa transformation en composés azotés, tels que les azotates ou les sels ammoniacaux dans le règne minéral, les alcalis, les amides, les composés albuminoïdes dans le règne végétal et animal. Un composé azoté d'un ordre quelconque étant formé, il est plus facile ensuite de le changer en un composé d'un autre ordre : nous nous sommes occupé précisément de cette métamorphose dans les paragraphes précédents.

Mais il reste toujours le problème de la formation de ce composé initial : l'azote en effet ne se combine directement à aucun corps, à la température ordinaire et en dehors des conditions qui seront signalées tout à l'heure. D'autre part, les composés azotés naturels tendent sans cesse à se détruire, sous les influences diverses de la combustion lente ou rapide, de la fermentation, de la putréfaction et même de la nutrition normale des animaux : influences qui tendent toutes en définitive à mettre l'azote en liberté. Il suit de là que les composés azotés naturels se détruisant sans cesse, sans jamais se reproduire, leur provision actuelle devrait diminuer continuellement.

C'est ainsi que les recherches méthodiques faites sur l'emploi des engrais, en agriculture, n'ont guère révélé que des causes de destruction, sans établir avec certitude aucune cause générale de régénération : je dis aucune cause assez puissante pour expliquer la reproduction des composés azotés. Cependant la végétation se prolonge indéfiniment et sans languir, sur un même point du sol, toutes les fois qu'elle n'est pas surexcitée et rendue épuisante par l'industrie humaine : ce qui semble indiquer qu'il existe des causes lentes de reproduction des composés azotés; conditions suffisamment efficaces pour entretenir la végétation spontanée.

Ce sont ces causes que nous allons rechercher.

2. *Oxydations lentes.* — Au point de vue purement chimique et dans les conditions naturelles, l'azote libre peut s'unir à l'oxygène dans certaines oxydations lentes. Il est incontestable, par exemple, que l'air maintenu pendant quelque temps en contact avec le phosphore renferme plusieurs millièmes de composés oxyazotiques : il suffit d'agiter cet air avec de l'eau de chaux ou de baryte, et d'évaporer celle-ci, pour obtenir de petites doses d'azotates. Même dans les oxydations brusques, l'hydrogène et les gaz hydrocarbonés, en brûlant dans l'oxygène mêlé d'azote, fournissent quelques traces des acides oxygénés de l'azote.

3. *Ozone.* — Schönbein attribuait la première formation à l'action de l'ozone, formé par le phosphore, sur l'azote libre. L'ozone, disait-il, oxyde l'azote à froid, surtout en présence de l'eau ou des alcalis; sa formation dans l'atmosphère expliquerait la formation naturelle de l'acide azotique : ce qui ramènerait le problème de la formation de ce dernier à celle de l'ozone.

Mais cette théorie est tombée devant les expériences faites séparément par Carius et par moi-même (¹), expériences desquelles il résulte que l'ozone pur n'oxyde en aucune façon l'oxygène. Les assertions de Schönbein, d'après lesquelles l'évaporation de l'eau en présence de l'azote suffirait pour déterminer la combinaison de ces deux corps et la formation de l'azotite d'ammoniaque, ont été également trouvées erronées; l'auteur paraissant avoir négligé la préexistence de traces d'azotates dans les eaux sur lesquelles il opérait.

Il n'en est pas moins certain, je le répète, que l'oxydation lente du phosphore et la combustion vive de l'hydrogène et des corps hydrocarbonés développent des composés nitreux. Mais ce sont là des

______

(¹) *Annales de Chimie et de Physique,* 5ᵉ série, t. XII, p. 440.

réactions exceptionnelles, trop peu répandues et trop peu efficaces pour rendre compte de l'ensemble des phénomènes naturels.

4. *Rôle des corps poreux.* — On peut en dire autant de la théorie de Longchamp, d'après laquelle l'azote serait absorbé en présence des alcalis et des corps poreux. Les seules expériences qui aient été citées à l'appui jusqu'ici sont celles de M. Cloëz, d'après lesquelles un million de litres d'air, dirigés pendant un temps qui s'est élevé à six mois à travers de la pierre ponce imprégnée de carbonate de potasse, ont fourni quelques milligrammes d'azotates. Cette dose est trop faible pour que l'origine puisse en être attribuée avec certitude à l'azote libre. La moindre trace de composés azotés, d'origine minérale ou organique, non arrêtés sur le trajet par les agents purificateurs (tant acides qu'alcalins), peut-être même une trace de composés azotés neutres et volatils, suffit pour expliquer de si petites quantités d'azotates. Quel que soit l'intérêt de ces observations, il n'y a donc aucune conclusion certaine à en tirer, tant que les conditions de la formation des traces d'azotates qui s'y sont manifestées ne pourront pas être reproduites avec un rendement plus considérable.

5. *Hydrogène naissant.* — On a admis pareillement que l'azote libre peut s'unir à l'hydrogène, surtout dans les conditions où ce dernier prend naissance aux dépens des corps hydrogénés. On cite particulièrement à cet égard la formation de la rouille par l'oxydation lente du fer; formation dans laquelle on a constaté des traces d'ammoniaque. Mais ces traces sont attribuées par la plupart des auteurs à la présence de l'acide azotique (¹), ou d'autres composés azotés, dans l'atmosphère.

L'apparition de l'ammoniaque, dans la réaction des métaux (fer, zinc, arsenic, plomb, étain) sur les hydrates alcalins fondus, paraît de même due à l'existence d'une trace de cyanures ou d'azotates dans ces alcalis.

6. *Matières humiques.* — Mulder a annoncé que, pendant l'altération lente de matières humiques, il se forme de petites quantités d'ammoniaque. Mais les mesures quantitatives n'ont pas montré que ces quantités fussent capables de compenser la déperdition incessante d'azote produite pendant la végétation.

7. Ainsi, les réactions purement chimiques qui se produisent dans la nature paraissent insuffisantes pour expliquer la reproduction incessante des combinaisons azotées.

(¹) Cloëz, *Comptes rendus*, t. LII, p. 527.

En réalité, celle-ci a lieu cependant; mais elle résulte, comme je vais l'établir, d'une énergie étrangère aux actions chimiques pures. C'est l'électricité qui détermine la fixation de l'azote libre, et cela principalement à la température ordinaire et sous ces faibles tensions que l'électricité possède à la surface de la terre, en tout lieu, en tout temps, même par les saisons les plus sereines.

DEUXIÈME SECTION. — *Actions de l'électricité en général.*

1. Examinons une pareille action de l'électricité pour déterminer la formation des combinaisons azotées.

L'électricité peut être employée sous des formes diverses pour provoquer les réactions chimiques : courant voltaïque, arc électrique, étincelle électrique, effluve électrique. Ce dernier mode d'action lui-même s'exerce de plusieurs manières : par exemple, en faisant varier brusquement le potentiel, par l'effet de décharges rapides, tantôt toutes de même sens, tantôt de sens alternatif; ou bien en maintenant le potentiel constant pendant toute la durée de l'expérience.

Or il est certain, et c'est là un fait fondamental, que tous les modes d'actions de l'électricité, à l'exception peut-être du courant voltaïque traversant des électrolytes liquides, déterminent la mise en activité chimique de l'azote, mais suivant des modes très différents. Avant de les passer en revue, décidons une première question.

2. Existe-t-il une modification isomérique spéciale de l'azote, analogue à l'ozone, et qui soit l'origine des combinaisons azotées? Tel est le point que je me suis efforcé d'éclaircir. Or j'ai observé que la mise en activité de l'azote se produit seulement au moment même où cet élément est soumis à l'action électrique. Au contraire, l'azote pur ne contracte pas de modifications permanentes appréciables, ni par l'action de l'arc, ni par l'action de l'étincelle, ni par celle de l'effluve, comme je m'en suis assuré par des expériences spéciales et très attentives. En effet, l'azote mis immédiatement en contact avec l'hydrogène, à quelques centimètres de distance, soit des tubes à effluve, soit des espaces où il subit l'action de l'arc ou celle d'une série de fortes étincelles, l'azote, dis-je, ne donne jamais aucun indice de combinaison. Il en est de même de l'azote mis ensuite en contact avec l'oxygène; de même, avec les matières organiques. Dans tous les cas connus, il faut que l'azote et la matière organique, ou l'hydrogène, ou l'oxy-

gène, éprouvent *simultanément* l'action électrique pour que la combinaison ait lieu.

3. Les appareils dans lesquels on fait agir d'abord l'arc ou l'étincelle sur l'azote sont faciles à concevoir.

Pour l'effluve, on emploie l'appareil figuré ci-contre.

Fig. 31.

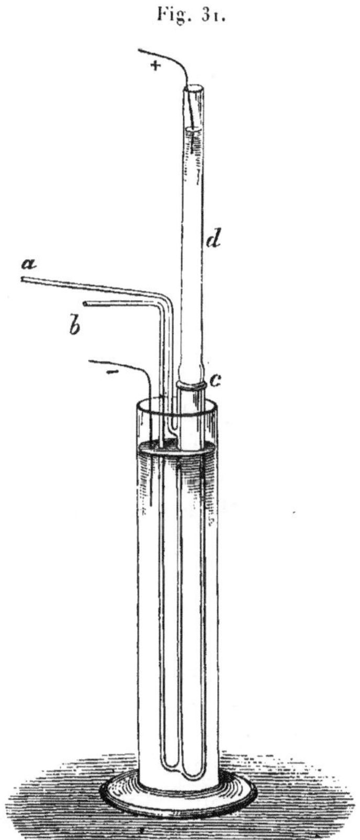

Appareil à effluve de M. Berthelot pour la modification des gaz.

L'appareil consiste en un tube de verre c, muni de deux tubulures a et b. Un autre tube d pénètre dans le premier tube qui l'enveloppe et s'y joint à l'aide d'une fermeture à l'émeri en c. Il est rempli d'un liquide conducteur (eau aiguisée d'acide sulfurique); le tout est placé dans une éprouvette remplie du même liquide.

Les électrodes d'une puissante machine de Ruhmkorff communiquent avec le liquide du tube intérieur et avec le liquide extérieur.

La décharge silencieuse (effluve électrique) se produit dans l'espace annulaire compris entre les tubes c et d. Elle agit sur le gaz qui arrive en a et qui s'échappe en b. Or, je le répète, l'azote qui sort de cet appareil n'a acquis aucune propriété nouvelle.

4. J'ai obtenu les mêmes résultats négatifs avec l'hydrogène, mis en présence soit des matières organiques, soit de l'azote, soit de l'oxygène, immédiatement après que l'hydrogène avait subi l'action des étincelles, ou bien celle de l'effluve : résultats bien différents de ceux qu'on observe avec l'oxygène.

Il ne paraît donc pas exister, ni pour l'azote, ni pour l'hydrogène, de modification électrique permanente, analogue à celle de l'oxygène qui constitue l'ozone.

TROISIÈME SECTION. — *Action de l'arc voltaïque et de l'étincelle électrique.*

1. Étudions maintenant l'action de l'électricité sous ses diverses formes pour provoquer les combinaisons azotées, en agissant sur l'azote mis en présence des autres éléments.

Sous la forme d'arc voltaïque ou d'étincelle, l'électricité produit en effet l'union de l'azote avec l'oxygène (synthèse des composés azotiques), l'union de l'azote avec l'hydrogène (synthèse de l'ammoniaque), l'union de l'azote avec l'acétylène (synthèse de l'acide cyanhydrique).

2. Ces réactions sont faciles à produire avec l'appareil suivant, lequel n'exige ni l'emploi de fils de platine soudés dans l'épaisseur du verre, ni l'emploi de conducteurs spéciaux. Des tubes de verre recourbés et libres et des fils de platine également libres suffisent.

Voici quel est ce dispositif. On place le gaz (mesuré ou non) dans une éprouvette ordinaire, sur une cuve à mercure : puis on introduit dans cette éprouvette deux tubes à gaz, recourbés deux fois sous des angles légèrement obtus (*fig.* 32) (je dis recourbés en marchant toujours dans le même sens). Les tubes étant ouverts aux deux bouts, leur introduction se fait sans difficulté et sans établir de communications avec l'atmosphère.

Cela fait, on prend un gros et long fil de platine, dont la longueur surpasse notablement celle du tube recourbé, et on l'introduit par l'orifice extérieur de l'un de ces tubes, en le poussant doucement à travers le mercure qui remplit le tube ; on réussit ainsi à lui faire franchir les courbures, jusqu'à ce que son extrémité vienne sortir par l'orifice intérieur du tube. On exécute la même opération avec un second fil de platine glissé dans le deuxième tube.

On dispose alors de deux conducteurs isolés, que l'on met en

Fig. 32.

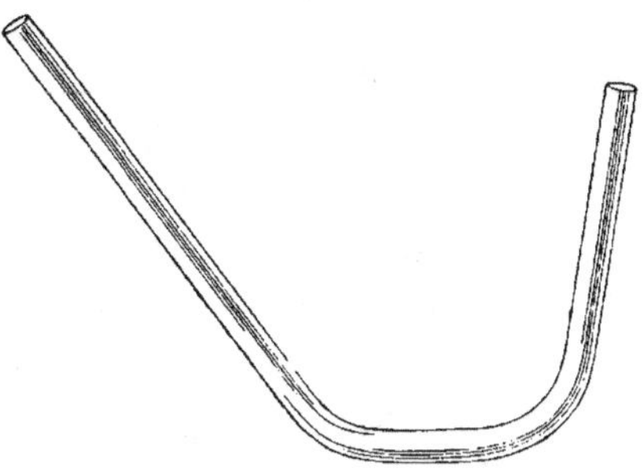

communication avec les deux pôles d'un appareil Ruhmkorff, ou de tout autre générateur d'électricité à haute tension. L'étincelle jaillit entre les deux pointes situées à l'intérieur de l'éprouvette, pointes dont on peut régler à volonté et faire varier la distance et la position relative.

La *fig.* 33 montre les tubes en place et l'expérience prête.

Fig. 33.

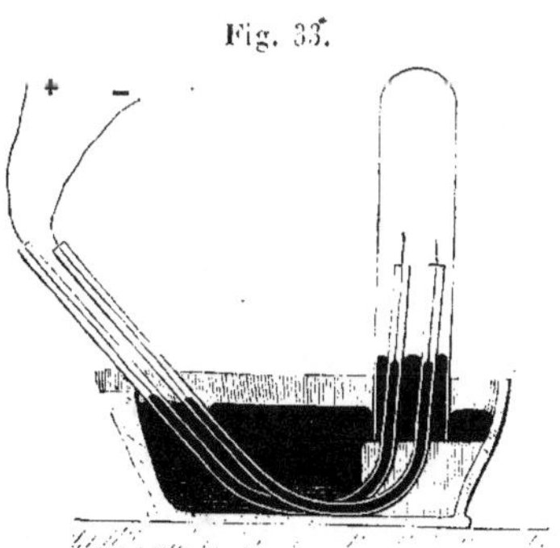

Action de l'étincelle électrique sur les gaz.

3. Mélangeons donc l'azote et l'oxygène secs, ou plus simplement opérons sur l'air atmosphérique et faisons traverser ces gaz par une suite d'étincelles électriques. Au bout de quelques minutes l'éprouvette est remplie de vapeur nitreuse : mais il faudrait plusieurs heures pour arriver à la limite de la réaction. Celle-ci n'est d'ailleurs jamais complète, l'étincelle décomposant en sens inverse l'acide hypoazotique (*voir* p. 299).

4. Si l'on opère en présence d'une solution de potasse, les gaz acides sont absorbés à mesure, et l'on obtient finalement de l'azotate de potasse. C'est la célèbre expérience de Cavendish (1785).

5. La combinaison de l'azote avec l'oxygène exige l'intervention d'une énergie étrangère, représentée par — 21^{Cal},6 lors de l'union de l'azote avec l'oxygène, formant du bioxyde d'azote

$$Az + O^2 = AzO^2.$$

Ce dernier composé s'unit ensuite avec un excès d'oxygène, pour constituer l'acide hypoazotique. La formation définitive

$$Az + O^4 = Az O^4 \text{ gazeux}$$

répond seulement à une absorption de — 2^{Cal},6 à la température ordinaire; quantité qui s'élève à — 7^{Cal} environ vers 200°.

6. C'est précisément en vertu de réactions analogues, développées dans l'atmosphère sur le trajet de la foudre et des éclairs, que se forment les acides azotiques et azoteux. Ces acides se retrouvent dans les pluies d'orages, en partie à l'état libre, en partie à l'état d'azotate d'ammoniaque, ou d'azotates alcalins : ceux-ci dérivent des poussières de l'air. Par exemple, M. Filhol, à Toulouse, a obtenu par mètre cube d'eau de pluie : 1^{gr},09 d'acide azotique. D'après les analyses de M. Barral, 1 hectare de terrain à Paris aurait reçu, en novembre 1852, par l'intermédiaire des eaux météoriques, 659^{gr} d'azote sous forme d'acide azotique. Ces doses sont considérables : cependant l'analyse des plantes cultivées a montré qu'elles ne suffisent pas pour réparer les déperditions de l'azote enlevé au sol par la végétation.

QUATRIÈME SECTION. — *Actions de la décharge silencieuse ou effluve, à haute tension.*

1. La *combinaison de l'azote et de l'oxygène*, avec formation de composés nitreux, ne se produit pas seulement par l'action de l'étincelle électrique, mais aussi par l'action de la décharge silencieuse, toutes les fois que les tensions électriques sont très considérables (*voir* les appareils, p. 333 et 338).

2. C'est là encore une condition qui se retrouve dans l'atmosphère. En effet, pendant l'intervalle de temps qui précède l'instant où les décharges orageuses proprement dites sillonnent une certaine ligne

dans l'atmosphère, des surfaces extrêmement étendues s'électrisent peu à peu par influence; puis elles se déchargent brusquement, au moment des explosions (choc en retour). Sur ces surfaces électrisées s'exercent certaines réactions chimiques, analogues à celles que développe l'effluve à haute tension et à potentiel brusquement variable. Ce sont là d'ailleurs des effets accidentels, locaux et momentanés; aussi bien que ceux de la foudre proprement dite. Ils doivent se produire spécialement dans les montagnes et les pics isolés.

3. L'influence électrique détermine ainsi la formation des acides hypoazotique et azotique, et même celle de l'acide perazotique ([1]), composé instable, qui se produit par la réaction de l'effluve à haute tension sur un mélange d'acide hypoazotique et d'oxygène.

4. *Azote et eau.* — Ce n'est pas tout : sous l'influence des fortes tensions électriques, l'azote libre et l'eau se combinent pour former l'azotite d'ammoniaque, d'après mes expériences ([2]),

$$Az^2 + 2\,H^2O^2 = AzO^4H, AzH^3;$$

l'énergie nécessaire à cette réaction $(-73^{Cal},2)$ étant fournie par l'électricité.

5. Les effets que je viens de décrire se produisent sous l'influence des décharges extérieures de l'appareil Ruhmkorff; le potentiel des corps électrisés passant ainsi, pendant un intervalle de temps très court, par toutes les grandeurs, depuis zéro jusqu'à une limite s'élevant à plusieurs milliers de Volta.

6. Les mêmes effets ont pareillement lieu : chaque pôle étant chargé alternativement d'électricité positive et négative : comme avec l'appareil Ruhmkorff; ou bien chaque pôle étant chargé constamment avec la même électricité : ce que l'on peut obtenir avec la machine de Holtz.

7. Mais ces réactions s'atténuent de plus en plus, si le potentiel baisse, et elles finissent par cesser complètement, lorsqu'il tombe au-dessous d'une certaine limite, limite relativement fort élevée, c'est-à-dire s'élevant à plusieurs centaines de volts. Au-dessous de cette dernière limite, l'azote et l'oxygène cessent de se combiner, bien qu'il se forme encore de l'ozone.

([1]) *Annales de Chimie et de Physique*, 5ᵉ série, t. XXII, p. 432. J'avais aperçu la formation de cette dernière combinaison; mais elle a été démontrée d'une façon plus complète et étudiée surtout par MM. Chappuis et Hautefeuille.
([2]) Même Recueil, 5ᵉ série, t. XII, p. 445.

8. Observons que ce potentiel limite est fort supérieur aux tensions ordinaires que l'électricité atmosphérique peut affecter, en dehors des temps d'orage. La formation directe des composés oxygénés de l'azote dans la nature est donc limitée aux conditions de très grande tension électrique et d'influence orageuse.

9. Examinons sous le même point de vue la *combinaison de l'azote avec l'hydrogène,* c'est-à-dire la formation de l'ammoniaque, par l'action de l'électricité.

Soit d'abord l'action de l'étincelle. On sait que l'ammoniaque est décomposée par une série d'"étincelles en ses éléments, le volume du gaz étant sensiblement doublé au bout d'un temps assez court. Cependant il reste une trace d'ammoniaque, trace non appréciable aux mesures, quoique susceptible d'être manifestée, en opérant comme il va être dit tout à l'heure.

En effet, l'azote et l'hydrogène éprouvent réciproquement un commencement de combinaison, par l'action d'une série d'étincelles électriques. Toutefois, la proportion d'ammoniaque formée est si faible qu'elle ne se traduit pas par un changement de volume. Mais il suffit d'introduire dans les gaz une bulle de gaz chlorhydrique pour voir se produire d'abondantes fumées ([1]). Cette réaction est tellement sensible qu'elle accuse jusqu'à un millième de milligramme d'ammoniaque dans un faible volume de gaz, comme je m'en suis assuré.

Pour accumuler les effets de cette réaction, il suffit d'opérer en présence de l'acide sulfurique étendu, de façon à absorber à mesure l'ammoniaque. Il est alors facile d'en recueillir une dose considérable, au bout d'un temps suffisant. Je n'ai pu retrouver l'inventeur de cette expérience; mais elle figure déjà comme classique dans la première édition du *Traité de Chimie* de M. Regnault, imprimée en 1846; et elle remonte à une époque plus ancienne.

10. L'action de l'effluve électrique est bien plus efficace que celle de l'étincelle pour déterminer l'union de l'azote avec l'hydrogène. L'effluve jouit d'ailleurs également de la double propriété de décomposer l'ammoniaque en ses éléments, et de combiner l'azote et l'hydrogène élémentaires.

Ces deux gaz étant mêlés suivant le rapport de 3 volumes d'hy-

---

([1]) Pour que l'expérience soit valable, il est nécessaire d'opérer avec des gaz rigoureusement desséchés avant l'expérience, et sur du mercure sec; la moindre trace de vapeur d'eau étant manifestée de la même manière par le gaz chorhydrique.

drogène pour 1 volume d'azote, si l'on fait agir l'effluve sur leur mélange, on trouve au bout de quelques heures jusqu'à 3 centièmes de ce mélange transformé en ammoniaque. Celle-ci peut être alors dosée en volume et manifestée par toutes ses réactions.

Fig. 34.

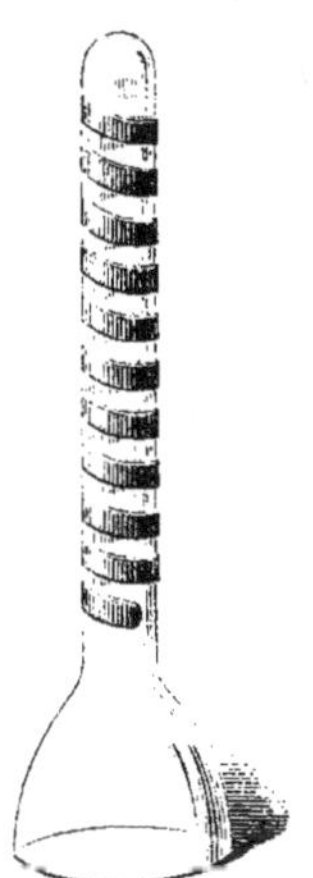

Tube éprouvette à effluve.

11. L'appareil que j'emploie le plus communément pour faire agir l'effluve sur les gaz est formé de deux tubes de verre distincts :

1° Un tube bouché très mince, élargi à sa partie inférieure et formant éprouvette, disposé de façon à permettre l'introduction, l'extraction et la mesure rigoureuse des gaz sur la cuve à mercure ; le tout aussi nettement et facilement qu'avec des éprouvettes à gaz ordinaires.

Ce tube est entouré d'un mince ruban de platine, disposé en spirale sur sa surface extérieure (*fig.* 34); ledit ruban est fixé avec de la gomme. Toute la surface de verre en contact avec l'atmosphère est soigneusement enduite de gomme laque, afin de la rendre plus isolante.

2° Un tube en V (*fig.* 35), d'un diamètre à peine moindre que celui du tube éprouvette, disposé de façon à pouvoir y être introduit presque à frottement. Ce tube est fermé à l'une de ses extrémités (*fig.* 35); on le remplit d'acide sulfurique étendu.

Le tube-éprouvette étant posé sur une grande cuve à mercure, on y introduit les gaz sur lesquels on veut opérer, après les avoir mesurés dans une éprouvette graduée, avec les précautions ordinaires. Le volume en est réglé d'après la capacité du tube-éprouvette, diminuée de celle de la portion verticale du tube en V. Il faut aussi, s'il y a lieu, tenir compte de l'augmentation de volume produite par la décomposition.

On fait alors passer dans l'intérieur du tube-éprouvette la partie bouchée du tube en V, préalablement remplie d'eau aiguisée d'acide sulfurique.

Puis, tenant de la main gauche le tube-éprouvette, on introduit avec la main droite, sous le mercure, une petite cuvette en porcelaine, pareille à celles que l'on a coutume d'employer pour les dosages d'azote en Chimie organique ; on la fait passer sous le tube-éprouvette, tenu verticalement ; puis on enlève le tout, de façon à isoler le tube-éprouvette disposé sur la cuvette, conformément à la *fig*. 36.

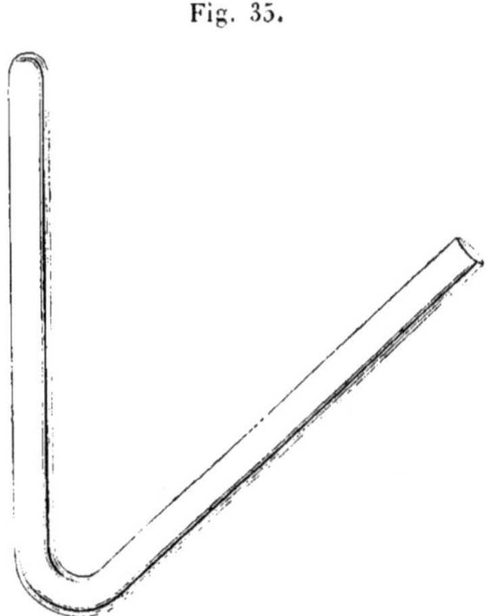

Fig. 35.

On l'y maintient à l'aide de la mâchoire en bois d'un support de Gay-Lussac, que l'on n'a pas représenté pour simplifier.

Ce support maintient en même temps, appliquée contre le ruban de platine de la *fig*. 36, une lame mince de platine, fixée à l'extrémité d'un fil métallique qui communique avec l'un des pôles d'une très grosse bobine Ruhmkorff ; tandis que l'autre pôle est fixé à un deuxième fil, qui s'enfonce dans l'eau acidulée du tube en V.

12. La combinaison de l'azote avec l'hydrogène, de même que celle de l'oxygène et de l'azote, cesse au-dessous d'un certain potentiel

de l'appareil électrique qui détermine la production de l'effluve.
Elle n'a plus lieu du tout aux faibles tensions.

Fig. 36.

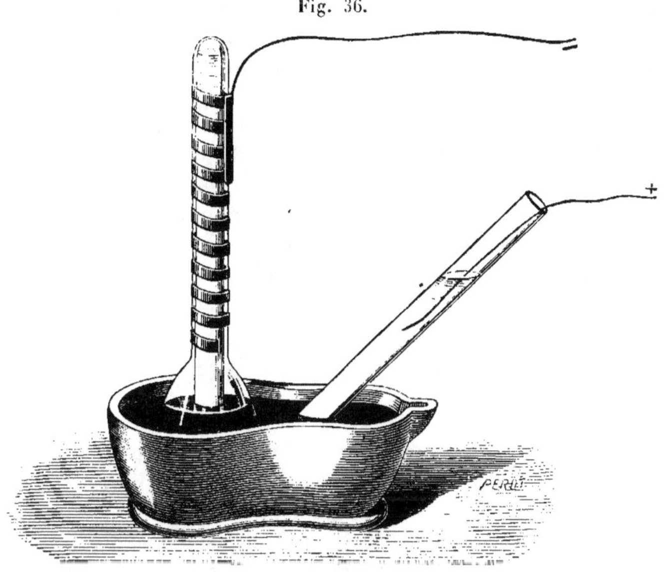

Action de l'effluve sur le mercure.

13. La *combinaison de l'azote libre avec les composés hydrocarbonés* offre une grande importance. Elle était tout à fait ignorée
avant mes expériences. Circonstance remarquable, cette combinaison a lieu également, soit avec les grandes tensions électriques,
soit avec les tensions même les plus faibles, contrairement à ce qui
arrive pour l'oxygène et pour l'hydrogène. Les produits changent
d'ailleurs, suivant la grandeur des tensions électriques.

14. *Acide cyanhydrique.* — En faisant agir directement l'arc
voltaïque ou l'étincelle électrique sur les gaz, j'ai observé que l'acétylène et l'azote se combinent directement, à volumes gazeux
égaux, en formant de l'acide cyanhydrique. La même réaction a
lieu avec tout gaz ou vapeur hydrocarboné, susceptible de former
de l'acétylène sous l'influence de l'étincelle. Cette formation d'acide
cyanhydrique constitue même le caractère positif le plus net de
l'azote et le plus facile à manifester.

En effet, si, dans un mélange formé par les deux gaz purs, on fait
passer une série de fortes étincelles, les gaz prennent presque aus-

sitôt l'odeur caractéristique de l'acide cyanhydrique. Au bout d'un quart d'heure de réaction, et même moins, si les étincelles sont longues et fortes, la réaction est déjà fort avancée. Il suffit alors d'agiter le gaz avec de la potasse, pour changer l'acide en cyanure alcalin et pour manifester les réactions qui le caractérisent (bleu de Prusse, etc.).

Dans les circonstances que je viens de décrire, la formation de l'acide cyanhydrique est accompagnée de celle du charbon et de l'hydrogène, engendrés en vertu d'une décomposition distincte, mais simultanée, de l'acétylène. Mais cette complication peut être évitée aisément, en ajoutant à l'avance au mélange un volume d'hydrogène convenable : par exemple, 10 fois le volume de l'acétylène. On n'observe plus alors aucun dépôt de charbon et la réaction répond absolument à l'équation suivante :

$$C^4H^2 + Az^2 = 2C^2HAz.$$

La présence de l'acide cyanhydrique formé ne s'accomplit cependant pas jusqu'au bout, dans les conditions qui viennent d'être décrites, et la réaction s'arrête à une certaine limite, parce que l'acide cyanhydrique est décomposé par l'étincelle en sens inverse, je veux dire en azote et acétylène. Mais, si l'on enlève à mesure l'acide cyanhydrique avec la potasse, en prenant soin de dessécher chaque fois les gaz, avant de renouveler l'action de l'étincelle, on peut transformer complètement en acide cyanhydrique un volume donné d'azote, ainsi que je l'ai expressément vérifié.

L'acide cyanhydrique se forme seulement par l'action de l'étincelle ou de l'arc, mais non de la décharge silencieuse.

15. *Azote et composés organiques.* — Cependant l'azote est également absorbé par les matières organiques, lorsqu'on opère avec l'effluve, au moyen d'une forte bobine de Ruhmkorff et de l'éprouvette décrite à la page 333. Il est facile de constater, dès la température ordinaire, l'absorption d'un volume mesurable d'azote, soit par les carbures d'hydrogène (benzine, essence de térébenthine, etc.), soit par les matières ternaires, telles que l'éther, la dextrine humide ou le papier.

16. *Azote et carbures d'hydrogène.* — L'expérience est très nette avec la *benzine*, composé exempt d'oxygène : 1^{gr} de benzine absorbe en quelques heures 4 à 5 centimètres cubes d'azote, la majeure partie demeurant inaltérée. La réaction s'opère principalement entre la benzine électrisée, en vapeur ou sous forme de couches

liquides très minces, et le gaz azote. Elle donne lieu à un composé polymérique et condensé, sorte de résine solide, qui se rassemble à la surface des tubes de verre à travers lesquels la décharge s'effectue. Ce composé, chauffé fortement, se décompose avec dégagement d'ammoniaque. Mais l'ammoniaque libre ne préexiste ou ne se forme par l'effluve, ni à l'état dissous dans l'excès de benzine, ni dans les gaz. Ces derniers renferment d'ailleurs un peu d'acétylène, lequel apparaît constamment dans la réaction de l'effluve sur les carbures d'hydrogène.

L'*essence de térébenthine* a donné lieu aussi à une absorption d'azote, plus lente à la vérité dans les mêmes conditions. Il s'est également produit un corps résineux condensé, dont la décomposition pyrogénée dégage de l'ammoniaque.

La *vapeur d'éther* absorbe aussi l'azote.

Le *formène* se comporte de même. Il fournit à la fois (en petite quantité) un produit azoté solide très condensé, qui dégage de l'ammoniaque par la chaleur, et de l'ammoniaque libre, qui demeure mêlée avec les gaz non condensés.

Avec l'*acétylène*, le produit principal est une substance polymérique, découverte par M. Thenard. L'azote et l'acétylène d'ailleurs ne forment pas d'acide cyanhydrique sous l'influence de l'effluve : résultat qui contraste avec l'abondante formation de ce composé sous l'influence de l'étincelle. Cependant le produit condensé qui dérive de l'acétylène modifié en présence de l'azote, lorsqu'on le détruit ensuite par la chaleur, dégage, vers la fin, quelques traces d'ammoniaque.

17. *Azote et hydrates de carbone.* — Voici diverses expériences relatives à l'absorption de l'azote par l'action de l'effluve à haute tension, expériences propres à démontrer que cette absorption a réellement lieu lorsqu'on opère avec les principes constitutifs des tissus végétaux, et cela, soit avec l'azote pur, soit en présence de l'oxygène, c'est-à-dire en mettant en œuvre l'air atmosphérique.

Le papier blanc à filtre (cellulose ou principe ligneux), légèrement humecté et soumis à l'influence de l'effluve, en présence de l'azote pur, en absorbe, dans l'espace de huit à dix heures, une dose très notable. Il suffit de chauffer ensuite fortement le papier avec de la chaux sodée, pour en dégager une grande quantité d'ammoniaque. Le papier primitif n'en fournissait pas d'une manière sensible, dans les mêmes conditions. L'ammoniaque ne se produit d'ailleurs que vers le rouge sombre, par la destruction d'un composé **azoté**, particulier et fixe, comme avec les hydrocarbures.

18. La présence de l'oxygène n'empêche pas, je le répète, cette absorption d'azote. Je citerai à cet égard l'expérience que voici : Les tubes de verre, au travers desquels s'exerce l'influence électrique, ayant été enduits d'une couche mince d'une solution sirupeuse de dextrine (quelques décigrammes en tout), j'y ai introduit, sur le mercure, un certain volume d'air atmosphérique.

Après avoir fait agir l'effluve pendant huit heures environ, j'ai constaté une absorption de 2,9 centièmes d'azote et de 7,0 d'oxygène, sur 100 volumes d'air primitif. On voit que l'absorption de l'oxygène n'était pas totale dans ces conditions. Comme contrôle, j'ai repris la matière organique demeurée à la surface des tubes, et je l'ai chauffée avec de la chaux sodée ; elle a dégagé en grande abondance, et seulement vers le rouge sombre, de l'ammoniaque : ce qui complète la démonstration. Je n'ai pas trouvé d'ailleurs qu'il se formât ni ammoniaque libre, ni acides azotique ou azoteux en proportion appréciable, du moins dans ces conditions.

19. Le phénomène principal est donc la production d'un composé azoté complexe, par l'union directe de l'azote libre avec l'hydrate de carbone mis en expérience ; réaction tout à fait assimilable à celles qui doivent se produire dans la nature, au contact des matières végétales et de l'air atmosphérique électrisé.

20. L'absorption de l'azote par les composés organiques s'opère également *sous l'influence des deux électricités.*

Elle a lieu tout aussi nettement avec les tensions les plus faibles qu'avec les tensions les plus fortes, mais dans un temps d'autant plus long que la tension électrique est moindre. Elle est très marquée, même avec ces faibles tensions qui ne fournissent plus les oxydes de l'azote.

Cette absorption a été vérifiée, soit en isolant les armatures d'argent ou de platine (^{1}) maintenues en contact avec le papier et les gaz ; soit en isolant le papier lui-même de tout contact métallique entre deux surfaces de verre (*fig.* 38).

En même temps que les composés azotés fixes dont j'ai déjà parlé

______

(^{1}) Les armatures métalliques avaient été chauffées au rouge, à l'air libre, avant chaque expérience, afin de détruire toute trace de matière organique à leur surface. Il faut avoir soin de ne pas les toucher avec les doigts.

Le papier Berzélius et la dextrine employés ne contenaient pas plus de un dix-millième d'azote, d'après un dosage spécial : proportion insensible quand on opère sur quelques centigrammes de papier. Cette vérification doit être faite chaque fois sur des bandelettes prises dans la même feuille de papier et d'une manière alternative, le papier renfermant parfois et accidentellement des matières azotées.

et dans les conditions où j'opérais, il ne s'est formé *ni trace d'ammoniaque, ni trace d'acide azotique ou azoteux, ni trace. d'acide cyanhydrique.*

21. En agissant dans des conditions comparatives et avec de très faibles tensions, on a trouvé que la fixation de l'azote était surtout abondante avec le papier, moindre avec l'éther, et bien moindre encore avec la benzine : diversité qui répond à la stabilité inégale de ces principes et à la nature différente des principes azotés qui en dérivent. Avec le papier notamment, il se produit à la fois des composés azotés insolubles, très peu colorés, qui restent fixés sur la fibre ligneuse, et des corps azotés solubles dans l'eau et presque incolores, qui se condensent sur la lame de platine : ces derniers renferment de telles doses d'azote, qu'ils fournissent de l'ammoniaque libre, bleuissant le tournesol, par la seule action de la chaleur, même sans aucune addition de chaux sodée.

22. Les expériences que je viens de décrire définissent les conditions générales des réactions chimiques produites par l'effluve; mais elles ne décident pas d'une manière nette les effets de la tension électrique, dégagée de toute complication. En effet, dans les expériences faites avec le concours de l'appareil de Ruhmkorff ou de la machine de Holtz, la tension change continuellement pendant l'intervalle des étincelles extérieures, et cela entre des limites qui varient de plusieurs milliers de volts.

Quelle est l'influence de ces variations incessantes et des alternatives brusques qui les accompagnent? Les réactions chimiques sont-elles déterminées par le fait même de ces alternatives et des chocs et vibrations moléculaires qui en résultent?

Ou bien les réactions chimiques peuvent-elles être produites par une simple différence de potentiel, par une simple orientation des molécules gazeuses, sans qu'il y ait, ni courant voltaïque proprement dit, comme avec une pile fermée; ni élévation de température, comme avec l'étincelle; ni variations brusques et incessantes de tension, comme avec l'effluve développée sous l'influence des machines de Holtz ou de Ruhmkorff? Les essais suivants ont eu pour objet de répondre à ces questions.

CinÕuième section. — *Action de l'électricité à très faible tension.*

1. Ces nouveaux essais ont été exécutés avec une pile, *sans fermer le circuit*, et dans des conditions telles que tout se réduisît à l'éta-

I.   22

blissement d'une différence constante de potentiel entre les deux armatures : cette différence était mesurée par la force électromotrice de cinq éléments Leclanché (force équivalente à celle de sept Daniell environ) dans la plupart des essais que je vais décrire. Chacun des essais a duré huit à neuf mois consécutifs.

2. J'ai dû renoncer à l'emploi des armatures métalliques, à cause des réactions spéciales qu'elles déterminent, et je me suis astreint à placer les gaz dans l'espace annulaire qui sépare deux tubes de verre concentriques, soudés l'un à l'autre par leur partie supérieure.

Voici le dessin de cet appareil.

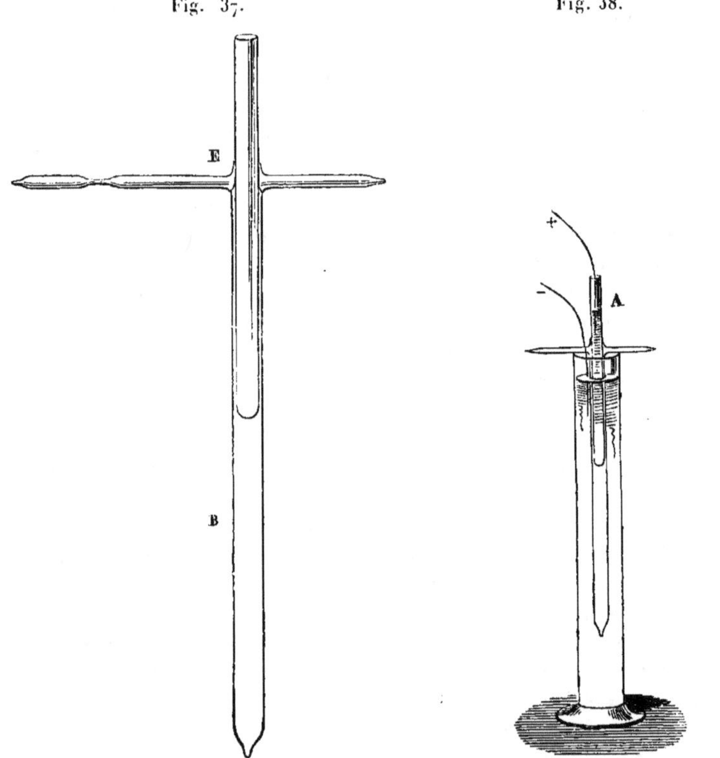

Fig. 37.   Fig. 38.

Appareil ouvert.   Appareil disposé pour l'expérience.

Le tube intérieur est ouvert et rempli d'acide sulfurique étendu; le tube extérieur est fermé à la lampe et plongé dans une éprouvette contenant le même acide. Les gaz et autres corps sont introduits à l'avance dans l'espace annulaire, à l'aide de tubulures que l'on referme ensuite à la lampe (*Annales de Chimie et de Physique*, 5e série, t. XII, p. 463.

Le pôle positif de la pile est mis en communication avec le liquide acide du tube intérieur, qui joue le rôle d'armature; et le pôle négatif avec le liquide acide de l'éprouvette, qui joue le rôle d'une seconde armature, séparée de la première par un diélectrique formé de deux épaisseurs de verre et de la couche gazeuse interposée. Celle-ci est ainsi enfermée dans un espace complètement clos par des soudures de verre et sans aucun contact métallique.

3. Voici les résultats observés dans ces conditions.

J'ai constaté d'abord la formation de l'ozone, sur laquelle je n'ai pas à m'étendre ici.

Puis j'ai vérifié l'absorption de l'azote libre par le papier, et par la dextrine et la formation de composés azotés particuliers, précisément comme dans les essais de la page 337.

4. Quelques-unes de mes expériences ont été faites dans des conditions quantitatives, de façon à mesurer les poids d'azote absorbés dans un temps donné.

A cette fin, j'ai posé sur la moitié de la surface *extérieure* d'un grand cylindre de verre mince, A, terminé par une calotte sphérique,

Fig. 39.

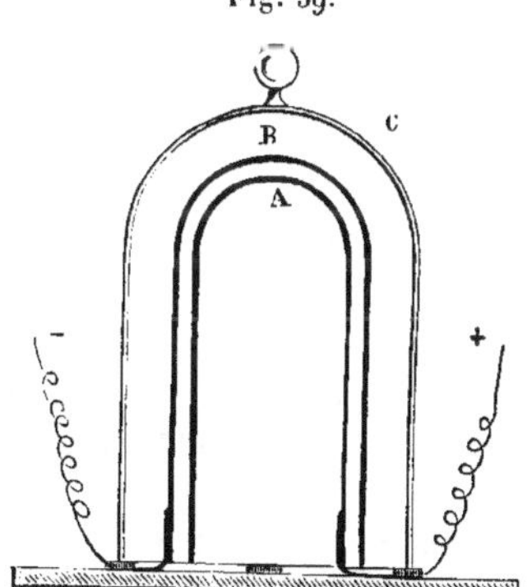

Fixation lente de l'azote.

une feuille de papier Berzélius, pesée à l'avance et humectée avec de l'eau pure. L'autre moitié de la même surface extérieure a été enduite avec une solution sirupeuse, titrée et pesée, de dextrine, dans des conditions qui permettaient de connaître exactement le poids de la dextrine sèche employée. La surface *intérieure* du cylindre avait été recouverte à l'avance avec une feuille d'étain (armature interne).

Ce cylindre a été posé sur une plaque de verre ; puis on l'a recouvert avec un cylindre de verre mince, B, concentrique, aussi rapproché que possible, enfin dont la surface *intérieure* était libre et la surface *extérieure* revêtue avec une feuille d'étain (armature externe).

Le système des deux cylindres a été recouvert d'une cloche, C, pour éviter la poussière, et posé sur une plaque de verre, aménagée de façon à empêcher toute pénétration de l'air extérieur.

L'armature interne a été mise en communication avec le pôle positif d'une pile formée de cinq éléments Leclanché, disposés en tension ; l'armature externe, avec le pôle négatif de la même pile. De cette façon il existait une différence de potentiel constante entre les deux armatures d'étain, séparées par les deux épaisseurs de verre, par la lame d'air interposée, enfin par le papier ou la dextrine appliquée sur l'un des cylindres.

Avant l'expérience, j'ai dosé l'azote dans le papier et dans la dextrine (en opérant sur 2^{gr} de matière sèche) ; ce qui a fourni, sur 1000 parties :

$$\text{Papier} \dots\dots\dots\dots\dots\dots \quad 0,10$$
$$\text{Dextrine} \dots\dots\dots\dots\dots\dots \quad 0,12$$

Au bout d'un mois (novembre), ayant opéré d'abord avec un seul élément Leclanché, j'ai trouvé :

$$\text{Papier} \dots\dots\dots\dots\dots\dots \quad 0,10$$
$$\text{Dextrine} \dots\dots\dots\dots\dots\dots \quad 0,17$$

Il s'était développé des moisissures.

La variation étant nulle pour le papier, très faible pour la dextrine, j'ai poursuivi l'expérience avec cinq éléments Leclanché, pendant sept mois, la température extérieure s'étant élevée peu à peu jusqu'à atteindre par moments 30°.

On a encore observé des moisissures.

Au bout de ce temps, j'ai trouvé en azote, sur 1000 parties :

$$\text{Papier} \dots\dots\dots\dots\dots\dots \quad 0,45$$
$$\text{Dextrine} \dots\dots\dots\dots\dots\dots \quad 1,92$$

L'intervalle des deux cylindres était d'environ 3^{mm} à 4^{mm}.

Un autre essai, poursuivi simultanément, avec un intervalle à peu près triple entre deux autres cylindres concentriques, semblables aux précédents, a fourni en azote, sur 1000 parties :

$$\text{Papier} \dots \dots \dots \dots \dots 0,30$$
$$\text{Dextrine} \dots \dots \dots \dots \dots 1,14$$

Toutes ces analyses concourent à établir qu'il y a fixation d'azote sur le papier et sur la dextrine, c'est-à-dire sur les principes immédiats non azotés des végétaux, sous l'influence de tensions électriques excessivement faibles.

Les effets, je le répète, ici sont provoqués par la différence de potentiel existant entre les deux pôles d'une pile formée par cinq éléments Leclanché : différence tout à fait comparable à celle de l'électricité atmosphérique, agissant à de petites distances du sol.

5. L'influence des moisissures, observées dans le cours des expériences, ne saurait être invoquée; car M. Boussingault a prouvé, par des analyses très précises (*Annales de Chimie et de Physique*, 3ᵉ série, t. LXI, p. 363), que ces végétaux ne possèdent pas la propriété de fixer l'azote atmosphérique.

6. La lumière ne jouait aucun rôle dans les essais précédents, où la fixation de l'azote s'effectuait au sein d'une obscurité absolue. D'autres essais, exécutés dans des espaces transparents, ont montré d'ailleurs que la lumière n'entrave point la fixation électrique de l'azote.

7. Les réactions que je viens de décrire sont déterminées par des tensions électriques très faibles et d'un ordre de grandeur tout à fait comparable à celles de l'électricité atmosphérique; ainsi qu'il résulte des mesures publiées par M. Thomson, par M. Mascart et par divers autres expérimentateurs.

8. Pour compléter la démonstration, j'ai cru utile de mettre en œuvre l'*électricité atmosphérique* elle-même. A cet effet, j'ai opéré au moyen de la différence de potentiel existant entre le sol et une couche d'air située à 2ᵐ au-dessus, dans le jardin de l'Observatoire de Montsouris.

Voici les résultats que j'ai obtenus, pendant des expériences qui ont duré du 29 juillet au 5 octobre 1876, c'est-à-dire un peu plus de deux mois; la tension électrique moyenne ayant été celle de $3\frac{1}{2}$ éléments Daniell environ, et ayant oscillé en valeur absolue depuis + 60 Daniell jusqu'à — 180 Daniell environ, dans mes appareils.

Dans tous les tubes sans exception, qu'ils continssent de l'azote pur ou de l'air ordinaire, qu'ils fussent clos hermétiquement ou en libre communication avec l'atmosphère, l'azote s'est fixé sur la matière organique (papier ou dextrine), en formant un composé amidé, que la chaux sodée décompose vers 300° à 400°, avec régénération d'ammoniaque.

Est-il besoin de dire que les mêmes matières, laissées librement en contact avec l'atmosphère d'une salle isolée de mon laboratoire, n'ont pas donné le moindre signe de la fixation de l'azote?

La dose d'azote ainsi fixée sous l'influence de l'électricité atmosphérique est d'ailleurs très faible dans chaque tube; ce qui s'explique à la fois par la petitesse du poids de la matière organique (quelques centigrammes), par la lenteur des réactions, enfin par le peu d'étendue des surfaces influencées ([1]).

Cependant, comme le nombre des tubes susceptibles d'être disposés dans le même circuit pourrait assurément être très multiplié, sans restreindre les effets électriques, non plus que les effets chimiques qui en dérivent, on voit que la quantité d'azote susceptible d'être fixée sur une surface recouverte de matières organiques, au bout d'un temps convenable, est susceptible d'être rendue considérable, sans faire intervenir une source de fixation autre que la différence naturelle de potentiel entre le sol et les couches d'air situées 2^m plus haut.

On se trouve ainsi dans des conditions analogues à celles de la végétation, agrandies dans le rapport qui existe entre la distance du tube d'écoulement de l'appareil Thomson au sol et la distance des deux armatures de mes tubes.

9. Deux de mes essais permettent même de pousser plus loin la démonstration. En effet, le papier humide contenu dans deux tubes (azote avec armature d'argent dans le tube intérieur, air avec armature de platine dans l'espace annulaire) s'est trouvé recouvert de taches verdâtres, formées par des algues microscopiques, à filaments fins, entrelacés et recouverts de fructifications. Elles tiraient sans doute leur origine de quelques germes, introduits accidentellement avant la clôture des tubes. Or, dans ces deux tubes, il y a eu une fixation d'azote notablement plus forte que

---

([1]) Je n'ai trouvé aucune trace d'acide azotique, soit dans l'eau qui avait été en contact avec les matières organiques, soit dans des tubes spéciaux, renfermant uniquement de l'air et de l'eau et soumis simultanément à l'influence de l'électricité atmosphérique.

L'effluve, dans ces conditions de faible tension, ne paraît donc pas déterminer l'union de l'azote avec l'oxygène, pour former l'acide azotique.

dans les tubes privés de végétaux. Dans le tube à azote surtout, les gaz avaient pris une odeur aigrelette et légèrement fétide, analogue à celle de certaines fermentations, et la fixation d'azote était beaucoup plus grande que dans aucun des autres.

10. Il résulte de ces faits que la fixation de l'azote dans la nature, fixation indispensable pour la formation des azotates, aussi bien que pour le développement des végétaux, peut avoir lieu d'une manière directe et dans des conditions atmosphériques normales: sans être corrélative d'une manière nécessaire, ni de la formation de l'ozone, ni de la production préalable de l'ammoniaque ou des composés nitreux ; cette dernière production n'ayant lieu qu'avec le concours de tensions orageuses et exceptionnelles.

On sait cependant qu'en opérant dans un espace clos, M. Boussingault, dont on connaît toute l'habileté, n'a pas réussi à constater l'absorption de l'azote libre. Mais l'électricité atmosphérique à faible tension n'agissait pas dans ces essais *in vitro*, où le potentiel est le même sur tous les points intérieurs de l'appareil, et son intervention me semble de nature à modifier les conclusions du savant auteur.

11. L'ensemble de mes expériences met en évidence l'influence d'une nouvelle cause naturelle, influence des plus considérables sur la végétation. Jusqu'à ce jour, lorsqu'on s'est préoccupé de l'électricité atmosphérique en Agriculture, ce n'a guère été que pour s'attacher à ses manifestations lumineuses et violentes, telles que la foudre et les éclairs. L'action même dans la nature de ces grandes tensions qui déterminent la formation des composés nitreux par influence n'avait, je crois, guère été mise en question avant mes propres essais (p. 319). Dans toute hypothèse, on avait envisagé uniquement la formation des acides azotique, azoteux et de l'azotate d'ammoniaque. Il n'y a pas eu jusqu'à présent, je le répète et j'y insiste, d'autre doctrine relative à l'influence de l'électricité atmosphérique, en tant que propre à devenir l'origine éloignée et indirecte de la fixation de l'azote sur les végétaux. Avant les expériences qui viennent d'être décrites, on n'avait aucune idée des réactions directes qui peuvent s'exercer entre les végétaux et l'azote atmosphérique, sous l'influence des faibles tensions électriques.

La mise en activité de l'azote sous ces faibles tensions offre au contraire un grand intérêt et ce sont elles qui paraissent les plus efficaces, la petitesse des effets étant compensée par leur durée et par l'immensité des surfaces influencées. Il s'agit d'une action toute nouvelle, absolument ignorée jusqu'alors, laquelle fonctionne incessamment sous le ciel le plus serein, pour déterminer une fixation *directe* de l'azote sur les principes des tissus végétaux. Dans l'étude des causes naturelles capables d'agir sur la fertilité du sol et sur la végétation, causes que l'on cherche à définir par les observations météorologiques, il conviendra désormais, non seulement de tenir compte des actions lumineuses ou calorifiques, mais aussi de faire intervenir l'état électrique de l'atmosphère.

12. Précisons davantage le caractère de ces réactions dans la nature. Envisagées en un lieu donné et sur une petite surface, elles ne sauraient être, certes, que très limitées. Autrement les matières humiques du sol devraient s'enrichir rapidement en azote ; tandis que la régénération des matières azotées naturelles, épuisées par la culture, est, au contraire, comme on le sait, excessivement lente.

Mais cette régénération est incontestable, car on ne peut expliquer autrement la fertilité indéfinie des sols qui ne reçoivent aucun engrais, tels que les prairies des hautes montagnes, étudiées par M. Truchot en Auvergne (*Annales agronomiques*, t. I, p. 549 et 550 ; 1875).

Je rappellerai, en outre, que MM. Lawes et Gilbert, dans leurs célèbres expériences agricoles de Rothamsted, arrivent à cette conclusion : que l'azote de certaines récoltes de légumineuses surpasse la somme de l'azote contenu dans la semence, dans le sol, dans les engrais, même en y ajoutant l'azote fourni par l'atmosphère sous les formes connues d'azotates et de sels ammoniacaux : résultat d'autant plus remarquable qu'une portion de l'azote combiné s'élimine d'autre part à l'état libre, pendant les transformations naturelles des produits végétaux. On observe donc seulement la différence entre ces deux effets, c'est-à-dire que la fixation réelle de l'azote est beaucoup plus considérable que la fixation apparente. Dans la plupart des cas, elle doit être masquée par les causes de déperdition.

Les auteurs précités ont conclu de leurs observations qu'il devait exister dans la végétation quelque source d'azote, capable d'expliquer l'origine de la masse considérable d'azote combiné, qui se rencontre actuellement à la surface du globe. Mais cette source était demeurée jusqu'à présent inconnue. Or, c'est précisément cette source inconnue d'azote qui me paraît établie dans mes expériences sur les réactions chimiques provoquées par l'électricité à faible tension, et spécialement par l'électricité atmosphérique.

13. Pour compléter cet exposé, comparons encore les données quantitatives de mes expériences avec la richesse en azote des tissus et des organes végétaux qui se renouvellent chaque année.

Les feuilles des arbres renferment environ 8 millièmes d'azote; la paille de froment, 3 millièmes à peu près.

Or l'azote fixé sur la dextrine, dans mes essais, au bout de huit mois, s'élevait à 2 millièmes environ (p. 340); c'est-à-dire qu'il s'était formé une matière azotée d'une richesse à peu près comparable à celle des tissus herbacés, que la végétation produit dans le même espace de temps, avec le concours des influences exercées par les tensions électriques naturelles, tensions comparables, je le répète, à celles de mes expériences.

14. En résumé, cette nouvelle cause de fixation de l'azote atmosphérique dans la nature est de la plus haute importance. Elle engendre des produits azotés condensés, de l'ordre des principes humiques, si répandus à la surface du globe. Quelque limités que les effets en soient à chaque instant et sur chaque point de la superficie terrestre, ils peuvent cependant devenir très considérables, en raison de l'étendue et de la continuité d'une réaction universellement et perpétuellement agissante.

§ 5. — Histoire de l'extraction du salpêtre en France avant le XIXe siècle.

1. Jusqu'ici les azotates n'ont pas été fabriqués régulièrement dans l'industrie, soit à l'aide de leurs éléments, soit à l'aide de composés plus simples : ils sont retirés en nature du sein de la terre. Avant le XIXe siècle, chaque État s'efforçait de produire lui-même les quantités de salpêtre nécessaires à la guerre. Depuis lors, le commerce a commencé à faire venir cette substance, d'abord des Indes orientales, déjà exploitées au siècle dernier; puis il a tiré l'azotate de soude de la région déserte qui s'étend le long des Andes, entre le Pérou et le Chili : c'est aujourd'hui la principale source de cette précieuse substance, et il en sera sans doute ainsi tant que les couches naturelles ne seront point épuisées. Alors peut-être faudra-t-il revenir aux anciens procédés, presque entièrement abandonnés aujourd'hui; à moins que la Science ne découvre quelque méthode inattendue pour préparer de toutes pièces l'azotate de potasse.

2. Quoi qu'il en soit, la crainte de voir s'épuiser à la longue les

provisions de poudre dans Paris assiégé conduisit le Gouvernement
de la Défense nationale, dès la fin de septembre 1870, à consulter
le Comité scientifique de défense sur les méthodes les plus convenables pour extraire du sol parisien les azotates qu'il renferme. La
réponse, faite immédiatement par la Commission, est contenue dans
un Rapport publié dans la 2ᵉ édition du présent Ouvrage (p. 32);
Rapport qu'il n'a pas paru utile de reproduire aujourd'hui, à une
époque aussi éloignée des circonstances qui avaient rendu ce travail opportun. Il n'en est pas de même de l'histoire générale de la
question. En effet, au mois d'octobre 1870, la Société chimique de
Paris ayant désiré connaître quelques détails historiques à ce propos, je les ai exposés devant elle et je demande la permission de
les donner ici, tout en réclamant l'indulgence du lecteur pour les
résultats incomplets d'une enquête aussi rapidement faite. Les
matériaux que j'ai consultés sont d'abord et surtout les collections
des Archives nationales, mises à ma disposition par **M. A. Maury**,
directeur; puis le tome **XI** des *Mémoires de l'Académie des Sciences*,
contenant le Recueil des Mémoires sur la formation et la fabrication du salpêtre (1786): *l'Art du Salpêtrier*, par MM. **Bottée** et
Riffault (1813); le *Traité d'Artillerie*, par Piobert, 3ᵉ édition (1852),
et les divers Mémoires et Notices sur ce sujet, qui sont contenus
soit dans les *Annales de Chimie et de Physique*, soit dans les
Traités de Chimie de Berzélius, Thenard, Regnault, Gmelin, etc.

3. Le mot *natron* ou *nitrum* a désigné dans l'antiquité toute
efflorescence saline naturelle, et spécialement le carbonate de
soude; à ce titre il comprenait aussi l'azotate de potasse, auquel le
nom de *nitrum* n'a été tout à fait réservé qu'au xviiᵉ siècle. Le
nom de *sal petræ* (ou plutôt son équivalent grec) figure, dès le
viiiᵉ siècle, pour désigner l'azotate de potasse dans Marcus Græcus :
c'était alors un ingrédient indispensable du feu grégeois et de divers
artifices. La fabrication, ou plutôt l'extraction de ce sel, ne cessa
dès lors de se développer.

4. Les grandes guerres du xvᵉ siècle répandirent en Europe l'em
ploi de la poudre et de l'artillerie, et par conséquent celui du salpêtre.
Cependant le premier règlement général que l'on trouve dans nos
Archives, relativement à la fabrication du salpêtre, est un édit publié
en novembre 1540, et régularisant sans aucun doute une industrie
préexistante. Il institue des salpêtriers commissionnés, chargés de
la recherche et de l'extraction du salpêtre.

Cet édit fut confirmé et renouvelé en 1572; et depuis lors chaque grande guerre entreprise par la France coïncide avec une série de règlements nouveaux, destinés à préciser les anciens, à remettre en vigueur des obligations, qui tendaient toujours à tomber en désuétude, et à donner à la fabrication une impulsion nouvelle.

5. L'industrie des salpêtriers s'exerçait sur les terres et matériaux salpêtrés des écuries, bergeries, étables, caves, celliers et colombiers, ainsi que sur les plâtras de démolitions. Les salpêtriers avaient le droit d'exploiter partout ces matériaux divers, avec des ratissoires et écouvettes, dans les maisons; avec des marteaux, pelles, pics et hoyaux, dans les lieux non habités.

Ils pratiquaient « la fouille », c'est-à-dire qu'ils enlevaient les terres des caves, étables, bergeries, etc., à la condition de ménager les fondations et de rétablir les lieux en l'état.

Nul ne devait démolir un mur ou une maison sans prévenir les salpêtriers, qui venaient désigner sur place les plâtras et les pierres qu'ils se réservaient, matières qu'il était dès lors interdit de mouiller, gâter ou mélanger avec d'autres débris.

A ces privilèges, on ajouta au xviiie siècle l'obligation pour les particuliers de livrer leurs cendres à prix réglementé, les salpêtriers ayant le droit de saisir les cendres aux portes des villes (règlements de 1745, 1779, etc.). Ils avaient encore le droit de pénétrer chez les particuliers pour faire leurs recherches, et d'y séjourner de 6^h du matin à 6^h du soir; d'installer leurs cuveaux et appareils dans les halles publiques, dans les cours privées et dans les lieux qui leur paraissaient les plus favorables. Leur visite avait lieu tous les trois ans à peu près.

Les communes devaient leur fournir le bois nécessaire pour leur travail, parfois même le logement, et donner les voitures pour transporter leurs effets et instruments, ainsi que le salpêtre, jusqu'à la raffinerie. Ils fixaient eux-mêmes en Franche-Comté le salaire des journaliers, à savoir cinq sous par jour, ou dix sous, selon la saison. Enfin, les salpêtriers étaient exemptés du logement des gens de guerre, des droits de péage sur les ponts et routes, etc.

6. Ces privilèges et droits divers des salpêtriers n'existaient pas d'ailleurs dans toutes les provinces, ni dans chacune au même degré. La fouille n'était pas pratiquée en Touraine. Dans les grandes villes, elle était souvent restreinte en dehors des lieux d'habitation personnelle. Au contraire, dans la Bourgogne et surtout dans la Franche-Comté, les droits s'exerçaient dans toute leur rigueur, non sans des vexations, abus et exactions faciles à imaginer, et qui

devenaient l'origine d'une multitude de réclamations et même de procès, dont on retrouve la trace dans les actes officiels.

En retour de ces privilèges, le Gouvernement réglait les prix auxquels il prenait livraison du salpêtre, soit à l'état brut, lequel comportait un déchet de 30 pour 100, soit à l'état raffiné.

7. Voici quelques chiffres, pris au hasard, qui donneront une idée de l'exploitation :

En 1701, il existait à Paris 27 salpêtriers, fabriquant par an chacun 22 milliers de livres de salpêtre brut, dans huit à dix cuviers ; l'État en prenait livraison au prix de 25 livres le quintal (¹).

Entre 1783 et 1791, les salpêtriers de Paris ont produit en moyenne 750 000 livres par an, et ceux de la campagne parisienne 300 000 livres ; le produit des nitrières artificielles n'ayant pas dépassé 24 000 livres. Le salpêtre brut était payé 9 sous la livre en 1775; le salpêtre raffiné, 12 sous ; mais les prix réels auraient été plus élevés, si l'on avait tenu compte des charges imposées aux particuliers.

La Franche-Comté, soumise à une réglementation excessive, et qui datait sans doute de la domination espagnole, produisait, vers 1772-1776, 350 000 livres de salpêtre environ par an. Ses 14 villes et les deux tiers de ses 2018 villages étaient exploités par 150 salpêtriers. Le salpêtre brut était payé par le roi 7 sous 6 deniers la livre ; mais le prix de revient réel était évalué un tiers plus haut, eu égard aux charges privées qui résultaient des droits attribués aux salpêtriers.

8. La récolte du salpêtre s'élevait pour la France entière, vers le temps de Louis XIII, à 3 500 000 livres ; mais elle avait décliné peu à peu jusqu'à tomber, en 1775, au-dessous de 1 800 000 livres; on tirait à cette époque une moitié de salpêtre en plus des Indes orientales. De grands efforts furent alors tentés pour relever cette industrie, et l'on avait réussi, en 1789, à porter la récolte à 3 000 000 de livres.

Le déclin survenu dans la production pendant le XVIIIᵉ siècle provenait en partie de la routine et de l'affaiblissement de l'initiative, qui s'introduisent inévitablement dans toute grande machine organisée depuis de longues années ; mais il résultait aussi de l'adoucissement des mœurs, lequel ne permettait plus de pousser aussi loin qu'autrefois la rigueur vexatoire des anciens règlements.

En 1777, sous l'influence de Turgot, qui cherchait à supprimer

---

(¹) On sait que la valeur pondérale de la livre tournois, c'est-à-dire de l'unité monétaire, a été réduite à moitié environ, depuis cette époque.

partout ou tout au moins à restreindre les entraves des corpora-
tions, un édit interdit la fouille dans les caves, celliers à vin et
lieux d'habitation personnelle; toute commune qui formait une
nitrière artificielle devait être exemptée tout à fait de la fouille,
le droit des salpêtriers étant restreint aux matériaux de démolitions.

On comptait dès lors sur le salpêtre tiré des Indes orientales; et
l'on avait fondé de très grandes espérances sur les nitrières artificielles, déjà usitées en Suède et dans le nord de l'Allemagne, où
elles s'étaient introduites peu à peu pendant le cours du XVIIIe siècle.

9. La *nitrière artificielle* consiste essentiellement en un vaste
emplacement ou hangar, recouvert d'un toit pour l'abriter de la
pluie, et dans lequel on dispose une terre meuble, mélangée avec
des débris de matières végétales et animales, de la cendre, des
matériaux de démolitions, de la chaux ou de la marne.

Le tout est amassé en petites pyramides, entremêlées de bran-
chages et percées de trous, afin de permettre une circulation lente
de l'air dans toute la masse. On remue de temps en temps, pour
multiplier les surfaces, et l'on arrose avec de l'urine ou de la
lessive de fumier.

Dans ces conditions, la décomposition des débris organiques se
complète lentement et son dernier terme est représenté par l'oxydation totale des composés azotés, laquelle, dirigée et activée par
la présence des carbonates alcalins et surtout terreux, facilitée en
outre par la porosité du milieu et le lent renouvellement de l'air
donne lieu à la formation des azotates.

Diverses autres dispositions ont été proposées pour atteindre le
but : par exemple, l'établissement des couches nitrifiables sur des
claies, entre lesquelles l'air circulait librement; la construction
d'un drainage inférieur, dans le même but, etc.

A Malte, la terre calcaire et le fumier étaient placés par lits alter-
natifs. Dans les carrières de Longpont, en France, on disposait des
couches alternées de terre et de fumier, de 0^m,10 d'épaisseur, arrosées
avec le purin des étables. Après deux ans, on exposait ces couches
à l'air et on les retournait de temps en temps; deux ans après,
on lessivait. On obtenait ainsi de 500^{kg} à 600^{kg} de salpêtre avec le
fumier de 25 animaux, vaches ou chevaux. En Prusse, on construi-
sait des murs en terre et matériaux calcaires, entremêlés de paille.
Ailleurs on essaya des fosses, des voûtes et même des édifices, destinés à la fois à l'habitation des moutons (*nitrières-bergeries*), ou des
chevaux (*nitrières-cavalerie*), et à la production du salpêtre, etc.

Citons encore comme type de nitrière artificielle celle du village de Mike Percs, près de Debreczin (Hongrie) (¹).

L'emplacement choisi pour l'exploitation se compose d'une surface légèrement inclinée, dont le sol est formé d'un sable noir, poreux, mélangé de parties argileuses et calcaires. Cette surface aboutit à un marais qui ne se dessèche jamais complètement et dont elle faisait primitivement partie. Tous les liquides qui s'écoulent des fermes du village, liquides chargés de matières organiques, et spécialement les urines des étables et les purins des fumiers, sont dirigés vers ce terrain incliné; dans leur parcours jusqu'à la mare, ils imbibent le sol, sur lequel on répand des cendres de temps à autre. La nitrification est si active que dans les mois où l'air est chaud, sans être trop sec, en mai et en juin par exemple, on peut ramasser du salpêtre chaque soir.

Ce sel se concentre dans les couches supérieures, où s'évapore le liquide qui le tenait en dissolution, et il y forme des efflorescences. On racle la terre avec un outil traîné par des chevaux et l'on enlève six récoltes par an, donnant de 3oo^{kg} à 4oo^{kg} de salpêtre par 1oo^{mq} de surface.

En outre, les maisons du village sont dépourvues de plancher, mais pourvues seulement d'une aire en terre. On l'enlève de temps en temps, pour en extraire le salpêtre.

10. Les nitrières, quand elles sont bien construites, fournissent du salpêtre dès la première année; les terres lessivées, remises en fabrication, en fournissent de nouveau, et même davantage, la deuxième et la troisième année.

Au bout de huit à dix ans, elles sont épuisées; à moins de les re nouveler par l'introduction de nouveaux matériaux.

Les terres noires qui existent sous les gazons, les terres des cimetières, celles des magasins à tabac, sont signalées comme les plus disposées à se nitrifier.

En général, comme Dolomieu le fait observer dès 1776, « il existe une grande analogie entre les moyens de produire du salpêtre et ceux dont on se sert pour mettre une terre dans sa plus grande valeur ». Dans un cas comme dans l'autre, on remue et l'on divise la terre, de façon à l'amener en contact avec l'air, et on la mélange avec des substances animales et des substances calcaires ou argileuses. Aussi n'est-il point de terre en plein rapport « qui ne donne

____

(¹) *Traité de la poudre*, par Upmann et Meyer, traduit et augmenté par Désortiaux, p. 3ı.

du nitre par la lixiviation ». La présence du ferment nitrique (p. 311) dans ces conditions a d'ailleurs été constatée, par suite des récentes découvertes.

11. A l'époque où l'on se préoccupait ainsi de l'aménagement des nitrières artificielles, on s'aperçut qu'il existe des couches calcaires immenses, imprégnées de débris organiques et qui se nitrifient spontanément, partout où elles arrivent en contact avec l'air, dans des lieux abrités.

On a signalé, par exemple, les tuffeaux de Touraine et de Saintonge, les carrières de Villers-Cotterets, les calcaires de la Roche-Guyon aux bords de la Seine, spécialement étudiés par La Rochefoucauld, Clouet et Lavoisier.

Voici quelques chiffres extraits des auteurs du siècle dernier, qui donnent une idée de la richesse en salpêtre de ces diverses matières premières. 1000 parties d'une terre de bergerie, n'ayant jamais été traitée, ont fourni :

Salpêtre brut.. 8,5
Après trois ans de repos, il s'en était reproduit........... 6,3
Après quatre ans de repos............................... 8,4
Bergerie récemment bâtie, après trois ans............... 2,1
Cimetière, sous une voûte aérée.......................... 7,6
Terre nitrifiable sans addition, remuée à la pelle...... 4,0
Craie de la Roche-Guyon, prise au-dessous des habitations. 2,8
Craie de la Roche-Guyon, au centre de la montagne...... traces.

Les rendements maximum sont beaucoup plus élevés et montent jusqu'à 3 ou 4 centièmes dans les terres, et jusqu'à 5 centièmes dans les plâtras, mais exceptionnellement.

12. Les ressources destinées à la production du salpêtre augmentaient ainsi chaque jour, et l'on espérait pouvoir affranchir les particuliers des vexations de la fouille et de la visite par les salpêtriers.

Le gouvernement proposa des prix, par l'intermédiaire de l'Académie des Sciences, pour l'étude de la formation du salpêtre, et il propagea les nitrières artificielles à l'aide de toutes sortes d'encouragements.

La production du salpêtre s'accrut, en effet, et fut presque doublée en quinze ans. Mais cet accroissement n'était pas dû aux nitrières artificielles. En raison du prix de la main-d'œuvre, multipliée par les nouveaux procédés, et à cause de quelques vices d'exploitation, mal éclaircis, les nitrières artificielles ne tinrent pas ce qu'on en attendait. En Franche-Comté et dans le Bugey, où les règlements, plus vexatoires qu'ailleurs, avaient amené un vif désir de s'affranchir de leurs entraves, les nitrières ont ruiné presque tous ceux qui les ont entreprises.

13. Quoi qu'il en soit, les efforts de la Science eurent deux résultats, à savoir : de développer l'exploitation des roches nitrifiées naturellement en Touraine, et de découvrir des méthodes nouvelles pour traiter les eaux mères des salpêtriers. Jusque-là, en effet, ces traitements avaient lieu un peu à l'aventure, et leur succès dépendait des proportions variables de potasse, de soude, de chaux et de magnésie, qui se trouvaient sous forme d'azotates, de chlorures, et parfois de sulfates, dans le mélange de terres salpêtrées et de cendres soumises au lessivage.

On assigne aux sels contenus dans la lessive des matériaux salpêtrés, pris isolément, la composition moyenne que voici :

$$
\begin{array}{lr}
\text{Azotate de potasse} & 10 \\
\text{Azotates terreux} & 70 \\
\text{Chlorure de sodium} & 15 \\
\text{Chlorures terreux (calcium, magnésium)} & 5 \\
\end{array}
$$

Mais cette composition varie d'un échantillon à l'autre, et elle est modifiée par l'introduction des cendres.

C'est dans la dernière moitié du xviiie siècle que l'on proposa de traiter méthodiquement les eaux mères, après une première séparation de salpêtre, par du carbonate de potasse, employé en proportion exacte pour précipiter les terres et tout changer en sels alcalins. Le sulfate de potasse précipite aussi les sels de chaux. On reconnut encore que le chlorure de potassium, qui peut résulter de la destruction des chlorures terreux, transforme en azotate de potasse les azotates de chaux et même de soude : propriété dont il est facile de tirer parti pour ménager une portion du carbonate de potasse.

14. Cependant la production du salpêtre en France luttait déjà avec difficulté contre l'importation du sel venu des Indes.

La masse des matériaux employés était énorme, comparée à l'exiguïté du rendement. Il fallait ménager le prix des transports, du combustible, de la main-d'œuvre, le loyer des emplacements ; ce dernier d'autant plus onéreux qu'il était nécessaire d'avoir de grands espaces, pour utiliser de nouveau les résidus dans la production du salpêtre, et de conserver les eaux mères pendant de longues semaines, afin d'en extraire toutes les portions cristallisables.

Aussi les salpêtriers tiraient-ils parti de tout : les derniers résidus étant employés comme engrais, les dernières eaux mères étant distillées avec de l'argile pour obtenir de l'eau-forte, etc.

Bref, c'était de plus en plus, suivant une expression du temps, « un métier de gagne-petit ». Le prix de 13 sous et demi par livre, fixé vers 1792, n'était pas regardé comme suffisamment rémunérateur. Dans un Mémoire présenté par les salpêtriers en 1793, ils déclarent que le salpêtre vaudrait réellement 29 sous et demi la livre, si l'on abolissait tous leurs privilèges. Cette évaluation était sans doute fort exagérée; mais il n'en est pas moins vrai que l'industrie des salpêtriers ne pouvait subsister sans des privilèges contraires à l'esprit nouveau.

En 1791, on proposa à l'Assemblée nationale d'abolir tous ces privilèges et de s'en remettre à la liberté du commerce pour pourvoir la France de salpêtre, à plus bas prix et avec moins d'entraves pour les citoyens.

14. Ces espérances, fondées sur les prévisions d'un régime régulier et pacifique, allaient être renversées par de terribles réalités. En 1792, la guerre éclatait de toutes parts, la France était bloquée, les ressources de l'Inde lui étaient interdites et il devenait nécessaire de tirer du sol national toute la poudre et tout le salpêtre nécessaires pour soutenir la lutte.

On revint aussitôt aux anciens errements et l'on fit un appel au concours volontaire de tous les citoyens, pour activer et accroître l'extraction d'une matière devenue indispensable à la défense nationale. Par un décret rendu le 14 frimaire, l'an II de la République, tous les citoyens sont invités à lessiver eux-mêmes la surface de leurs caves, écuries, bergeries, pressoirs, celliers, remises, étables, etc. Les municipalités sont aussi invitées à former un atelier commun pour les lessivages et évaporations; des instructions sont publiées, des agents nommés pour diriger l'initiative des particuliers. Le prix du salpêtre récolté est fixé à 24 sous la livre. Ce prix fut bien dépassé dans les lieux où l'on procéda par voie administrative; on dit même que, dans certaines communes, le salpêtre revint jusqu'à 200 livres (assignats).

15. Quoi qu'il en soit, le but fut atteint; la *fête du Salpêtre* célébra les premiers résultats obtenus. Bientôt il exista dans Paris soixante ateliers nouveaux, fabriquant chacun 800 livres par décade, sans préjudice des travaux continués par les anciens salpêtriers, qui subsistèrent à côté de l'organisation nouvelle. Dans la France entière

I. 23

le même mouvement se produisit et porta le nombre des ateliers à six mille et la production à 16 millions de livres, en une seule année; l'année suivante, la production fut de 5 millions de livres. Ces quantités n'étaient pas excessives, car elles devaient suffire à l'emploi des bouches à feu nouvellement fabriquées, au nombre de 12000 en fer et de 7000 en bronze, pour la seule année 1793. En même temps les méthodes de purification, devenues plus promptes et plus parfaites, permettaient d'abaisser de 30 à 10 pour 100 le déchet du raffinage.

En l'an V, le prix du salpêtre brut était de 18 à 20 sous la livre. Une organisation unique réunit alors l'ancienne régie et les nouveaux agents de la fabrication révolutionnaire; c'est l'origine de l'Administration actuelle des poudres et salpêtres.

En 1813, il existait seulement huit cents salpêtriers commissionnés et la production annuelle, dans la vaste étendue de l'empire français, s'élevait à deux millions de kilogrammes, sur lesquels Paris fournissait un tiers, la Touraine un dixième, les nitrières artificielles un vingtième environ.

16. A la paix, le rétablissement du commerce avec les Indes orientales porta un premier coup à l'industrie des salpêtriers; cependant elle florissait encore pendant la Restauration. Mais l'affranchissement des colonies espagnoles eut pour résultat l'exploitation régulière des minerais d'azotate de soude du Chili et du Pérou. La concurrence ne tarda pas à devenir impossible, malgré les primes accordées à l'industrie nationale. La suppression et la diminution de ces primes elles-mêmes ont fait disparaître, depuis 1840, les anciens salpêtriers. A grand'peine ai-je pu trouver quelques derniers survivants en 1870, au moment où la Commission scientifique de défense se préoccupa d'assurer les approvisionnements en poudres et salpêtres, dans Paris assiégé. Cependant il paraît que des particuliers continuaient encore, en Champagne, il y a une vingtaine d'années, à extraire et à livrer à la régie quelques milliers de kilogrammes de salpêtre, obtenu dans des conditions de main-d'œuvre exceptionnelles.

Depuis, de nouveaux efforts ont été faits par l'Administration des poudres et salpêtres, spécialement sous la direction de M. Faucher (¹) pour utiliser le salpêtre renfermé dans les betteraves à

______

(¹) *Mémorial des poudres et salpêtres*, page 262; 1883.

sucre. La betterave, en effet, contient environ 150^{gr} de salpêtre pour 100^{kg}, salpêtre produit aux dépens des composés azotés contenus dans la terre et dans les engrais, même en l'absence d'azotates parmi ceux-ci. On peut extraire ce salpêtre des mélasses, par exosmose, et par une suite de traitements méthodiques : la chose a été faite industriellement.

CHAPITRE VII.

CHALEUR DE FORMATION DES COMPOSÉS HYDROGÉNÉS DE L'AZOTE.

§ 1. — Division.

Ce Chapitre comprend :

La chaleur de formation de l'ammoniaque et de ses sels;

Quelques expériences sur la volatilité de l'azotate d'ammoniaque;

La chaleur de formation de l'oxyammoniaque et de ses sels;

Celle de l'éthylamine et de la triméthylamine et de leurs sels;

Celle de quelques amides, et notamment de l'oxamide;

§ 2. — Chaleur de formation de l'ammoniaque.

1. La chaleur de formation de l'ammoniaque, celle du bioxyde d'azote, celles de l'eau, de l'acide carbonique et de l'acide chlorhydrique constituent peut-être les cinq données les plus importantes de la Thermochimie. Les trois dernières ont été, depuis quarante ans, l'objet de mesures nombreuses et directes de la part des expérimentateurs les plus exercés; elles doivent être regardées comme connues, à 1 ou 2 centièmes près de leur valeur absolue. J'ai donné, dans le Chapitre précédent, la chaleur de formation du bioxyde d'azote; je vais étudier la chaleur de formation de l'ammoniaque. Avant mes dernières recherches, elle n'avait été connue que d'une manière peu satisfaisante : deux mesures seulement en avaient été prises, mais par un procédé indirect et qui n'avait pas été contrôlé.

2. C'est en faisant agir le chlore sur l'ammoniaque étendue et en se bornant à peser le chlore absorbé que MM. Favre et Silbermann, M. Thomsen ensuite, ont cherché à évaluer la chaleur de formation de l'ammoniaque. Ils ont supposé que la réaction s'opère sur la *totalité* du chlore, d'après la formule suivante, admise dans les Traités

élémentaires, mais dont aucun d'eux n'a vérifié la réalisation quantitative au sein du calorimètre :

$$4\,AzH^3 \text{ étendue} + 3\,Cl \text{ gaz} = Az \text{ gaz} + 3\,(AzH^3, HCl) \text{ étendu.}$$

MM. Favre et Silbermann ont trouvé ainsi des nombres qui, rapportés à 14^{gr} d'azote, fournissent :

$$Az + H^3 = AzH^3 \text{ gaz} \ldots \ldots \ldots \ldots \ldots + 22^{Cal},73$$
$$Az + H^3 + \text{eau} = AzH^3 \text{ dissoute} \ldots \ldots + 31^{Cal},47$$

M. Thomsen, ayant répété la même expérience, en a conclu des nombres assez différents :

$$Az + H^3 = AzH^3 \text{ gaz} \ldots \ldots \ldots \ldots \ldots + 26,71$$
$$Az + H^3 + \text{eau} = AzH^3 \text{ dissoute} \ldots \ldots \ldots + 35,15$$

L'écart est considérable et s'élève à 4^{Cal}, soit près de 20 pour 100. M. Thomsen a cherché à concilier cet écart, en recalculant les nombres de Favre et Silbermann, d'après ses propres données sur la chaleur de formation de l'acide chlorhydrique et du chlorhydrate d'ammoniaque. Mais ce genre de corrections est très problématique ([1]), attendu que les nombres des auteurs précités forment un ensemble solidaire : la cause des divergences me paraît être toute différente.

3. En effet, j'ai été amené à mettre en doute l'exactitude de tous ces chiffres, il y a cinq ans, dans le cours de mes études sur la chaleur de formation des acides oxygénés des éléments halogènes ([2]). Ayant mesuré celle des hypobromites, je pensai qu'elle pourrait servir à déterminer la chaleur de formation de l'urée, conformément au procédé d'analyse généralement suivi pour cette substance. Mais je voulus d'abord vérifier la réaction des hypobromites sur

---

([1]) Il serait au moins aussi vraisemblable de corriger les nombres de Favre et Silbermann d'après les considérations suivantes. Leurs données ont été presque toutes obtenues avec le calorimètre à mercure; or l'unité employée par eux dans cet instrument paraît avoir été trop forte d'un dixième environ, d'après l'erreur qu'ils ont commise sur les chaleurs de neutralisation des acides azotique, chlorhydrique, etc. Tous les nombres qui entrent dans le calcul de la chaleur de formation de l'ammoniaque devraient donc être réduits dans le même rapport, et, par suite, la chaleur même de formation de l'ammoniaque. Mais je n'insiste pas, si ce n'est pour montrer l'incertitude de semblables corrections.

([2]) *Annales de Chimie et de Physique*, 5ᵉ série, t. V, p. 333, hypochlorites; t. X, p. 377, chlorates; t. XIII, p. 18 et 19, bromates et hypobromites; p. 20, iodates. Voir le 2ᵉ Volume du présent Ouvrage.

l'ammoniaque elle-même, et je trouvai ainsi des dégagements de chaleur extraordinaires et inconciliables avec ceux qu'on aurait pu calculer, d'après les nombres acceptés relativement à l'ammoniaque.

Les expériences ont été faites à partir du brome liquide, pur, employé sous un poids déterminé. On le dissolvait dans une solution de soude étendue, on mesurait la chaleur dégagée; puis on ajoutait aussitôt de l'ammoniaque étendue, en excès notable, et l'on mesurait le second dégagement de chaleur. Le résultat total doit représenter la transformation du brome, de l'ammoniaque et de la soude en bromure de sodium, eau et azote :

$$3\,Br + AzH^3 \text{ étendue} + 3\,NaO \text{ étendue}$$
$$= 3\,NaBr \text{ dissous} + 3\,HO + Az.$$

Voici le résultat thermique observé, tel qu'il résulte de l'effet des deux opérations, exécutées l'une après l'autre :

$$3\,Br \text{ agissant sur } 3\,NaO \text{ étendue} \dots\dots\dots \quad +\ 18,0$$
$$AzH^3 \text{ étendue, agissant sur l'hypobromite.} \quad +\ 88,8$$
$$\text{Somme} \dots\dots\dots\dots\dots\dots \quad \overline{+\ 106,8}$$

Si l'on admet la réaction précédente, on prendra :

$$\text{État initial} \dots\dots\dots\dots \quad 3\,Br + 3\,H + Az + 3\,NaO \text{ étendue}$$
$$\text{État final} \dots\dots\dots\dots \quad 3\,NaBr \text{ dissous } + 3\,HO + Az.$$

Premier cycle.

$$3\,(H + Br) + \text{eau} = 3\,HBr \text{ étendu} \dots\dots \quad +\ 88,5\,(B)$$
$$3\,HBr \text{ étendu} + 3\,NaO \text{ étendue}$$
$$= 3\,NaBr \text{ étendu} + 3\,HO \dots\dots\dots \quad +\ 41,1\,(B)$$
$$\overline{+\ 129,6}$$

Second cycle.

$$Az + H^3 + \text{eau} = AzH^3 \text{ étendue} \dots\dots\dots \quad x$$
Réactions successives du brome sur la soude
$$\text{et de l'hypobromite sur l'ammoniaque} \dots \quad +\ 106,8$$

D'où l'on tire : $x = +\,22,8$; au lieu de $+\,35,15$ ou $+\,31,5$.

La même expérience, répétée avec la potasse et avec la baryte, a donné des résultats pareils. J'ai d'ailleurs vérifié, en recueillant sur le mercure l'azote mis en liberté, que la réaction ne s'écarte guère de l'équation ci-dessus; en effet, le volume de l'azote dégagé s'élevait environ aux neuf dixièmes du chiffre théorique ; un phénomène secondaire ([1]) ayant soustrait à la transformation fondamentale une portion dn brome employé.

Quelle que soit l'hypothèse que l'on fasse d'ailleurs sur le dixième manquant, on ne saurait expliquer l'écart entre 35,15 et 22,8.

En d'autres termes, j'obtenais par ces expériences, qui sont très simples et faciles à exécuter dans le calorimètre, $12^{Cal},35$ *de plus* que n'en indiquaient les nombres reçus : excès trop grand pour être explicable par aucune erreur d'expérience. Toutefois, la chaleur même de formation de l'ammoniaque ne résulte pas avec une exactitude suffisante de ces essais ; redoutant encore quelque méprise dans une question aussi grave et occupé d'autres travaux, j'en ajournai l'étude définitive.

C'est cette étude que j'ai reprise dans ces derniers temps et dont voici les résultats.

4. J'ai d'abord cherché si le chlore, en présence de l'ammoniaque étendue, la décompose réellement à froid, avec mise en liberté immédiate d'une dose d'azote équivalente au chlore employé. L'expérience est facile à exécuter ; car il suffit de faire passer un volume connu de chlore (déplacé dans un gazomètre par un écoulement d'acide sulfurique concentré) au travers de l'ammoniaque étendue, prise à la température ambiante et renfermée dans un petit ballon, de façon à recueillir les gaz dégagés. J'ai trouvé ainsi, dans deux essais faits en présence d'un excès d'ammoniaque, ainsi qu'il est nécessaire pour éviter le chlorure d'azote :

Chlore..... 140^{cc} Azote... $20,5^{cc}$; au lieu de $46,7^{cc}$
Chlore..... 243 Azote... 32; au lieu de 81

Ces chiffres varient d'ailleurs beaucoup avec les conditions des expériences, comme on devait s'y attendre. Il serait facile de les réduire encore, peut-être même de les annuler, en prenant des précautions pour diminuer l'élévation de température développée au premier contact du chlore et de l'ammoniaque, diminution que je n'ai cherché à réaliser par aucun artifice spécial. Tels qu'ils sont, ces nombres se rapportent aux conditions mêmes des mesures calorimétriques, et ils suffisent pour établir le caractère incomplet de la réaction.

Les liqueurs qui ont ainsi subi l'action du chlore renferment de

---

([1]) Formation d'un peu de bromate?

l'hypochlorite d'ammoniaque, composé signalé autrefois par Balard et par Soubeyran, qui l'avaient préparé, l'un avec l'acide hypochloreux, l'autre avec le chlorure de chaux. La présence de l'acide hypochloreux peut, en effet, y être manifestée. Peut-être y a-t-il aussi des bases chlorosubstituées, intermédiaires entre le chlorure d'azote et l'ammoniaque.

Les liqueurs précédentes sont dans un état instable : elles dégagent continuellement de l'azote. Il suffit de les transvaser, ou de les agiter avec une baguette, pour y déterminer un développement gazeux. Elles se prêtent fort bien à la reproduction des expériences élégantes de M. Gernez. Même après un jour ou deux de conservation, le dégagement lent de l'azote se poursuit.

J'ai cherché si je pourrais obtenir tout d'un coup l'azote resté dissous, en ajoutant à la liqueur un excès d'acide chlorhydrique. Le liquide, qui avait fourni d'abord 32^{cc} d'azote, en a dégagé ainsi de nouveau $38^{cc},6$; soit en tout : $70^{cc},6$, au lieu de 81. Ce dernier déficit résulte, soit de la dissolution d'un peu d'azote, en raison du grand volume de la liqueur finale; soit de quelque dose de chlore employée dans une réaction secondaire, telle que serait la formation d'un peu de chlorate ou de perchlorate.

Quoi qu'il en soit, les faits ci-dessus montrent les causes de l'erreur commise par les premiers expérimentateurs. L'action du chlore sur l'ammoniaque ne saurait, au moins dans les conditions qu'ils ont mises en œuvre, être employée pour mesurer la chaleur de formation de cette substance.

L'action des hypobromites semblerait préférable, d'après la mesure du volume de l'azote dégagé. Cependant cette réaction n'est pas encore tout à fait satisfaisante.

Je suis parvenu au but par un procédé tout autre, d'une grande simplicité et qui me semble irréprochable, à cause de la netteté de la réaction : j'ai opéré la combustion directe du gaz ammoniac au moyen de l'oxygène libre.

5. *Combustion de l'ammoniaque.* — La combustion du gaz ammoniac dans l'oxygène libre s'opère avec la même facilité que celle de l'hydrogène. Elle peut être réalisée aisément dans la chambre à combustion de verre que j'ai décrite ailleurs ([1]) et qui nous a déjà servi, à M. Ogier et à moi, à brûler l'oxyde de carbone pur, l'acétylène, le gaz oléfiant, la benzine, le cyanogène, les hydrogènes phos-

---

([1]) *Essai de Mécanique chimique*, t. I, p. 246.

phoré, arsénié, silicé, à former le gaz chlorhydrique, etc., etc. En voici la figure :

Fig. 40.

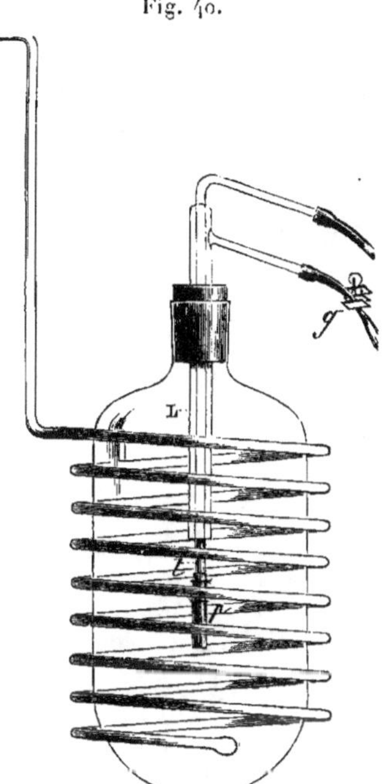

Combustion du gaz ammoniac.

Cette réaction, lorsqu'elle est bien conduite, produit uniquement de l'azote et de l'eau, conformément à l'équation

$$\mathrm{Az\,H^3 + O^3 = Az + 3\,HO.}$$

L'eau se condense en majeure partie dans le tube à combustion ; le surplus sur la potasse solide de deux tubes en U consécutifs. Ce surplus représente une très faible proportion de l'eau formée, proportion correspondant à la saturation normale par la vapeur d'eau des gaz qui se dégagent. On a tenu compte de son état gazeux dans les calculs.

Le poids de l'eau est fourni par la variation de poids de la chambre (remplie d'oxygène pur) et des tubes en U. On en déduit le poids de l'ammoniaque brûlée : 27^{gr} d'eau étant fournis par 17^{gr} d'ammoniaque.

La combustion doit avoir lieu d'un seul coup et sans rallumage,

opération qui exigerait l'ouverture de la chambre et entraînerait des
pertes de vapeur d'eau.

En entreprenant la combustion de l'ammoniaque, je redoutais
quelque complication, due à la production des composés oxygénés
de l'azote. Cette complication ne s'est pas réalisée dans les conditions où j'ai opéré, du moins suivant des proportions appréciables.
Si l'eau condensée manifeste quelque indice de la présence de ces
composés, la dose n'en surpasse pas quelques dix-millièmes, c'est-
à-dire qu'elle est négligeable.

La combustion de l'ammoniaque est d'ailleurs totale ; car on n'en
retrouve pas une dose sensible dans l'eau condensée, et un tube à
ponce sulfurique, placé comme témoin à la suite des tubes en U à
potasse solide, n'a jamais augmenté de poids dans mes expériences.

Ces renseignements fournis, voici les résultats observés sous
pression constante vers 12° :

Poids d'eau obtenu.	Chaleur dégagée rapportée à $17^{gr} = AzH^3$.
gr	Cal
0,880	+ 91,1
0,819	+ 90,7
1,004	+ 91,7
1,110	+ 91,4
1,006	+ 91,4
Moyenne	+ 91,3

La chaleur de combustion de l'ammoniaque dissoute sera dès
lors : + 82,5.

6. Il est facile de tirer de là la chaleur de formation de l'ammoniaque par ses éléments, sans s'appuyer sur une autre donnée que
sur la chaleur de formation de l'eau. Celle-ci étant admise, d'après
les données suivantes :

$$H + O = HO \text{ liquide, dégage} \ldots \ldots \ldots \ldots \quad + 34,5.$$

on en déduit

$$Az + H^3 = AzH^3 \text{ gaz, dégage} : + 103,50 - 91,3 = + 12,2.$$

J'ai trouvé d'ailleurs (*Annales de Chimie et de Physique*, 5ᵉ série,
t. IV, p. 526) que la dissolution du gaz ammoniac dans une grande
quantité d'eau dégage : + 8,82. Donc

$$Az + H^3 + \text{eau} = AzH^3 \text{ étendue, dégage} . . \quad + 21^{Cal},0$$

La valeur obtenue avec l'hypobromite (+ 22,8) s'écarte peu de celle-là; mais elle est nécessairement moins exacte, à cause de la complication des réactions.

J'adopterai donc les nombres respectifs : $+21,0$ et $+12,2$, pour la formation de l'ammoniaque dissoute et gazeuse.

Entre le nombre $+12,2$ et la valeur $+26,7$ adoptée précédemment, l'écart s'élève à $+14,5$: c'est la plus forte erreur expérimentale qui ait été commise jusqu'ici en Thermochimie. J'en ai montré l'origine et j'en ai rectifié depuis les conséquences.

7. Quelques mois après la première publication des résultats de mon Mémoire, M. Thomsen en a répété les expériences et il a obtenu pour la chaleur de combustion de l'ammoniaque : $+90,65$; valeur qui s'accorde avec $91,3$, dans les limites d'erreur de ce genre d'expériences. C'est là une confirmation précieuse de mes expériences. La chaleur de formation de l'ammoniaque paraît donc définitivement fixée à $+12,2$ ou à un chiffre très voisin.

§ 2. — Chaleur de formation des sels ammoniacaux depuis leurs éléments.

1. Je vais reproduire maintenant le Tableau de la chaleur de formation des principaux sels ammoniacaux, depuis leurs éléments.

		Sels	
		solide.	dissous.
Chlorhydrate :	$Cl + H^4 + Az$	$+ 76,7$	$+ 72,7$
Bromhydrate :	$Br (gaz) + H^4 + Az$	$+ 71,2$	$+ 66,7$
»	$Br (liquide)$	$+ 67,2$	$+ 62,7$
»	$Br (solide)$	$+ 67,1$	$+ 62,6$
Iodhydrate :	$I (gaz) + H^4 + Az$	$+ 56,0$	$+ 52,4$
»	$I (solide)$	$+ 49,6$	$+ 46,0$
Sulfhydrate :	$S^2 gaz + H^4 + Az$	$+ 42,4$	$+ 39,2$
»	$S^2 solide$	$+ 39,8$	$+ 36,6$
Cyanhydrate :	$C^2 diamant + H^4 + Az^2$	$+ 3,2$	$- 1,2$
Azotite :	$Az^2 + H^4 + O^4$	$+ 64,8$	$+ 60,1$
Azotate :	$Az^2 + H^4 + O^6$	$+ 87,9$	$+ 81,7$
Perchlorite :	$Cl + Az + H^4 + O^8$	$+ 79,7$	$+ 73,3$
Sulfate :	$S solide + Az + H^4 + O^4$	$+ 141,1$	$+ 140,5$
Bicarbonate :	$C^2 (diam.) + Az + H^4 + O^6$	$+ 205,6$	$+ 199,3$
Formiate :	$C^2 (diam.) + Az + H^5 + O^4$	$+ 129,4$	$+ 126,5$
Acétate :	$C^4 (diam.) + Az + H^7 + O^4$	$+ 159,6$	$+ 159,8$
Oxalate :	$C^4 (diam.) + Az^2 + H^8 + O^8$	$+ 272,4$	$+ 264,4$

2. La chaleur de formation des mêmes sels solides, depuis le gaz ammoniac et les acides anhydres ou hydratés, pris dans l'état gazeux et dans l'état solide, a été donnée (p. 193).

3. Observons encore que la différence entre les chaleurs de formation, depuis les éléments, des sels anhydres de potasse et d'ammoniaque formés par les acides forts, tels que les azotates, sulfates, perchlorates, est à peu près constante et voisine de 30^{Cal}. Mais cette différence diminue pour les acides plus faibles; elle tombe vers 25^{Cal} avec les formiates, les oxalates, les acétates, les bicarbonates, etc.

§ 3. — Sur la volatilité de l'azotate d'ammoniaque.

1. J'ai dit comment l'azotate d'ammoniaque peut se décomposer suivant sept modes différents, d'après le procédé d'échauffement (p. 20). Il me paraît utile de signaler ici quelques expériences indiquant un huitième mode d'action de la chaleur, je veux dire la volatilisation pure et simple de ce sel.

2. L'azotate d'ammoniaque fond vers 152°, température que l'eau préexistante, ou formée par la décomposition du sel, ne permet pas de préciser très exactement. C'est seulement à partir de 210° qu'il commence à se décomposer, du moins suffisamment pour fournir un volume de gaz appréciable en quelques minutes; car la décomposition commence déjà à une température plus basse. Cette décomposition devient de plus en plus active, à mesure que la température du sel fondu se trouve élevée par une source de chaleur; sans que la température s'arrête cependant à aucun point fixe entre 200° et 300°. Il se dégage ainsi du protoxyde d'azote pur.

Mais, si l'on continue à pousser le feu, la réaction devient explosive, en même temps qu'apparaissent les produits multiples, dus à plusieurs modes distincts de décompositions simultanées, tels que les modes signalés à la page 20 de cet Ouvrage. Tous ces phénomènes sont de l'ordre de ceux que manifestent en général les réactions exothermiques, et leur variété caractérise les matières explosives.

3. Cependant, d'après mes essais sur la décomposition de l'azotate d'ammoniaque, même ménagée avec soin, la quantité de protoxyde d'azote recueilli demeure toujours fort inférieure à la théorie; ce qui arrive à cause de la volatilité, apparente ou réelle, de l'azotate d'ammoniaque. L'écart est même très considérable, si l'on opère à la température la plus basse et de façon à empêcher, autant que possible, les portions sublimées dans les régions froides de l'appareil, de retomber à mesure dans les régions échauffées, en même temps que l'eau condensée.

4. On peut en effet sublimer l'azotate d'ammoniaque, sans le détruire notablement (*fig.* 41), en plaçant ce sel fondu à l'avance dans une capsule R, que l'on ferme à l'aide d'une feuille de papier

Fig. 41.

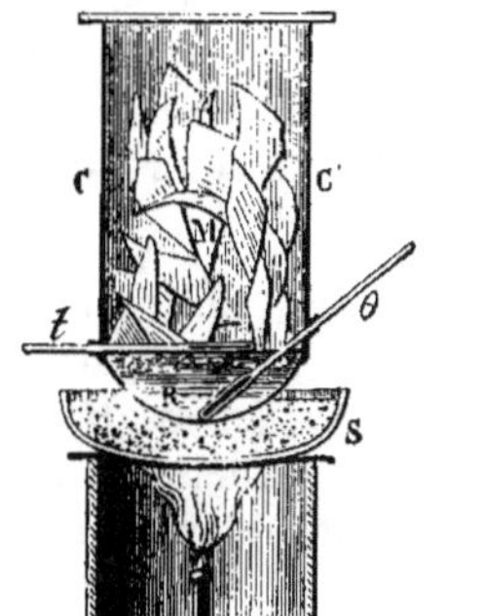

Sublimation de l'azotate d'ammoniaque.

buvard, collée sur son ouverture et surmontée d'un cylindre de carton CC', ce dernier étant rempli lui-même de larges morceaux de verre.

On chauffe sur un bain de sable S, à l'aide d'un bec de Bunsen B, convenablement réglé; en veillant à ce que la température du sel fondu (donnée par un thermomètre θ qui y est plongé obliquement) ne dépasse pas 190° à 200°. Une proportion très considérable du sel se sublime alors en beaux cristaux brillants, qui s'attachent aux parois de la capsule et à la face inférieure du papier. Une portion le traverse même et se condense au delà, sous la forme d'une fumée blanche, très divisée et très difficile à recueillir.

J'avais d'abord soupçonné dans cette fumée l'existence de quelque composé spécial, tel qu'un amide azotique; mais j'en ai constaté l'identité avec l'azotate d'ammoniaque, par une analyse complète.

La température du papier ainsi traversé par la vapeur peut s'élever au delà de 120° et même de 130° (donnée par un thermomètre horizontal *t* posé sur la face supérieure du papier), sans que le papier soit altéré notablement.

J'attache quelque intérêt à cette expérience, comme propre à démontrer que l'azotate d'ammoniaque peut être *volatilisé en nature*, sans se décomposer au préalable en ammoniaque et acide azotique gazeux :

$$Az\,O^6\,H,\ Az\,H^3 = Az\,O^6\,H + Az\,H^3,$$

lesquels se recombineraient plus loin, leur mélange dissocié possédant toute l'énergie des composants isolés. En effet, on ne comprend pas comment la vapeur d'acide azotique monohydraté pourrait se trouver en contact avec le papier, à une température qui est nécessairement comprise entre 130° et 190°, sans l'oxyder ou le détruire instantanément.

5. L'azotate d'ammoniaque, au point de vue de sa volatilité, comme sous bien d'autres, doit être regardé comme un type parmi les matières explosives. En effet, la nitroglycérine pure peut aussi être évaporée sans décomposition. L'acide picrique lui-même fournit des vapeurs très sensibles, qui se subliment et se condensent inaltérées, lorsqu'on chauffe ce corps avec beaucoup de précaution.

§ 4. — Formation thermique de l'hydroxylamine ou oxyammoniaque.

1. On sait que l'oxyammoniaque est un produit de réduction, intermédiaire entre l'acide hypoazoteux et l'ammoniaque : elle se forme dans une multitude d'oxydations. J'ai cru nécessaire d'en déterminer la chaleur de formation ; ce que j'ai fait en décomposant par la potasse, en solution aqueuse saturée, le chlorhydrate d'oxyammoniaque : j'opérais sur des cristaux très beaux et très purs de ce dernier sel.

2. L'oxyammoniaque, mise à nu dans ces conditions, se décompose aussitôt en azote et ammoniaque, conformément aux observations de M. Lossen :

$$Az\,H^3\,O^2 = \tfrac{1}{2}Az\,H^3 + \tfrac{1}{2}Az + H^2\,O^2.$$

Après avoir vérifié qu'il ne se formait aucun autre produit (sauf quelques centièmes de protoxyde d'azote), pendant les premiers moments d'une réaction brusque, et après avoir constaté que la proportion d'oxyammoniaque détruite ainsi, à la température ordinaire et en quelques minutes, peut s'élever aux $\tfrac{4}{3}$ de son poids total, j'ai effectué la réaction au sein du calorimètre, en opérant avec un poids connu de chlorhydrate et en recueillant sur l'eau, dans le calorimètre même, les gaz dégagés, de façon à les mesurer exactement.

3. Voici l'appareil employé dans les expériences (*fig.* 42).

Je procède de la manière suivante :

1° Je place au fond d'un gros tube de verre fermé par un bout, TT, un poids exactement connu d'une solution aqueuse de potasse, saturée à la température de l'expérience.

2° Je suspends au-dessus de la potasse, dans l'intérieur du gros tube, un tube plus petit, *tt*, renfermant 1^{gr} de chlorhydrate d'oxyammoniaque, exactement pesé.

3° Le petit tube est entouré d'une grosse et lourde spirale de platine, *gg*, destinée à faire enfoncer plus tard le système, au-

Fig. 42.

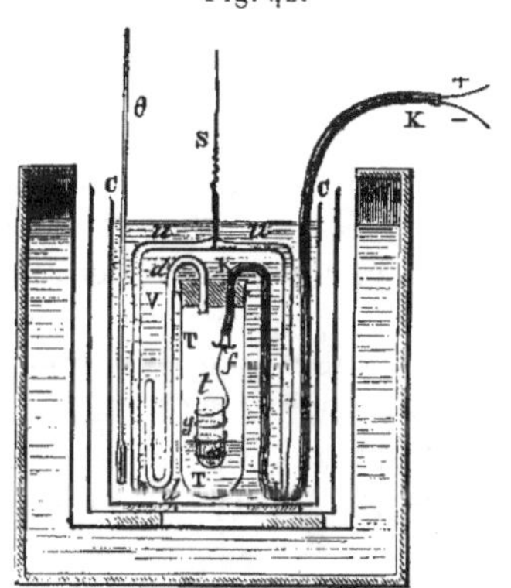

Décomposition calorimétrique de l'oxyammoniaque.

dessous du niveau de la potasse, et à déterminer ainsi le contact et la réaction entre la solution alcaline et le sel solide.

4° Cette spirale est accrochée à sa partie supérieure par le travers d'un fil de platine, de $\frac{1}{20}$ de millimètre de diamètre, tendu lui-même entre les deux fils de cuivre d'un petit câble électrique de gutta-percha, KKK. Ce câble est destiné à amener le courant, qui fera rougir et fondre plus tard le petit fil de platine, et par suite qui fera tomber le petit tube dans la solution de potasse, où le sel doit réagir à la suite de son immersion.

5° Le gros tube de verre, TT, est fermé par un bouchon, traversé d'une part par le câble, qui se replie jusqu'au dehors des appareils ; et, d'autre part, par un tube à dégagement gazeux, *dd*.

6° Ce gros tube de verre, TT, et le tube à dégagement gazeux, *dd*, y compris la terminaison recourbée de ce dernier, par laquelle les gaz doivent s'échapper, sont entièrement contenus dans une petite cloche de verre mince, assez large et capable de contenir 200^{cc} à 250^{cc} de gaz, volume notablement supérieur à celui qui va être dégagé par la réaction.

7° La cloche à son tour est posée, toute renversée avec le système des tubes et apparaux qu'elle renferme, au sein d'un calorimètre de platine ordinaire, CC, d'une capacité de 1050^{cc}, mais contenant seulement 850^{gr} d'eau distillée.

De gros fils de cuivre, u, u, disposés à l'avance en étoile autour d'un point central situé à la surface supérieure et sur l'axe même de la cloche, embrassent cette dernière et permettent de la maintenir sous l'eau dans une position fixe. Ces fils sont reliés à une tige centrale, S, qui s'élève verticalement au dehors et permet de manier l'appareil, sans introduire d'instrument spécial dans le calorimètre.

Je n'ai pas besoin de dire que le poids de chacune des portions de ce système compliqué a été déterminé à l'avance, de façon à permettre de réduire en eau les masses immergées. On a mesuré d'ailleurs la chaleur spécifique du câble et celle du bouchon par des essais spéciaux, lesquels peuvent être faits assez grossièrement, parce que le poids du câble immergé ne surpasse pas quelques grammes; le poids du bouchon est bien plus faible encore. Quant au verre, au cuivre et au platine, leur chaleur spécifique est connue.

8° Toutes les pièces étant ainsi disposées, on évacue l'air de la cloche à l'aide d'un siphon renversé.

9° Il ne reste plus qu'à suivre la marche du thermomètre, θ, pendant dix minutes.

10° On fait alors rougir et fondre le petit fil de platine, à l'aide du courant de 4 éléments Bunsen : le chlorhydrate d'oxyammoniaque tombe dans la potasse et s'y détruit aussitôt. Les gaz produits par sa destruction se dégagent sous la cloche. Pendant quelques minutes on imprime un mouvement de rotation à la cloche, au moyen de la tige S, tout en ayant soin de la maintenir entièrement immergée. On lit le thermomètre de minute en minute.

11° Cela fait, on brise le fond du gros tube de verre, à l'aide d'une molette de platine introduite du dehors et fixée à l'extrémité d'une longue tige du même métal (*fig.* 43) : les liquides et autres matières que les tubes renferment se répandent dans le calorimètre et y demeurent complètement mélangés, à la suite d'une agitation convenable, que la tige S permet de réaliser aisément.

12° On suit, pendant tout cet intervalle et quelque temps encore, la marche du thermomètre.

Toutes les données thermiques sont ainsi déterminées.

13° Cela fait, il ne reste plus qu'à connaître le volume de l'azote

Fig. 43.

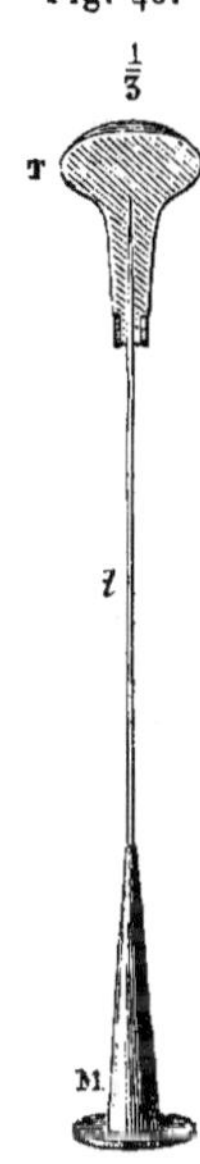

Écraseur à molette de platine.

développé par la décomposition. A cet effet on transporte, sur l'eau contenue dans une très grande terrine, le calorimètre de platine avec sa cloche, de façon à les immerger complètement. On soulève ensuite la cloche, pour la rendre indépendante du calorimètre, et l'on en transvase les gaz dans une éprouvette graduée.

Ces gaz renferment l'azote dégagé (mêlé avec 3 à 4 centièmes de protoxyde d'azote, d'après les analyses), plus l'air contenu primitivement dans le gros tube et dans le tube à dégagement. Le volume de cet air est connu par le jaugeage préalable de ces tubes, pourvu que l'on en retranche les volumes liquides de la potasse et des divers autres objets introduits dans le gros tube pour l'expérience. Ces volumes ayant été mesurés chacun séparément, on arrive, en définitive, à connaître avec une approximation de $\frac{1}{2}$ centimètre cube environ le volume de l'azote dégagé par la destruction de l'oxyammoniaque.

I.   24

Ce volume répondait dans mes expériences à 78 et 79 centièmes du poids du sel mis en réaction. Le surplus du sel, ou plus exactement le surplus de l'oxyammoniaque qui en dérive, se retrouve inaltéré dans l'eau du calorimètre, où il est mêlé avec la potasse excédante.

L'appareil qui vient d'être décrit est très compliqué; mais l'expérience en elle-même est simple; elle comporte une mesure fort précise de la chaleur dégagée, et elle est dirigée de façon à partir d'un état initial rigoureusement connu pour parvenir, d'un seul coup, à un état final strictement défini.

4. Pour calculer la décomposition de l'oxyammoniaque pure, il est nécessaire de mesurer :

1° La chaleur totale dégagée dans la réaction qui vient d'être décrite;

2° La chaleur dégagée par un poids égal de la même potasse, réagissant sur le poids d'eau pure contenu dans le calorimètre;

3° La chaleur absorbée par la dissolution d'un poids égal de chlorhydrate d'oxyammoniaque pur dans la même quantité d'eau;

4° La chaleur dégagée lorsque le chlorhydrate d'oxyammoniaque en solution étendue est décomposé par la potasse étendue : circonstance dans laquelle l'oxyammoniaque est mise en liberté tout d'abord, sans éprouver aucune destruction.

Toutes ces données étant acquises par des expériences spéciales, il est facile de calculer la chaleur dégagée par la simple destruction d'un équivalent d'oxyammoniaque.

5. Voici les nombres qui se déduisent de mes expériences :

AzH^3O^2 dissous $= \frac{2}{3}Az + \frac{1}{3}AzH^3$ dissoute $+ H^2O^2$,
a dégagé ([1])................................... $+ 57,3$ et $+ 56,7$;

Soit en moyenne : $+ 57^{Cal},0$.

J'ai trouvé encore par deux expériences distinctes :

AzH^3O^2 dissoute $+ HCl$ étendu, à 24°, dégage ([2])....... $+ 9,2$

AzH^3O^2, HCl cristallisé (1 p. de sel $+ 90$ p. d'eau) en se
dissolvant, à 24°..................................... $- 3,31$

AzH^3O^2, SO^4H cristallisé $+ 100$ parties d'eau, à 12°,5... $-- 2,90$

AzH^3O^2 étendu $+ SO^4H$ étendu, à 12°,5............... $+ 10,8$

([1]) Il a été tenu compte dans le calcul des expériences de la formation d'un peu de protoxyde d'azote : soit 3 à 4 centièmes, dans les conditions où j'opérais. Cette formation élève de — 0,7 le nombre brut de l'expérience.

([2]) D'après la décomposition du chlorhydrate pur, dissous dans l'eau, par la potasse étendue.

6. *Formation depuis les éléments :*

$$Az + H^3 + O^2 = AzH^3O^2 \text{ dissoute, dégage} \dots\dots\dots\dots \quad +19,0$$

$$Az + H^9 + O^2 + HCl \text{ étendu} = AzH^3O^2, HCl \text{ dissous} \dots \quad +28,2$$

$$Az + H^4 + O^2 + Cl \text{ gazeux} = AzH^3O^2, HCl \text{ cristallisé} \dots \quad +70,8$$

$$Az + H^3 + O^2 + SO^4H \text{ étendu} = AzH^3O^2, SO^4H \text{ dissous} \quad +29,8$$

$$Az + H^4 + O^6 + S = AzH^3O^2, SO^4H \text{ cristallisé} \dots\dots \quad +138,8$$

7. *Divers modes de formation.*
Oxydation de l'ammoniaque :

$$AzH^3 \text{ dissous} + O^2 = AzH^3O^2 \text{ dissous, absorberait} \dots\dots \quad -2,0$$

$$AzH^3, HCl \text{ dissous} + O^2 = AzH^3O^2, HCl \text{ dissous} \dots\dots \quad -7,2$$

$$AzH^3, HCl \text{ cristallisé} + O^2 = AzH^3O^2, HCl \text{ cristallisé} \dots \quad -5,9$$

De même l'oxydation du sulfate :

$$AzH^3, SO^4H \text{ dissous} + O^2 = AzH^3O^2, SO^4H \text{ dissous} \dots\dots \quad -5,7$$

$$AzH^2, SO^4H \text{ cristallisé} + O^2 = AzH^3O^2, SO^4H \text{ cristallisé} \dots \quad -4,1$$

On voit qu'une même fixation d'oxygène absorberait des quantités
de chaleur qui varient de $-2,6$ à $-7,2$; selon qu'elle aurait lieu sur
l'oxyammoniaque libre, ou sur ses sels dissous. Il est essentiel de
remarquer que cette quantité est négative, contrairement à ce qui
arrive pour les oxydes de l'azote (p. 263, bioxyde d'azote ; p. 271
et 272, acide azoteux ; p. 286, acide hypoazoteux). Aussi, les trois
réactions ci-dessus sont-elles purement théoriques ; elles méritent
cependant d'être notées, parce que leur caractère endothermique
les rapproche de la formation de l'eau oxygénée et de celle du protoxyde d'azote.

On a encore, pour la formation de l'oxyammoniaque par hydro-
génation du bioxyde d'azote :

$$AzO^2 + H^3 + eau = AzH^3O^2 \text{ dissous} \dots\dots\dots\dots\dots \quad +40,6$$

Cette dernière réaction s'effectue, en effet, par le moyen de
l'hydrogène naissant ; c'est-à-dire dans des réactions qui fournissent en plus la chaleur qui aurait été dégagée lors de la formation
de l'hydrogène libre, dans les mêmes conditions.

8. *Réactions de l'oxyammoniaque.* — *Action de l'hydrogène :*

$$AzH^3O^2 \text{ dissous} + H^2 = AzH^3, H^2O^2 \text{ dissous} \dots\dots \quad +71,0$$

On voit par là que l'oxyammoniaque devra être changée aisément en ammoniaque par l'hydrogène naissant ; c'est pourquoi

la production du premier corps, dans la réduction des oxydes de l'azote, exige des conditions très particulières.

Entre toutes les formations de composés azotés que l'acide azotique peut effectuer en produisant une oxydation, celle de l'oxyammoniaque est celle qui dégage le moins de chaleur. En effet, chaque équivalent d'oxygène cédé par l'acide azotique étendu au corps oxydable, avec formation d'oxyammoniaque, dégage $-16^{Cal},4$ de moins que l'oxygène libre ; tandis que la formation de l'ammoniaque dégage seulement $-12^{Cal},1$ de moins ; celle du bioxyde d'azote, $-12,0$; celle de l'acide hypoazoteux, $-9,6$; celle de l'azote, $-1,4$, etc. (*voir* ce Volume, p. 301).

9. *Action de l'oxygène. Chaleur de combustion :*

$$Az H^3 O^2 \text{ étendue} + O = Az + 3 HO \text{ liquide} \dots\dots\dots \quad +84,5$$

La combustion de l'ammoniaque étendue dégage un peu moins, soit : $+82,5$; mais elle exige trois fois autant d'oxygène, pour le même poids d'azote renfermé dans le composé.

On a encore :

$$Az H^3 O^2 \text{ étendue} + O^2 = Az O \text{ gaz} + 3 HO \text{ liquide} \dots\dots \quad +74,2$$
$$Az H^3 O^2 \text{ étendue} + O^{2\frac{1}{2}} = \tfrac{1}{2} Az^2 O^3 \text{ étendu} + 3 HO \text{ liquide.} \quad +65,4$$
$$Az H^3 O^2 \text{ étendue} + O^4 = Az O^3 \text{ étendu} + 3 HO \text{ liquide} \dots \quad +80,3$$
$$Az H^3 O^2 \text{ étendue} + O^5 = Az O^5, HO \text{ étendu} + 2 HO \text{ liquide.} \quad +98,8$$

Soit pour chaque équivalent d'oxygène fixé (8^{gr}) : $37,1$; $26,1$; $20,1$; $19,8$.

10. *Action des alcalis étendus.*

La réaction des alcalis sur les sels d'oxyammoniaque mérite d'être définie. Les alcalis étendus se bornent à déplacer l'oxyammoniaque, du moins dans une opération de courte durée : la mesure de chaleur dégagée montre que l'oxyammoniaque est une base beaucoup plus faible que la baryte, que la potasse, et même que l'ammoniaque.

En effet, avec la potasse étendue et le chlorhydrate, j'ai trouvé :

$$Az H^3 O^2, HCl \text{ dissous} + KO \text{ étendue, à } 23^\circ \dots\dots \quad +4,44$$

Avec la baryte étendue et le sulfate, à $12^\circ,5$:

$$Az H^3 O^2, SO^4 H \text{ étendu}, + Ba O \text{ étendue} \dots\dots\dots \quad +7,8$$

De même avec l'ammoniaque et le chlorhydrate, j'ai trouvé :

$$AzH^2O^2,\ HCl \text{ dissous} + AzH^3 \text{ étendue, à } 12°,5\ldots\ldots\quad +3,35$$

Ces mesures thermiques montrent que le déplacement de l'oxyammoniaque par l'ammoniaque est total, c'est-à-dire proportionnel au poids de cette base. Il en est ainsi, même quand on emploie seulement la moitié de l'ammoniaque nécessaire pour une décomposition complète.

L'oxyammoniaque est donc une base des plus faibles; aussi ses sels offrent-ils une réaction acide très prononcée. Je me suis assuré que l'acide sulfurique, qui lui est combiné, pourrait être à la rigueur dosé par un essai alcalimétrique; à peu près comme la soude dans le borax, mais par un essai inverse.

11. Les *alcalis concentrés* se comportent bien différemment; car ils déterminent la décomposition de l'oxyammoniaque elle-même. C'est ainsi qu'avec la *potasse concentrée* il y a destruction de l'oxyammoniaque, comme il a été dit page 365.

12. *Ammoniaque.* — 1° Avec une solution aqueuse d'ammoniaque saturée vers zéro, l'oxyammoniaque est déplacée dans ses sels, sans éprouver de décomposition, même au bout de plusieurs jours.

2° Avec le gaz ammoniac et le chlorhydrate d'oxyammoniaque solide, il y a décomposition lente de l'oxyammoniaque. La théorie indique que le déplacement proprement dit :

$$AzH^3O^2,\ HCl \text{ solide} + AzH^3 \text{ gaz} = AzH^3,\ HCl \text{ solide} + AzH^3O^2,$$
$$\text{dégagerait}\ldots\ldots\ldots\ldots\ldots\ldots\ldots\ldots\ldots\ldots\ldots\ldots\ldots\quad +12,6 - x$$

x étant la chaleur de dissolution de AzH^3O^2, composé qui paraît être liquide.

En fait, j'ai observé que le chlorhydrate d'oxyammoniaque sec absorbe le gaz ammoniac immédiatement, dans la proportion d'un équivalent et même un peu plus. Si l'on emploie un excès notable de gaz ammoniac, en opérant sur le mercure, et si l'on enlève aussitôt cet excès au moyen d'une pipette à gaz, le gaz séparé renferme à peine quelques centièmes d'un gaz peu soluble dans l'eau (azote ou protoxyde d'azote) : ce qui montre que la décomposition de l'oxyammoniaque est presque insensible dans ces conditions.

Cependant le gaz ainsi séparé contient quelques centièmes de vapeur d'oxyammoniaque. On peut s'en assurer par le procédé suivant. On traite ce gaz par quelques gouttes d'eau, qui dissolvent la vapeur d'oxyammoniaque, en même temps que l'ammoniaque; on enlève les gaz non dissous, au moyen d'une pipette à gaz ; puis on ajoute à l'eau un gros morceau de potasse (humectée préalablement à la surface, de façon à éliminer les gaz adhérents) : dans ces conditions, l'oxyammoniaque qui existait dans l'eau, et par conséquent dans le gaz ammoniacal que cette eau avait dissous, se trouve aussitôt détruite avec formation d'azote, qui se produit réellement et qu'il est facile de constater ensuite.

L'oxyammoniaque peut donc être regardée, d'après ces faits, comme existant, en liberté et à l'état liquide, dans l'éprouvette, où elle imprègne le chlorhydrate d'ammoniaque. Sa tension de vapeur, telle qu'elle résulte des essais précédents, indiquerait un point d'ébullition voisin de celui de l'eau.

Mais l'oxyammoniaque ainsi formée ne subsiste pas longtemps à l'état de pureté; elle se détruit peu à peu, en donnant surtout naissance à du protoxyde d'azote et à de l'ammoniaque :

$$AzH^3O^2 = \tfrac{1}{2}AzO + \tfrac{1}{2}AzH^3 + 1\tfrac{1}{2}HO.$$

Au bout de quarante-huit heures, près des deux tiers avaient éprouvé cette transformation, comme je m'en suis assuré par une analyse exacte faite sur les produits dérivés d'un poids connu de chlorhydrate ; un septième environ s'était changé en même temps en azote et ammoniaque.

La réaction fondamentale, qui produit ici le protoxyde d'azote, dégage, d'après le calcul : $+ 48^{Cal},4$: nombre qui se rapporte aux conditions suivantes :

$$AzH^3O^2 \text{ étendue} = \tfrac{1}{2}AzO \text{ gaz} + \tfrac{1}{2}AzH^3 \text{ étendue} + 1\tfrac{1}{2}HO \text{ liquide}.$$

La réaction réelle, AzH^3 étant supposé gazeux et α étant la chaleur de dissolution de AzH^3O^2, dégage : $+ 39,6 - \alpha$.

On voit que toutes ces quantités sont fort inférieures à la chaleur dégagée par la réaction qui engendre l'azote, soit $+ 57,0$; ce qui explique pourquoi cette dernière réaction devient prépondérante sous l'influence de la potasse concentrée.

13. Il résulte de ces faits que l'oxyammoniaque est stable seulement en présence des acides, agents dont l'union lui enlève une partie de son énergie. C'est là d'ailleurs un résultat général en Chimie : un système est d'autant plus stable, toutes choses égales d'ailleurs, qu'il a perdu une fraction de son énergie plus considérable (*voir* p. 187).

J'ai vérifié de même que le gaz chlorhydrique en excès, aussi bien que le fluorure de bore, ne détermine pas la décomposition de l'oxyammoniaque, malgré leur avidité pour l'eau qui pourrait être formée à ses dépens. Mais cette stabilité relative s'explique par les considérations précédentes, c'est-à-dire en raison de la formation des composés salins.

Au contraire, l'oxyammoniaque libre, ou dissoute dans une très petite quantité d'eau, c'est-à-dire douée de toute son énergie, manifeste une extrême tendance à une destruction spontanée, et cette destruction s'opère suivant un mode qui dégage d'autant plus de chaleur qu'elle s'effectue plus brusquement.

14. Insistons sur ces *divers procédés de décomposition :*
1° La décomposition la plus simple,

$$AzH^3O^2 \text{ dissous} = Az + H + H^2O^2 + \text{eau, dégagerait....} \quad +5o,o$$

Mais cette réaction n'a pas été observée : l'hydrogène naissant demeure entièrement uni à l'azote, dans ces conditions, et il forme de l'ammoniaque, formation accompagnée par un nouveau dégagement de chaleur.

2° C'est ainsi que l'on voit s'opérer, dans une réaction brusque, la transformation d'un tiers de l'azote en ammoniaque,

$$AzH^3O^2 \text{ étendue} = \tfrac{1}{3}AzH^3 \text{ étendue} + \tfrac{2}{3}H^2O^2,$$

réaction qui dégage en plus $+7,o$; soit en tout : $+5_7,o$.

On remarquera encore l'absence du composé AzH, lequel semblerait devoir apparaître dans ses conditions. Je l'ai spécialement recherché; mais je n'ai pu en obtenir trace, malgré tous mes efforts.

La formation de l'eau elle-même, qui paraîtrait *a priori* devoir s'effectuer de préférence, n'est prépondérante que dans la réaction brusque que détermine la potasse; probablement en raison de la tendance de cet alcali à former des hydrates, avec dégagement de chaleur. Ainsi, l'influence la plus légère détermine le sens dans lequel se détruit cet édifice instable.

3° Au contraire, dans la décomposition spontanée de l'oxyammoniaque, telle qu'elle a lieu lentement en présence du gaz ammoniac, on voit apparaître surtout le protoxyde d'azote,

$$2AzH^3O^2 \text{ étendue} = AzO \text{ gaz} + AzH^3 \text{ étendue} + 3HO,$$

avec un dégagement de chaleur moindre ($+48,4 \times 2$, au lieu de $+57,o \times 2$, tous les corps étant supposés dissous).

13. *Constitution.* — Ce dernier dédoublement, opéré sur 2 molécules d'oxyammoniaque, dont l'une prend l'hydrogène à l'autre, rappelle le dédoublement d'un aldéhyde en alcool (ou plutôt en carbure) et acide correspondants :

$$2\,AzH^3O^2 = AzH^3 + (AzO + HO + H^2O^2),$$

analogue à

$$2\,C^4H^4O^2 = C^4H^4 + C^4H^4O^4.$$

On remarquera ici que *la décomposition lente* de l'oxyammoniaque *est à la fois celle qui développe le moins de chaleur et celle qui se produit de préférence,* dans les conditions les plus ménagées. Elle a lieu d'ailleurs exactement *à la même température* que la décomposition qui dégage le plus de chaleur.

Mais ces diverses relations n'ont rien de nécessaire, et l'on pourrait citer des *exemples* contraires *où une décomposition lente dégage plus de chaleur qu'une décomposition rapide opérée à la même température* (décomposition du bioxyde de baryum par un acide étendu, avec formation rapide d'eau oxygénée, laquelle se décompose lentement en eau et oxygène libre; décomposition d'un hypochlorite par un acide étendu, etc.).

La température initiale des réactions n'est pas liée davantage d'une manière générale avec leur inégale valeur thermique; ainsi que le montre la comparaison des réactions du chlorate et de l'iodate de potasse. Bref les conditions d'action plus ou moins rapide, ou de température initiale plus ou moins élevée, ne sont pas celles qui règlent les phénomènes.

Au contraire, *les phénomènes sont déterminés, d'une part, par la tendance générale à la conservation du type moléculaire initial; et, d'autre part, par la tendance de tout système vers l'état qui répond au maximum de la chaleur dégagée.* Ce dernier état finit par être réalisé en totalité, toutes les fois que les corps correspondants peuvent commencer à se produire dans les conditions des expériences. C'est précisément pour éviter, autant que possible, la réalisation des conditions favorables à la production de ces derniers corps que l'on évite d'élever la température et de brusquer les réactions. On se maintient ainsi le plus possible au voisinage du type moléculaire primitif.

Sans insister davantage sur cet ordre de considérations, je me résume en disant que les observations thermiques confirment et précisent les propriétés instables de l'oxyammoniaque, instabilité due au caractère exothermique de ses diverses décompositions.

§ 5. — Chaleur de formation de quelques alcalis organiques.

PREMIÈRE SECTION. — *Notions générales.*

1. L'ammoniaque, en s'unissant avec les composés organiques, tels que carbures d'hydrogène, alcools, aldéhydes, acides, forme des composés de diverses natures, des alcalis et des amides en particulier. On les signale ici d'une manière générale ; mais ce n'est pas le lieu d'en retracer le tableau ; on le trouvera dans mon *Traité élémentaire de Chimie organique*, t. II, p. 224 et 313 ([1]). L'étude thermique de ces composés est à peine ébauchée. Elle présenterait beaucoup d'intérêt pour la connaissance de la force des matières explosives, dérivées des sels ammoniacaux, des cyanures, des composés diazoïques, etc. J'ai mesuré la chaleur de formation des composés cyaniques, de plusieurs composés diazoïques et de quelques alcalis et amides. La série cyanique et les composés diazoïques formant l'objet de Chapitres spéciaux, j'examinerai seulement ici les alcalis et les amides.

2. J'ai entrepris cette détermination pour les alcalis susceptibles de prendre l'état gazeux à la température ordinaire, et j'ai mesuré la chaleur de combustion de deux d'entre eux, par détonation, dans ma bombe calorimétrique (p. 228). Les seuls que j'aie pu obtenir purs sont : l'éthylamine, achetée chez M. Kahlbaum, de Berlin ([2]) ;

Et la triméthylamine, que M. Vincent, avec une rare obligeance, avait bien voulu mettre à ma disposition en quantités considérables, lors de la dernière Exposition universelle. J'en ai profité pour pousser plus loin l'étude de cette base, qui m'a fourni des résultats inattendus, quant à son hydratation et à son énergie relative.

DEUXIÈME SECTION. — *Éthylamine.*

1. Cet alcali est gazeux en été ; il bout à 18°,5, il est extrêmement soluble dans l'eau et forme des sels bien définis.

2. *Analyse.* — Sa pureté a été vérifiée par l'analyse eudiomé-

---

([1]) 2ᵉ édition (1881), publiée avec la collaboration de M. Jungfleisch, chez Dunod.

([2]) La méthylamine du même fabricant renfermait au contraire 25 pour 100 de diméthylamine dans un échantillon ; 39 pour 100 dans un autre acheté à une époque différente ; d'après les analyses eudiométriques que j'ai faites sur les corps gazeux.

trique, procédé plus sensible que l'analyse pondérale pour de tels composés. Voici les résultats en volume :

Éthylamine.

	Volume du gaz.	CO^2 produit.	Azote.	Diminution totale après combustion et absorption de CO^2.
Trouvé.....	100	201	50,5	428
Calculé.....	100	200	50	425

3. *Chaleur de combustion de l'éthylamine.* — J'ai procédé en opérant sur un poids connu d'alcali liquide, renfermé dans une ampoule scellée (ce Volume, p. 232). Comme contrôle, on a pesé l'acide carbonique. Dans les détonations, il ne s'est pas formé d'acide cyanhydrique, et seulement des traces négligeables de composés nitreux. On a tenu compte dans les calculs de l'eau vaporisée.

Quatre détonations, faites sur des poids de base compris entre $0^{gr},110$ et $0^{gr},120$, ont fourni, vers $20°,5$, avec l'éthylamine gazeuse ($C^4H^7Az = 45^{gr}$), à volume constant :

$$C^4H^7Az \text{ gaz} + O^{15} = 2C^2O^4 \text{ gaz} + 7HO \text{ liquide} + Az.$$

D'après le poids initial de l'alcali.	D'après le poids final de l'acide carbonique.
Cal	Cal
416,3	413,0
409,3	403,3
400,7	406,4
402,7	416,4
Moyenne.. 407,2	409,3

La moyenne générale : $+ 408,5$, doit être accrue de $1,2$, pour passer à la chaleur de combustion ordinaire, sous pression constante : ce qui fait $+ 409^{Cal},7$.

Ce nombre comporte une limite d'erreur voisine de $\pm 4^{Cal}$, incertitude qui se retrouve dans les déductions suivantes.

4. *Chaleur de formation.* — La chaleur de combustion des éléments étant $+ 429,5$, on a pour la chaleur de formation :

Depuis les éléments :

C^4(diamant) $+ H^7 + Az = C^4H^7Az$ gaz..............	$+ 19,8$
C^4(charbon) Id.	$+ 25,8$

Depuis l'ammoniaque :

$$C^4 \text{ (diamant)} + H^4 + AzH^3 = C^4H^7Az \text{ gaz} \dots\dots\dots \quad +\ 7,6$$
$$C^4 \text{ (charbon)} \qquad\qquad Id. \qquad \dots\dots\dots \quad + 13,6$$

Depuis l'éthylène :

$$C^4H^4 + AzH^3 = C^4H^7Az \text{ gaz} \dots\dots\dots\dots \ \dots\dots \quad + 23,0$$

Depuis l'alcool :

$$C^4H^4 (H^2O^2) \text{gaz} + AzH^3 \text{gaz} = C^4H^7Az \text{gaz} + H^2O^2 \text{gaz.} \quad +\ 6,1$$

5. *Dissolution dans l'eau.* — Deux expériences, faites à 19°, sur des poids d'éthylamine gazeuse respectivement égaux à $2^{gr},555$ et $2^{gr},415$ et dissous dans 400^{gr} d'eau, ont donné, pour C^4H^7Az (45^{gr}) : $+12,92$ et $+12,90$; moyenne : $+12^{Cal},91$.

Ce chiffre l'emporte de moitié sur l'ammoniaque.

6. *Formation des sels dissous,* à 19°.

$$C^4H^7Az \ (1^{éq} = 7^{lit}) + HCl \quad (1^{éq} = 2^{lit}) \text{ dégage..} \quad +13,2$$
$$\text{»} \qquad\qquad + C^4H^4O^4 \qquad \text{»} \qquad \text{»} \ .. \quad +12,9$$
$$\text{»} \qquad\qquad + SO^4H \qquad\quad \text{»} \qquad \text{»} \ .. \quad +15,2$$

chiffres intermédiaires entre ceux que fournissent la potasse et l'ammoniaque.

TROISIÈME SECTION. — Triméthylamine.

1. C'est un liquide qui bout à 9° : elle est par conséquent gazeuse à la température ordinaire. Elle est très soluble dans l'eau et forme des sels bien définis.

2. *Analyse.* — Voici les résultats fournis par l'analyse eudiométrique :

Triméthylamine.

	Volume du gaz.	CO^2 produit.	Azote.	Diminution totale après combustion et absorption de CO^2.
Trouvé.....	100	302	50	580
Calculé.....	100	300	50	575

3. *Chaleur de combustion de la triméthylamine.* — Trois détonations, faites sur des poids de base compris entre $0^{gr},112$ et $0^{gr},186$, ont fourni pour $C^6 H^9 Az (59^{gr})$, à volume constant,

$$C^6 H^9 Az \text{ gaz} + O^{21} = 3 C^2 O^4 \text{ gaz} + 9 HO \text{ liquide} + Az.$$

D'après le poids initial : $586,2$; $583,5$; $601,1$; moyenne : $+ 590,3$.

D'après le poids final de l'acide carbonique, en moyenne : $+ 591,7$.

La moyenne générale est $+ 590,5$; ce qui donne, pour la chaleur de combustion à pression constante : $+ 592,0$, avec une limite d'erreur voisine de $+6^{Cal}$, incertitude qui s'applique aux déductions suivantes.

4. *Chaleur de formation.* — Depuis les éléments :

$C^6 (\text{diamant}) + H^9 + Az = C^6 H^9 Az \text{ gaz}$ . . . . $-9,5$
$C^6 (\text{charbon})$ Id.   . . . . $-0,5$

Depuis l'ammoniaque :

$C^6 (\text{diamant}) + H^6 + Az H^3 = C^6 H^9 Az \text{ gaz}$ . . . . $+2,7$
$C^6 (\text{charbon})$ Id.   . . . . $+6,3$

Depuis l'alcool méthylique :

$$3 C^2 H^2 [H^2 O^2] \text{ gaz} + Az H^3 = (C^2 H^2)^3 Az H^3 + 3 H^2 O^2 \text{ gaz}. \quad -7,3 \times 3$$

J'insiste sur les limites d'erreur que comporte ce genre de calcul, afin de prévenir toute illusion. Les déductions précises, que l'on peut tirer des chaleurs de combustion, ne sont réellement valables que pour des chaleurs de combustion peu élevées, ou pour des différences très considérables.

5. *Dissolution dans l'eau.* — Trois expériences, faites vers $20°$, sur des poids de base respectivement égaux : à $4^{gr},753$, $4^{gr},994$, $4^{gr},633$ et dissous séparément dans 400^{gr} d'eau, ont fourni pour

$$C^6 H^9 Az (59^{gr}) \text{ gazeuse} + 270 H^2 O^2 \text{ environ :}$$
$$+12,82 ; \quad +12,76 ; \quad +13,2 ; \text{ en moyenne : } +12^{Cal},90.$$

Ce chiffre est égal à la chaleur de dissolution de l'éthylamine, et il accuse dans les deux bases une affinité toute spéciale pour l'eau.

6. *Dilution.* — Cette affinité peut être mise en évidence plus nettement encore pour la triméthylamine, par les expériences de dilution.

Une liqueur saturée vers $19°$ renfermait $409^{gr},6$ de base par litre ou 478^{gr} par kilogramme. Sa densité était : $0,858$ à $16°$. Elle répondait à $C^6H^9Az + 7,17HO$.

Étendue avec trente fois son volume d'eau, elle a dégagé :

$$+ 3^{Cal},89, \text{ à } 19°.$$

Dans d'autres essais de dilution progressive,

$(C^6H^9Az + 7,50HO)$, diluée jusqu'à $250\ H^2O^2$, a dégagé... $+3,85$
$(C^6H^9Az + 23,7HO)$, à $20°$ $(D = 0,944)$,   Id. $+1,44$
$(C^6H^9Az +\ \ 54HO)$, à $22°$ Id. $+0,41$
$(C^6H^9Az +\ 105HO)$, à $22°$ Id. $+0,14$
$(C^6H^9Az +\ 210HO)$, à $22°$ Id. $+0,00$

On voit que C^6H^9Az, en s'unissant à $7,17HO$, dégage seulement : $+9^{Cal},0$, et que sa dilution ultérieure dégage près de moitié autant de chaleur.

Comme terme de comparaison, on rappellera ici quelques chiffres obtenus avec l'ammoniaque :

$(AzH^3 + 7HO)$, par sa dilution ultérieure, dégage : $+0,32$
$(AzH^3 + 19HO)$, dégage seulement............. $+0,02$

Ces chiffres montrent que l'ammoniaque a bien moins de tendance que la triméthylamine à former des hydrates.

La chaleur de dilution de cette dernière base concentrée est très considérable ; et sa grandeur atteint même une valeur double de celle de la potasse et de la soude, prises au degré de concentration équivalent. La chaleur de dilution de la triméthylamine concentrée est tout à fait comparable à la chaleur de dilution des hydracides.

Or, de tels chiffres traduisent la formation de certains hydrates successifs (*Essai de Mécanique chimique*, t. II, p. 151, 167) : circonstance fort importante dans l'étude des réactions des hydracides, aussi bien que dans celles de la triméthylamine.

7. *Formation des sels dissous.* — J'ai trouvé, à $21°$:

$C^6H^9Az\,(1^{éq} = 5^{lit} + HCl\,(1^{éq} = 2^{lit})$................. $+\ \ 8,9$
» $+ C^4H^4O^4\,(1^{éq} = 2^{lit})$.............. $+\ \ 8,3$
» $+ SO^4H\,(1^{éq} = 2^{lit})$................ $+\ 10,9$

Comme contrôle, par double décomposition réciproque :

$$C^6H^9Az\,(1^{éq}=2^{lit}) + KCl\,(1^{éq}=2^{lit})\dots\dots\quad +4,40$$
$$KO\,(1^{éq}=2^{lit}) + C^6H^9Az,\,HCl\,(1^{éq}=2^{lit}).\quad -0,28$$
$$\left.\right\}\;M-M'=+4,7$$

Il résulte de ces données que la chaleur dégagée par l'union de
la potasse avec l'acide chlorhydrique surpasse de $+4,7$ celle que
dégage la triméthylamine (p. 181) : ce qui donne, pour l'union de
cette base dissoute avec l'acide chlorhydrique étendu, la valeur $+9,0$; chiffre concordant avec le précédent.

On voit aussi, par les expériences numériques ci-dessus, que
la potasse déplace entièrement, ou à peu près, la triméthylamine
dissoute dans ses composés acides. Cependant il semble qu'il y
ait quelque indice de partage.

J'ai trouvé encore :

$$C^6H^9Az\,(1^{éq}=2^{lit}) + AzH^3,\,HCl\,(1^{éq}=2^{lit}).\quad -2,33$$
$$AzH^3\,(1^{éq}=2^{lit}) + C^6H^9Az,\,HCl\,(1^{éq}=2^{lit}).\quad +1,17$$
$$\left.\right\}\;M-M'=+3,50$$

Le partage de l'acide entre les deux bases est ici évident. Il est
dû sans doute à la formation des hydrates dissous de la triméthylamine, signalés plus haut, ainsi que de son hydrate, étudié plus
loin. Sans nous y arrêter autrement, bornons-nous à dire que
l'on déduit de ces nombres, pour la chaleur de neutralisation de
la triméthylamine par l'acide chlorhydrique : $+8,95$.

Les trois valeurs trouvées : $8,9$; $9,0$; $8,95$ sont concordantes.
Elles sont plus faibles d'un tiers à peu près que les chaleurs de
neutralisation de la potasse par les acides correspondants; elles sont
même inférieures aux chiffres obtenus avec de l'ammoniaque. Leurs
valeurs numériques se rapprochent au contraire des chaleurs de
neutralisation des mêmes acides par l'oxyammoniaque et par l'ani-
line, bases beaucoup plus faibles que l'ammoniaque.

On a trouvé encore :

$$C^6H^9Az\,(1^{éq}=8^{lit}) + C^2O^4\,(44^{gr}\text{ dans }26^{lit}),\text{ dégage}\dots\quad +4,4$$
$$C^6H^9Az,\,HCl\,(1^{éq}=2^{lit}) + CO^3Na\,(1^{éq}=2^{lit})\dots\dots\quad -1,17$$

Le dernier chiffre indique la transformation du chlorhydrate de
triméthylamine en chlorure de sodium; la base forte, c'est-à-dire
la soude, prenant l'acide fort, c'est-à-dire l'acide chlorhydrique,
comme il arrive entre le chlorhydrate d'ammoniaque et le chlorure
de sodium, et pour les mêmes motifs. J'ai développé ailleurs la
théorie de ce genre de réactions (*Essai de Mécanique chimique*,
t. II, p. 712 et 717).

Si l'on suppose la réaction totale, on en tire que :

$$CO^2 \text{ dissous} + C^6H^9Az \text{ dissoute, dégagerait} : +4,1,$$
en présence de 4^{lit} d'eau.

En présence de 17^{lit} d'eau, l'expérience a fourni un nombre plus faible : ce qui accuse la dissociation graduelle du carbonate par dilution; toujours comme avec l'ammoniaque (*Annales de Chimie et de Physique*, 4ᵉ série, t, **XXIX**, p. 477 à 485).

8. *Chlorhydrate de triméthylamine.* — J'ai donné plus haut la chaleur de formation de ce sel dans l'état dissous. Pour l'évaluer dans l'état solide, j'en ai déterminé la chaleur de dissolution sur un bel échantillon, donné par M. Vincent, et que j'ai séché avec soin sur du papier buvard, sous une cloche à côté de l'acide sulfurique.

Son analyse répondait sensiblement à la formule

$$C^6H^9Az, HCl.$$

J'ai dissous 10^{gr} de ce sel dans 500^{gr} d'eau, à 18°.

Il s'est produit une absorption de chaleur assez faible et qui répondait à $-0^{Cal},50$ pour

$$C^6H^9Az, HCl = 95^{gr},5.$$
D'après ce chiffre,

$$C^6H^9Az \text{ gaz} + HCl \text{ gaz} = C^6H^9Az, HCl \text{ solide, dégage} : +39^{Cal},8.$$

Cette valeur est inférieure à la chaleur de formation du chlorhydrate d'ammoniaque solide, à partir de ses composants gazeux, soit : $+42^{Cal},5$.

Mais le chiffre qui s'en déduit ne représente probablement pas la véritable chaleur de formation du chlorhydrate de triméthylamine, tel qu'il existe dans ses dissolutions étendues. En effet, ce sel attire la vapeur d'eau atmosphérique avec une telle avidité, qu'il tombe presque aussitôt en déliquescence : ce qui est l'indice de la formation d'un hydrate défini dans ses dissolutions; tandis que le chlorhydrate d'ammoniaque paraît exister dans ses dissolutions sous l'état anhydre.

La chaleur de formation du chlorhydrate de triméthylamine anhydre devrait donc être accrue, dans ses dissolutions, de la chaleur de formation de son hydrate; si l'on voulait calculer l'énergie réellement mise en jeu dans la formation du chlorhydrate de triméthylamine dissous, c'est-à-dire l'énergie véritable qui intervient dans les réactions de ce corps ([1]).

§ 6. — Chaleur de formation de quelques amides.

1. Les amides dérivent, en général, de l'union des acides et de l'ammoniaque, avec séparation d'eau : ce sont des sels ammoniacaux privés des éléments de l'eau. Cette classe comprend une multitude de composés de la plus haute importance ; elle s'étend même jusqu'aux principes albuminoïdes, qui sont la base des tissus et des organes animaux. Beaucoup de matières explosives s'y rattachent également. Mais leur étude thermique est encore peu avancée ; à l'exception de celle de la série cyanique qui sera étudiée dans l'un des Chapitres suivants. En dehors de cette série, je n'ai guère examiné jusqu'ici que deux amides, l'oxamide et le formamide. Je vais en donner la chaleur de formation.

2. *Oxamide.* — L'oxamide est un corps solide, presque insoluble, qui diffère de l'oxalate d'ammoniaque par les éléments de l'eau :

$$C^4H^2O^8, 2\,AzH^3 = C^4H^4Az^2O^4 + 2\,H^2O^2.$$

Il peut être obtenu, soit par la décomposition effective du sel ; soit par la réaction de l'ammoniaque sur l'éther oxalique, réaction plus accessible aux mesures :

$$\left.\begin{array}{c} C^4H^4 \\ C^4H^4 \end{array}\right\} (C^4H^2O^8) + 2\,AzH^3 = C^4H^4Az^2O^4 + 2\,C^4H^6O^2.$$

En effet, la réaction de l'ammoniaque sur l'éther oxalique est immédiate. J'ai profité de cette circonstance pour déterminer la chaleur de formation de l'oxamide. Je prends, par exemple, $1^{gr},9495$ d'éther oxalique et 10^{cc} d'une solution très concentrée d'ammoniaque (renfermée dans une ampoule),

$$(AzH^3 + 3H^2O^2 \text{ environ}),$$

les deux corps étant mis en présence dans un petit récipient immergé dans l'eau du calorimètre. La réaction est complète au bout de trois à quatre minutes. On mêle alors les produits avec l'eau du

---

([1]) Il faut d'ailleurs tenir compte aussi de son état propre de dissociation en hydrate et sel anhydre (*Essai de Mécanique chimique*, t. II, p. 445).

calorimètre, de façon à ramener le tout à l'état de dissolution aqueuse étendue. Tous calculs faits [1] :

$$(C^4H^4)^2[C^4H^2O^8] \text{ pur} + 2AzH^3 \text{ étendue}$$
$$= C^4H^4Az^2O^4 \text{ solide} + 2C^4H^6O^2 \text{ étendu,}$$

a dégagé........................... $+26,2$ et $+26,6$;

en moyenne .... $+26,4$, ou $+13,2 \times 2$.

Or la formation de l'oxalate d'ammoniaque, au moyen de l'éther oxalique et de l'ammoniaque, en présence d'une grande quantité d'eau,

$$(C^4H^4)^2,[C^4H^2O^8] \text{ pur} + 2AzH^3 \text{ étendue}$$
$$= C^4H^2O^8, 2AzH^3 \text{ dissous} + 2C^4H^6O^2 \text{ étendu,}$$

dégagerait............................. $+16,0 \times 2$.

En retranchant de la différence $(16,0 - 13,2)2$, la chaleur de dissolution de l'oxalate d'ammoniaque, soit $-4,0 \times 2$, on trouve que la formation de l'oxamide depuis le sel solide :

$$C^4H^2O^8, 2AzH^3 \text{ cristallisé}$$
$$= C^4H^4Az^2O^4 + 2H^2O^2 \text{ liquide, absorbe} : -2,4, \text{ ou} - 1,2 \times 2.$$

Dans les conditions de la métamorphose directe, par l'action de la chaleur sur l'oxalate d'ammoniaque, l'eau prend l'état gazeux. Dès lors :

$$C^4H^2O^8, 2AzH^3 \text{ cristallisé}$$
$$= C^4H^4Az^2O^4 + 2H^2O^2 \text{ gaz, absorbe} : -21,7 \text{ ou} - 10,8 \times 2.$$

On tire des mesures précédentes la chaleur de formation de l'oxamide, depuis les éléments :

$$C^4(\text{diamant}) + H^4 + Az^2 + O^4 \dots \dots \dots +140,0$$

3. *Formamide.* — J'ai trouvé encore que la transformation de l'amide formique en acide formique et ammoniaque (ou plutôt en chlorhydrate d'ammoniaque) s'opère au moyen de l'acide chlorhydrique concentré. D'après les chiffres obtenus, la réaction

$$C^2H^3AzO^2 \text{ diss.} + H^2O^2 = C^2H^2O^4, AzH^3 \text{ diss., dégage} \dots +1,0.$$

---

[1] J'ai étudié également l'action de l'ammoniaque étendue sur l'éther oxalique, dissous à l'avance dans une grande quantité d'eau. Cette réaction a dégagé : $+8,2 \times 2$. Elle ne donne pas naissance à de l'oxamide, tous les corps demeurant dissous, même après plusieurs jours, sans doute sous la forme d'éther oxamique.

I.   25

La réaction inverse, les deux états étant pareillement comparables, absorbe donc — 1,0; chiffre très voisin de — 1,2 observé avec l'oxamide. Il est très voisin aussi de l'absorption de chaleur produite dans la formation des éthers.

Réciproquement, la fixation de l'eau sur l'oxamide (comme sur le formamide), avec production de sels ammoniacaux, dégage de la chaleur : soit + 2,4 pour l'oxamide; toujours comme la fixation de l'eau sur les éthers.

4. On voit par là que *l'hydratation des composés organiques dégage en général de la chaleur :* qu'il s'agisse de la décomposition des éthers dissous en acides et alcools étendus, ou de la transformation des amides en sels ammoniacaux; ou bien encore de la transformation des acides anhydres en acides hydratés, ou des chlorures acides en acide chlorhydrique et acides organiques étendus. C'est là un résultat très général, sur lequel j'ai appelé l'attention dès 1865, et qui se trouve confirmé et précisé par les présentes expériences. Il est facile d'en comprendre toute l'importance dans la théorie de la chaleur animale.

A un point de vue plus technique, cette relation, et particulièrement les valeurs trouvées pour l'hydratation de l'oxamide et du formamide, peut servir à calculer approximativement la chaleur de formation des composés amidés, susceptibles d'être utilisés dans la fabrication des matières explosives.

CHAPITRE VIII.

CHALEUR DE FORMATION DU SULFURE D'AZOTE ([1]).

PREMIÈRE SECTION. — *Sulfure d'azote.*

1. Le sulfure d'azote est un corps explosif, jaune, solide, cristallisé, répondant à la formule AzS^2 et à l'équivalent 46.

On le prépare par l'action du gaz ammoniac sur le chlorure de soufre, dissous dans le sulfure de carbone ([2]).

L'échantillon employé dans mes essais a fourni à l'analyse

	Trouvé.	Calculé.
Az.............	69,64	69,56
S.,..........	30,41	30,44
H	0,01	»
	100,06	100,00

2. Le sulfure d'azote est stable à la température ordinaire. Il se conserve sans altération, à l'air sec et à l'air humide. Il peut être mouillé et séché ensuite à 50°, sans altération appréciable; ces opérations étant même répétées plusieurs fois.

Sa densité à 15° a été trouvée égale à 2,22.

Le sulfure d'azote détone avec violence sous le choc du marteau; toutefois sa sensibilité au choc est moindre que celle du fulminate de mercure.

Par échauffement, il déflagre à 207° et au-dessus. Cependant sa décomposition est beaucoup plus lente que celle du fulminate de mercure, ou de l'azotate de diazobenzol. Remarquons que cette température de déflagration est voisine de celle de la combustion du soufre à l'air libre.

) Cette étude a été faite en commun avec M. Vieille.
([2]) FORDOZ et GÉLIS, *Annales de Chimie et de Physique,* 3ᵉ série, t. XXXII, p. 385.

3. *Chaleur de détonation.* — On a provoqué la décomposition du sulfure d'azote dans une atmosphère d'azote pur et sec, au milieu d'une bombe doublée de platine.

Le feu était mis par un fil métallique très fin, plongé dans la matière et porté à l'incandescence au moyen d'un courant électrique.

Deux expériences ont donné, à volume constant :

Poids de la matière.	Chaleur dégagée par gramme.	Par équivalent
$2^{gr},997$	$701,1$	(46^{gr})
$2^{gr},979$	$700,4$	
	$\overline{700,7}$	$+32^{Cal},2$

A pression constante, on aurait eu : $+31,9$.

L'expérience a donné pour 1^{gr} : $243^{cc},1$ de gaz (volume réduit à $0°$ et $0^{m},760$);

La théorie exige : $242^{cc},1$.

Ces gaz étaient constitués par de l'azote pur, à $\frac{1}{250}$ près.

Ainsi la décomposition s'est produite suivant l'équation

$$AzS^2 = Az + S^2;$$

c'est-à-dire que le sulfure d'azote s'est décomposé purement et simplement en ses éléments.

4. *Chaleur de formation.* — On conclut de ces résultats que la formation du sulfure d'azote, depuis ses éléments,

$$Az + S^2 = AzS^2, \text{ absorbe} \ldots \ldots -32^{Cal},2;$$

à volume constant; soit $-31^{Cal},9$ à pression constante.

Cette formation est donc endothermique; ce qui explique pourquoi elle n'a pas lieu directement. Mais elle s'opère en faisant agir le gaz ammoniac sur le chlorure de soufre. Le chlore de ce dernier s'unit à l'hydrogène de l'ammoniaque, pour former de l'acide chlorhydrique et, consécutivement, du chlorhydrate d'ammoniaque, tandis que le sulfure d'azote prend naissance :

$$4AzH^3 + 3S^2Cl = 3(AzH^3, HCl) + AzS^2 + 2S^2.$$

Cette transformation dégage en définitive : $+123^{Cal},0$

L'énergie consommée dans l'association du soufre et de l'azote $(-31,9)$ est ainsi fournie par la formation de l'acide chlorhydrique, ou plutôt par celle du chlorhydrate d'ammoniaque, aux dépens du chlorure de soufre et du gaz ammoniac $(+230,1 - 75,2)$.

5. On remarquera que la combinaison de l'azote avec le soufre absorbe de la chaleur ($-31^{Cal},9$); précisément comme la combinaison de l'azote avec l'oxygène ($-21^{Cal},6$). Le sulfure d'azote est donc analogue au bioxyde d'azote par son caractère endothermique, aussi bien que par sa formule. C'est là une nouvelle preuve de l'analogie générale qui existe entre les conditions de formation des composés oxygénés et celles des composés sulfurés.

Il est difficile de pousser plus loin ces rapprochements entre les chaleurs de formation, attendu que les états des deux composés ne sont pas comparables, non plus que les états des éléments; quoiqu'il puisse se produire une certaine compensation entre l'état solide du soufre et celui du sulfure d'azote.

6. *Chaleur de combustion.* — Si l'on opère à l'air ou dans l'oxygène, le sulfure d'azote brûle

$$AzS^2 + O^4 = Az + S^2O^4$$

et dégage : $+101,1$, à pression constante.

DEUXIÈME SECTION. — Séléniure d'azote.

1. Ce composé est analogue au sulfure d'azote; il a été récemment l'objet d'une étude approfondie de la part de M. Verneuil [1], qui en a fixé la formule : $AzSe^2$. Ce savant a bien voulu nous en donner un échantillon, pour les recherches que nous poursuivons, M. Vieille et moi, sur les corps explosifs.

C'est une poudre rouge orangé, amorphe, d'un maniement fort dangereux. Elle détone vers $230°$, d'après M. Verneuil. Elle détone aussi soit par la friction, soit par un choc très léger de fer sur fer, ou par un choc un peu plus fort de bois sur fer. Le contact d'une goutte d'acide sulfurique la fait détoner.

2. *Chaleur de détonation.* — Nous en avons réalisé l'explosion dans notre appareil ordinaire, par le même procédé que celle du sulfure d'azote. En opérant sur 3^{gr} de matière, deux essais ont fourni, pour la réaction

$$Az\,Se^2\,(93^{gr}) = Az + Se^2,$$

$+42^{Cal},9$ et $+42^{Cal},4$: en moyenne $+42^{Cal},6$ à volume constant,

---

[1] *Bulletin de la Société Chimique*, 2ᵉ série, t. XXXVIII, p. 548.

soit $+ 42^{Cal},3$ à pression constante; valeur qui n'est qu'approximative, à cause de la difficulté de purifier entièrement la substance.

3. *Chaleur de formation.* — On en conclut que le séléniure d'azote est formé, depuis ses éléments, avec une absorption de chaleur égale à $- 42^{Cal},3$, sous pression constante.

4. *La chaleur de combustion*

$$AzSe^2 + O^4 = Az + Se^2O^4$$

est égale à $+ 99^{Cal},9$.

5. Ainsi le séléniure d'azote est une combinaison endothermique $(- 42,3)$. Il vient, sous ce rapport, se ranger à côté de ses congénères, le bioxyde d'azote $(- 21^{Cal},6)$ et le sulfure d'azote $(- 31^{Cal},9)$: l'état des corps étant même à peu près comparable pour le sulfure et pour le séléniure d'azote, et les chaleurs absorbées formant une sorte de progression arithmétique, dont la raison est voisine de $10,5$. Elles croissent, en tous cas, en valeur absolue avec l'équivalent : conformément à une relation assez générale parmi les séries de composés analogues (*Ann. de Chim. et de Phys.*, 5ᵉ série, t. XXII, p. 391), telles que la série du chlore, du brome et de l'iode; la série de l'azote, du phosphore et de l'arsenic; la série de l'oxygène, du soufre et du sélénium, etc.

Il en résulte que dans de telles séries le caractère explosif des composés endothermiques devient de plus en plus prononcé, à mesure que leur poids atomique devient lui-même plus considérable

FIN DU TOME PREMIER.

TABLE ANALYTIQUE

DU TOME PREMIER.

LIVRE PREMIER.

PRINCIPES GÉNÉRAUX.

LIVRE DEUXIÈME.

THERMOCHIMIE DES COMPOSÉS EXPLOSIFS.

I.   26

Paris. — Imprimerie de Gauthier-Villars, quai des Grands-Augustins, 55.